KB268315

생명 설계도, 게놈

GENOME

매트 리들리

생명 설계도, 게놈

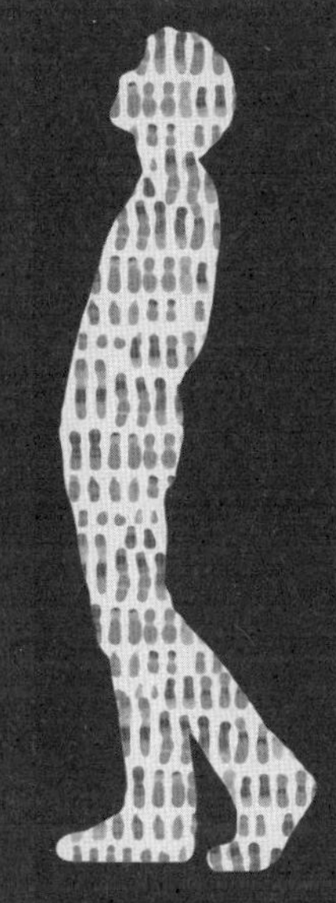

23장에 담긴 인간의 자서전

하영미 · 전성수 · 이동희 옮김

반니

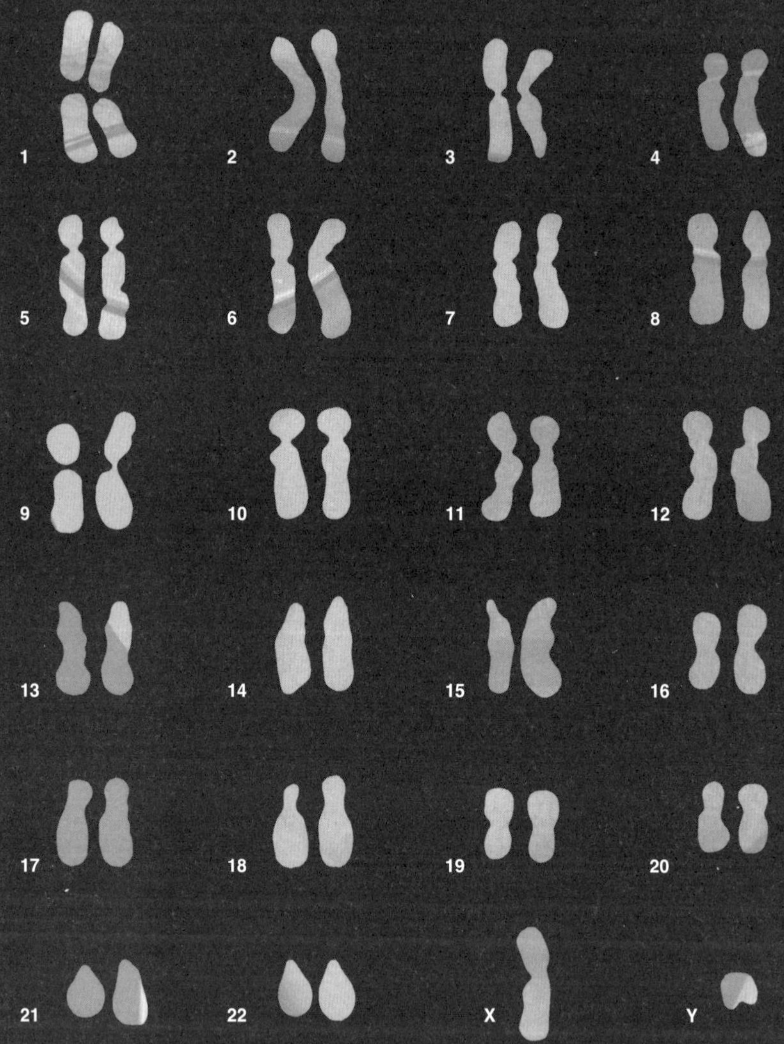

서문

사람의 모든 유전자는 23쌍의 염색체 속에 들어 있다. 그중 22쌍의 염색체를 크기에 따라 번호를 붙여 가장 큰 쌍을 1번, 가장 작은 쌍을 22번으로 했다(실제로 가장 작은 것은 21번이다-옮긴이). 나머지 한 쌍은 성 염색체다. 여성은 2개의 X염색체를, 남성은 하나의 X염색체와 하나의 작은 Y염색체를 가지고 있다. 크기는 X염색체가 7번과 8번 염색체 중간 정도이고 Y염색체가 가장 작다.

23이라는 숫자에 그리 큰 의미가 있는 것은 아니다. 사람과 가장 가까운 유인원을 비롯해 우리보다 많은 염색체를 가지고 있는 생물도 있고, 적게 가지고 있는 생물도 있다. 또한 유사한 기능을 가진 유전자들이 동일한 염색체 위에 모여 있는 것도 아니다. 그래서인지 진화학자인 데이비드 헤이그David Haig와 컴퓨터로 대화를 나누던 중 그가 15번 염색체를 특히 좋아한다는 말이 상당히 기이하게 느껴졌다. 그는 이 염색체 위에 이상한 유전자들이 여러 개 놓여 있어서라고 했다. 나는 그때까지 염색체가 개성을 가지고 있다는 생각을 해본 적이 없다. 여러 유전자를 무작위적으로 적당하게 모아놓은 하나의 덩어리로밖에 생각하지 않았기 때문이다. 그날 헤이그의 말은 오랫동안 나의 뇌리에서 떠나지 않았다. 이제 사람의 각 염색체에 존재하는 유전자가 밝혀지고, 그 유전자에 대한 자세한 정보 또한 하나씩 알려지면서, 우리가 모르던 많은 사실들이 설명되고 있지 않은가. 프리모 레비Primo Levi가 원소의 주기율표 속에다 자전적인 짧은 글을 만든 것처럼, 사람의 유전자에 관한 이야기들을 풀어놓을 수는 없을까(레비는 자신의 인생을 당시 자신이 다루던 각 원소와 연관지어 풀어놓았다).

나는 우리의 게놈이 인류라는 종이 생겨나면서 이루어온 '유전자적' 발명과 변천의 역사를 자전적으로 기록하고 있다고 생각하기 시작했다. 어떤 유전자는 원시대기 속에서 증식하던 단세포 생명에 존재하던 것에서 그다지 변화하지 않았다. 어떤 유전자는 벌레로 진화하면서 획득한 것이며, 어떤 것들은 물고기로 진화하면서 처음 나타났다. 또한 어떤 유전자들은 유행하던 질병으로 인해 현재와 같은 상태가 된 것이다. 다른 유전자들은 인류가 수천 년 동안 이동한 경로를 추적하는 데 사용되기도 한다. 결국 게놈은 40억 년 전부터 최근 백여 년까지 우리 인류가 겪어온 중요한 사건을 기록한 자서전과 같다고 할 수 있다.

나는 우선 23쌍의 염색체를 순서대로 나열하고 각각의 염색체 옆에 인류의 본성과 관련된 주제를 붙였다. 그다음 각 염색체 위에서 내 이야기를 상징할 만한 유전자를 찾았다. 때로는 적절한 유전자를 못 찾기도 했고, 때로는 적당한 유전자를 발견했으나 다른 염색제 위에 존재해 실망한 적도 있었다. X와 Y염색체를 어떻게 처리할지도 문제였다. 우선 XY염색체는 X염색체 크기에 맞춰 적절한 위치인 7번 염색체 다음에 놓았다. 이 책이 전체적으로는 23장이지만 마지막 장이 22장으로 끝난 것은 바로 이 때문이다.

나의 이러한 방법은 처음에 잘못된 생각을 심어줄 수도 있다. 사실과는 다르게 마치 1번 염색체가 맨 먼저 생겼고 11번 염색체는 사람의 인성에 관여하는 유전자로만 채워져 있다고 말이다. 사람은 약 6만~8만 개의 유전자를 가지고 있다. 내가 여기서 그 모든 유전자를 다 설명할 수 없는 것은 현재도 연구가 계속되고 있으며(인간 게놈 프로젝트는 2003년에 완성되었다), 또 대부분의 유전자들이 단순한 생화학적 반응의 중간 단계를 수행하고 조절하기 때문이다.

이 책에서 나는 다만 전체적인 윤곽을 보여주고자 한다. 유전자들 중 재미있는 것들을 골라서 이들이 우리에게 주는 의미를 살펴보고자 하는 것이다. 우리는 게놈이라는 책을 처음으로 읽는 행운의 세대다. 유전자 해석으로 지금까지 해온 어떤 과학적 노력보다도 훨씬 더 많이 인류의 기원, 진화와 본성과 지성에 대해 이해하게 될 테니까. 유전자 해석은 인류학, 심리학, 의학, 고고학뿐만 아니라 과학의 거의 전 분야에 놀라운 변화를 가져올 것이다. 물론 모든 것에 대한 답이 유전자에 들어 있다거나 유전자가 다른 요소보다 더 중요하다는 것은 아니다. 실제로 유전자가 더 중요한 요소가 아닌 것은 분명하다. 그러나 모든 것과 상관이 있는 것만은 확실하다.

이 책은 사람의 유전자 지도를 만들고 염기 서열을 분석하는 기술적인 측면의 '인간 게놈 프로젝트'에 관한 것은 아니다. 이 프로젝트에서 발견한 내용에 관한 것이다. 나는 우리가 인류 역사상 가장 지적인 시기에 살고 있다고 확신한다. 어떤 사람들은 인간이 유전자보다 낫다고 주장할지 모른다. 나 또한 그것을 부정하지 않는다. 우리는 분명히 유전자의 정보가 지시하는 것보다 훨씬 더 많은 것을 가지고 있다. 다만 이제까지 우리의 유전인자는 완전히 베일에 가려 있었는데, 우리가 그

속을 들여다보는 첫 세대라는 것이다. 우리는 아주 새로운 해답들을 얻음과 동시에 더 많은 새로운 의문을 가지게 되는 순간에 와 있다. 바로 이것이 내가 이 책에서 보여주고자 하는 점이다.

이 서문의 후반부에 유전자가 무엇이며 어떻게 작용하는지에 관한 용어와 간단한 기초 지식을 설명해놓았다. 처음에는 적당히 훑어보고 이후에 이들 용어가 나올 때마다 되돌아와 자세히 살펴보기를 권한다. 현대 유전학은 전문가들끼리만 알아들을 수 있는 용어들로 가득 차 있다. 이 책에서는 이러한 전문 용어들을 되도록 최소한으로 줄이고자 노력하였으나 어쩔 수 없는 경우에는 사용하였다.

사람의 몸은 약 100조 개의 세포로 이루어져 있으며 대다수 세포의 지름은 0.1mm 이하다. 각각의 세포에는 검은색 덩어리인 핵이라는 구조가 있다. 핵 안에는 완전한 게놈이 두 벌씩 존재한다(예외적으로 난자와 정자 세포에는 두 벌이 아닌 한 벌만 존재하며 적혈구에는 핵이 없다). 한 벌의 게놈은 어머니로부터, 다른 한 벌은 아버지로부터 유래했다. 이론적으로는 23쌍의 염색체 위에 존재하는 6만~8만 개의 유전자가 동일하지만, 실제로 어머니와 아버지에게서 오는 염색체에는 미세한 차이가 있다. 예를 들어 파란색 또는 갈색의 눈을 가지는 정도의 차이다. 우리는 어머니와 아버지에게서 받은 염색체를 서로 섞어 작은 조각을 교환한 후에 다시 조합된 한 벌의 염색체를 자손에게 전달한다. 이러한 과정을 '재조합recombination'이라 한다.

게놈을 책으로 상상해 보자.

책은 '염색체'라고 하는 23개의 장으로 이루어져 있다.

각 장에는 '유전자'라고 하는 수천 개의 이야기가 실려 있다.

모든 이야기는 '엑손exon'이라 하는 여러 단락이 연결되어 만들어졌는데,

단락 사이에는 '인트론intron'이라 하는 광고가 끼어 있다.

각 단락은 '코돈codon'이라고 부르는 단어들로 기록되어 있다.

이 언어들은 '염기base'라는 문자로 쓰여 있다.

게놈이라는 책은 10억 개의 단어로 되어 있는데 이것은 대략 지금 이 책 5,000권이나 《성경》 800권 정도에 해당하는 분량이다. 만약 내가 1초에 한 단어씩 매일 8시간씩 읽는다면 게놈이라는 책을 모두 읽는 데는 한 세기가 걸린다. 또 내가 이 책의 모든 문자를 1cm에 한 자씩 적어넣는다면 다뉴브 강(길이 2,860km)만큼이나 길게 늘어진다. 이렇게 어마어마한 책이 바늘 끝보다 작은 세포 안에서 현미경으로나 관찰할 수 있는 핵이라는 구조물 속에 모두 들어 있다.

게놈을 무턱대고 책에 비유한 것은 아니다. 문자 그대로 책이기 때문이다. 이 책은 디지털 정보가 한 방향으로 길게 1차원적으로 적혀 있고, 알파벳과 같은 부호를 다른 언어로 바꾸어주는 코드가 있으며, 코드에 따라 뜻을 해석해 그룹으로 모아놓았다. 이것이 게놈이다. 그러나 일반적인 영어 책들이 한 방향으로, 왼쪽에서 오른쪽으로 쓰인 것에 비해 '게놈'이라는 책은 때로는 오른쪽에서 왼쪽으로, 또 왼쪽에서 오른쪽으로 쓰이기도 하여 조금 더 복잡하다는 점이 다를 뿐이다.

(독자들은 흔히 사용되는 '청사진'이라는 단어를 이 책에서 쓰지 않은 것을 알았을 것이다. 다음의 세 가지 이유 때문이다. 첫째로, 청사진은 주로 건축가나 공학자들이 사용하던 것으로 컴퓨터 세대는 더 이상 쓰지 않는다. 이에 비해 책은 모든 사람이 사용하는 말이다. 둘째, 청사진은 유전자에 대한 좋은 비유가 아니다. 청사진은 2차원적인 도면이지 1차원적 디

지털 코드가 아니기 때문이다. 셋째, 청사진은 유전 현상을 지나치게 문학적으로 표현한 것이다. 청사진의 각 부분은 건축이나 기계의 해당 부분을 그대로 보여줄 뿐이기 때문이다.)

영어는 26개의 알파벳을 다양하게 조합해 여러 단어를 만든다. 유전자는 A, C, G, T 4개의 문자 중 3개로 이루어진 단어를 사용해 만들어진다. A는 아데닌adenine, C는 시토신cytosine, G는 구아닌guanine, T는 티민thymine을 의미한다. 그리고 단어들은 평평한 종이가 아니라 당과 인산으로 이루어진 긴 고리에 염기가 가로대처럼 놓여 있는 형태의 이른바 DNA 분자 위에 쓰인다. 우리의 염색체는 쌍으로 배열된 (매우) 긴 DNA 분자다. 만약 세포 하나에 있는 모든 염색체의 DNA 분자를 길게 이어서 늘어놓으면 약 182.9cm가 된다. 우리 몸을 이루는 모든 세포의 염색체 DNA를 다 이으면 약 1억 6,090만km로 광속으로도 대략 이틀반을 달려야 하는 길이가 된다. 전 인류의 DNA를 모두 더하면 96억 5,400만km의 1억 배에 달하며 이는 우리 은하계에서 다른 은하계까지 갈 수 있는 길이다.

게놈은 매우 영리한 책이다. 적당한 조건만 주어지면 자신을 복사하거나 읽어낼 수 있다. 복사는 '복제replication', 읽는 것은 '해독translation'이라고 부른다. 복제는 4개의 염기 특성이 독특하기 때문에 가능하다. A는 T와 G는 C와 쌍을 이룬다. 즉 DNA 단일 가닥single strand은 자신과 상보적인 염기를 가지는 상보적 가닥complementary strand을 만들어냄으로써 자신을 복제할 수가 있다. 자신의 단일 가닥에 A가 있으면 맞은편에는 T를, T의 맞은편에는 A를, C의 맞은편에는 G를 그리고 G의 맞은편에는 C를 넣어줌으로써 상보적 가닥을 복사해낸다. 사실 일반적인 DNA는 원래의 가닥과 상보적 가닥이 쌍을 이루어 꼬여 있는 '이중나선 구조double helix'다.

자신을 복제하기 전에 우선 상보적 가닥을 만들고, 이 상보적 가닥을 주형으로 다시 상보적 가닥을 만들면 원래 염기 서열을 가지는 단일 가닥이 복제된다. 예를 들어 ACGT라는 염기 서열을 가진 단일 가닥을 복제하면 TGCA가 되고, 복사판인 TGCA를 다시 복제하면 원래의 염기 서열인 ACGT가 만들어진다. 이러한 방법으로 DNA는 복제하면서 원래의 정보를 그대로 가지게 된다.

해독에는 좀 더 복잡한 과정이 필요하다. 먼저 위에서와 같은 방법으로 주형 DNA에서 하나의 복사판을 만든다. 다만 이 복사판은 DNA가 아니라 DNA와 매우 유사한 화합물인 RNA로 만들어진다. DNA와 같이 RNA 역시 염기가 일렬로 배열된 단일 가닥 구조로, 다만 T 대신 U(uracil, 우라실)를 가지고 있다. 이 RNA 복사판을 전령 RNA(messenger RNA, mRNA)라고 부르며, 이것은 인트론을 잘라내고 엑손을 서로 잇대어 연결시켜 다시 편집된다.

이렇게 만들어진 mRNA는 RNA를 구성물질로 하는 리보솜ribosome이라고 불리는 미세한 기구와 만나게 된다. 이 리보솜이 mRNA를 따라가면서 3개의 염기 코돈을 특정 문자로 해독해준다. 이 문자는 바로 (우리 체내에 존재하는) 20개의 아미노산이다. 코돈이 특정 아미노산으로 해독되면 이에 해당하는 아미노산은 운반 RNA(transfer RNA, tRNA)라고 불리는 특수한 분자에 의해 이동되어 순서대로 연결된다. 이렇게 연결된 아미노산 고리가 접히고 포개져 특정 삼차원 입체 구조가 만들어진다. 이 삼차원 입체 구조가 바로 단백질이다.

머리털부터 호르몬까지 체내에 있는 거의 모든 것은 단백질로 구성되어 있거나 단백질에 의해 만들어진다. 각 단백질은 유전자가 해독된 산물이다. 특히 체내의 화학 반응은 효소enzyme라는 단백질에 의해 촉매된다. 복제나 해독과 같은 과정에서 일어나는 DNA나 RNA의 복사나 오류 수정, 복합체 형성 등도 단백질의 도움으로 이루어진다. 단백질은 유전자의 머리 부분에 있는 프로모터promoter나 인핸서enhancer라는 특정 부위와 결합해 유전자의 발현을 조절할 수도 있다. 몸의 서로 다른 부위에서는 서로 다른 유전자가 발현된다.

유전자가 복제될 때 간혹 실수가 일어나기도 한다. 문자(염기)가 빠지기도 하고 다른 문자가 삽입되기도 한다. 어떤 때는 문장 또는 단락 전체가 중복되거나 삭제되기도 하며 뒤집어질 때도 있다. 이것이 '돌연변이mutation' 다. 대부분의 돌연변이는 해롭지도 이롭지도 않다. 예를 들어 코돈이 바뀌어도 같은 아미노산이다. 왜냐하면 DNA는 64개의 다른 코돈을 가지고 있는데 반해 아미노산은 단 20개밖에 되지 않기 때문에 여러 개의 코돈이 하나의 아미노산을 의미하게 되기 때문이다. 사람은 각 세대마다 몇백 개의 돌연변이를 가진다. 사람의 게놈 안에 100만 개의 코돈이 있는 것에 비하면 그리 많은 숫자는 아니지만, 결정적인 부위에서 돌연변이가 일어나면 하나의 변화로도 치명적일 수 있다.

모든 법칙에 예외가 있듯이 여기서도 예외는 존재한다. 사람의 모든 유전자가 23개의 염색체 내에 있는 것은 아니다. 일부는 미토콘드리아라고 불리는 세포 내 소기관에 존재한다. 이들 유전자는 아마도 독립 생활을 하는 박테리아에 있던 것으로 보인다(미토콘드리아는 한때 독자적으로 생활하던 박테리아로서 우리 세포와 공생을 하면서 세포 소기관으로 종속하게 되었다). DNA만 유전인자로 쓰이는 것도 아니다. 어떤 바이러스는 RNA를 사용한다. 또 모든 유전자가 단백질로 해독되는 것은 아니다. 어떤 유전자는 RNA로 전사되고 RNA로서 일을 수행한다. 리보솜 내에 존재하는 RNA 또는 tRNA가 바로 그것이다. 모든 화학 반응이 단백질에 의해 일어나지는 않는다. 일부는 RNA에 의해 촉매된다. 모든 단백질이 하나의 유전자로 만들어지는 것은 아니다. 때로는 여러 유전자의 해독물이 하나의 단백질을 구성한다. 64개의 모든 코돈이 아미노산 해독에 사용되는 것은 아니다. 3개의 코돈은 종료stop를 지시하는 명령어다. 끝으로 DNA의 모든 부위가 유전자로 사용되는 것은 아니다. 대부분은 반복적이고 무작위적인 염기 서열로 거의 또는 전혀 전사되지 않는 부위다. 이들을 이른바 쓰레기junk DNA라고 한다.

이상이 독자들이 이 책을 읽는 데 필요한 지식이다. 자, 그러면 이제 인간의 게놈 여행을 떠나보도록 하자.

차례

GENOME

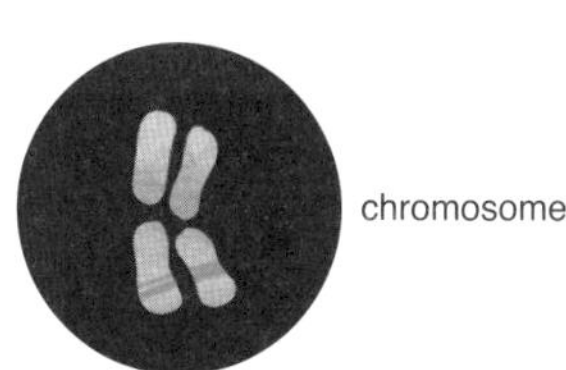

1번 염색체

생명

모든 죽어가는 것은 다른 생명의 비료가 된다,
(그리하여 우리는 생명의 숨결과 죽음을 번갈아 가지게 된다)
생명의 모체인 바다 위 물거품처럼,
그들은 일어나고 부서져 바다로 돌아간다.
- 알렉산더 포프, 《인간에 대한 명상집》

태초에 말이 있었다(여기서 말은 유전자라 해석해도 좋다-옮긴이). 그 말은 반복적으로 끊임없이 스스로를 복사하여, 바다를 생명이란 의미가 깃든 곳으로 만들었다. 말은 화학물질을 재배치하는 과정에서 에너지를 끌어내어 생명을 유지하게 했다. 그 말은 먼지로 가득 찬 이 행성의 표면을 푸르름이 꽉 찬 천국으로 변화시켰다. 그리고 사람의 뇌라는 물렁물렁하며 놀라운 장치를 만들어냈으니, 뇌는 말 자체를 발견하고 인식할 수 있었다.

내가 이러한 생각을 할 때마다 나의 물렁물렁한 장치는 흥분하였다. 40억 년이라는 지구 역사 속에서 지금 이 시대에 살고 있다는 것은 큰 행운이며, 500만 종의 생물 중에서 인식을 가진 인간으로 태어난 것은 그야말로 축복이다. 또한 이 지구상에 존재하는 70억 명의 사람 가운데 그 말의 비밀을 발견한 나라에서 태어난 게 개인적으로 영광이라고 생각한다. 지구의 긴 역사 속에서, 다양한 생물 중에서, 그리고 이 지구라는 땅덩어리 위에서, 나와 같은 종에 속하는 두 명의 인간이 DNA라는 구조를 발견했다. 우주의 가장 위대하고 가장 단순하면서도 놀라운 비밀을 발견한 그 순간으로부터 5년 후, 나는 그곳(영국의 캐번디시 연구소에서 1953년 제임스 왓슨James Watson과 프랜시스 크릭Francis Crick이 DNA 구조를 발견하였다)에서 약 321km 떨어진 곳에서 태어났다. 나의 이런 열광을 비웃어도 좋다. 아니, 나를 단순히 몇 글자 안 되는 알파벳에 지나친 열성을 보이는 우스꽝스런 물질주의자라고 생각하라. 나는 다만 당신과 함께 과거로의 여행을 떠나 생명의 바로 그 기원으로 되돌아가 유전자 속에 있는 환상적인 모습을 보여주고 싶을 뿐이다.

"이 지구상에 동물이 존재하기 전에 식물이 번성하였을 것이다. 그리고 지금의 동물이 있기 전에 다른 동물들이 많았을 것이다. 모든 유기체 생명들은 공통된 하나의 시조 생명체에서 실타래처럼 이어져 나왔다고 추정해볼 수 있지 않을까?" 이것은 시인이며 의사였던 에라스무스 다윈Erasmus Darwin[1]이 한 말이다. 그의 손자 찰스 다윈Charles Darwin이 생명의 기원이라는 주제로 책을 쓰기 65년 전에 한 그의 이 말은 당시로서는 놀라운 상상이었다. 모든 생명이 하나의 동일한 기원을 가질 것이라고 추정했을 뿐만 아니라 묘하게도 '실타래'라는 단어를 사용했기 때문이다. 생명의 비밀은 사실 끈이다.

하지만 실타래가 어떻게 살아 있는 무엇을 만든다는 것인가? 생명에 대한 정의를 내리기는 매우 어렵지만, 두 가지의 매우 독특한 특징을 가지고 있다. 하나는 복제 능력이고 또 다른 하나는 질서를 만들어 내는 능력이다. 살아 있는 모든 것들은 자신과 매우 유사한 복제품을 만들어낸다. 토끼는 토끼를, 민들레는 민들레를. 그러나 토끼는 복제 이상의 것을 한다. 풀을 먹어 자신의 근육으로 변화시키며 상대적으로 무질서한 것에서 체계적이고 복잡성을 지닌 육체를 만들어낸다. 그렇다고 '갇힌 세계에서 모든 물질들은 질서에서 무질서로 향하는 경향이 있다'는 열역학 제2법칙에 위배되지 않는 것은 토끼가 갇힌 세계에 있지 않기 때문이다. 토끼는 많은 에너지를 사용하여 육체라는 복잡하고 체계적인 덩어리를 만들어낸다. 에르빈 슈뢰딩거Erwin Schrödinger의 말을 빌리자면, 살아 있는 것들은 환경으로부터 '질서정연함을 마신다'.

생명의 이러한 두 가지 특징들을 구성하는 주된 요소는 정보다. 복제를 할 수 있는 것은 새로운 생물체를 만들어내는 데 필요한 정보인 그 비법이 있기에 가능하다. 토끼의 난자는 새로운 토끼를 만들어내는 데 필요한 지침서를 가지고 있다. 그뿐만 아니라 대사를 통하여 질서를 만들어내는 능력도, 질서를 만드는 데 필요한 기구를 만들고 유지하는 데 필요한 지침서인 정보가 있기에 가능하다. 대사활동을 하고 복제할 수 있는 성숙한 토끼는 케이크의 종류나 모양이 요리법에 따라 미리 정해지는 것처럼, 그의 생명의 실타래 속에 모습이나 행동이 정해져 있다. 이러한 생각은 오래전으로 거슬러올라가 아리스토텔레스에서 유래를 찾아볼 수 있다. 그는 "닭의 '모습'은 알 속에 내재해 있고, 도토리는 상수리나무의 계획에 따라 문자 그대로 '지시된' 것이다"라고 하였다. 화학과 물리의 세대 속에서 잊혀진 아리스토텔레스의 정보 논리가 현대 유전학이 발전함에 따라 어렴풋이나마 되살아나게 되었을 때, 막스 델브뤼크Max Delbruck는 우스갯소리로 DNA[2] 발견의 노벨상은 사후나마 그리스의 현자가 받아야 했다고 하였다.

끈 형태의 DNA는 하나의 화합물이 하나의 문자를 의미하는, 화학적 암호로 적힌 정보다. 우리가 이해할 수 있는 방법으로 이러한 암호가 쓰여 있다는 사실은 믿기 힘들 정도로 다행스러운 일이다. 영어처럼 이 유전암호는 일직선상에 나열할 수 있는 언어고 디지털 방식으로 모든 문자는 거의 같은 중요성을 지닌다. 더욱이 DNA 언어는 영어보다 단순하다. A, C, G, T의 단 4개의 문자로 이루어져 있기 때문이다.

유전자가 암호화된 조리법임을 알고 있는 오늘날, 예전에 그러한 가능성을 상상조차 한 사람들이 거의 없었다는 사실을 기억하기란 쉽지 않다. 20세기 초 생물학계는 온통 '유전자란 무엇인가?'라는 질문 때문에 골머리를 앓고 있었다. 도저히 풀 수 없는 미스터리처럼 느껴졌다. 1953년 DNA가 대칭형 구조라는 것이 밝혀지기 10년 전인 1943년으로 거슬러올라가 보자. 1943년 당시 10년 후 그 미스터리를 풀 사람들은 각자 다른 일을 하고 있었다. 프랜시스 크릭은 포츠머스 근처의 해군 탄광을 디자인하고 있었다. 같은 시기에 제임스 왓슨은 15세의 어린 나이로 시카고 대학에 입학하여 조류학을 공부할 계획이었다. 모리스 윌킨스Maurice Wilkins는 미국에서 원자폭탄 만드는 일을 돕고 있었다. 로잘린 프랭클린Rosalind Franklin은 영국 정부를 위해 석탄의 구조를 연구하고 있었다.

1943년 아우슈비츠에서 조세프 멩겔레Josef Mengele는 과학적 탐구라는 그럴 듯한 명목하에 쌍둥이들을 고문하여 죽이고 있었다. 멩겔레는 유전의 의미를 이해하기 위해서라고 했지만, 그의 우성학 연구는 방향이 잘못된 것으로 미래의 과학자들에게는 아무 쓸모가 없었다.

1943년 더블린, 멩겔레 일당에게서 도망쳐 나온 유명한 물리학자 슈뢰딩거는 트리니티 대학에서 '생명이란 무엇인가'라는 주제로 강연을 시작했다. 그는 문제가 무엇인지를 규정하려고 애썼다. 염색체 속

에 생명의 비밀이 있음을 알고 있었으나 어떠한 방식으로 되어 있는지
는 몰랐던 슈뢰딩거는 "한 개인의 발달 상황이나 성숙한 상태에서의
기능 등은 어떤 형태의 암호화된 대본 속에 있다. …… 염색체 속에"
라고 했다. 또 유전자는 너무나 작아 거대 화학 분자 이상은 아닐 것이
라는 말을 덧붙였다. 이러한 그의 통찰력은 크릭, 왓슨, 윌킨스, 프랭
클린 등 당시의 과학자들에게 그것이 해결 가능한 문제로서 다룰 수
있다는 희망을 주었다.

슈뢰딩거는 정답에 아주 가까이 왔으나 다음에서 약간 빗나가기 시
작했다. 그는 이러한 유전적 능력을 가진 분자의 비밀이 자신이 가장
좋아하는 양자역학 속에 존재한다고 생각했다. 그러나 이는 그 후 전
혀 사실과 다른 것으로 밝혀졌다. 생명의 비밀은 양자역학적 상태와는
아무 연관이 없었다. 답을 물리학에서 얻을 수는 없었다.[3]

1943년 뉴욕에서, 66세의 캐나다 과학자 오스왈드 에이버리Oswald
Avery는 DNA라는 화합물이 유전물질임을 증명할 결정적인 실험을 마
무리하고 있었다. 그는 여러 가지 교묘한 실험을 통하여 어떤 단순한
화합물이 병원성이 없는 폐렴균을 병원성이 강한 폐렴균으로 형질을
바꿀 수 있음을 증명하였다. 1943년에야 비로소 그는 형질을 변환시
키는 그 화합물을 분리했고 그것이 DNA임을 알게 되었다. 그러나 에
이버리는 자신의 결론을 발표하는 데 매우 조심스러운 표현을 사용하
여 사람들이 그 진의를 알아채는 데만도 몇 년이 걸릴 정도였다. 같은
해 5월, 그가 형제인 로이에게 보낸 편지에서는 좀 더 직접적인 표현
을 사용하였다.[4]

아직 완전히 밝혀진 것은 아니지만 만약 우리의 결론이 맞다면, 핵산

(DNA)은 단순히 흥미로운 구조를 가지고 있을 뿐만 아니라 세포의 특정 형질과 생화학적인 활성을 결정하는 기능을 가진 물질임을 의미한다. 이 화합물을 이해함으로써 세포의 유전적 특징을 예측하거나 변화시킬 수 있다. 이것은 우리 유전학자들이 오랫동안 꿈꾸어온 바로 그것이다.

에이버리는 거의 사실에 가까운 추론을 하였지만, 그 역시 화학적인 의미에 무게를 두고 생각을 전개했다. 1648년 장 밥티스트 반 헬몬트 Jan Baptist van Helmont가 "모든 생명은 화학이다"라고 추측했던 것처럼. 1828년 프리드리히 빌러Friedrich Wöhler는 염화암모늄과 시안화은에서 요소를 합성한 후 "적어도 생명의 일부분은 화학이다"라고 말하였다. 이 말은 그동안 화학적 세계와 생물학적 세계를 갈라놓은 신성한 경계점을 파괴하는 것이었다. 요소는 생물이 만든 물질에 지나지 않는다. 생명이 화학물질인 것은 사실이지만 이것은 마치 축구가 물리현상이라고 하는 것처럼 매우 무의미하다. 생명은 크게 3개의 화합물로 이루어져 있다고 할 수 있다. 모든 생물의 98%는 수소, 탄소, 산소의 세 가지 원소로 이루어져 있다. 그러나 생명의 독특한 특징은 유전현상처럼 이것을 이루고 있는 구성분자보다 흥미롭다. 에이버리는 DNA가 유전이라는 비밀을 유지해가는 물질이라는 것은 상상도 하지 못하였다. 해답은 화학적 분석에도 있지 않았다.

1943년 영국의 블레칠리에서 천재적인 수학자 앨런 튜링Alan Turing은 극비리에 자신의 가장 놀라운 통찰력을 물리학적 현상에 적용하였다. 튜링은 숫자가 숫자를 계산할 수 있다고 주장하였다. 독일군의 로렌츠 암호문을 해독하기 위하여 튜링의 원리를 이용하여 콜로서스라는 컴퓨터가 만들어졌다. 이것은 변화 가능한 프로그램을 저장한 보편적인 기계였다. 당시에는 튜링조차 자신이 생명의 신비에 가장 가까이 다가 갔다는 사실을 깨닫지 못하였다. 유전은 변화 가능한 저장된 프로그램이며, 대사는 보편적인 기계다. 이 둘 사이를 연결하는 것은 암호이며, 이것은 화학적이고 물리적이며 때로는 물질이 아닌 형태를 가진 압축된 정보다. 생명의 신비는 자신을 복제할 수 있다는 것이다. 외부의 물질을 이용해 자기 자신을 복제할 수 있는 것을 살아 있다고 한다. 여기에 사용할 만한 가장 가능한 형태가 숫자나 대본, 단어와 같은 디지털 암호다.[5]

1943년 뉴저지에서는 온화한 성격의 과학자 클로드 섀넌Claude Shannon이 몇 년 전 자신이 프린스턴 대학에서 처음 떠올린 생각을 되짚어보고 있었다. 그는 정보와 엔트로피는 동전의 양면과 같으며 둘 다 에너지와 깊은 연관이 있다고 생각하였다. 어떠한 계에 엔트로피가 적으면 계는 그에 상당한 만큼의 많은 정보를 가지게 된다. 증기 엔진이 엔트로피를 뿜어내고 에너지를 만드는 것은 제작자가 엔진에 정보를 주입하였기 때문이다. 인간의 몸도 마찬가지다. 아리스토텔레스의 정보에 대한 원리와 뉴턴의 물리학이 섀넌의 머릿속에서 만나고 있었다. 튜링과 마찬가지로 섀넌 역시 생물학에 대해서는 아는 것이 없었다. 그러나 그의 이러한 통찰은 화학이나 물리보다 생명이 무엇인가에 대한 질문과 더 연관이 있었다. 생명 역시 DNA 속에 기록된 디지털 정보이기 때문이다.[6]

태초에 말이 있었다. 그 말은 DNA가 아니었다. 생명은 이미 생성되어 있었고 DNA는 화학적 일과 정보의 저장, 대사와 복제라는 2개의 활동이 구분된 이후에 나타났다. 그러나 DNA는 말을 기록하였고, 그 말을 영겁의 세월을 거쳐 오늘날까지 충실하게 전해 내려왔다.

현미경으로 사람의 수정란을 보며 23개의 염색체를 크기에 따라 왼쪽에서 오른쪽으로 순서대로 나열한다고 생각해보라. 이제 가장 큰 염색체를 임의로 1번이라 이름 붙이자. 모든 염색체는 하나의 긴 팔과 하나의 짧은 팔을 가지며, 이 두 팔은 잘록한 동원체centromere라고 부르는 부위로 연결되어 있다. 1번 염색체의 동원체에 가까운 긴 팔 주변의 염기를 읽어보면 120개의 A, T, G, C의 염기로 이루어진 반복적 배열임을 알 수 있다. 그배열 사이에서 무작위적 배열도 찾을 수 있지만, 120개의 단어로 된 단락이 일정한 테마를 가진 노래처럼 100번 이상 계속되는 것을 볼 수 있다. 이 짧은 단락이 아마도 태초에 쓴 단어와 가장 가까운 모습일 것이다.

이 단락이라는 것은 하나의 작은 유전자로, 사람의 몸 속에서 가장 활발한 유전자의 하나일 것이다. 120개의 알파벳은 끊임없이 복제되어 짧은 RNA 가닥이 된다. 복제된 RNA는 5S RNA로 다른 여러 RNA, 단백질과 함께 엮여 DNA 정보를 단백질로 해독해내는 리보솜이라는 기구를 만든다. 이렇게 만들어진 단백질은 역으로 DNA가 복제하는 것을 도와준다. 새뮤얼 버틀러Samuel Butler의 말을 들어보자. 단백질은 하나의 유전자에서 다른 유전자를 만드는 도구일 뿐이며, 유전자는 하나의 단백질로 다른 단백질을 만드는 수단일 뿐이다. 요리사는 요리법이 필요하고, 요리법도 역시 요리사가 필요하다. 생명은 DNA와 단백질이라는 두 화학물의 상호작용으로 만들어진다.

단백질은 화학반응, 생활, 호흡, 대사 그리고 행동 등 생물학자들이 표현형이라고 부르는 것들을 만들어낸다. DNA는 정보, 복제, 교배, 성 등 생물학자들이 유전형이라고 부르는 것들을 만들어낸다. 어느 하나도 다른 하나 없이는 존재할 수 없다. 그 대표적인 관계가 닭과 달걀이다. DNA가 먼저 생겼을까, 단백질이 먼저 생겼을까? DNA가 먼저 생겼을 수는 없다. DNA는 화학반응을 일으킬 수 없는 생동력 없는 수학과 같기 때문이다. 단백질이 먼저일 수도 없는데, 단백질은 스스로 복제가 불가능한 단순한 화학적 작용을 하기 때문이다. DNA나 단백질이 상대방을 만들어내는 것도 불가능해 보인다. 생명의 기원에서 희미하게나마 남아 있는 알파벳의 흔적이 아니었다면, 이 모든 것은 이해할 수 없는 이상한 수수께끼로만 여겨졌을 것이다. 오늘날 우리가 닭보다는 달걀이 먼저 생긴 것을 아는 것처럼(모든 조류의 조상은 파충류이며 이들은 알을 낳는다), RNA가 단백질보다 먼저 생겼다는 증거가 점점 쌓여가고 있다.

RNA는 DNA와 단백질을 잇는 화합물이다. 이것은 주로 DNA 속의 정보를 단백질로 해독하는 과정에 쓰인다. 그러나 이것이 작동하는 방법을 보면, DNA와 단백질의 선구물질임을 의심하지 않게 된다. RNA가 그리스라면 DNA는 로마다.

RNA 역시 언어였다. RNA는 단백질이나 DNA보다 먼저 생겼다고 볼 만한 5개의 작은 실마리를 간직하고 있다. 오늘날에도 DNA의 구성물질은 RNA의 구성물질을 변형하여 만들어지며, 직접적으로 생기는 것은 없다. 즉 T라는 DNA 염기는 U라는 RNA의 염기로부터 만들어진다. 현존하는 많은 단백질은 RNA라는 작은 분자가 있어야만 작동할 수 있다. 더욱이 RNA는 DNA나 단백질과는 달리 다른 것의 도움 없이도 스스로 복제할 수 있다. 적절한 구성물질을 섞어주기만 하면 RNA는 이것을 연결하여 메시지를 만들어낸다. 세포 속을 들여다보면 RNA가 대부분의 근본적이고 기초적인 기능을 수행하는 데 필요하다는 것을 알 수 있다. 유전자로부터 만들어진, RNA로 된 메시지를 해독하는 것은

RNA를 가지는 효소다. 메시지를 해독하는 것은 RNA를 가지는 리보솜이라는 기구이며, 유전자 정보를 해독한 후 필요한 아미노산을 가지고 오는 것도 작은 RNA 분자다. 무엇보다도 RNA는 DNA와는 달리 자기 자신뿐만 아니라 다른 분자를 자르고 붙이는 촉매 작용을 한다. 자기 자신을 자르고 붙여서 독자적인 RNA 고리를 만들기도 하고 길게 할 수도 있다. 때로는 자기 자신에게 작용하여 긴 내용의 일부를 잘라내고 잘라진 끝을 다시 이을 수도 있다.[7]

1980년대에 이르러 토마스 체크Thomas Cech와 시드니 알트만Sidney Altman에 의해 밝혀진 RNA의 많은 특징은 생명의 기원에 대한 우리의 생각을 바꾸어놓았다. 아마도 첫 유전자 'ur 유전자ur-gene'는 자기 주위의 화합물을 사용하여 복제할 수 있는 단어로서 복제자-촉매자의 복합체였을 것이다. RNA였을 수도 있다. 생명의 기원을 재현하듯이, 시험관 내에서 촉매 작용을 하는 능력을 가진 RNA를 지속적으로 선별함으로써 RNA를 진화시킬 수도 있다. 더욱 놀라운 사실은 임의로 만들어진 이러한 RNA의 내용이 리보솜에 있는 1번 염색체 위의 5S 유전자와 매우 흡사하다는 것이다.

공룡 이전 물고기, 벌레, 식물, 곰팡이, 미생물 등이 생기기도 전에 RNA 세계가 있었다. 아마도 40억 년 전쯤 지구라는 행성이 생긴 후 얼마 지나지 않아 그리고 은하계가 10억 년밖에는 되지 않은 그때에. 이러한 '리보-생물'이 어떻게 생겼는지는 알 수 없다. 단지 이들이 어떻게 살았는지를 화학적으로 추측할 수 있을 뿐이다. 그들 이전에 어떤 생명이 있었는지도 알 수 없다. 다만 현존하는 생물들 속에서 작동하는 RNA의 기능을 단서로 그들이 한때 존재했음을 확신할 뿐이다.[8]

이러한 리보-생물체의 가장 큰 문제는 RNA가 단 몇 시간 안에 분해되는 불안정한 물질이었다는 것이다. 이러한 생명체가 더운 환경에 들어가거나 덩치가 커지면, 유전자들은 급격히 분해되어 이른바 유전학자들이 말하는 실수의 재앙에 직면하게 된다. 그러던 중 어느 하나가 실수를 거듭한 끝에 RNA의 약간 다른 형태인 DNA를 만들게 되었고, 이것에서 원시-리보솜이라는 기구를 포함하여 RNA를 만드는 새로운 시스템이 만들어지게 되었다. 시스템은 정확하고 빨라야 했다. 그리하여 유전적 복제는 3개의 문자를 하나로 묶었다. 세 문자의 각 묶음은 아미노산이라는 꼬리표를 달아 원시-리보솜이 좀 더 쉽게 찾을 수 있도록 하였다. 얼마 후 이러한 꼬리표는 서로 엮여 단백질을 형성하고 3개의 문자로 이루어진 단어는 단백질 형성 암호가 되었다. 이것이 유전암호다(오늘날 유전암호는 단백질을 구성하는 20개의 아미노산을 의미하는 특정한 3개의 문자로 구성된 단어로 되어 있다). 마침내 DNA에 유전정보를 저장하고 단백질을 기구로 사용하며 RNA를 그 둘 사이를 연결하는 도구로 활용하는 좀 더 복잡한 생명체가 등장하게 되었다.

그녀의 이름은 루카Luca(the last universal common ancestor: 최초의 보편적 생물체)다. 그녀는 어떻게 생겼고 어디서 살고 있었을까? 일반적으로 그녀는 미생물처럼 생겼고 아마도 온천 부근의 따스한 연못이나 바닷가의 얕은 웅덩이에 살고 있었다고 상상한다. 최근 몇 년 동안 그녀가 좀 더 기이한 상소에 살았을 것이라는 의견이 강해지고 있다. 땅이나 바다 밑 바위 아래 화학 연료를 사용하는 수많은 박테리아가 존재한다는 것이 알려지면서 최근에는 루카가 땅속 깊은 뜨거운 돌 틈에서 황과 철과 수소와 탄소를 먹으며 살았다고 생각한다. 오늘날까지 지구 표면의 생명은 외각만 살짝 덮고 있는 정도다. 깊은 땅속에 사는 호열성 박테리아들은 지구 생명권에 존재하는 유기탄소의 열 배 이상을 만들어내는

데, 어쩌면 이들이 우리가 천연가스라고 하는 것을 만들어내는 존재인지도 모른다.[9]

그러나 태초 생명의 모습을 그려내기는 매우 어려울 것 같다. 현존하는 모든 생명체는 부모로부터만 유전자를 얻고 있지만, 항상 그런 것은 아니었을 것이기 때문이다. 현재도 박테리아는 다른 박테리아의 유전자를 단순히 흡수하여 얻을 수 있다. 이전에는 이러한 성질이 더 널리 퍼져 있었을 뿐만 아니라 유전자를 훔치기까지 했을 것이다. 오래전 염색체는 하나의 유전자만을 가지는 짧은 것이었고 그 수가 훨씬 많았을 것이다. 그리하여 쉽게 얻고 쉽게 잃었을 것이다. 정말 그랬다면 칼 우즈Carl Woese가 지적하였듯이 개체는 아직 형상 없이 다만 유전자가 일시적으로 모여 있는 집단에 불과했을지도 모른다. 그러면 우리의 몸을 이루는 유전자는 수많은 다른 '종'의 생명체로부터 유래한 것이므로 그 계통을 분류하는 자체가 쓸데없는 일일 수도 있다. 우리는 어떤 한 조상인 루카에서 유래한 것이 아니라 유전적 개체인 집단에서 진화한 것이기 때문이다. 우즈의 말처럼 생명이란 물리적인 역사를 가지고 있을 뿐이며 계통적인 역사를 가지고 있지는 않은 듯하다.[10]

"인간은 하나의 종에서 유래한 것이 아니라 여러 집단에서 유래하였다." 이러한 결론은 위안을 삼기 위한 신성주의적이며 공산주의적 철학이라고 생각할지도 모른다. 또는 이기적 유전자에 대한 궁극적인 증명일지도 모른다. 개체는 유전자들이 일시적인 동맹 관계를 맺고 잠시 빌린 수레와 같다. 그 당시에는, 아니 오늘날까지도 유전자 간의 전쟁은 진행 중이기 때문이다. 현재는 과거에 비해 좀 더 단체전일 뿐이다. 어떤 생각도 틀렸다고 할 수 없다.

수많은 루카가 있었다고 해도 여전히 어디서 무엇을 하며 살았는지 상상해볼 수 있다. 여기에 호열성 박테리아와 연관된 두 번째 문제가 등장한다. 1998년 세 명의 뉴질랜드 과학자들에 의한 천재적인 탐색 작업으로, 모든 교과서에 나온 생명의 기원 이야기를 뒤집을 수 있는 새로운 가설이 등장하였다. 모든 교과서에는 최초의 생명은 하나의 원형 염색체를 가지는 박테리아와 같은 단순한 세포였으며, 이들이 서로 모여 복잡한 개체를 형성하면서 다양한 생명체가 생겨났다고 적혀 있다. 그러나 정반대의 일이 일어났을 수도 있다. 태초의 생명은 박테리아 같지도 않았고, 온천이나 화산이 뿜어나오는 깊은 바닷속에 살지 않았을 수도 있다. 원형의 염색체가 아닌 여러 개의 조각 난 선형 염색체를 가진 원생동물과 같았을 수도 있다. 그리고 한 유전자를 여러 개 가지고 있는 배수체의 염색체로 쉽게 실수를 교정했을 수도 있다. 이들은 서늘한 기온을 좋아했을 것이다. 패트릭 포르테르Patrick Forterre가 오랫동안 주장해왔듯이 박테리아는 DNA-단백질 세계가 만들어지고 오랜 세월이 흐른 후에야 비로소 생겨난, 루카가 극도로 특수화되고 단순화된 형태다. 이들은 뜨거운 장소에서 살아남기 위해 RNA 세계에 있던 도구들을 대부분 버렸다. 루카의 원시적 분자 구조를 여전히 가지고 있는 것은 우리다. 박테리아는 우리보다 '훨씬 더 진화한' 형태다.

이 이상한 이야기는 분자 '화석'의 존재에서 추정되었다. 우리 세포의 핵에는 작은 RNA 소각이 놀아다니면서 유전자들 사이에서 빠져나오는 것과 같은 중요하지 않은 일들을 하고 있다. 이들이 가이드 RNA, 이동 RNA, 작은 핵small nuclear RNA, 작은 인small nucleolar RNA, 자체 조각모음 인트론self-splicing`introns 들이다. 박테리아는 이것들을 가지고 있지 않다. 우리가 만들어냈다기보다 그들이 버렸다고 하는 것이 더 가깝다(과학에서는 놀랍게도 그럴 만한 특별한 이유가 없는 한 복잡한 설명보다는 단순한 설명을 더 좋아한다. 이 원칙은 오캄의 날Occam's razor이라고 불린다). 박테리아는 170℃나 되는 깊은 지하의 바위틈이나, 온천과 같은 뜨거운 곳으로 이동하면서 열 때문에 생기는 실수를 최소화하기 위하여 세포 내 기구를 단순화할 필요가 있었다. 박테리아는 RNA 게놈을 버리고 난 후 기생하거나 부유물을 먹고사는 환경에서 살아남기 위하여 복제를 최대한 빨리 할 수 있는 능률적인 새로운 세포 내 기구를 만들어냈다. 그에 비해 우리는 박테리아에서는 이미 오래전에 대체되어버린 RNA 기구를 아직도 가지고 있다. 무한경쟁적인 박테리아의 세계와는 달리, 우리는(식물, 동물, 곰팡이 등도 마찬가지로) 빠르고 단순한 것이 요구되는 무서운 경쟁의 세계에 살지 않았기 때문이다. 유전자를 빠르게 사용하는 능률적인 기구를 만드는 대신 되도록이면 많은 유전자를 가짐으로써 복잡한 체계를 가지는 방향으로 힘을 쏟았다.[11]

　세 문자를 가진 유전암호는 모든 생명체에서 발견된다. 박쥐부터 벌, 너도밤나무 그리고 박테리아에 이르기까지 CGA는 아르기닌을, GCG는 알라닌을 의미한다. 뜨거운 황 가스가 뿜어져 나오는 원시 대양의 깊은 바닷속에서 살고 있는 고대 미생물(이것은 잘못 붙여진 이름이다)과 바이러스라고 불리는 현미경적인 형태의 생물에서도 같은 것을 의미한다. 이 지구상에서 동물, 식물, 벌레를 포함하여 살아 있는 모든 것은 같은 유전암호를 사용한다. 모든 생명은 하나다. 알 수 없는 이유로 섬모를 가진 원생동물에서 발견되는 극히 적은 변이를 제외하고는 모든 생물은 같은 유전암호를 사용한다.

　이것은 생명이 단 하나의 사건으로 단번에 창조되었음을 의미한다. 종교를 가진 사람들은 이 사실이 그들의 창조론을 대변해주는 아주 좋은 증거라고 생각할 것이다. 생명이 다른 행성에서 생긴 다음 우주선을 타고 이 지구상에 뿌려졌을 수도 있다. 또는 처음에 수천 개의 다른 생명이 생겼지만, 태고의 혹독한 환경에서 루카만이 살아남았을 수도 있다. 그러나 1960년 유전암호가 밝혀지기 전까지 현재 우리가 알고 있는 것, 곧 모든 생명이 하나라는 것은 알지 못했다. 바닷말은 우리의 먼 사촌이며, 탄저병균은 우리보다 진보된 친척이다. 생명의 공통성은 경험에서 이끌어낸 것이다. 에라스무스 다윈은 놀라울 정도로 그러한 사실에 접근했다. "모든 생명은 하나의 동일한 생명에서 유래하였다."

이러한 방법으로 게놈이라는 책에서 모든 생명의 동일성, RNA의 근원성, 지구상에 존재하는 가장 태고적 생명의 화학적 모습, 단세포 생물이 박테리아의 조상이었으며 그 반대가 아니었다는 등의 단순한 진실들을 찾을 수 있다. 우리에게는 40억 년 이전 생명의 모습을 보여줄 화석의 기록은 남아 있지 않다. 다만 게놈이라는 이 거대한 책만을 가지고 있을 뿐이다. 우리의 작은 손가락 세포 안에 있는 유전자는 태초에 존재한 복제자의 직접적인 후손으로, 수십억 년 동안 계속된 복제를 통해 초기 생명이 간직한 디지털 정보의 잔재를 여전히 지닌 채 우리에게 전달되었다. 만약 인간의 게놈이 태고의 환경에서 일어난 일들을 가르쳐준다면, 40억 년 동안 일어난 일들도 말해줄 수 있지 않을까. 활동하는 생물 속에 존재하는 암호는 우리 역사의 기록이다.

2번 염색체

종

모든 훌륭한 능력을 가진 인간도
여전히 지워지지 않는 하등한 근본의 모습을 가진다.
　－찰스 다윈

때로 분명한 사실을 빤히 들여다보고 있으면서도 깨닫지 못하는 경우가 있다. 1955년까지, 사람은 24쌍의 염색체를 가지고 있다고 믿었다. 모든 사람들이 이를 사실로 받아들였다. 24쌍 염색체 설은 1921년 텍사스의 테오필러스 페인터 Theophilus Painter라는 과학자가 비정상적이고 자기학대를 일삼는다는 이유로 거세당한 두 명의 흑인과 한 명의 백인 고환을 얇게 잘라 화학물실에 고성시킨 다음 현미경으로 관찰하여 얻은 결과다. 페인터는 이 불행한 남성들의 정자 속에 뒤엉킨 염색체를 힘들게 분석한 결과, 사람의 염색체는 24쌍이라는 결론에 도달하였다. 그는 "이것이 맞다고 확신한다"고 말하였다. 그 후 사람들이 다른 방법으로 실험한 결과도 마찬가지였기에 모든 사람들은 염색체가 24쌍이라는 데 동의하였다.

30년 동안 아무도 이 '사실'에 반대 의견을 제시하지 않았다. 어떤 과학자들은 사람의 간세포를 이용한 실험을 계획하다가 그 세포의 염색체가 23쌍인 것을 알고는 실험을 포기하기까지 하였다. 또 다른 과학자는 염색체를 분리하는 방법을 개발하였으면서도 24쌍의 염색체를 보았다고 생각하였다. 1955년에 이르러, 인도네시아의 조힌 트지오Joe-Hin Tjio가 앨버트 레반Albert Levan과 일을 하기 위하여 에스파냐에서 스웨덴으로 건너오면서 사실이 밝혀지게 되었다. 트지오와 레반은 좀 더 나은 기술을 사용해 염색체를 관찰한 결과, 단 23쌍만을 볼 수 있었다. 그래서 그들은 예전에 24쌍의 염색체가 있다고 보여준 책들의 사진을 다시 검토하였으나, 거기서도 그들은 23쌍밖에 볼 수 없었다. 보지 않으려는 사람들보다 더한 장님은 없다.[1]

사람의 염색체가 24쌍이 아니라는 사실은 매우 놀랄 만한 일이다. 침팬지는 24쌍을 가지고 있으며 고릴라와 오랑우탄도 마찬가지다. 유인원 중 인간만이 예외적으로 23쌍을 가지고 있다. 현미경으로 드러난 다른 유인원과 우리 인간과의 가장 놀랍고 분명한 차이는 우리가 한 쌍 적은 염색체를 가지고 있다는 점이다. 그러나 우리가 다른 유인원이 가진 염색체를 가지고 있지 않은 것이 아니라 그들이 가지고 있는 2개의 염색체가 하나로 융합되어 있다는 것이 곧 밝혀졌다. 사실 사람에게서 두 번째로 큰 2번 염색체는 유인원이 가지고 있는 중간 크기 2개의 염색체가 융합되어 만들어진 것이다. 이러한 사실이 염색체의 띠 패턴(염색체를 염색하면 보이는 띠 모양의 무늬-옮긴이)을 연구한 결과 밝혀졌다.

교황 요한 바오로 2세는 1996년 10월 22일, 가톨릭 주교 과학원에 보낸 메시지에서 사람과 유인원 사이에 '존재론적인 불연속성'이 있다고 주장하였다. 곧 동물에서 유래한 몸에 신이 사람의 영혼을 불어 넣었다는 것이다. 이러한 방법으로 교회는 진화론과 타협할 수 있었다. 아마도 존재론적 도약은 유인원의 2개 염색체가 융합되는 순간 생겼는지도 모른다. 그리하여 영혼에 관계하는 유전자는 2번 염색체 중간에 존재할지도 모른다.

교황은 그럼에도 인간이 진화의 최상점에 있는 것은 아니라고 하였다. 진화에는 최상점이 없으며 그 이유는 진화적 진보라는 것이 없기 때문이다. 자연선택은 생명체가 물리적 환경과 다른 생명체에 의해 주어진 수많은 기회에 적응하여 변하는 과정에 지나지 않다. 루카가 나타난 후 곧 생겨난 우리 조상으로부터 분화한 박테리아 무리에서 유래한 검은 연기 속의 박테리아는 원시 대양 해저의 황이 뿜어져 나오는 구멍 속에 살고 있으며, 적어도 유전적인 단계에서만큼은 현대인보다 훨씬 더 진화했다. 세대 간의 시간이 짧은 만큼 유전자를 완전하게 만들 기회가 더 많았기 때문이다.

이 책은 인간이라는 생물종을 중점적으로 다루지만 그 종의 중요성은 전혀 언급하지 않는다. 물론 인간은 매우 특별하다. 그들의 두 귀 사이에는 행성에서 가장 복잡한 형태의 생물학적 기계(뇌)가 존재한다. 그러나 복잡성이 더 좋은 것은 아니며 진화의 궁극적인 목표도 아니다. 이 지구상의 모든 생물종은 득벌하다. 하지만 나는 이 장에서 인간의 특성을 짚어봄으로써, 우리 인간이 하나의 생물종으로서 가지는 특별성의 이유를 밝히고자 한다. 나의 편협한 생각을 이해해주기 바란다. 아프리카에서 짧은 기간 번성한 털 없는 유인원에 관한 이야기는 생명의 역사 속에서는 하나의 작은 흔적에 지나지 않지만, 유인원의 역사에서는 가장 중요한 사건이다. 우리 생물종이 내놓을 만한 가장 중요한 특성은 과연 무엇인가?

인간은 생태적으로 가장 우위를 차지하고 있다. 큰 동물 중에서는 이 지구상에서 가장 많다. 그 수는 거의 70억이 넘고, 무게로는 3억 톤을 상회한다. 이 숫자나 무게에 견줄 만한 동물은 소, 닭, 양과 같은 가축들이나 사람이 만들어준 환경에 의존해 살아가는 참새나 쥐들뿐이다. 그에 비해 지구상에 사는 고산 고릴라는 1,000마리 이하다. 사람이 죽이고 서식지를 침범하기 전에도 그 수는 지금의 10배는 되지 않았다. 더욱이 사람은 춥거나 덥거나, 건조하거나 습하거나, 지대가 높거나 낮거나, 바다 위거나 사막이거나 다양한 서식지에서 살아갈 수 있는 놀라운 능력을 가지고 있다. 물수리, 가면올빼미, 붉은제비갈매기는 유일하게 남극대륙을 제외한 모든 대륙에서 살지만 그들 역시 특정 지역에만 서식한다. 인간의 이 같은 생태적 성공에는 반드시 비싼 대가가 따를 것이며, 우리는 머지않아 재앙을 만나 파멸할 수도 있다. 우리는 성공적인 생물종임에도 불구하고 미래에 대해 매우 비관적이다. 그러나 적어도 지금은 성공한 생물이다.

더욱 놀랄 만한 사실은 우리가 긴 실패의 대열에서 유래했다는 점이다. 우리는 유인원이다. 1,500만 년 전 좀 더 나은 디자인을 가진 원숭이와의 경쟁에서 거의 멸종한 그룹에 속한다. 우리는 영장류다. 4,500만 년 전 좀 더 나은 디자인을 가진 설치류와의 경쟁에서 거의 멸종한 그룹이다. 우리는 시냅시드 사족류synapsid tetrapod다. 2억 년 전 좀 더 나은 디자인을 가진 공룡과의 경쟁에서 거의 멸종한 파충류다. 우리는 다리가 있는 어류의 후손으로 이들은 좀 더 나은 디자인을 가진 방사선 형태의 어류와의 경쟁에서 거의 멸종하였다. 우리는 척색동물이다. 5억 년 전 캄브리아 시대에 훨씬 성공한 곤충류와의 경쟁에서 가까스로 살아남은 종류다. 우리의 생태적인 성공은 수많은 난관을 거치면서 얻은 것이다.

루카 이후 40억 년 동안, 말은 리처드 도킨스Richard Dawkins가 '생존 기계'라고 부르는 것을 만드는 데 점점 숙련되어갔다. 그것은 자신들 속의 유전자를 좀 더 잘 복제하기 위해 엔트로피를 감소시킬 수 있는 재주를 지닌 육체라고 알려진 거대한 육질의 물체였다. 그들은 자연 선택이라는 도전과 실패의 대규모적 과정 속에서 진화해왔다. 처음에 는 단순히 화학적 효율을 높이는 정도였다. 그러다 화학물질을 DNA 와 단백질로 바꾸는 법을 발견하게 되었다. 이러한 과정은 약 30억 년 동안 계속되었고(다른 행성이었다면 어떠했을지 알 수 없는 일이다) 지구의 역사 는 여러 종의 단세포 생물 사이의 경쟁적인 싸움으로 얼룩졌다. 30억 년 동안 조의 조 배에 달하는 숫자의 단세포 생물이 살았고, 그들은 제각기 하루 걸러 번식하고 죽어가면서 수많은 시도와 실패를 쌓아 갔다.

그러나 생명이 완성된 것은 아니었다. 약 10억 년 전, 갑자기 새로운 질서가 생겨났다. 다세포 형체를 가진 좀 더 큰 창조물이 갑자기 폭발 적으로 증가하기 시작했다. 지질학상으로는 눈 깜짝할 정도의 짧은 시 간에(이른바 캄브리아기 대폭발이라고 불리는 기간은 단 1,000만 년이나 2,000만 년 정도 지속되었을 뿐이다) 거의 30cm나 되는 뒤뚱거리는 삼엽충, 좀 더 길고 미 끌거리는 벌레들, 지름이 약 45cm나 되는 흐물거리는 조류algae(물속에 사는 하등 식물) 등 놀라울 정도로 복잡하고 다양한 생물들이 생겨났다. 단세포 생물들이 여전히 우위를 차지하고는 있었지만 이러한 거대한 생존기계는 자신의 영역을 확장시켜 나갔다. 그리고 놀랍게도, 이러한 다세포 개체는 우연한 진보와 같은 것과 부딪쳤다. 비록 때때로 우주의 운석들과 부딪치면서 일어나는 후퇴를 겪으며 크고 복잡한 생물이 멸종되기도 했지만 진전의 방향은 확연했다. 동물이 좀 더 오래 생존할수록 그중 일부는 복잡하게 변해갔다. 특히 뇌를 사용하는 동물의 뇌는 시간이 갈수록 커져갔다. 고생대에서 가장 큰 뇌는 중생대의 가장 큰 뇌보다 작으며, 중생대의 가장 큰 뇌는 신생대의 가장 큰 뇌보다 작고, 신생대의 가장 큰 뇌는 오늘날의 가장 큰 뇌보다 작다. 유전자는 단순한 생존뿐만 아니라 지적인 행동을 할 수 있는 육체를 만들어냄으로써 그들의 야망을 채워줄 방법을 발견했다. 그리하여 유전자를 간직한 동물이 겨울의 폭풍으로 위협당하더라도 집을 짓거나 남쪽으로 이동하는 명석한 행동을 할 수 있는 육체에 의존하게 되었다.

40억 년 전부터 시작된 숨가쁜 여행이 이제 단 1,000만 년 전으로 다가오게 되었다. 최초의 곤충, 어류, 공룡 그리고 새를 거쳐 행성에서 가장 큰 뇌를 가진(몸 크기에 비해서) 우리의 조상인 원숭이가 나타났다. 그 시점에, 지금부터 1,000만 년 전에 아프리카에는 적어도 두 종류의 원숭이가 산 것 같다. 하나는 고릴라의 조상이고 다른 하나는 침팬지와 사람의 조상이다. 고릴라의 조상은 다른 원숭이로부터 떨어져 중앙 아프리카 화산 지역 일대의 저산지 숲으로 이동했다. 그 후 500만 년 동안 다른 한 조상은 사람과 침팬지라는 2개의 다른 종을 만들어냈다.

우리가 이러한 사실을 알 수 있는 것은 이것이 유전자에 적혀 있기 때문이다. 1950년대에 유명한 해부학자 영J. Z. Young은 사람이 원숭이와 공통의 조상에서 나왔는지, 아니면 6,000만 년 이전에 원숭이와는 다른 계통의 영장류에서 유래했는지 알 수 없다고 적은 바 있다. 어떤 사람들은 아직도 오랑우탄이 우리의 가장 가까운 사촌이라고 생각한다.[2] 그러나 이제 우리는 사람의 계통수에서 고릴라가 가장 먼저 갈라저 나왔고 이어 침팬지가 나왔으며, 사람과 침팬지가 갈라진 것은 1,000만 년이 아니라 500만 년도 채 되지 않을지 모른다는 사실을 알게 되었다. 유전자의 무작위적 변화가 축적되는 속도는 종 사이의 관계를 확실히 알 수 있는 지표가 된다. 고릴라와 침팬지의 유전자 철자 차이는 사람과 침팬지 사이의 유전자 철자 차이보다 크다. 어떤 유전자의 단백질 순서와 DNA를 살펴보더라도 같은 결과가 나온다. 가장 단순한 방법으로 이것을 설명하면, 사람과 침팬지 DNA를 합친 혼성체는 침팬지와 고릴라 DNA를 합친 혼성체보다 높은 온도에서 떨어진다는 것이다.

분자 생물학적 시계로 계산하여 정확한 날짜를 알아내기는 매우 어렵다. 원숭이류는 오래 살면서 상대적으로 늦게 교배를 하기 때문에 생물학적 시계가 약간 느리게 움직인다(철자의 실수는 난자와 정자가 만들어지는 복제의 순간에 주로 일어난다). 그러나 이러한 요소를 얼마나 고려해서 수정해야 할지는 분명치 않다. 모든 유전자가 동일하게 변하는 것도 아니다. DNA의 어떤 부위는 침팬지와 사람이 분리되기 훨씬 이전의 것으로 보이고, 미토콘드리아와 같은 곳은 좀 더 최근의 것으로 보인다. 일반적으로 500만 년에서 1,000만 년 사이로 추정하고 있다.[3]

눈으로 보아 침팬지와 사람의 염색체 차이는 2번 염색체의 융합을 제외하고는 거의 없거나 매우 미미하다. 23개의 염색체늘에서 눈에 띌 만한 차이를 발견할 수 없다. 침팬지 게놈의 한 ‘단락’을 임의로 선택하여 사람 게놈의 동일한 ‘단락’과 비교해도 ‘문자’가 다른 곳을 발견하기가 상당히 어려울 것이다. 평균적으로 유전자 100개마다 2개 이하가 다를 뿐이다. 우리는 98% 확률의 침팬지이며, 침팬지는 98% 확률의 사람이다. 이것으로 당신의 자존심이 상하지 않았다면, 침팬지는 고릴라와 97%가 같다고 생각해보라. 그리고 사람도 고릴라와 97%가 같다. 바꾸어 말하면 우리는 고릴라보다는 침팬지에 가깝다고 할 수 있다.

사실일까? 나와 침팬지는 너무나 다르다. 침팬지는 털이 많고, 머리 모양이 다르며, 몸과 팔다리 형태도 같지 않고, 다른 소리를 낸다. 침팬지와 내가 98%나 닮았다고 보기 어렵다. 그렇다면 무엇과 비교해서 닮았다는 것인가? 2개의 쥐의 플라스틱 모델을 가지고 하나는 침팬지로, 다른 하나는 사람으로 바꾸어보라. 바꾸는 방법은 거의 같다. 2개의 아메바 플라스틱 모델을 가지고 하나는 사람으로, 다른 하나는 침팬지로 바꾸어도 변화하는 모습은 역시 거의 같을 것이다. 둘 다 32개의 치아를 비롯하여 손가락 5개, 눈 2개, 팔다리 2개씩 그리고 하나의 간을 가지고 있다. 둘 다 머리와 건조한 피부, 등뼈와 귓속에 3개의 작은 뼈를 가지고 있다. 단세포인 아메바와 수정란의 입장에서 비교해본다면 침팬지와 사람은 98%가 동일하다. 나는 침팬지의 몸에 있는 뼈를 모두 가지고 있다. 침팬지 뇌에서 발견되는 화학물질 중에 사람에게서 발견되지 않는 것은 하나도 없다. 면역계, 소화계, 순환계, 림프계 또는 신경계에서 우리만 가지고 침팬지가 가지지 않는 것은 없으며, 그 반대도 마찬가지다.

침팬지의 뇌 모양도 모두 우리와 같다. 끝으로 유인원에서 유래했다는 학설을 부정하기 위한 노력으로, 빅토리아 시대 해부학자 리처드 오웬Richard Owen 경은 사람의 작은 해마이랑hippocampus minor은 사람의 뇌에만 존재하며 그곳에 정신과 신성한 창조의 증거가 담겨 있다고 주장하였다. 그는 탐험가 폴 드 샬루Paul de Shaillu가 콩고에서 가져온 고릴라의 뇌에서 해마이랑을 찾지 못했다. 토마스 헨리 헉슬리Thomas Henry

Huxley는 원숭이의 뇌에도 해마이랑이 분명히 존재한다고 강력하게 반발하였다. 오웬은 "없다"고 답했고 혁슬리는 "분명히 있다"고 주장하였다. 1861년 짧은 기간 해마이랑은 빅토리아 시대의 런던에서 열띤 반응을 불러일으켰고, 런던의 주간지 〈펀치〉와 찰스 킹슬리Charles Kingsley의 소설 《더 워터 베이비스The water babies》의 소재로 사용되었다. 현대의 견해를 강하게 반영한 혁슬리의 관점은 해부학 이상이었다.[4] "나는 사람의 존엄성을 대단한 발 끝에서 찾고자 하지 않으며, 원숭이가 해마이랑을 가졌다 해서 우리가 패배자라고 비관하지 않는다. 오히려 나는 이러한 공허한 생각들을 몰아내는 데 최선을 다하였다." 혁슬리가 진정으로 옳았다.

중앙 아프리카에서 사람과 원숭이의 공통 조상이 생긴 후 인간의 세대는 30만 번밖에 지나지 않았다. 당신이 어머니의 손을 잡고 어머니는 그 어머니의 손을 잡고 그 어머니는 다시 그의 어머니 손을 잡아 아직 발견되지 않은 침팬지와 사람의 공통 조상까지 길게 늘어선다 해도, 그 길이는 런던에서 리즈 정도에 닿을 뿐이다. 500만 년은 아주 긴 시간이지만 진화는 시간의 길이가 아닌 세대의 길이에 의존한다. 박테리아라면 그 정도의 세대는 25년 안에 이루어질 수 있다.

공통 조상이 어떻게 생겼을까? 사람의 화석 기록을 살펴보면서 과학자들은 놀라운 추정을 하였다. 가장 근접한 것은 약 400만 년 이전의 것으로 보이는 아르디피테쿠스Ardipithecus라는 작은 원숭이-사람의 뼈다. 일부 과학자는 아르디피테쿠스가 발견되지 않은 공통 조상 이전에 존재하였다고 생각하지만 그럴 가능성은 거의 없다. 이 생명체의 골반은 직립보행에만 사용되는 구조를 가지고 있다. 침팬지 계열의 이러한 골반 구조를 고릴라처럼 바꾸는 것은 거의 불가능하다. 우리와 침팬지의 공통 조상을 찾기 위해서는 이보다 몇백만 년 전의 화석을 살펴보아야 한다. 그러나 아르디피테쿠스로부터 사라진 공통 조상의 모습을 상상할 수는 있다. 뇌는 아마도 현재의 침팬지보다 작았을 것이다. 몸은 두 다리만 다를 뿐 현재의 침팬지만큼이나 민첩했을 것이다. 음식도 침팬지처럼 과일과 채소를 섭취한 것으로 보인다. 남성이 여성보다 훨씬 컸다. 인간의 입장에서 보면 사라진 공통 조상의 모습은 사람보다는 침팬지 같았을 것이다. 침팬지는 물론 동의하지 않을지도 모른다. 그러나 인간 쪽이 침팬지보다 많은 변화를 겪은 것으로 보인다.

이 사라진 공통 조상은 아마도 현대와 팔레오세(신생대 제3기를 5개로 구분했을 때 첫 번째 시기)에 나무에 살던 원숭이처럼 숲에 살았을 것이다. 어느 순간 이 집단은 두 그룹으로 갈라진다. 일반적으로 집단이 갈라지면서 종의 분화가 시작되기 때문이다. 그리하여 두 그룹의 다음 세대는 그 유전적 배경이 달라진다. 산이 가로막히거나 강(오늘날 콩고 강은 침팬지와 그의 유사종인 피그미침팬지를 분리하고 있다) 또는 500만 년 전 솟아오른 서부 지구대Rift Valley의 생성이 원인일지도 모른다. 떨어져 나온 사람의 조상은 동쪽의 건조한 지역에 남게 되었다. 프랑스의 고생물학자 유베스 코펜Yves Coppen은 이 가설을 '동부 이야기East Side Story'라고 부른다. 현재 이 가설은 지나친 상상으로 보이고 우리 조상은 북부 아프리카에, 침팬지의 조상은 남부에 남아 있도록 만든 것은 아마도 당시 생성되기 시작한 사하라 사막일지도 모른다. 또 어쩌면 사라진 조상인 작은 집단은 500만 년 전 당시 건조하던 지중해 유역이 지브롤터에서 일어난 대홍수의 1,000배나 되는 거대한 해양 홍수로 범람하여 지중해 연안의 어떤 거대한 섬에 갇힌 채 물고기와 조개를 먹으면서 목숨을 유지했는지도 모른다. 이 '수생 가설'로 많은 일들을 상상해볼 수 있지만 이 역시 확실한 근거는 없다.

어떤 일이 벌어졌든지 침팬지는 거대한 집단으로 주된 종족을 유지한 데 비해 우리의 조상은 작은 독립된 집단에서 시작됐다고 생각된다. 그 이유는 사람의 유전자는 침팬지보다 훨씬 좁은 유전적 병목 현상을(적은 집단의 크기 등에 의한) 겪은 것으로 보이기 때문이다. 사람의 게놈은 침팬지보다 유전적 다양성이 적다.[5]

이제 사실이든 가상이든 어느 섬에 고립된 이 작은 그룹의 동물을 상상해보자. 멸종 위기에서 동종 번식을 하고 창시자의 유전적 효과에 영향을 받아(그리하여 작은 집단이 큰 유전적 변화를 겪을 기회가 주어졌다) 이 작은 집단은 2개의 염색체가 융합되는 것과 같은 많은 돌연변이를 공유하게 되었다. 그 후 그들은 이 '섬'이 '본토'와 합쳐진 다음에도 같은 종류끼리만 교배가 가능하게 되었다. 그들과 본토 사촌과의 교배는 불임의 2세를 만들기 때문이다(이것은 순전히 내 상상이다. 그러나 과학자들은 우리 종의 생식적 고립에 아주 무관심하다. 우리가 침팬지와 교배가 가능한가 불가능한가?).

드디어 또 다른 갑작스런 변화가 시작되었다. 골격은 평지에서 먼 거리를 가는 데 적합한 두 다리를 사용한 직립보행이 가능하도록 변하였다. 너클 보행을 하는 다른 원숭이는 험한 지형에서 짧은 거리를 이동하는 데 적합하다. 피부도 달라졌다. 이 원숭이는 특이하게 털이 줄어들고 더위에 땀을 많이 흘리게 되었다. 머리에 그늘을 만들어주는 털과 머리 표피에 있는 열을 발산하는 정맥은 우리 조상이 더 이상 구름이 잔뜩 낀 그늘진 숲에서 살지 않았음을 말해준다. 그들은 넓은 평지에서 더운 적도의 태양 아래를 걷게 되었다.[6]

우리 조상의 골격 구조에 이러한 급격한 변화를 가져다준 환경은 얼마든지 상상할 수 있다. 어떠한 가능성도 배제하거나 받아들일 수 없다. 그러나 현재 이러한 변화를 가져올 만한 가장 그럴듯한 상황은 우리 조상이 비교적 건조한 대초원의 평야에 고립되었을 경우다. 특정 서식지가 우리에게 주어졌으며 우리가 선택한 것은 아니다. 당시 아프리카의 많은 지역이 숲에서 대평원으로 바뀌었다. 얼마 후, 약 360만년 전, 현재의 탄자니아 사디만 화산에서 날아온 젖은 화산재를 밟으며, 세 명의 원시 인류가 어떠한 목적을 가지고 남쪽에서 북쪽을 향해 걸어갔다. 몸집이 큰 이가 앞에 서고 중간 몸집은 그의 뒤를 바짝 따라가고 있었으며, 작은 이는 약간 왼쪽 옆에서 그들을 따라가기에 바빴다. 잠시 후 그들은 잠깐 머뭇거리며 서쪽을 돌아본 후 다시 걷기 시작했다. 이들은 이때 당신과 나처럼 똑바로 서서 걸어갔다. 레톨리 지역의 발자국 화석은 우리 조상이 직립보행을 했음을 보여주는 단적인 증거다.

그러나 아직 우리가 알고 있는 것은 너무도 적다. 이 레톨리 원숭이-사람은 남자, 여자 그리고 어린아이였을까? 아니면 남자 한 명과 여자 두 명이었을까? 무엇을 먹었는지, 어떤 서식지를 좋아했는지는 알 수 없다. 당시 동부 아프리카는 서쪽에서 불어오는 습한 바람의 순환을 지구대가 가로막아 점점 더 건조해지고 있었다. 그러나 그들이 일부러 건조한 곳을 찾았다고는 볼 수 없다. 사실 사람은 물과 인연이 깊다. 우리는 물이 필요하고 땀을 흘리는 경향이 있으며 특이하게도 어류의 기름과 지방이 많은 음식에 적응해 있고 그 밖의 특징들이 (바닷가와 수상 경기를 좋아하는 것들) 물을 즐기는 무엇이 있음을 말해준다. 우리는 비교적 수영을 잘한다. 처음에 우리가 강가의 숲에 살았을까 아니면 호숫가에 살았을까?

한편 사람은 급격히 육식성으로 변해갔다. 이전에 레톨리 원숭이에서 기원한 여러 종류의 원숭이-사람이 나타났으나, 이들은 전적으로 채식성으로 사람의 조상은 아니었다. 그들은 '강한 오스트랄로피테쿠스'라고 불린다. 이미 멸종하였고 그들의 유전자는 우리와 아무 관계가 없다. 우리가 유전자를 읽지 못했다면 침팬지가 가까운 사촌인 것을 몰랐듯이, 화석을 발견하지 못했다면 오스트랄로피테쿠스 사촌과 다른 많은 사촌들의 존재를 알지 못했을 것이다(여기서 '우리'는 리키 일가 루이스 리키Louis Leakey와 리처드 리키Richard Leakey, 도날드 요한슨Donald Johanson 외 여러 사람들을 의미한다). 강한 오스트랄로피테쿠스는 강하다는 이름에도 불구하고(강한 턱 때문에 붙은 이름이다) 작은 동물이었다. 침팬지보다 작고 머리는 아둔했으나 직립 자세, 단단한 턱뼈와 거대한 근육을 가지고 있었다. 이것은 그들이 풀이나 그 밖의 단단한 식물을 씹었음을 말해준다. 양쪽으로 씹는 데 편리하도록 송곳니는 퇴화하여 없어졌다. 약 100억 년 전에 마침내 이들도 멸종하였다. 아마도 그들에 대해서는 더 이상 알 수 없을 것 같다. 어쩌면 우리가 그들을 먹어버렸는지도 모른다.

우리 조상은 현대인만큼 또는 그보다 약간 더 큰 동물이었을 수도 있다. 건장한 수컷은 앨런 워커A. Walker와 리처드 리키가 발견한 160만 년 전의 나리코토모 소년처럼 거의 180cm나 되었을 것이다.[7] 이들은 강한 치아 대신 돌 연장을 사용하기 시작했다. 방어 능력이 없는 강한 오스트랄로피테쿠스를 죽이고 먹는 데 문제가 없었다. 동물의 세계에서는 사촌도 안전하지 못하다. 사자는 표범을 죽이고 늑대는 코요테를 잡아먹는다. 이렇게 공격적인 우리 조상들은 두개골이 두껍고 돌 무기를 사용하였다(이 두 가지 특징은 아마도 함께 생겼을 것이다). 상호 경쟁적인 충동에 의해 이 종은 폭발적으로 팽창하였고 아마도 뇌는 점점 커졌을 것이다. 어떤 수학자는 뇌에 10만 년마다 1억 5천만 개의 뇌세포가 더해져왔다고 계산한 바 있다. 옛 소련의 여행 가이드들이나 좋아할 별쓸모없는 숫자일 뿐이다. 큰 뇌를 가지고, 고기를 먹으며, 발달이 완만하고 어린 시절의 특징을 어른이 되어서도 가지고 있는 (털이 없는 피부, 작은 턱뼈, 원형의 두개골) '유년기적 흔적neotenised'을 가진, 그 모든 특징들은 함께 진화하였다. 고기가 없었다면 단백질이 필요한 뇌는 값비싼 사치였을 것이다. 유년기적 두개골 없이는 뇌에 필요한 두개 공간이 없었을 것이다. 발달이 느리지 않았다면 큰 뇌의 장점을 최대한 살려 배울 수 있는 시간이 없었을 것이다.

아마도 이 모든 과정을 끌고 가는 힘은 생식적 선택이었을 것이다. 뇌의 변화와 함께 또 다른 변화가 진행되었다. 여성의 몸집이 커졌다. 현대 침팬지나 오스트랄로피테쿠스, 초기 원숭이–사람의 화석을 보면 남성은 여성의 1.5배이지만 현대인에서는 그 비율이 훨씬 작다. 이것은 교배 체제가 변하고 있음을 의미한다. 침팬지와 같은 혼성 관계나 고릴라에서와 같은 일부다처 관계에서 일부일처제로 바뀌고 있었다. 성에 따른 몸집 차이가 줄어든 것이 명백한 증거다. 일부일처제가 진행되면서 양쪽 성은 상대방을 고르는 데 좀 더 신중해질 필요가 생겼다. 일부다처제에서는 여성이 고르는 쪽이다. 한 쌍으로 지내게 되면서 모든 원숭이–사람은 대부분의 생식 기간을 하나의 짝에게 묶이게 되고, 이제는 양보다 질이 중요해졌다. 남성에게는 젊은 짝을 만나는 것이 아주 중요한데, 이는 젊은 여성의 남은 생식 기간이 좀 더 길기 때문이다. 남녀 모두가 젊은이를 선호한다는 것은 젊음의 특성인 크고 둥근 두개골에 대한 선호를 의미하며, 이것은 더 큰 뇌를 가지게 하는 추진력이 되었고 모든 것이 여기서 시작되었다.

　　일부일처제의 확립은 식량을 얻기 위한 노동의 분업 때문에 촉진되었다. 성 간의 독특한 동업 관계는 이 지구상 다른 생물종에서는 볼 수 없다. 여성이 식물성 식량을 확보해 오고 이를 같이 먹고살게 되면서 남성은 고기를 얻기 위한 위험한 사냥을 할 여유가 생겼다. 남성이 사냥한 고기를 공유하면서, 여성은 아이들을 키우면서도 고단백질의 소화하기 좋은 음식을 얻을 수 있었다. 우리 생물종이 아프리카의 건조한 평원에서 굶지 않고 살아가는 방법을 터득했음을 의미한다. 고기가 줄어들면 식물성 음식이 그 공간을 메웠고, 콩과 과일이 부족해지면 고기가 대신했다. 그리하여 거대한 동물을 사냥하는 특별한 기술 없이도 고단백질 식품을 섭취하게 되었다.

　　노동의 분배는 또 다른 파생 효과를 낳았다. 모든 것을 공유하는 관습이 생겼으며, 이것으로 각 개인은 특수한 일에 몰두할 수 있는 이점을 가지게 되었다. 전문가 사이의 노동 분배는 우리 생물종의 독특한 점으로 우리가 생태적 성공을 거두게 한 열쇠다. 그래서 기술의 발전이 가능해졌기 때문이다. 오늘날 우리는 노동의 분배를 훨씬 더 창조적이고 세계적인 방법으로 적용하는 사회에 살고 있다.[8]

　　여기서 이러한 경향은 특정한 연관성을 갖게 된다. 큰 뇌에는 고기가 필요하고(오늘날 채식주의자들은 콩을 섭취함으로써 단백질 결핍을 막는다) 음식의 공유는 고기 섭취를 가능하게 했지만(남성들이 실패할지도 모르는 사냥의 위험을 감수할 수 있게 되었기 때문이다), 여기에는 뇌의 발달이 필요했다(잘 계산된 기억력 없이는 공짜로 얻어먹는 이들에게 속을 수 있기 때문이다). 노동력의 남녀 분업은 일부일처제를 촉진하였고(성적 결합이 경제적 단위가 되었다), 일부일처제는 상대를 고르는 데 유년기적 흔적이 남도록 만들었다(젊은 상대를 높게 평가하게 되었다). 이런 식으로 현재의 우리를 정당화하기 위한 다양한 가설들을 계속 늘어놓을 수 있다. 우리는 아주 작은 증거를 가지고 카드로 만든 과학의 집을 지어왔다. 그러나 언젠가 이러한 가설들을 시험할 때가 올 것으로 믿는 이유가 있다. 화석 기록은 행동 습관에 대해서는 거의 말해주지 못한다. 뼈는 너무 단순하고 무작위적인 사실들만 보여주기 때문이다. 유전적 기록으로 우리는 더 많은 것을 알게 되었다. 자연선택은 유전자가 그들의 염기 서열을 바꾸는 과정이다. 변화하는 과정에서 유전자들은 40억 년의 생물학적 계보를 기록으로 남겨놓았다. 읽는 방법만 안다면 이들은 우리의 과거에 대해 신성한 베다의 사본보다 더 중요한 정보를 제공할 것이다. 내가 주장하고자 하는 것은 우리의 유전자에 우리의 과거 기록이 새겨져 있다는 점이다.

유전자의 2% 차이로 침팬지와 우리의 생태적, 사회적 진화의 차이를 알 수 있다. 전형적인 사람의 게놈 정보와 평균적 침팬지의 게놈 정보를 완전히 해독해 컴퓨터에 입력한 후 발현되는 유전자를 가려내고 그 차이점을 나열하게 된다면, 공통 조상으로부터 이 두 종이 갈라지기 시작한 홍적세에 일어난 변화를 엿볼 수 있게 될 것이다. 기본적인 생화학적 반응과 몸 체계에 대한 유전자는 공통이지만, 성장과 호르몬의 발달 등을 조절하는 유전자에서 차이를 발견할 수 있을 것으로 생각된다. 어떤 식으로건 디지털 언어에 남아 있는 이들 유전자가 사람의 태아는 큰 발가락과 발뒤꿈치를 가진 발을 가지도록 하고, 침팬지 태아는 발뒤꿈치가 작고 길며 물건을 잘 붙잡을 수 있도록 만들어진 굽은 형태의 발을 가지게 유도할 것이다.

어떻게 이런 일을 하게 할까 하는 상상을 시작하면 마음이 복잡해진다. 아직도 성장이나 형태에 대한 유전자 작업에 관해서는 과학적 단서가 거의 없기 때문이다. 그러나 그 모든 일에 유전자가 관여하는 것만은 틀림없다. 사람과 침팬지의 차이점은 다른 무엇도 아닌 유전자에 있다. 개인이나 인종의 차이는 유전적 차이라기보다 문화적 환경 때문이라고 주장하는 사람들조차도, 우리와 다른 생물종의 차이는 주로 유전자에 있다는 것을 부정하지 않는다. 침팬지의 핵을 핵이 제거된 사람의 난자에 넣고 사람의 자궁에 이식한 다음, 다행히 달을 다 채우고 태어난 아이를 사람의 가정에서 키운다고 가정하자. 이 아이는 어떤 모습을 하고 있을까. 사실 이에 대한 답을 얻기 위해 이(상당히 비윤리적인) 실험을 해볼 필요는 없다. 사람의 세포질에서 발생해 사람의 자궁을 사용하고 사람 손에서 자라도 사람과 비슷하지 않을 것이다.

사진을 통해 유추해보기로 하자. 침팬지의 사진을 찍었다고 가정하자. 사진을 현상하기 위해서는 필름을 일정 시간 현상액에 담가두어야 한다. 이때 아무리 현상액의 조성을 바꿔도 사람으로 현상할 수는 없다. 유전자는 사진의 원판과 같다. 자궁은 현상액이다. 사진을 현상하기 위해 현상액에 담그듯이, 수정란 속에 유전자로 기록된 디지털 정보로 침팬지를 만들기 위해서는 적절한 영양과 보살핌이 필요할 뿐이고 침팬지가 되는 정보는 이미 그 속에 있다.

행동에서만은 같은 논법이 적용되지 않는다. 침팬지 본체는 다른 생물종의 자궁에서 만들어질 수 있으나 소프트웨어는 약간 다르다. 새끼 침팬지를 사람이 키우면 침팬시가 키운 사람인 타잔처럼 사회적 혼동을 일으킬 수 있다. 예를 들어 타잔이 말하는 법을 배우지 못한 것처럼 사람이 키운 침팬지는 우세한 동물에게 복종하는 법이나 하위 동물을 겁주는 방법, 나무에 집을 짓는 법, 또는 개미를 잡는 법 등을 배우지 못한다.

나열된 디지털 지침서의 작은 차이가 사람과 침팬지 몸 사이의 2%

차이를 어떻게 만들어내는지에 대한 상상이 복잡하면, 똑같은 지침서의 작은 변화로 침팬지의 행동이 어떻게 그처럼 변화할 수 있는가를 상상하기는 더욱 혼란스러울 것이다. 나는 여러 종류의 원숭이 교배 방법에 대해 재미있게 써본 적이 있다. 난잡한 침팬지, 일처다부형 고릴라 그리고 긴 결혼 생활을 유지하는 사람. 그때 나는 훨씬 더 그럴듯하게 모든 생물종들의 독특한 교배 방법은 적어도 어느 정도는 유전적으로 구속되거나 영향을 받는다고 추정했다. 어떻게 4개의 암호로 연결된 유전자가 어떤 동물을 일부일처제나 일부다처제를 하도록 만든단 말인가? 그렇지만 사실이다. 나 역시 완전히 이해하지는 못하지만 그것이 가능하다는 것은 의심하지 않는다. 유전자는 형태뿐 아니라 행동에 대한 작동법이기도 하다.

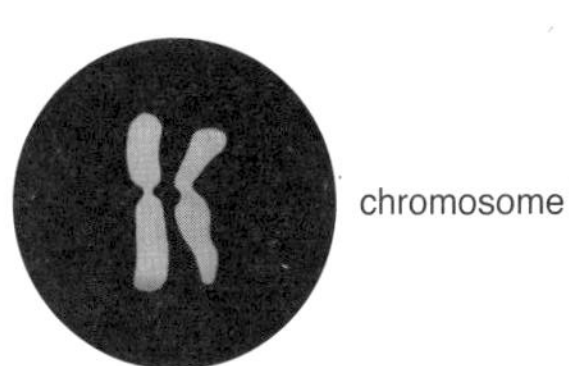

3번 염색체
역사

우리가 생명의 비밀을 발견하였다.
－1953년 2월 28일, 프랜시스 크릭

1902년, 45세밖에 되지 않은 아치발드 게로드Archibald Garrod는 이미 영국 의학계의 기둥이었다. 그는 기사 작위를 수여받은 유명한 교수인 알프레드 바링 게로드Alfred Baring Garrod 경의 아들이었다. 아버지 게로드는 상류층의 가장 큰 고민거리인 통풍에 대한 논문으로 의학계에 최고의 업적을 이룩하였다. 아들 아치발드 게로드는 스스로 성공적인 경력을 쌓으며 누각을 나타냈고 일정 기간 후 기사 작위를 수여받았으며 (제1차 세계대전 중 몰타에서의 의학적 업적으로) 뒤이어 유명한 윌리엄 오슬러William Osler의 후임으로 옥스퍼드 흠정 의학 담당 교수 직위에 오르는 큰 영광을 안게 되었다.

이제 그의 모습을 상상할 수 있을 것 같지 않은가? 그러나 진보하는 과학계에서 뻣뻣하고 점잔을 빼며, 형식만 중시하는 고집 세고 까다로운 영국 에드워드 시대의 사람을 떠올렸다면 잘못이다. 1902년 아치발드 게로드는 생물학의 가장 큰 수수께끼에 대해 하나의 추론을 해냈다. 유전자란 무엇인가? 사실 그의 유전자에 대한 이해는 그가 죽고 오랜 후에도 이해하는 사람이 없을 정도로 놀라운 것이었다. 아치발드 게로드는 유전자란 어떤 생화학물을 만드는 생산법이라고 말하였다. 또 한편으로 그 자신이 어떤 유전자를 발견했다고 생각하였다.

게로드는 런던의 그레이트 오르몬드 스트리트 병원과 세인트 바톨로뮤 병원에서 일하는 동안 그리 심각한 질환은 아니지만 희귀한 알캅톤뇨증alkaptonuria을 앓는 환자들을 접하게 되었다. 관절염 같은 증세도 있었지만, 환자들의 소변과 귀지가 공기 중에 노출되면 섭취한 음식에 따라 붉거나 까만색으로 변하는 것이 특징이었다. 1901년, 이 병을 앓는 어린 소년의 부모가 다섯 번째 아이를 낳았는데 그 역시 같은 병이 있었다. 그때 게로드는 이 병이 유전일지 모른다고 생각하고 조사를 시작하였다. 그는 두 소년의 부모가 서로 사촌 간임을 알아내고 다른 환자들의 가계도 조사하였다. 네 명의 환자 중 세 명의 환자 부모가 사촌 간 결혼이었고, 열일곱 명의 알캅톤뇨증 환자 중 여덟 명이 육촌 간에 결혼한 부모의 자손이었다. 그러나 부모에서 아이로 단순하게 유전되지는 않았다. 환자의 대부분은 정상적인 자손을 가졌고 그들의 다음 후손에서 이 질병이 발견되었다. 다행히 게로드는 최신 생물학에 관한 지식이 풍부하였다. 2년 전 그레고르 멘델의 실험을 재발견한 윌리엄 베이트슨William Bateson이 그의 친구였는데 베이트슨은 당시 새로운 멘델의 법칙을 알리고 확립하기 위한 책을 쓰고 있었다. 덕분에 게로드는 자신이 멘델의 열성 유전자를 다루고 있음을 알고 있었다. 열성 유전자는 부모가 보인자를 가지고 있는 경우에만 발현한다. 그는 멘델의 식물학적 용어를 사용하여 이러한 사람들을 '화학적 돌연변이체'라 명하였다.

여기서 게로드는 새로운 생각을 떠올렸다. 그는 부모로부터 유전된 사람들에게 이러한 질병이 나타나는 것은 아마도 무엇인가가 부족하기 때문이라고 생각하였다. 유전학뿐만 아니라 화학에도 능통했던 게로드는 검은 소변과 귀지가 호모젠티신산염homogentisate이라는 물질이 축적되어 생긴다는 것을 알고 있었다. 호모젠티신산염은 체내의 정상적인 생성물로, 대다수 사람들은 이 물질을 분해하여 배설한다. 게로드는 이것이 축적되는 이유가 호모젠티신산염을 분해하는 촉매제가 작동하지 못하기 때문이라고 추정하였다. 그는 이 촉매제가 단백질인 효소라는 것이며, 분명히 유전인자(현재 유전자라고 부르는)에 의해 만들어진다고 생각하였다. 병에 걸린 사람들은 유전자가 잘못된 효소를 만들어내기 때문이며, 보인자를 가진 사람들은 다른 한쪽 부모에게서 온 정상적 유전자가 작동을 하여 정상적 대사를 할 수 있다는 것이다.

이렇게 하여 하나의 유전자는 하나의 고도로 특수화된 촉매제를 만든다는 선견지명적 가설과 함께, 게로드의 '대사의 선천적 오류'라는 유명한 학설이 탄생하였다. 아마도 단백질을 만드는 기구 그것이 유전자였을 것이다. 게로드는 '대사의 선천적 오류'는 대사 과정에서 '기능이 상실되었거나 잘못된 효소가 관여하는 어느 단계가 손상되었기 때문'이라고 적었다. 효소는 단백질로 만들어져 있고 이들이 '화학적 개별성의 기본'임에는 틀림없다. 1909년에 발간된 게로드의 책은 광범위하게 긍정적인 평가를 받았으나, 평론가들은 그의 논지를 제대로 이해하지 못했다. 그들은 게로드가 다만 희귀한 질병을 다루고 있다고 생각했을 뿐 생명의 근원을 논하고 있음을 알지 못했다. 게로드의 학설은 35년 동안 관심을 끌지 못하다가 어느 날 재발견되었다. 게로드가 죽은 지 이미 10년이 지나 유전학에 관한 새로운 학설이 쏟아져 나오고 있던 때였다.[1]

오늘날 우리는 유전자의 주된 목적이 단백질 생성에 관한 정보를 담고 있는 것임을 알고 있다. 단백질은 체내의 거의 모든 화학적, 구조적, 조절적 일을 수행한다. 즉 에너지를 생성하고, 감염을 퇴치하며, 음식을 소화시키고, 털을 만들며, 산소를 운반하는 등 다양한 일을 한다. 각각의 단백질은 대부분 한 유전자의 유전암호를 해석함으로써 만들어진다. 반대의 경우는 성립하지 않는다. 1번 염색체의 리보솜 RNA처럼 단백질로 해석되지 않는 유전자도 많지만, 이것 역시 다른 단백질을 만드는 데 관여한다. 게로드의 추측은 근본적으로는 정확했다. 우리 부모에게 건네받는 것은 단백질이나 단백질 생성 기계 등을 만드는 방법이 기록된 거대한 목록이다.

게로드 당시의 사람들은 그의 논지는 알아채지 못했지만 어쨌든 그는 존경받았다. 그러나 그를 있게 한 그레고르 요한 멘델Gregor Johann Mendel은 그렇지 못했다. 게로드와 멘델은 태생부터 너무도 달랐다. 수도 사제였던 요한 멘델은 1822년 북모라비아의 하인젠도르프(지금의 히노아세)라는 작은 마을에서 태어났다. 그의 아버지 안톤은 가난한 소작인으로 멘델이 중등학교를 다니던 16세 때 쓰러지는 나무에 깔려 다치는 바람에 생계를 꾸려가기조차 힘들었다. 안톤은 자신의 집을 사위에게 팔아 아들을 대학까지 진학시켰다. 그러나 이로써는 충분하지 않았고 좀 더 부유한 후견인이 필요했던 요한 멘델은 브라더 그레고르라는 이름으로 아우구스투스의 수도사가 되었다. 어렵사리 브룬(지금의 브르노)의 신학대학을 졸업한 멘델은 신부가 되었다. 그 후 잠시 어느 교구의 신부로 일한 적이 있으나 성공적이지 못했다. 또한 빈 대학에서 과학을 가르치려고 공부하였지만 시험에서 떨어졌다.

서른한 살 때, 초라한 모습으로 브룬으로 돌아온 그는 사제 생활밖에는 할 것이 없었다. 멘델은 수학과 체스를 잘했고, 계산에 능한 명석한 두뇌와 밝은 성격을 가지고 있었다. 또한 아버지에게 과실나무의 접붙이기와 교배 방법을 배워 정원 가꾸기를 좋아했다. 그의 놀라운 통찰력은 농업에 대한 전반적인 이해에서 나왔다고 할 수 있다. 가축과 사과를 교배하는 사람들 사이에 유전에 관한 기초 지식이 어렴풋이나마 알려져 있었지만, 아무도 체계적으로 이해하지는 못했다. 멘델은 "어떠한 종류의 형태가 확실히 다음 세대로 유전되는지 또는 통계적 연관성을 명확히 보여주는지를 알아보기 위한 실험은 단 한 번도 행해진 적이 없다"고 적고 있다.

멘델 신부는 34세에 수도원 정원에 콩을 심고 실험을 시작했다. 8년 동안 3만 그루의 다양한 식물을 재배하면서 ―1860년에만 6,000그루의 식물을 심었다―행해진 실험은 세상을 바꾸어놓았다. 그는 자신이 얻은 결과를 체계적으로 정리하여 거의 모든 도서관에 소장되어 있는 브룬의 자연과학 회지에 기고하였다. 그러나 아무도 그의 연구 성과를 알아주지 않았고, 멘델도 브룬의 수도원장이 되면서 바빠지자 조금씩 정원 일에 흥미를 잃어갔다. 그는 철저한 사제는 아니었던 것 같다(그의 글을 보면 신보다 음식에 대한 이야기가 더 많다). 그의 말년은 정부가 수도원에 부과한 새로운 세금 징수에 반대하는 고독한 싸움의 연속이었다. 멘델은 그 세금을 지불해야만 했던 마지막 대수도원장이었다. 노년기에 그가 세운 공적이라 할 만한 것은 오직 레오스 제나첵이라는 재능 있는 합창단원을 브룬의 지휘자로 키운 것뿐이었다.

멘델은 정원에서 다양한 종류의 콩으로 잡종 교배를 했다. 그것은 아마추어 정원사가 어설픈 과학 실험을 하는 정도가 아니라 조직적이고 치밀하게 계획된 대단위 시도였다. 멘델은 콩의 일곱 가지 특성을 선택하였다. 그것은 둥근 콩과 찌그러진 콩, 회색 콩껍질과 하얀 콩껍질, 초록색 꼬투리와 노란색 꼬투리, 둥근 꼬투리와 찌그러진 꼬투리, 겹꽃과 홑꽃, 긴 줄기와 짧은 줄기, 노란 떡잎과 녹색 떡잎 들이다. 그밖에 얼마나 많은 다른 특징을 가지고 실험했는지 알 수는 없지만, 그가 이러한 특징들을 가진 순종의 콩을 가지고 있었고, 그 특성들은 각각 하나의 유전자에 의해 결정되는 것이었다. 아마도 이전의 실험에서 이러한 특징들에 대한 기초 지식을 얻고 실험을 계획했음에 틀림없다. 모든 경우에 잡종 1세대는 부모 중 어느 한쪽의 특징만을 가지고 있었고, 다른 한쪽의 특징은 발견되지 않았다. 그러나 잡종 1세대를 자가 수분한 경우, 다음 2세대에서 4분의 1은 발현되지 않던 다른 한쪽의 특징을 나타냈다. 그는 제2세대 1만 9,959그루를 조사해 1만 4,949의 우세종과 5,010의 열세종을 구별하였다. 정확히 2.98대 1이었다. 로널드 피셔Ronald Fisher 경이 100년 후에 지적한 바와 같이 의심스러울 정도로 세 배에 가까웠다. 멘델은 수학에 능했고, 그로 미루어보아 실험이 끝나기도 전에 콩들의 유전법칙을 이미 파악했을 것이다.[2]

멘델은 콩에서 수령초로 또 옥수수로 대상을 바꾸어가며 실험했는데 결과는 항상 마찬가지였다. 그는 유전에 아주 중요한 무엇인가를 발견하였음을 알았다. 특징들은 섞이지 않는다. 유전에는 어떤 단단하고 나눌 수 없으며, 매우 크거나 미세할 수도 있는 그러한 것이 있다. 액체나 피가 섞이는 것과 같은 것이 아니다. 작은 돌을 섞어놓은 것처럼 일시적 공존이 있을 뿐이다. 돌이켜보면 그것은 너무도 명확하다.

한 가족 안에 파란색 눈과 갈색 눈이 동시에 존재한다는 것을 어떻게 설명할 것인가. 자신의 학설에 융합적 유전을 사용한 다윈도 그러한 문제점에 대해 여러 번 암시한 바 있다. 1857년 헉슬리에게 쓴 편지에 이렇게 적었다. "최근에 매우 엉성하고 불분명하지만 진정한 수정은 부모의 특징이 융합되는 것이 아니라 섞이는 것이 아닌가 하는 생각이 든다. …… 교배된 생물이 오래전에 존재하던 조상의 특징을 가지는 것을 다른 방법으로는 설명할 수 없다."[3]

다윈은 그 문제로 상당히 초조해했다. 그는 당시 플레밍 젠킨Fleeming Jenkin이라는 불 같은 성격의 스코틀랜드 공학 교수로부터 자연선택과 융합적 유전은 상반되는 논리라는 단순하고 논쟁의 여지가 없는 사실로 공격을 받고 있었기 때문이다. 만약 유전이 액체의 융합과 같이 이루어진다면 다윈의 학설은 맞지 않게 된다. 생존에 필요한 유리한 특징이 생긴다 해도 다음 세대에서 섞여 희석되어 사라지기 때문이다. 젠킨은 흑인만이 사는 섬에서 한 명의 백인이 모든 흑인을 백인으로 만들겠다는 것과 같다는 예로서 자신의 논리를 설명하였다. 한 명의 백인 피는 희석되어 표시도 나지 않을 것이다. 다윈은 젠킨이 옳음을 알고 있었다. 다혈질인 토마스 헨리 헉슬리조차 젠킨의 주장에 침묵을 지켰다. 그러나 다윈은 자신의 학설이 맞다는 것도 알고 있었다. 다만 그 상반되는 두 사실을 조화시킬 수 없었다. 만약 멘델의 논문을 읽었더라면 이 문제는 해결되었을 것이다.

돌이켜보면 너무나 당연해 보이는 많은 사실이 받아들여지는 데 천재적인 힘이 필요했다. 멘델의 업적은 유전이 융합된 것처럼 보이는 이유는 하나 이상의 특징들이 관여하기 때문임을 밝힌 것이다. 19세기 초, 존 돌턴John Dalton은 물은 수십억 개의 단단한, 더 이상 쪼갤 수 없는 원자로 이루어져 있음을 증명함으로써 경쟁자인 연속학설주의자들을 물리쳤다. 멘델은 생물학의 원자론을 증명하였다. 생물의 원자는 여러 이름으로 불렸다. 20세기 초에 사용된 이름들도 인자factor, 어린눈gemmule, 원형자plastidule, 범유전자pangene, 생물인자biophor, 원생인자id, 원생자idant 등으로 다양하다. 그러다가 '유전자gene'라는 이름으로 결정되었다.

1866년부터 4년 동안 멘델은 자신의 논문을 당시 뮌헨의 식물학 교수인 칼 빌헬름 나겔리Karl-Wilhelm Nägeli에게 보냈다. 매번 점점 강한 어투로 자신의 발견이 지닌 중요성을 설명하고자 했지만 4년 동안 나겔리는 전혀 깨닫지 못했고 끈질긴 수도사에게 정중하지만 오만한 답장을 보냈다. 조밥나물을 교배해보라는 충고를 곁들였는데 그 이상 나쁜 충고는 없었다. 조밥나물은 교배하는 데 꽃가루는 필요하지만 꽃가루의 유전자는 수정이 되지 않는 무포자 생식을 하는 식물로서, 잡종 교배를 했다면 이상한 결과가 나왔을 것이다. 조밥나물로 어려움을 겪은 멘델은 벌로 눈을 돌렸다. 그러나 그의 벌에 대한 집중적인 연구 결과는 발표되지 않았다. 그가 벌들의 '반수체와 이배체의' 교대 생식을 발견했을까?

나겔리도 유전에 관한 많은 논문을 발표하였다. 그러나 멘델의 발견을 인용한 적이 없고, 그 자신도 멘델과 동일한 결과를 내기도 했지만 역시 중요성을 깨닫지 못하였다. 나겔리는 앙고라고양이와 다른 종을 교배하면 잡종 1세대에는 앙고라 털을 가진 고양이가 나오지 않지만 그 다음 세대에는 발견된다는 사실을 알았다. 이처럼 분명한 멘델의 열성 유전자의 예를 찾기란 쉽지 않을 것이다.

생전에 멘델은 업적을 인정받을 기회가 주어질 뻔했다. 다른 사람의 연구 결과에서 아이디어를 떠올리기 좋아했던 찰스 다윈은 친구인 포케W. O. Focke에게 멘델의 논문이 열네 번이나 인용된 책을 추천하였지만 자신은 그 진의를 깨닫지 못하였다. 멘델은 다윈과 자신이 죽은 후인 1900년에서야 비로소 재발견되었는데 그것도 거의 동시에 세 곳에서 이루어졌다. 멘델을 재발견한 사람들은 모두 식물학자로 후고 드브리스Hugo de Vries, 칼 코렌스Carl Correns, 그리고 에릭 본 체르마크Eric von Tschermak다. 그들은 멘델의 발견을 알지 못한 채 서로 다른 종을 가지고 멘델과 같은 실험을 수행하였다.

갑자기 멘델의 법칙이 생물학계를 뒤흔들었다. 진화설에서는 유전이 묶음으로 일어난다는 것을 받아들이고 싶어 하지 않았다. 사실 이것은 다윈이 확립하고자 했던 모든 학설을 흔드는 것처럼 보였다. 다윈은 작고 무작위적인 변화가 선택에 의해 누적되어 진화가 일어난다고 생각했다. 만약 유전자가 어느 세대에 숨어 있다가 다시 나타나는 단단한 것이라면, 어떻게 작고 점진적인 변화가 일어날 수 있겠는가? 여러 면에서 20세기 초는 멘델의 법칙이 다윈의 법칙보다 우세했던 시기다. 윌리엄 베이트슨은 입자적 유전은 자연선택에 한계를 정한다는 견해를 피력한 바 있는데, 그 또한 다수 의견이었다. 베이트슨은 사리 분별이 분명하지 못하며 지겹고 답답한 사람이었다. 그는 진화는 하나의 형태에서 다른 형태로, 일시에 큰 변화로 일어나므로 중간 형태를 가지지 않는다고 주장하였다. 이런 특이한 생각에 사로잡힌 베이트슨은 1894년 유전은 입자적으로 일어난다는 주장을 피력한 책을 발간하였고, 이후 다윈학파들로부터 맹렬한 공격을 받았다. 그런 상황에서 멘델의 논문을 발견한 그가 뛸듯이 기뻐했음은 당연한 일이다. 그는 멘델의 논문을 곧바로 영어로 번역하였다. 성 바울의 진정한 해석

가임을 주장하는 신학자처럼 그는 "멘델의 법칙 중 생물종이 자연선택에 의해 생겨난다는 주된 원칙에 상반하는 것은 없다"고 적고 있다. 또 "다만 현대적 사고방식은 간혹 일어나는 초자연적 원칙을 완전히 배제하는 결과는 가져왔다. …… 어떤 면에서 다윈의 연구가 자연선택의 원칙을 남용했다는 지적을 받았을 수도 있다는 것을 부정할 수는 없다. 그가 멘델의 논문을 보았다면 아마도 자신의 일부 견해를 곧바로 수정했을 것이다"[4] 라고도 했다.

유럽의 진화학자들은 자신들이 싫어하는 베이트슨이 멘델리즘의 선봉자였다는 사실 때문에 멘델의 법칙을 의심했다. 영국에서 멘델 법칙주의자와 '생물계통학자' 사이의 싸움은 20년 동안 지속되었다. 미국 학계에서도 이러한 싸움이 일어났지만 영국에서처럼 극단적이지는 않았다. 1903년 미국의 유전학자 월터 서튼Walter Sutton이 염색체가 멘델의 유전인자처럼 행동한다는 것을 발견하였다. 부모에게서 유래한 각 염색체는 쌍을 이루고 있었다. 그 결과, 미국 유전학의 아버지라 할 수 있는 토마스 헌트 모건Thomas Hunt Morgan은 뒤늦게 멘델의 법칙을 믿게 되었고, 모건을 싫어했던 베이트슨은 옳고 그름을 떠나 염색체설을 반대하였다. 과학은 때로 이러한 사소한 대립으로 발전한다. 이제 베이트슨은 사람들의 관심에서 멀어졌고, 모건은 유전학을 발전시킨 창시자로서 놀라운 연구들을 이끌어갔다. 그의 이름은 유전자 간의 거리를 나타내는 센티모건centimorgan이라는 단위에 사용되기도 하였다. 영국에서는 1918년에야 비로소 뛰어난 수학적 능력을 가진 로널드 피셔가 다윈의 학설과 멘델 법칙의 문제에 종지부를 찍었다. 멘델의 법칙이 다윈의 학설을 부정하는 것이 아니라 오히려 옳다는 것을 증명하였던 것이다. "멘델의 법칙은 다윈에 의해 세워진 가설의 부족한 부분을 설명해주고 있다"고 피셔는 지적하였다.

그러나 돌연변이 문제는 여전히 해결되지 않았다. 다윈의 학설에 따르면 다양성이 필요했다. 멘델의 법칙은 불변성을 기초로 하고 있었다. 만약 유전자가 생물의 원자와 같은 것이라면 원자를 변화시킨다는 것은 유전학적 연금술이라고 할 수 있다. 여기에 대한 답은 게로드나 멘델과는 성격이 너무나 다른 사람이 인위적 돌연변이를 유도하는 과정에서 찾아냈다. 여기서 우리는 에드워드 시대 의사와 아우구스투스 수도사 그리고 허먼 조 멀러Hermann Joe Muller라는 전투적인 한 사람을 살펴보아야 한다. 멀러는 1930년대 대서양을 건넌 많은 천재 유대 망명 과학자의 전형일 수 있지만 다른 사람들과 달리 반대로 이동했다는 점이 특별하다(유럽에서 미국으로가 아니라 미국에서 유럽으로 이동). 그는 뉴욕의 작은 주조물 사업을 하는 집안에서 태어나 컬럼비아 대학에서 유전학을 접하였으나 지도교수인 모건과 사이가 나빠지면서 1920년에 텍사스 대학으로 옮겼다. 모건의 반유대적 태도가 명석한 멀러의 신경을 건드리기도 했지만 그의 성격에도 문제가 있었다. 멀러는 평생 끊임없이 다른 사람과 싸움을 벌였다. 1932년에는 결혼 생활에 위기를 맞았고, 동료들이 자신의 아이디어를 훔쳤다는 이유로(그의 이야기에 따르면) 자살을 기도한 뒤 곧바로 텍사스를 떠나 유럽으로 향했다.

멀러는 인위적으로 유전자 돌연변이를 일으킬 수 있다는 유명한 발견으로 노벨상을 받았다. 이것은 어니스트 러더포드Ernest Rutherford가 원자 또한 변할 수 있음을 발견한 몇 년 후의 일이다. 그리스어로 더 이상 쪼갤 수 없다는 뜻의 'atom(원자)'이라는 용어가 부적절한 표현이 되어버린 것이다. 1926년, 그는 자신에게 다음과 같은 질문을 던졌다. "최근의 물리학에서 발견된 원자의 변이와 마찬가지로 돌연변이는 변화나 조절이 불가능해 보이는 생물학적 과정 중 독특한 현상이 아닐까?"

다음해 그는 이 질문에 대한 답을 얻었다. 유전자의 변이를 일으키기 위해 초파리에게 X선을 쬔 결과, 태어난 자손에서 새로운 변이를 관찰한 것이다. 그는 "돌연변이는 생식세포라는 접근할 수 없는 성에 어떤 신이 우리에게 장난을 치는 것이 아니다"라고 적고 있다. 멘델의 입자가 어떤 내부 구조를 가지고 있는 것은 사실이며, 그것은 X선에 의해 바뀔 수 있다. 돌연변이 후에도 그것은 여전히 유전자지만 같은 유전자는 아닐 뿐이다.

인위적 돌연변이는 현대 유전학의 발전을 가져다주었다. 멀러의 X선을 이용하여, 1940년 조지 비들George Beadle과 에드워드 테이텀Edward Tatum이라는 두 명의 과학자가 뉴로스포라Neurospora라고 불리는 붉은빵곰팡이의 돌연변이를 만들어냈다. 이 돌연변이들은 특정 화학물을 만들지 못하는데, 그것은 특정 효소가 없기 때문임을 발견하였다. 이를 바탕으로 그들은 거의 사실에 가까운 새로운 생물학 법칙을 만들어냈다. 하나의 유전자는 하나의 효소를 만든다. 유전학자들은 이를 되풀이해서 말하기 시작하였다. 하나의 유전자, 하나의 효소. 이것은 게로드가 오래전 추론한 것의 현대판 생화학적 사실이었다. 그러고 3년 후, 라이너스 폴링Linus Pauling은 헤모글로빈이라는 단백질의 유전자 이상이 많은 흑인들에서 발견되는 낫 모양의 적혈구 형태와 악성빈혈의 원인인 것 같다고 추정하였다. 그 문제의 유전자는 멘델의 법칙으로 유전되었다. 이제 모든 사실들이 점점 제자리를 잡아가고 있었다. 유전자는 단백질을 만드는 방법이며, 돌연변이는 잘못된 유전자가 만든 잘못된 단백질 때문에 일어난다.

멀러는 이런 많은 사건들이 일어나고 있는 동안 조용히 지냈다.

1932년 그의 사회주의적 열정과 사람의 선택적 교배, 우생학에 대한 강한 신념(그는 마르크스와 레닌의 성격을 가진 아이들이 교배되는 것을 보고 싶어 했다. 또 개정판 책에서는 링컨과 데카르트로 정정하기도 하였다)은 그를 대서양을 지나 동쪽인 유럽 대륙으로 건너가게 했다. 히틀러가 권력을 잡기 불과 몇 달 전 베를린에 도착한 그는 자신의 상관인 오스카 포그트Oscar Vogt의 실험실이 유대인을 고용했다는 이유로 나치에 의해 철저히 파괴되는 모습을 지켜보았다.

멀러는 다시 동쪽으로 갔다. 그러나 레닌그라드에 있는 니코레이 바빌로프Nikolay Vavilov의 실험실에 도착하고 얼마 지나지 않아 반멘델주의자 트로핌 리센코Trofim Lysenko가 스탈린을 설득하여 멘델 유전학자들을 탄압하기 시작했다. 그는 러시아의 정신처럼 식물도 교배가 아니라 훈련을 통해 새로운 종으로 만들어질 수 있다는 괴상한 논리를 전개하였다. 또 이것을 받아들이지 않는 사람들을 설득하기보다는 총살하였다. 바빌로프는 감옥에서 죽었다. 멀러는 그래도 여전히 희망을 가지고 자신의 우생학 책을 스탈린에게 보냈다. 하지만 그다지 반응이 좋지 않다는 것을 알고는 서둘러 러시아를 빠져나왔다. 에스파냐 시민 전쟁에 참가한 그는 국제군의 혈액은행에서 근무하였다. 그 후 에든버러로 옮겼지만, 늘 그러했듯이 이번에도 운이 따르지 않았다. 제2차 세계대전이 발발한 것이다. 겨울에 전기가 나간 스코틀랜드의 실험실에서 연구를 계속한다는 것이 무리임을 깨달은 그는 미국으로 돌아가기 위해 필사적으로 노력하였다. 그러나 강의도 서투르고 소련에서 산적이 있으며 남과 어울리기 힘든 성격의 그를 받아주는 곳은 쉽게 나타나지 않았다. 마침내 인디애나 대학에서 그를 받아주었고, 다음해 그는 인위적 돌연변이의 발견으로 노벨상을 받았다.

유전자는 여전히 접근하기 어렵고 신비한 대상으로 남아 있었다. 사람들은 유전자는 단백질을 만드는 데 필요한 정확한 정보를 가지고 있으며 자신의 복제에도 단백질이 필요하다는 사실을 이해하기 힘들어했다. 세포 내 어떤 것도 이 정도의 복잡성을 띠고 있지 않은 것처럼 보였다. 사실이다. 염색체에는 알지 못할 그 무엇이 있었다. 그것은 DNA라 불리는 재미없고 단순한 핵산이었다. 1869년 독일의 튀빙겐에서 스위스 의사인 프레드리히 미셔Friedrich Miesher가 고름으로 찌든 군인의 상처를 감은 붕대에서 DNA를 처음 분리했다. 미셔는 DNA가 유전의 열쇠라고 생각했다. 1892년에 자신의 삼촌에게 쓴 편지에서 그의 놀라운 통찰력을 엿볼 수 있다. "모든 언어에서 말과 뜻이 24개 내지 30개의 알파벳으로 만들어지듯이" DNA도 유전적 정보를 그렇게 전달할지 모른다. 그러나 DNA에 관심을 가진 사람은 그리 많지 않았다. 상대적으로 단조로운 물질이었다. 단 네 종류의 핵산으로 어떻게 정보를 전달한다는 것인가?[5]

열아홉 살 나이에 이미 학사 학위를 받은 전도유망한 청년 제임스 왓슨은 멀러에 끌려 블루밍턴의 인디애나 대학을 찾아갔다. 당시 아무도 그가 유전자라는 문제에 답을 줄 수 있을 것이라고는 생각하지 않았지만, 그가 바로 문제를 해결한 사람이 되었다. 인디애나 대학의 이탈리아에서 이민 온 살바도르 루리아Salvador Luria 밑에서 박사 학위를 받은 왓슨은(예상대로 왓슨은 멀러를 좋아하지 않았다) 유전자는 단백질이 아닌 DNA에 있다는 확신을 가지게 되었다. 왓슨은 이를 입증하기 위하여 덴마크로 갔으나 만족스러운 결과를 얻지 못하고, 1951년 10월 다시 영국의 케임브리지로 옮겼다. 우연히 캐번디시 실험실에 합류한 그는 이곳에서 자신처럼 DNA에 확신을 가지고 있는 또 한 명의 천재적인 과학자 프랜시스 크릭을 만났다.

여기서부터 새로운 역사가 만들어졌다. 크릭은 신중함과는 다소 거리가 멀었다. 그는 35세의 나이에도 아직 박사 학위가 없었다(독일의 폭격으로 런던 대학의 유니버시티 칼리지에서 그가 일정 압력에서 가열된 물의 점성도 측정에 사용하려던 기계가 파괴되었기 때문이다. 그러나 그는 오히려 안도의 한숨을 내쉬었다고 한다). 별 진전이 없는 물리학에서 벗어나 생물학 쪽을 기웃거리고 있었지만 그 역시 별다른 성과가 없었다. 그는 세포가 물질을 섭취한 후에 발생하는 세포 내용물의 점성도 변화를 측정하는 케임브리지의 지루한 실험실을 벗어나, 캐번디시 실험실에서 결정구조학을 배우고 있었다. 그러나 크릭은 어떤 문제를 해결하는 데 꼭 필요한 끈기나 사소한 과학적 문제에 매달리는 데 필요한 인내심이 부족했다. 또 쾌활하고 확신에 찬 사고방식과 다른 사람의 과학적 문제에 답을 대신해버리는 당돌함 때문에 캐번디시에서도 사람들의 신경을 거스르고 있었다. 크릭 역시 단백질에 얽매여 있는 당시의 경향에 막연하게 불만을 가지고 있었다. 그는 중요한 문제는 유전자의 구조이며 DNA에 해답이 있을 것으로 생각하였다. 왓슨을 만난 그는 자신의 실험을 제쳐두고 DNA 게임에 몰두하기 시작하였다. 그리하여 젊고 야망과 감성이 풍부한 미국 과학자가 생물학적 지식을 제공하고, 타고난 천재성을 가졌지만 한 가지 일에 몰두하지 못하는 나이 많은 영국 과학자가 물리학적 지식을 제공하여 과학의 역사에서 가장 경쟁적이고 능률적인 공동연구가 탄생하였다. 이는 폭발적인 화학반응과도 같았다.

그들은 몇 개월 만에, 힘들게 얻었지만 충분한 분석이 이루어지지 않은 다른 사람들의 실험 결과를 종합하여 과학의 역사에서 가장 훌륭한 업적이라고 꼽을 수 있는 DNA 구조를 밝히는 데 성공하였다. 아르키

메데스가 목욕탕에서 알아낸 원리를 자랑한 것 이상으로 1953년 2월 28일 흥분한 프랜시스 크릭은 한 술집에서 "우리는 생명의 비밀을 알 아냈다"고 공표하였다. 그에 비해 왓슨은 말이 없었다. 그는 여전히 자 신들이 실수했을 수도 있다고 불안해했다.

그러나 그렇지는 않았다. 모든 것이 갑자기 분명하게 다가왔다. DNA는 무한한 길이의 이중나선으로 부드럽게 꼬인 사다리에 적힌 암 호로 구성되어 있었다. 암호는 문자들 사이의 화학적 친화력으로 스스 로 복제가 가능하고, 그때까지 밝혀지지 않은 DNA와 단백질의 연결 단어장을 이용한 단백질 제조법을 기록하고 있었다. DNA 구조의 가 장 놀라운 점은 이것이 단순하고 아름답다는 데 있다. 리처드 도킨스 는[6] "왓슨과 크릭 이후 분자생물학의 가장 놀라운 변화는 디지털 정보 다. …… 유전자가 사용하는 기계적 암호는 신비할 정도로 컴퓨터와 유사하다"고 하였다.

왓슨과 크릭의 연구 결과가 발표되고 한 달 후, 영국에서는 새로운 여왕이 즉위하였고 에베레스트 산이 영국 탐험가 팀에 의해 정복되었 다. 이중나선 구조에 대해서는 〈뉴스 크로니컬〉이 한쪽 구석에 작은 기사로 다루었을 뿐 다른 신문에서는 관심조차 두지 않았다. 하지만 오늘날 이것은 과학자들 사이에서 20세기, 아니 천 년 간의 가장 기념 비적 사건으로 다루어진다.

DNA 구조가 밝혀진 후에도 여러 해 동안 혼란과 좌절이 뒤따랐다. 유전자가 자신을 표현하는 언어인 암호는 비밀을 쉽사리 보여주지 않 았다. 암호는 왓슨과 크릭의 상당한 추론과 물리학적 영감으로 발견되 었다. 암호를 해독하는 데는 진정한 천재성이 필요하였다. 암호가 A, C, G, T라는 4개의 문자로 이루어진 것은 분명하였다. 이것이 단백질을 이루는 20개의 아미노산으로 해독되는 것도 확실하였다. 그러나 어떻게? 어디서? 어떤 방법으로? 그것이 문제였다.

크릭이 답을 풀어가는 데 중요한 아이디어를 제공했다. 오늘날 우리가 tRNA라고 부르는 어댑터 분자를 제안한 것이다. 모든 증거와 무관하게 크릭은 이러한 분자가 반드시 있어야 한다는 결론에 도달하였고 그것은 곧 사실로 밝혀졌다. 그러나 크릭은 역사상 가장 훌륭하지만 잘못된 이론이라고도 불리는 암호 이론 역시 제시하였다. 이것은 자연이 사용하는 것보다 더 훌륭한 '콤마 없는' 암호 이론으로 암호의 각 단어는 3개의 문자로 이루어져 있다는 것으로 시작된다(2개로 이루어졌을 경우 12개의 단어밖에 만들어지지 않으므로 20개의 아미노산을 표현하는 데 부족하다).

암호에는 콤마와 띄어쓰기가 없으므로 잘못된 곳에서 읽기 시작하면 잘못된 단어가 나오게 된다. 잘못된 방법으로 읽히지 않는 모든 가능성을 제거하고 나면, 20개의 단어만 남게 되고 이는 20개의 아미노산과 숫자적으로 일치한다.

크릭은 자신의 이론을 확대 해석하지 말 것을 경고했다. "이 암호를 추론하는 데 사용한 가정과 이론은 매우 불확실하여 단순한 이론적인 근거로서 확신할 수 없다. 우리가 이것을 제시하는 것은 합리적이고 물리학적인 간결한 가정법으로 신비의 숫자인 20개의 단어를 만들어 냈기 때문일 뿐이다." 처음에는 이중나선 구조를 기초로 할 수 있는 일들이 많지 않았으므로 이 이론에 흥분하였고 그 후 5년 동안 모든 사람들이 이 이론을 믿었다.

그러나 흥분의 시기는 곧 끝났다. 1961년 모든 사람이 생각만 하고 있는 동안 마셜 니렌버그Marshall Nirenberg와 조한 마타이Johann Matthaei는 아주 단순한 방법으로 암호의 한 단어를 해독했다. 그들은 U(DNA의 T에 해당하는)만으로 만들어진 RNA를 합성하고 이것을 아미노산이 들어 있는 용액 속에 집어넣었다. 리보솜은 이 용액에서 페닐알라닌이 무한히 연결된 단백질을 만들어냈다. 암호의 첫 단어가 해독된 것이다. UUU는 페닐알라닌을 의미한다. 마침내 콤마 없는 암호 이론이 틀렸다는 것이 밝혀졌다. 콤마 없는 암호 이론의 매력은 이른바 잘못 읽힘에서 오는, 즉 하나의 알파벳이 빠져도 다음부터 이어지는 모든 단어가 잘못 읽히게 되는 돌연변이가 없다는 것이다. 그러나 자연이 선택한 방법은 조금 덜 섬세하고 여러 종류의 실수를 좀 더 포용하는 방법이었다. 여러 개의 단어가 하나를 의미하는 중복성도 가지고 있었다.[7]

1965년에 이르러 모든 암호가 밝혀졌고, 현대 유전학의 시대가 열리게 되었다. 1960년대 선구적인 일들은 1990년대에는 일상 과정으로 자리 잡았다. 그리하여 1995년, 아치발드 게로드의 검은 소변을 누는 환자들에게는 알캅톤뇨증 유전자의 철자 변이가 있었음을 알아냈다. 이상의 이야기는 20세기 유전학의 축소판이다. 기억하겠지만, 알캅톤뇨증은 매우 드물지만 그리 위험하지 않은 질병으로 음식 섭취만 조절하면 쉽게 치유될 수 있어서 과학자들이 한동안 관심을 두지 않았다. 1995년, 역사적 중대성에 매력을 느낀 두 명의 에스파냐 학자들이 여기에 도전하였다. 그들은 성수체 아스페르길러스Aspergillus라는 곰팡이를 사용하여 페닐알라닌이 존재해 호모젠티신산염의 자주색 색소가 생기는 돌연변이체를 만들어냈다. 게로드가 예상한 이 돌연변이체는 호모젠티세이트 디옥시게나아제homogentisate dioxygenase라는 단백질에 변이가 있었다. 그들은 곰팡이의 게놈을 특수한 효소로 자르고 정상과 다른 부분을 찾아 그곳의 암호를 해독하여 마침내 문제 유전자를 잡아냈다. 또 이 곰팡이 유전자를 이용하여 사람의 유전자 은행을 탐색하였고, 마침내 곰팡이 유전자와 52% 유사성을 가진 DNA 조각이 3번 염색체의 긴 팔에 존재함을 알아냈다. 환자에게서 이 유전자를 찾아내 정상인과 비교하였더니 단지 690번째 또는 901번째에 있는 알파벳 하나가 달랐을 뿐이었다. 알파벳 단 1개의 차이가 단백질 전체를 변화시켜 정상적 기능을 수행하지 못하게 한 것이다.[8]

이 유전자는 몸의 대수롭지 않은 기관에서 대수롭지 않은 화학적 기능을 수행하고, 잘못된 경우에도 대수롭지 않은 질병을 일으키는 대수롭지 않은 유전자의 전형이다. 그래서 어떤 놀라움이나 특별함도 없어 보인다. IQ나 동성애와 관계가 없고, 생의 기원에 대해서 말해주는 것도 아니며, 이기적 유전자도 아니고, 멘델의 법칙에 따르지 않는 유전자도 아니며, 사람을 죽이거나 불구로 만들지도 않는다. 지구상의 모든 생물은 궁극적으로 목적이나 기능에서 같은 기능을 수행하는 유전자를 가지는데 빵곰팡이도 우리와 같은 기능을 수행하는 이 유전자를 지니고 있다. 그러나 호모젠티세이트 디옥시게나아제 유전자에 대한 이야기는 유전학의 역사 속에 작은 한 페이지를 장식하며, 유전학 역사의 축소판이라 할 수 있다. 이 별것 아닌 유전자도 멘델을 감탄시킨 아름다움을 지니고 있는데, 이 또한 그의 절대적 법칙에 따라 발현하기 때문이다. 현미경적이고, 감겨 있으며, 짝이 있는 쌍으로 작동하는 니선, 4개의 알파벳 암호를 가시며 생녕의 화학적 일관성에 대한 법칙을 지니고 있다.

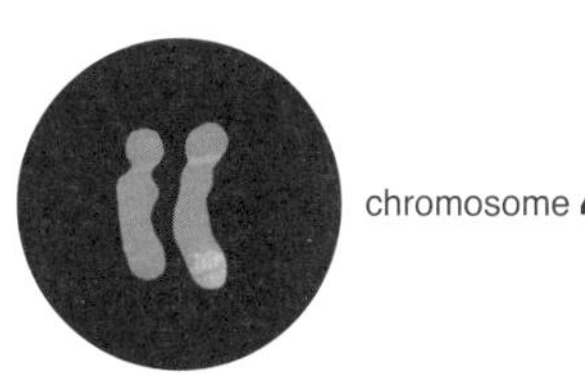

운명

강연 내용이 과학의 칼뱅주의일 뿐이군요.
-무명의 스코틀랜드 군인이 대중 강연이 끝난 후 윌리엄 베이트슨에게 한 말[1]

사람 게놈 카탈로그를 열어보면 인간의 잠재력에 대한 내용은 보이지 않고, 단지 알 수 없는 중유럽 의사들 이름이 붙은 병의 목록만이 나올 뿐이다. 이를테면 이 유전자는 니만-픽Niemann-Pick병을 일으키고, 저 유전자는 월프-히르시혼Wolf-Hirschhorn증을 일으킨다고 되어 있다. 최근의 게놈과 관련된 웹사이트 기사의 첫 줄은 "정신질환에 대한 새로운 유전자"에서 시작하여 "디스토니아dystonia를 조기 발병하게 하는 유전자, 신장암을 일으키는 유전자를 발견하다, 자폐증은 세로토닌 이동 유전자와 연관이 있다, 새로운 알츠하이머병 유전자, 강박적 행동의 유전현상" 등으로 이어진다.

그러나 유전자를 질병으로 정의하는 것은 몸의 기관을 질병으로 정의하는 것과 같은 모순이다. 다시 말해 간은 간경화를 유발하며, 심장은 심장마비의 원인이고 뇌는 뇌졸중을 일으킨다는 것과 같다. 게놈 카탈로그가 이러한 방식으로 구성된 것은 우리의 무관심에서 비롯되었다. 어떤 유전자에 대해 우리가 알고 있는 유일한 지식은 이것이 일으키는 질병뿐인 경우가 많다. 질병은 유전자의 작은 일부분으로 유전자를 잘못 이해하는 방법이다. 때로는 다음과 같은 위험한 표현을 낳기도 한다. "X는 월프-히르시혼 유전자를 가지고 있다." 이는 전적으로 잘못된 표현이다. 우리는 모두 월프-히르시혼 유전자를 가지고 있다. 다만 일부 사람들이 월프-히르시혼 병증을 가지고 있을 뿐이다. 그 질병은 그 유전자가 모두 없어졌기 때문에 생긴다. 나머지 사람들에게 유전자는 부정적이 아니라 긍정적 힘이 된다. 질병으로 고통받는 이들은 그 유전자가 아니라 돌연변이를 가지고 있다.

월프-히르시혼증은 어려서 목숨을 잃는 매우 드문 위험한 병이다. 이 유전자는 4번 염색체 위에 있으며, 헌팅턴병과도 관련이 있어서 실제로 모든 '질병' 유전자들 중 가장 유명하다. 이 유전자의 돌연변이는 헌팅턴병을 일으키고, 이 유전자가 완전히 없어지면 월프-히르시혼증이 일어난다. 일상생활에서 이 유전자가 하는 일이 무엇인지는 모르지만 이것이 어떻게, 왜, 어디서 잘못되어 어떤 결과를 가져오는지에 대해서는 비교적 자세히 알려져 있다. 이 유전자 안에는 하나의 '단어'가 반복적으로 나타난다. CAG, CAG, CAG, CAG …… 이러한 반복이 때로는 6번, 때로는 30번, 때로는 100번 이상 나타난다. 우리의 운명과 이성 그리고 생명이 이 반복의 끈에 달려 있다. 만약 그 '단어'가 39번 이상 반복되면 중년에 접어들면서 서서히 몸의 균형을 잃기 시작하여 점점 스스로를 다스리지 못하게 되고 일찍 죽는다. 퇴행현상으로 지능이 떨어지기 시작하여 사지의 경련현상이 뒤따르고 심한 우울증에 걸리며 때로 환상이나 망상에 빠지기도 한다. 이 질병은 막거나 치료할 방법이 없다. 더욱이 이 질병은 15년에서 25년 사이에 그 무서운 단계를 모두 밟아 나간다. 이보다 처절한 운명은 없을 것이다. 실제로 이 질병의 많은 초기 정신질환 증세는 증세가 없는 가족들에게도 같은 정도의 영향을 미친다. 언제 병에 걸릴지 모르면서 이를 기다리고 있는 긴장감과 스트레스는 엄청나다.

원인은 바로 유전자에 있다. 헌팅턴 돌연변이를 가지고 있는가에 따라 질병을 일으키기도 일으키지 않기도 한다. 칼뱅도 상상하지 못한 결정론이며 예정된 운명이다. 모든 것이 유전자에 달려 있고, 이것은 우리가 아무것도 할 수 없다는 결정적 증거로 여겨질지도 모른다. 담배를 피우거나 비타민을 복용하거나 운동을 하거나 하지 않거나 상관없는 일이기 때문이다. 이 광란의 증세를 일으키는 나이는 전적으로 어떤 유전자의 특정 장소에서 CAG가 몇 번이나 반복되는가에 달려 있다. 만약 39번 반복하면 90%는 75세 이전에 치매에 걸리며 평균적으로 66세 정도에 첫 증세가 나타난다. 41번이면 54세에, 42번이면 37세에, 이와 같은 '단어'가 50번 반복한다면 27세 정도에 지능을 잃게 된다. 만약 우리의 염색체 길이가 지구 한 바퀴를 돌 수 있을 정도로 길다면 정상과 정신착란의 차이는 약 2.5cm 이하에 불과하다.[2]

어떤 점성술도 이렇게 정확하지는 못할 것이나. 프로이트주의, 마르크스주의, 크리스트교 또는 정령숭배 등 인류의 인과관계에 대한 어떤 이론도 이렇게 확실하지는 못할 것이다. 《구약성서》의 어떤 예언자, 고대 그리스의 예언자도, 보그너 리지스 해변의 수정 구슬을 가진 천리안적 집시도 언제 자신의 인생이 파탄을 맞을지 예언하지 못할 뿐만 아니라, 전혀 예측조차 하지 못한다. 우리가 여기서 다루는 것은 처절하고 잔인하지만 움직일 수 없는 진실이다. 우리 게놈에는 10억 개나 되는 세 문자 '단어'가 있다. 그런데도 이렇게 짧은 길이의 모티프 1개가 우리와 정신적 질병을 가진 자를 구별하는 유일한 차이다.

헌팅턴병은 1967년 포크송 가수 우디 거트리가 이 병으로 죽음으로써 유명해졌다. 1872년 롱아일랜드 섬의 동쪽 끝에서 조지 헌팅턴 George Huntington이라는 의사에 의해 처음으로 진단된 이 병은 집안의 유전임이 발견되었다. 그 후 롱아일랜드 섬의 환자는 뉴잉글랜드에서 건너온 더 큰 집안에서 갈라진 가계임이 밝혀졌다. 이 집안에는 12대에 걸쳐서 헌팅턴병을 가진 사람이 1,000명도 넘었다. 그들은 모두 1630년 서퍽에서 미국으로 건너온 두 형제의 후손이었다. 후손 가운데는 1693년 세일럼에서 마귀로 몰려 화형을 당한 사람도 있었다. 아마도 이 질병의 심상치 않은 증상 때문이었을 것이다. 그러나 돌연변이는 자손이 이미 태어난 이후인 중년 이후에나 증세가 나타나므로 자연도태의 선택적 압력이 거의 작용하지 않는다. 오히려 여러 연구에서 이 돌연변이를 가진 사람들은 그렇지 않은 형제들보다 훨씬 더 많은 아이를 낳는 것으로 드러났다.[3]

헌팅턴병은 사람의 유전적 질병에서 우성으로 유전하는 것이 확인된 첫 번째 질병이다. 부모에게 물려받은 2개의 염색체 모두에 돌연변이 유전자가 있어야 발병하는 알캅톤뇨증과 다르다는 것을 의미한다. 돌연변이 유전자가 하나만 있어도 질병이 나타난다. 만약 돌연변이 유전자를 아버지에게서 받았다면 질병의 정도가 심할 뿐만 아니라 나이든 아버지에게서 태어난 자녀는 더욱 심한 돌연변이를 보인다. 즉 반복의 길이가 길어진다.

1970년 후반에 의지가 강한 한 여성이 헌팅턴 유전자를 찾아나섰다. 우디 거트리가 죽자 그의 미망인은 헌팅턴병 치료를 위한 모임을 발족하였다. 그리고 아내와 아내의 세 형제가 이 병을 앓고 있는 밀턴 웩슬러Milton Wexler라는 의사가 그녀와 합류하였다. 웩슬러의 딸 낸시도 자신이 돌연변이 유전자를 가지고 있을 확률이 50%임을 알고 있었고 이 유전자를 찾는 데 몰두하였다. 많은 사람들이 유전자를 찾는다는 것은 불가능하다며 그녀에게 그 일을 포기하라고 했다. 그것은 아마도 미국 크기의 건초더미에서 바늘을 찾는 것과도 같을 것이다. 사람들은 기술이 좀 더 나아져 확률적 가능성이 높아질 때까지 기다리라고 했다. 그러나 그녀는 "만약 당신이 헌팅턴병을 가지고 있다면 기다릴 시간이 없을 것입니다"라고 적고 있다. 베네수엘라의 아메리코 네그레테Americo Negrette라는 의사의 보고서를 접한 웩슬러는 1979년 마라카이보 호숫가에 있는 3개의 작은 도시 산 루이스, 바랑키타, 라구네타를 방문하기 위해 베네수엘라로 날아갔다. 실제로 거대한 육지에 갇힌 바다와 같은 마라카이보 호는 코르디예라 드 메리다 건너편 베네수엘라의 서쪽에 있다.

그곳에 헌팅턴병 발병률이 높은 큰 가계가 있었다. 전해지는 말에 따르면 이 병은 18세기 한 어부에게서 비롯되었다. 웩슬러가 질병을 가진 집안의 가계도를 조사한 결과, 19세기 초 마리아 콘셉시옹이라는 여성까지 추적힐 수 있었다. 그녀는 물 위에 대말로 지은 집이 모여 있는 푸에블로 드 아구아라는 마을에 살았다. 이 집안의 조상인 그녀는 8세대에 걸쳐 1만 1,000명의 후손을 두었고, 1981년 당시에는 9,000명이 살아 있었다. 그중 371명 이상이 헌팅턴병을 앓았고, 웩슬러가 방문했을 당시 3,600명이 25%의 확률로 질병을 일으킬 위험을 안고 있었다. 그들은 조부모 가운데 적어도 한 명이 헌팅턴병을 앓은 적이 있는 집안의 자손들이었다.

웩슬러 자신이 이 돌연변이를 가졌을지도 모르는 상황인데도 그녀는 참으로 용감했다. "이 건강한 아이들을 보고 있노라면 가슴이 아팠다"고 그녀는 기록하고 있다.[4] "이들은 가난과 무지와 힘든 생활에도 꿈과 희망으로 가득 차 있었다. 소년들은 거친 호수에 작은 배를 띄워 위험하고 힘든 고기잡이를 해야 하며, 아주 어린 소녀들도 집안일을 거들거나 병든 부모를 보살펴야 한다. 이들은 이 잔인한 병으로 자신들의 부모나 할머니, 할아버지, 삼촌, 숙모, 사촌들을 잃었음에도 자신이 그 병에 걸리는 순간까지는 기쁨과 생명으로 가득 찬 생활을 한다."

웩슬러는 드디어 건초더미를 뒤지기 시작했다. 그녀는 먼저 500명이 넘는 사람들의 혈액을 채취하느라 바쁜 나날을 보냈다. 그리고 이것을 보스턴의 짐 커셀라Jim Cusella의 실험실로 보냈다. 커셀라는 유전자를 찾기 위해 적절한 유전자 지표를 찾는 일을 시작했다. 어디에 있을지 모르는 질병 유전자를 가진 사람과 가지지 않은 사람들을 구별할 수 있는 DNA 지표를 찾는 일이 항상 가능한 것은 아니다. 다행히 운이 따랐다. 1983년 중반쯤 문제의 유전자 가까이에 있는 지표를 찾았을 뿐만 아니라 이 유전자가 4번 염색체 짧은 팔 끝에 있음도 알아냈다. 여기에 전체 유전자의 3/1,000,000에 해당하는 유전자가 있다는 것 역시 알았다. 드디어 찾아낸 것일까? 그렇게 쉽지는 않았다. 유전자는 100억 개의 '알파벳'이 들어 있는 지역에 숨어 있었다. 건초더미가 줄어들기는 했지만 여전히 어마어마한 크기였다. 8년이 지난 후에도 유전자의 행방은 묘연했다. "그것은 매우 힘든 일이었다"고 웩슬러는 적고 있다.[4] 그녀의 이야기는 마치 빅토리아 시대 탐험가의 모험담과 같다. "4번 염색체 끝은 황폐한 땅이었다. 지난 8년 동안 에베레스트를 기어올라가는 것과 같았다."

　드디어 이들의 끈질긴 노력은 결실을 보았다. 1993년, 마침내 그 유전자를 발견하였다. 유전자의 내용을 읽고 병을 일으키는 돌연변이도 찾아냈다. 이 유전자는 헌팅턴이라고 부르는 단백질을 만드는 제조법이었다. 유전자가 발견된 후 단백질이 발견되었기 때문에 그 이름을 따라 붙였다. 유전자 중간쯤에 CAG라는 '단어'가 반복되고 그 결과 단백질 중간에 글루타민의 긴 사슬이 연속되어 있었다(CAG는 글루타민을 의미한다). 헌팅턴병은 글루타민의 길이가 길수록 일찍 발병한다.[5]

　그러나 이 모든 것들도 질병을 설명하는 데 아무 도움이 되지 않는 것처럼 보인다. 만약 헌팅턴 유전자가 잘못되었다면 어떻게 30년 동안은 정상적으로 작동하는가? 아마도 돌연변이 형태의 헌팅턴 단백질이 서서히 모여 덩어리를 형성하는 것 같다. 알츠하이머병이나 광우병처럼 세포에 이 단백질이 모여 덩어리를 이루게 되면 세포가 자살하도록 유도하여 결과적으로 세포는 죽게 된다. 헌팅턴병은 이런 현상들이 운동을 관할하는 소뇌에서 일어나게 되므로 움직이기가 점점 어려워지고 드디어는 조절이 불가능해진다.[6]

　유전자 내 CAG의 반복이 그 원인이라는 것은 전혀 예측하지 못한 것이나 헌팅턴병에만 한정된 현상은 아니다. 이른바 '불안정한 CAG 반복'이라고 불리는 이 현상에 의해 일어나는 신경성 질병은 다섯 가지나 더 있다. 이 현상은 5개의 전혀 다른 유전자에서 일어난다. 소뇌 운동 실조증cerebellar ataxia이 그 하나다. 쥐의 어떤 유전자에 긴 CAG 반복을 집어넣었더니 헌팅턴병과 같이 늦게 발병하는 신경성 질병을 일으켰다는 흥미로운 보고도 있다. CAG 반복은 유전자가 어떤 종류이건 신경성 질병을 일으키는지도 모른다. 다른 종류의 '단어'의 반복으로 일어나는 퇴행성 신경병에서도 '단어'는 어김없이 C로 시작하고 G로 끝난다. 6개의 다른 CAG 질병이 발견되었다. CCG 또는 CGG 반복이 X염색체에 있는 어떤 유전자의 머리 부분에 200번 이상 반복되면 '연약한 Xfragile X'라는 병을 일으킨다. 약간 다르기는 하지만 상당히 흔한 퇴행성 정신질환을 일으키기도 한다(60번 이하 반복은 정상이며 1,000번 이상 반복하는 경우도 있다). CTG가 19번 염색체의 어떤 유전자에 50번에서 1,000번 사이를 반복하면 근긴장성 디스트로피myotonic dystrophy를 일으킨다. 이러한 세 문자 단어의 반복으로 일어나는 사람의 질병은 열두 가지가 넘는다. 이를 일반적으로 글루타민다량체polyglutamine 질병이라고 부른다. 모든 경우에 단백질은 세포 내에서 분해되지 않는 덩어리가 되어 축적되며 결국 세포를 죽게 한다. 증세가 다른 것은 이러한 유전자가 체내의 각기 다른 부분에서 나타나기 때문이다.[7]

C*G라는 단어가 글루타민 이외에 다른 특별한 의미를 가질까? 단서는 전구현상anticipation에서 찾을 수 있다. 헌팅턴병이나 연약한 X 질병을 앓는 사람들의 자손은 부모보다 훨씬 더 일찍 발병하여 더 심하게 앓는다는 것이 오래전부터 알려져 있었다. 전구현상이란 반복이 길수록 다음 세대에 복제될 때 더 길어지는 현상이다. 이러한 반복이 계속된 지역의 DNA는 머리핀처럼 고리형을 만드는 것으로 알려져 있다. DNA는 서로 붙기를 좋아하여 머리핀 구조를 형성한다. CG 단어의 C와 G는 서로 붙기를 좋아하고 결국 핀처럼 된다. (DNA가 복제될 때) 머리핀 구조가 열리게 되면 때로 복제 기구가 실수하여 더 많은 글들이 삽입되고 반복이 길어지게 된다.[8]

다음의 단순한 비교가 이해에 도움이 되리라고 생각한다. 만약 문장 내 어떤 단어가 6번을 반복하고 있다고 가정하자. cag, cag, cag, cag,

cag, cag. 이때는 별 어려움 없이 셀 수 있을 것이다. 그런데 만약 이것이 60번 반복한다고 가정하자. cag, cag, cag, cag, cag, cag, cag, cag, cag, cag, cag, cag, cag, cag, cag, cag, cag, cag, cag, cag, cag, cag, cag, cag, cag, cag, cag, cag, cag, cag, cag, cag, cag, cag, cag, cag, cag, cag, cag, cag, cag, cag, cag, cag, cag, cag, cag, cag, cag, cag, cag, cag, cag, cag, cag, cag, cag, cag, cag, cag, cag. 대부분은 세다가 혼동을 일으킬 것이 분명하다. 이런 일이 DNA에서도 일어난다. 반복이 길수록 복제 기구는 하나를 더 추가로 삽입하는 경향이 많아진다. 잘못 헤아리거나 문장 내 어느 위치에 있었는지를 잃어버리기 때문이다. 또 다른 설명은 세포 내 부적절한 쌍을 보수mis-match repair하는 점검 시스템이 작은 변화를 찾는 데는 능숙하지만 C*G 반복의 큰 변화를 찾는 데는 약하다는 점이다.[9]

위에서 설명한 것들이 아마도 질병이 인생의 후반기에 발병하는 이유일 것이다. 영국 가이 병원의 로라 만지아리니Laura Mangiarini는 100개 이상의 반복을 포함하는 사람의 헌팅턴 유전자 일부를 가진 형질전환 쥐를 만들어냈다. 쥐는 나이가 들수록 하나의 조직을 제외한 모든 조직 내에서 유전자의 반복 숫자가 증가하였다. 약 10개의 CAG '단어'가 증가했다. 단 하나의 조직에서 예외가 발견되었는데 운동을 조절하는 소뇌였다. 소뇌의 세포는 쥐가 걷기 시작하면서 더 이상 변할 필요가 없으므로 분열하지 않는다. 세포는 분열할 때 복제하는 실수를 일으키므로 분열하지 않는 소뇌에서는 더 이상 반복이 증가하지 않는다. 사람의 경우 다른 세포에서는 증가하는 반면 소뇌에 있는 반복의 수는 나이가 들수록 점차 줄어든다. 그러나 정자를 만드는 세포에서 CAG 반복이 늘어난다. 그것이 부모의 나이와 헌팅턴병의 발병 시기가 관련이 있는 이유다. 나이 많은 아버지에게서 태어난 자식이 빨리 발병할 뿐만 아니라 증세도 심하였다(덧붙여 말할 것은, 남성의 돌연변이 확률은 여성에 비해 다섯 배나 높다. 남성의 정자는 계속적인 복제가 필요하기 때문이다).[10]

어떤 가계에서는 헌팅턴 돌연변이가 갑자기 일어나는 경향이 있다. 그것은 이들이 가지고 있는 반복의 수가 한계점(약 35개에서 39개 사이) 바로 아래에 있기 때문인데, 반복의 수가 비슷하더라도 어떤 가계는 다른 가계보다 갑자기 한계점을 넘는 경향이 두 배나 높다. 그 역시 간단한 알파벳의 문제 때문이다. 두 사람을 비교해보자. 한 사람은 35개의 CAG 반복에 연이어 CCA와 CCG를 가지고 있다. 이 경우 잘못 읽을 때마다 CAG가 하나씩 증가한다. 다른 사람은 35개의 CAG 다음에 CAA가 있고 또다시 2개의 CAG가 있다고 하자. CAA를 읽을 때 약간의 실수로 CAG라고 읽게 되면 다음에 있는 2개의 CAG로 CAG 반복의 숫자는 갑자기 3개가 증가하게 된다.[11]

여기서 본인이 헌팅턴 유전자의 CAG에 대해 너무 집착하여 세세한 사실들을 나열함으로써 독자들을 혼동스럽게 하는 것처럼 보일지도 모른다. 그러나 5년 전만 해도 이러한 사실을 전혀 알지 못했다는 것을 생각해보라. 유전자가 발견되지 않았다면 CAG 반복이 알려지지 않았을 것이고 헌팅턴 단백질도 몰랐을 것이며, 다른 퇴행성 신경질환과의 연관성은 상상도 못했을 것이다. 또 돌연변이와 그 원인은 영원히 불가사의한 문제로 남았을 것이고, 아버지의 나이와 어떤 관계가 있는지도 알지 못하였을 것이다. 1862년부터 1993년까지 헌팅턴병에 대해서는 유전병이라는 것 이외에는 알려진 바가 없었다. 이후 이에 대한 지식은 마치 비가 온 뒤 버섯이 자라듯이 커져갔고, 단순히 이해하는 데 필요한 자료를 읽는데도 도서관에서 며칠을 보내야 하는 정도로 방대해졌다. 1993년 이후 헌팅턴 유전자에 대한 논문을 발표한 과학자는 100여 명에 달한다. 그 모두가 6만~8만 개에 이르는 사람의 전체 유전자 중 단 하나의 유전자에 관한 것이다. 1953년 제임스 왓슨과 프랜시스 크릭이 열어놓은 판도라의 상자가 가져온 영향을 이해하지 못했을지라도 헌팅턴에 관한 이야기는 당신을 설득시키기에 충분할 것이다. 게놈에서 얻을 수 있는 지식에 비하면 나머지 생물학이 주는 내용은 아주 미약하다고 할 수 있다.

그런데 아직 어느 누구도 헌팅턴병을 고치지 못하였다. 내가 찬사를 보내는 지식도 병에 걸린 사람들에게 구체적인 치료 방법을 제시하지 못하고 있다. 무심하게도 단순한 CAG 반복이라는 발견은 치료를 원하는 사람들에게 오히려 더 암울한 미래를 제시할 뿐이다. 뇌에는 1,000억 개의 세포가 있다. 이 모든 세포 안에 있는 헌팅턴 유전자의 CAG 반복을 짧게 할 방법은 없는 것일까?

낸시 웩슬러는 마라카이보 호에 사는 한 여성에 대해 이야기하였다. 그 여성은 신경질환 증세를 검사하기 위해 웩슬러의 숙소를 찾아왔다. 건강해 보였지만 환자 자신도 느끼지 못하는 헌팅턴병의 작은 증세를 찾아낼 수 있는 어떤 테스트 결과, 그녀에게도 전조가 보였다. 의사가 진찰을 마치자 그녀는 결론이 무엇이냐고 물었다. 의사는 질문으로 답을 대신하였다. "본인은 어떻게 생각하는가?" 환자 자신은 본인이 건강하다고 답했다. 의사는 자신의 생각을 말하기에 앞서 좀 더 진단을 해보아야 할 것 같다고 말했다. 그녀가 진찰실을 떠난 후 그녀의 친구가 상당히 흥분하며 뛰어들어왔다. "그녀에게 무엇이라고 했습니까?" 의사는 자신이 했던 말을 그대로 전하였다. "다행이다"라고 안도한 그 친구가 상황을 설명하였다. 그녀는 친구에게 만약 자신이 헌팅턴병을 가진 것으로 밝혀지면 즉시 목숨을 끊을 것이라고 했다.

　사소한 이 이야기는 여러 가지 복잡한 의미를 포함하고 있다. 그 첫째는 겉으로만 행복한 모습이다. 그 여성은 돌연변이를 가지고 있다. 그 결과 그녀는 자신의 손에 의해서든 서서히 일어나는 증세에 의해서든 사형선고를 받게 될 것이다. 어떤 전문가의 치료를 받더라도 이 운명을 바꿀 수는 없다. 환자는 자신이 원하면 자신의 상태에 대해 알 권리가 있다. 만약 그것 때문에 스스로 죽기를 원하더라도 의사들이 사실을 숨길 권리는 없다. 그러나 그들이 '옳은 일'을 한 것도 사실이다. 치명적인 질병의 결과보다 더 민감한 사안은 없다. 환자를 위해서 있는 그대로 매정하게 사실을 설명하는 것만이 최선의 방법은 아니다. 상담이 따르지 않는 테스트는 불행을 낳는다. 그러나 이 이야기의 가장 중요한 교훈은 치료 방법이 없는 질병을 진단한다는 것은 쓸데없다는 것이다. 그 여성은 자신이 건강하다고 생각했다. 앞으로 대략 5년 동안 아무것도 모른 채 행복하게 지낼 수 있도록, 그 이후에 처절한 질병에 시달려야 한다는 이야기를 미리 할 필요는 없지 않은가.

　자신의 어머니가 헌팅턴병으로 죽은 경우 본인은 50%의 확률로 그 병을 앓을 것임을 알고 있다. 그러나 이것은 잘못된 계산법이다. 어떤 사람이 이 병에 50%만 걸릴 수는 없다. 걸릴 확률은 100%이거나 0%다. 다만 각각에 대한 확률이 동일할 뿐이다. 즉 유전적 검사가 하는 것은 불확실한 50%가 실제로 100%인지 0%인지 알려주는 것뿐이다.

　낸시 웩슬러는 이제 과학은 테베의 고대 눈먼 예언자인 테이레시아스Teiresias와 같은 위치에 있다고 생각하였다. 우연히 테이레시아스는 아테나가 목욕하는 것을 보았고, 아테나는 그를 장님으로 만들어버렸다. 나중에 아테나는 그 일을 후회했지만 그의 시력을 되돌릴 수는 없었다. 대신 테이레시아스에게 예언 능력을 주었다. 그러나 미래를 보는 것은 괴로운 운명이었다. 미리 볼 수는 있으나 바꿀 수는 없기 때문이다. "지혜가 아무런 도움이 되지 못할 때 지혜롭다는 것은 다만 슬픔일 뿐이다"라고 테이레시아스는 오이디푸스에게 고백했다. 웩슬러는 "결과를 바꿀 수 없는 경우에도 과연 언제 죽을지 알고 싶을까?" 하는 의문을 제시하였다. 돌연변이를 검사할 수 있게 된 1986년 이후에도 헌팅턴병에 걸릴 확률이 있는 많은 사람들이 테스트를 원치 않았다. 약 25%의 사람들만이 검사하길 원했다. 흥미로운 사실은 테스트를 원치 않는 남성들이 여성에 비해 세 배나 많았다는 것이다. 그들은 자손보다는 자신에게 더 관심이 많았다.

알기를 원하는 사람들일지라도 복잡한 윤리적 문제를 안고 있다. 만약 어떤 집안의 한 사람이 테스트를 받게 되면 이것은 실제로 가족 전체를 테스트하는 것과 다름없기 때문이다. 많은 부모들은 자식들을 걱정하여 원치 않는 테스트를 하기도 하였다. 그리고 잘못된 인식들은 교과서나 의학 서적 곳곳에서 볼 수 있다. 거기에는 돌연변이가 있는 부모에게서 태어난 자녀의 반은 이 병에 걸린다고 쓰여 있다. 그러나 실제로 자녀들이 질병에 걸릴 확률은 50%이고, 자녀의 반이 이 병에 걸린다는 것과는 매우 다른 이야기다. 테스트 결과를 어떻게 말해야 할지노 매우 민감한 문제다. 심리학자들에 따르면, 사람들은 같은 뜻이라고 해도 4분의 1의 확률로 질병이 있는 자녀를 낳을 것이라고 하기보다는 4분의 3의 확률로 건강한 자녀를 낳을 것이라고 하는 것에 좀 더 위안을 받는 것 같다고 한다.[12]

헌팅턴병은 유전의 극단적인 예다. 환경 요인에 흔들리지 않는 완벽한 숙명론이다. 행복한 생활, 좋은 약, 건강한 음식, 사랑하는 가족, 엄청난 부, 그 어떤 것도 어찌할 수 없다. 당신의 운명은 당신의 유전자에 달려 있다. 아우구스티누스의 신봉자들이 주장하는 것처럼 하늘나라에 가는 것은 신의 뜻이며, 당신의 선한 행동 때문이 아니다. 게놈, 그 위대한 책, 그것은 우리에게 가장 어두운 지식을 주는지도 모른다. 마치 테이레시아스의 저주처럼 우리 운명에 대한 지식, 안다고 해도 어찌할 수 없는 지식을 주는지도 모른다.

낸시 웩슬러의 집념은 언젠가 이 유전자를 찾으면 병을 치료할 수 있을 것이라는 희망에서 비롯되었다. 물론 10년 전보다 그 목표에 가까이 다가와 있는 것만은 사실이다. 그녀는 "나는 낙관주의자입니다"라고 적고 있다. "비록 예측만 가능하고 치료는 할 수 없는 것이 생각보다 훨씬 힘들다는 절망감을 느끼게 하지만 …… 지식은 그 위험 부담을 감수할 만한 가치가 있다고 믿습니다."

낸시 웩슬러 자신의 경우를 살펴보자. 1980년대 중반쯤, 그녀와 그 언니 앨리스는 아버지 밀턴과 함께 자신들이 유전자 테스트를 받아야 할지를 결정하기 위해 여러 번 모였다. 그 토론은 격렬했고 진지했지만 결론을 내리지 못했다. 밀턴은 잘못된 진단이 나올 확률과 그에 따른 위험성을 감당할 필요가 없음을 강조하였다. 낸시는 테스트 받기를 원했지만 테스트가 가까워질수록 마음이 약해졌다. 앨리스는 그들의 토론을 일기장에 자세히 적었고, 후에 이를 바탕으로 많은 사람에게 정신적 위안을 준 《운명의 지도Mapping fate》라는 책을 펴냈다. 결론을 말하자면 자매는 모두 테스트를 받지 않았다. 이제 낸시는 자신의 어머니가 처음 이 병을 진단받은 그 나이가 되었다.[13]

5번 염색체

환경

실수는 짚처럼 물 위에 떠 있다.
진주는 깊은 물 속에서 찾아야 한다.
　－존 드라이든,《사랑을 위하여》

이제 차가운 샤워를 할 시간이다. 독자들이여, 그동안 이 책의 저자는 당신을 잘못된 길로 이끌고 있었다. '단순한'이라는 단어를 거듭 사용해, 유전학의 본질을 아주 단순한 것이라고 했다. 유전자는 매우 단순한 언어로 쓴 산문의 한 문장과 같다고 말해왔다. 이러한 단순한 유전자가 3번 염색체 위에 있었고, 잘못될 경우 알캅톤뇨증이라는 질병을 일으켰다. 4번 염색체 위의 유전자는 반복으로 헌팅턴병을 일으켰다. 돌연변이를 가진 결과, 유전병이 있거나 없거나 둘 중의 하나였다. 애매한 태도를 취할 필요도, 통계학도 우유부단함도 필요 없다. 이 유전학이라는 것은 디지털 세계와 같으며 입자적 유전현상이다. 콩껍질은 쭈그러진 모양 또는 매끈한 모양이었다.

잘못된 설명이었다. 이 세계는 그리 단순하지 않다. 이 세계는 다양한 회색과, 음영의 차이와, 질적 차이와, '경우에 따라'라는 단서를 가진다. 멘델의 법칙으로 실생활의 유전을 이해하려는 것은 떡갈나무의 모양을 이해하기 위해 유클리드 기하학을 사용하는 것과 같다. 드물고 치명적인 유전적 문제를 안고 있는 몇 사람을 제외하면, 이에 속하지 않는 대다수 사람들에게 유전자들이 생활에 미치는 영향은 단계적이며, 부분적이고, 혼합적인 성격을 띤다. 대부분의 사람들은 멘델의 콩처럼 지나치게 크지도 작지도 않고 대충 중간쯤 된다. 물이 아주 작은 당구공 같은 수많은 원자로 이루어져 있음을 아는 것이 실생활에 그리 도움이 되지 않듯이, 우리 몸이 수많은 각각의 유전자가 만들어 낸 생성물로 이루어져 있다는 것을 아는 것 역시 마찬가지다. 우리는 전해 내려오는 지혜만으로도 유전이 복잡하다는 것을 이미 알고 있다. 당신의 모습에서는 아버지의 모습을 엿볼 수 있지만, 어머니의 모습도 숨어 있다. 형제도 그 점은 마찬가지지만, 당신의 모습은 형제와는 다른 나름대로의 독특한 점이 있다.

이제 다형질 유전pleiotropy과 다인자 유전pluralism의 세계를 들여다보자. 당신은 하나의 '모습'을 지배하는 유전자에 의해 만들어진 것이 아니다. 수많은 유전자에 의해 이루어졌고, 유행이나 의지와 같은 비유전적 요인 또한 작용한다. 5번 염색체는 좀 더 복잡한 그림을 만들기 위해 유전적 물감을 섞어보기에 좋은 장소다. 이제까지 그려온 유전적 세계의 그림과는 달리 좀 더 복잡하고, 좀 더 미묘하며, 좀 더 회색을 띤 그림을 위해. 그러나 이 새로운 영토에 한꺼번에 들어갈 수는 없다. 한 번에 하나씩 단계를 밟아야 할 것 같다. 분명히 밝혀진 것도 아니며 유전적이지도 않은 질병부터 시작하려고 한다. 5번 염색체에는 '천식 유전자'의 여러 후보가 있다. 그러나 모든 유전자들이 다형질 유전을 주장하고 있다. 다형질 유전은 여러 유전자가 복합적으로 작용하여 다양한 형질을 나타내는 효과를 가져오는 유전현상을 일컫는다. 천식을 유전자만으로 설명하는 것은 거의 불가능함이 밝혀졌다. 이 질병은 그렇게 단순하지 않다. 모든 것은 사람에 따라 다르다. 대부분의 사람들은 일생에 한 번은 천식이나 또 다른 종류의 알레르기를 가지게 된다. 어떻게, 또 왜 이런 일이 생기는지에 대해서는 다양한 이론이 있다. 어떤 정치적 이유로 특정 과학 이론을 지지한다고 해도 틀렸다고 할 수는 없다. 환경오염을 줄이기 위해 싸우는 사람들은 천식의 증가를 오염 때문이라고 주장한다. 현대인이 너무 편안함에 길들어져 있다고 생각하는 사람들은, 천식은 중앙 난방과 카펫 때문이라고 비난한다. 의무 교육 시스템에 문제가 있다고 생각하는 사람들은, 놀이터에서 옮아오는 감기를 탓할 수도 있다. 씻는 것을 좋아하지 않는 사람들은, 지나친 청결에 문제가 있다고 할 수도 있다. 천식은 어쩌면 우리의 복잡한 세상살이와 비슷하다.

또 천식은 '아토피'의 일종이다. 천식을 앓는 사람들은 대부분 알레르기 체질이다. 천식, 습진, 알레르기, 과민증은 모두 같은 이유에서 발생한다. 이들은 체내에 있는 '비만Mast 세포'가 IgE(항체의 일종) 분자에 의해 자극을 받아 민감해지면서 발병한다. 열 명 가운데 한 명은 어떠한 형태든 알레르기를 가진다. 일시적인 꽃가루 알레르기에서부터 심하고 치명적인 벌이나 땅콩 알레르기에 이르기까지 다양한 형태가 나타난다. 천식의 증가를 설명하는 근거는 아토피의 증가를 이야기하는 데도 적용할 수 있다. 땅콩 알레르기가 있는 아이가 커갈수록 증세가 나아진다면 천식에 걸릴 위험도 줄어든다.

또한 천식이 증가한다는 주장을 포함하여 천식에 관한 어떠한 이론도 완벽하지 않다. 어떤 연구에 따르면, 지난 10년 동안 천식이 60%나 증가했고, 그로 의한 사망은 세 배나 늘었다. 땅콩 알레르기는 지난 10년 간 70%나 증가했다는 발표도 나왔다. 그러나 그 몇 달 후 증가했다는 것은 착각이라고 강하게 반박하는 또 다른 연구서가 제출되었다. 사람들이 천식에 관심이 많아지면서 증세가 심하지 않아도 병원을 찾게 되고, 병원에서는 이전에는 단순히 감기라고 하던 것도 천식으로 진단하는 경우가 늘어났다는 것이다. 1870년대에 아르망 트루소Armand Trousseau는 《클리닉 메디칼Clinique Medicale》이라는 책에 천식에 관한 장을 포함시켰다. 여기서 그는 마르세유에서 심한 천식을 앓던 두 명의 쌍둥이 이야기를 기술하고 있다. 이들의 천식은 마르세유를 떠나 툴롱으로 가는 순간 완쾌되었다. 트루소에게는 이것이 아주 이상하게 여겨졌다. 그는 천식이 드문 병이 아님을 강조하였다. 그런데도 여전히 천식과 알레르기는 점점 많아지는데, 그 원인은 오염 때문으로 보인다.

그렇다면 어떤 종류의 오염인가? 우리는 나무를 땔 때 굴뚝을 통해 나오는 좋지 않은 연기를 마시던 우리 조상보다는 훨씬 연기를 적게 마신다. 즉 일반적인 연기의 양과 천식과는 무관해 보인다. 현대의 합성 화합물이 급격하고 위험한 천식을 가져왔을 수도 있다. 합성 플라스틱을 만드는 데 쓰이는 이소시아나이트, 무수 멜리트산, 무수 프탈산 등의 새로운 화합물이 운반되는 과정에서 공기 중으로 새어나오면서 새로운 형태의 오염을 만들고 천식의 원인이 되는 것 같다. 예전에 미국에서 트럭으로 운반하던 이소시아나이트가 길가로 유출된 사고가 일어난 적이 있다. 당시 사고현장의 교통을 정리한 경찰은 평생 심각한 급성 천식으로 고생했다. 물론 고농도의 화학물질에 갑자기 노출되는 것과 일상생활에서 낮은 농도에 노출되는 것에는 차이가 있다. 현재까지 이러한 화합물에 낮은 농도로 노출되는 것과 천식의 관계는 밝혀진 바 없다. 그러나 천식은 이러한 화합물에 전혀 노출이 되지 않는 지역에서도 나타난다. 실제로 직업성 천식은 마부, 커피 볶는 직업, 철물점 등 주로 힘들고 단순 기술을 사용하는 전문 분야에서 나타난다. 직업성 천식을 일으키는 원인으로는 250개 이상이 알려져 있다. 현재까지 거의 50%에 해당하는 가장 일반적인 천식의 원인은 카펫과 침대 속에 주로 사는 작은 집먼지진드기로, 이들은 중앙 난방 시설의 답답한 실내를 좋아한다.

미국 폐 협회에서 발표한 천식을 일으키는 것에 대한 목록을 살펴보면 생활의 모든 것이 포함되어 있다. 꽃가루, 털, 곰팡이, 식품, 감기, 정신적 스트레스, 심한 운동, 차가운 공기, 플라스틱, 쇳가루, 나무, 자동차 매연, 담배 연기, 페인트, 스프레이, 아스피린, 심장병 약을 포함하여 어떤 경우에는 잠이 천식의 원인이 되기도 한다. 누구든 원하는 대로 써넣을 수 있을 정도의 많은 원인이 총망라된 목록이다. 예를 들어 최근에 도시가 된 지역에서 천식이 급증한 것으로 보아 도시화가 천식의 원인이라고도 할 수 있다. 짐마는 최근 10년 동안 급성장한 에디오피아의 작은 도시다. 이 지역의 유행성 천식도 지난 10년 간 꾸준히 증가해왔다. 그러나 이 사실의 의미는 불확실하다. 도시 중심은 자동차 매연과 오존으로 오염이 심해지기는 했지만 청결해진 것도 사실이기 때문이다.

어떤 이론은 사람들이 어려서부터 자주 씻거나 일상생활에서 흙을 덜 접하게 되면 천식에 걸릴 확률이 증가한다고 한다. 다시 말하면 청결이 오히려 문제가 된다. 형을 둔 아이들이 천식에 걸리는 경향이 적은데, 이는 아마도 형들이 집 안으로 흙을 묻혀 들어오기 때문일 것이다. 브리스틀 지역의 1만 4,000명의 어린이를 대상으로 한 연구에 따르면, 하루에 다섯 번 이상 손을 씻고, 두 번 이상 목욕을 하는 아이들이 천식에 걸릴 가능성이 25% 정도인 데 비해, 하루에 세 번 이하로 손을 씻고 이틀에 한 번 목욕을 하는 아이들은 천식에 걸릴 위험이 그렇지 않은 아이들의 절반밖에 되지 않는다고 한다. 이 이론에 따르면 흙먼지에는 특정 면역 시스템을 자극하는 박테리아, 특히 마이코박테리아mycobacteria가 있어서, 계속해서 접촉하면 여러 부위의 면역 시스템이 자극되기 때문이라는 것이다. 면역 시스템은 두 계로 나누어진다(Th 1과 Th 2 세포가 있다). 각각은 서로를 억제하는데, 청결하게 소독된 환경에서 자라고 면역 접종을 받은 현대의 아이들은 Th 2 시스템이 지나치게 활성화된다. Th 2 시스템은 특히 히스타민을 과량으로 뿜어내 장내 기생충을 몰아내는 데 기여한다. 꽃가루 알레르기, 천식, 습진 역시 Th 2 시스템에 의해 일어난다. 우리의 면역 시스템은 어린 시절 흙 속의 마이코박테리아에 의해 길들여지기를 '기대'하도록 만들어져 있다고 할 수 있다. 그렇지 않게 되면, 면역 시스템에 불균형이 생기고 쉽게 알레르기를 일으키게 된다. 이 학설을 뒷받침하는 증거는 달걀 흰자위에 알레르기가 있는 쥐의 천식을 단순히 마이코박테리아를 들여마시도록 함으로써 치료할 수 있다는 것이다. 일본 학생들 중에서 결핵 예방접종인 비시지BCG를 맞은 학생들은 60% 정도 결핵에 덜 걸릴 뿐 아니라, 알레르기와 천식에 걸릴 확률도 접종하지 않은 학생들에 비해 훨씬 적다고 한다. 이 결과는 마이코박테리아의 접종으로 Th 1 세포가 활성화되고, 결과적으로 Th 2 세포를 억제하여 이에 의한 천식이 줄었음을 의미한다. 이제 소독약을 던져버리고 마이코박테리아를 찾아

나서야 할 것 같다.[1]

　비슷한 또 하나의 이론은 천식은 면역 시스템에서 기생충과 싸우는 요소가 조절되지 않은 결과라는 것이다. 석기시대에는 (그 점에서는 중세 시대도 마찬가지다) IgE는 회충, 촌충, 십이지장충, 편충을 몰아내는 데 전력을 기울였다. 집먼지진드기나 고양이털 등에 관심을 쏟을 여력이 없었다. 오늘날 IgE의 할 일이 줄어들면서 오히려 해를 입히게 되었다는 것이다. 이 이론은 생체 내 면역 시스템이 작동하는 방법에 대해 약간 불확실한 가정을 기초로 하고 있기는 하지만, 상당한 지지를 얻고 있다. 촌충은 꽃가루 알레르기를 치료할 수 있지만, 둘 중에 하나를 선택해야 한다면 어떤 것을 고를 것인가?

　도시화와 관계가 있는 또 다른 이론은 생활의 윤택함과 연관이 있다는 것이다. 부자들은 주로 실내에서 지내고, 난방이 잘 되는 집에서 집진드기가 잔뜩 든 오리털 베개를 베고 잔다. 또 다른 이론은 교통 시설이 좋고 의무교육이 잘 정비된 사회에서 병증이 심하지 않은 바이러스 (감기바이러스 같은)와의 접촉이 증가한다는 이미 알려진 사실을 기초로 한다. 아이들이 놀이터에서 새로운 바이러스를 빨리 접한다는 것은 대다수 부모가 아는 사실이다. 여행이 잦지 않던 시절에는 새로운 바이러스의 유입이 적었다. 그러나 현대의 부모들은 비행기를 타고 다른 나라에 가거나 또는 사무적인 일로 낯선 사람들과의 만남도 많아졌다. 또 모여서 놀고 공부하기에 침이 튀고 병균이 증식하기 좋은 환경인, 다시 말해 초등학교에서 아이들은 새로운 바이러스를 끊임없이 접하게 된다. 일반 감기를 일으키는 바이러스만도 200종이 넘는다. 아이들에게는 이러한 바이러스 감염이 천식의 원인이 된다는 것은 확인된 사실이다. 최근에는 천식만큼이나 흔한 여성의 방광염을 일으키는 박테리아의 감염은, 인생의 후반기에 알레르기 물질에 지나치게 반응하도록 면역 시스템을 바꾸어놓는다는 학설도 나왔다. 위의 여러 학설 중 마음에 드는 것을 골라보라. 나는 나에게 유리한, 청결에 대한 학설을 가장 좋아한다. 물론 내기를 할 정도는 아니다. 여기서 단 한 가지 주장할 수 없는 것은 천식의 증가가 '천식 유전자'의 증가 때문이라는 것이다. 유전자는 그렇게 빠른 시일 안에 변하지는 않는다.

그렇다면 많은 과학자들이 천식을 부분적으로 '유전적 질병'이라고 주장하는 이유가 무엇일까? 천식은 호흡기의 수축으로 생긴다. 민감해진 어떤 물질이 몸에 닿으면서 IgE 단백질과 결합하고, IgE는 비만 세포를 자극하여 세포를 변형시키고 변형된 비만 세포에서 히스타민이 분비되면 자극된 호흡기가 수축한다. 이것은 원인과 결과에 의한 생물학적 연속 반응으로 매우 단순한 IgE 사건의 연속이다. 원인이 다양한 것은 IgE의 모양 때문이다. IgE의 모양은 자꾸 바뀌어 어떤 형태의 외부물질 또는 알레르기 물질과도 결합할 수 있다. 어떤 사람은 집먼지진드기에 의해, 어떤 사람은 커피에 의해 천식이 발생하지만 IgE 시스템의 활성화 때문이라는 기본적인 메커니즘은 동일하다.

생화학적 연속 반응이 일어난다면, 그에 해당하는 유전자도 있다. 모든 단백질은 유전자에 의해 만들어진다. 때로는 IgE의 경우처럼 2개의 유전자가 하나의 단백질을 만들기도 한다. 어떤 사람들은 무척 예민한 면역 반응을 가지고 태어나거나 그렇게 발달한다. 이들의 유전자는, 반갑지 않은 돌연변이에 의해 다른 사람들과 약간 다르기 때문이다.

천식이 특정 집안에 많다는 것은 널리 알려진 사실이다(이는 12세기 코르도바의 유대인 현자 마이모니데스Maimonides에 의해 알려졌다). 어떤 지역에서는 역사적인 이유로 천식의 돌연변이가 유난히 많다. 한 예로 대륙에서 멀리 떨어져 있는 트리스탄 다 쿤하 섬은 천식 문제가 있던 사람의 자손이 많이 사는 곳이다. 쾌적한 해양성 기후인데도 이곳 주민의 25%가 천식을 앓는다. 1997년 바이오테크놀로지 회사의 지원을 받은 유전학자들이 이 섬의 원주민 300명 가운데 270명의 혈액을 채취하여 원인이 되는 돌연변이를 찾아나섰다.

이 돌연변이 유전자를 찾는다면 천식의 근원적 문제를 발견한 것이고 치료 방법도 알게 되는 것이다. 청결이나 집먼지 등으로 천식이 증가하는 이유는 설명할 수 있지만, 같은 조건에서 어떤 사람은 천식에 걸리고 다른 사람은 걸리지 않는가에 대한 근거는 유전자에서밖에 찾을 수 없다.

그러나 여기서 우리는 처음으로 '정상'과 '돌연변이'를 구별하는 데 어려움을 겪었다. 알캅톤뇨증의 경우, 어떤 유전자는 정상이고 다른 유전자는 '비정상'이었다. 천식의 경우는 그것이 그다지 분명하지 않다. 오리털 베개가 없던 석기시대에는 집먼지진드기를 물리치는 면역 시스템을 가진 것은 불리한 조건이 아니었다. 사바나의 임시 거처에서 집먼지진드기는 그리 문제가 되지 않았기 때문이다. 그에 비해 동일한 면역 시스템이 장내 기생충을 물리치는 데 유익했다면, 이 가상의 '천식 유전자'는 정상적이며 자연스러웠을 것이다. 천식 유전자가 없는 사람이 기생충에 약한 비정상적이며 '돌연변이'였을 것이다. 민감한 IgE 시스템을 가진 사람은 그렇지 않은 사람보다 기생충 감염에 저항력이 강했을 것이다. 최근 10년 간 깨달은 것은 '정상'과 '돌연변이'를 정의하는 것이 얼마나 어려운가 하는 점이다.

1980년대 후반에 '천식 유전자'를 찾을 수 있다는 확신을 가진 과학자는 여럿 있었다. 1998년 중반까지 그들은 하나가 아닌 15개의 천식 유전자를 발견하였다. 5번 염색체 위에 8개의 후보가 있고 6, 12번 염색체에 각각 2개씩 그리고 11, 13, 14번 염색체에서 각각 하나씩을 발견하였다. 이 목록에는 중요하다고 할 만한 1번 염색체 위에 있는 IgE 유전자 2개는 포함되어 있지 않다. 천식 유전학은 이 모든 유전자들의 중요도 순서나 이들과 또 다른 이들의 다양한 조합의 결과로 이루어지고 있는지도 모른다.

이 모든 유전자의 발견에는 각기 다른 발견자와 환희가 있다. 옥스퍼드의 유전학자 윌리엄 쿡슨William Cookson은 자신이 11번 염색체에서 천식의 감수성과 연관이 있는 유전자 표지를 발견했을 때, 경쟁자들이 어떤 반응을 보였는지에 대해 이야기한 적이 있다. 어떤 이들은 축하를 보냈고, 어떤 이들은 일반적으로 문제가 있거나 작은 표본 집단에서 나온 반대 결과를 발표하는 데 급급했다. 어떤 이들은 그의 '논리적인 추론'과 '옥스퍼드적 유전자'를 조롱하듯 의학 잡지에 거만한 사설을 싣기도 하였다. 한두 명은 공개적으로 신랄한 비평을 하였고, 어떤 이는 은근히 사기라고 비난하였다(학자들 간의 비열할 정도의 싸움이 일반인들에게는 충격으로 받아들여질지 모른다. 이에 비하면 정치는 비교적 정중한 편에 속한다). 쿡슨의 발견이 〈선데이〉지에 과장되어 발표되면서 이 일은 전혀 개선될 기미가 보이지 않았다. 연이어 텔레비전 프로그램에서 신문의 기사를 비평하고, 신문은 텔레비전 방송국을 비난하였다. 쿡슨은 "4년 간의 계속된 회의와 불신"으로 "우리는 모두 매우 지쳐 있었다"고 조심스럽게[2] 표현하였다.

이것이 유전자 사냥의 실상이다. 상아탑의 도덕적 철학자는 이러한 과학자들을 명성과 돈을 좇는 금광꾼이라고 경멸한다. '알코올 중독이나 정신분열증과 같은 현상에 대한 유전자'가 있다는 생각은 우롱의 대상이 되었다. 이러한 주장은 번번이 철회되었기 때문이다. 철회된 이유는 유전적 연관성과 반대의 결과를 발견하였기 때문이 아니라, 유전적 연관성을 찾는 일 자체에 대한 비난 때문이다. 비평가들의 말에도 타당성은 있다. 신문에 단순하게 실린 표제는 (일반인에게) 매우 잘못된 생각을 심어줄 수 있기 때문이다. 그러나 어떤 질병이 유전자와 연관이 있다는 증거를 발견한 사람은 발표할 의무가 있다. 비록 착각이라 할지라도 그것이 대단한 해를 끼치는 것은 아니다. 굳이 따지자면 잘못된 데이터로 진짜 유전자가 제외될 때가, 연관 없는 유전자가 마치 그 유전자인 것처럼 알려졌을 때보다 훨씬 큰 해를 미치게 된다.

쿡슨과 그의 동료들은 마침내 그들의 유전자를 찾아내 다른 사람들보다 천식을 더 자주 일어나게 하는 돌연변이를 밝혀냈다. 한 종류의 천식 유전자로 이 유전자로는 천식의 15% 정도만 설명할 수 있고, 다른 실험 표본을 사용하여 이들의 결과를 재확인하기는 힘들다는 것이 밝혀졌다. 이런 일은 너무 자주 일어나며, 이것이 천식 유전자 사냥에서 가장 어려운 점이다. 1994년 쿡슨의 경쟁자인 데이비드 마시David Marsh가 11개의 아만파 집안을 연구하여 5번 염색체 위에 있는 인터루킨-4의 유전자가 천식과 깊은 연관이 있음을 제시하였다. 그러나 이 역시 재현이 불가능하다고 밝혀졌다. 1997년에는 핀란드의 한 연구팀이 그 유전자가 천식과 무관하다는 설득력 있는 결과를 발표하기에 이르렀다. 같은 해, 미국에서는 다양한 종족 집단을 대상으로 11개의 염색체 부위가 천식과 연관이 있다고 발표하였고, 그 가운데 10개는 특정 종족과 인종에게만 독특하게 존재하는 유전자라고 하였다. 다시 말해서 어떤 유전자가 흑인에게는 천식을 일으키는 데 영향을 준다고 하더라도, 같은 유전자가 백인이나 에스파냐 계통의 사람에게서는 그렇

게 작용하지 않는다는 것이다.[3]

성적 차이도 인종의 차이만큼이나 크다. 미국 폐 협회의 연구에 따르면 석유로 달리는 자동차에서 나오는 오존은 남성에게 천식을, 디젤 엔진에서 나오는 먼지는 여성에게 천식을 일으키는 경향이 높다. 남성은 어려서 일시적으로 알레르기를 일으키지만 곧 회복되는 데 비해, 여성은 20대 중반이나 후반에 발병하여 회복되기가 힘들다는 것이 일반적인 법칙이다(물론 법칙에는 예외가 있고, 예외가 있다는 법칙을 규정하는 법칙에도 예외가 있다). 이 법칙으로 특이한 천식의 유전성이 설명 가능하다. 일반적으로 사람들은 천식을 어머니에게 유전받으며, 아버지의 천식을 유전받는 경우는 드물다. 아마도 오래전 앓은 아버지의 천식은 대개 잊혀진 때문일 것이다.

천식에 대한 민감성을 변화시키는 방법은 수없이 많다. 증세를 나타나게 하는 연속 반응의 단계가 많고 그에 따라 여러 종류의 '천식' 유전자가 있을 수 있다. 그러나 어느 한 유전자도 손에 꼽을 정도 이상의 경우를 설명할 수 없다. 예를 들어 ADRB2 유전자는 5번 염색체의 긴 팔에 있다. 이것은 기관지의 이완과 수축을 조절하는 베타-2-아드레날 수용체라는 단백질을 만든다. 천식의 증세인 기관지의 수축을 일으키는 바로 그것이다. 가장 일반적인 천식약은 이 수용체에 작용하는 것이다. ADRB2가 '천식 유전자'로서 최우선 순위로 꼽힐 것 같지 않은가? 1,239개의 알파벳을 가진 일상적인 크기의 이 유전자는 중국 햄스터 세포주에서 처음 찾았다. 예상대로 심한 야간 천식으로 고생하는 사람과 그렇지 않은 사람들 사이의 철자 차이를 발견하였다. 46번 자리에 A 대신 G가 있었다. 그러나 결론을 내리기에는 아직 결과가 부족하다. 약 80%의 야간 천식 환자가 G를 가지고 있는 데 비해, 그렇지 않은 환자의 약 50%도 G를 가지고 있기 때문이다. 과학자들은 이 정도의 차이로도 야간에 주로 일어나는 알레르기 시스템을 약화시키는 데 충분하다고 말한다.[4]

그러나 야간 천식은 소수에 속한다. 결론을 내리기를 주저하는 것은 이 같은 철자의 차이가 천식약에 대한 거부 반응과 같은 천식의 다른 문제와 연관이 있기 때문이다. 2개의 5번 염색체 46번 위치에 G를 가진 사람은, A를 가진 사람에 비해 포모테롤과 같은 천식약이 빨리 들지 않게 된다.

'그럴 것 같은'…… '아마도'…… '어떤 경우에는', 이는 4번 염색체의 헌팅턴병의 결정에는 사용되지 않은 단어들이다. ADRB2 유전자의 46번째에 있는 A가 G로 변한 것과 천식의 민감성과는 분명 어떤 관련이 있지만 이것을 '천식 유전자'라고 말할 수도 없으며, 왜 어떤 사람에게만 천식을 일으키는지에 대해서도 설명하기 어렵다. 이것은 천식 이야기에서 일부 사람들에게 또는 다른 인자들에 의해 쉽게 묻혀버릴 아주 작은 영향을 미치는 정도일 것이다. 이런 비결정 상태에 익숙해지는 편이 낫다. 게놈을 파고들수록 결정적이고 운명적인 것은 그리 많지 않다고 느낄 것이다. 분명하지 않은 미결정 상태, 다양한 원인, 뚜렷하지 않은 경향, 이러한 것들이 게놈 세계를 상징적으로 표현하고 있다. 앞 장에서 말한 단순한 입자적 유전이 틀렸다는 것이 아니라, 단순한 것이 쌓여 복잡성을 만들어낸다는 것이다. 게놈 자체가 곧 일상생활이므로 게놈은 일상생활만큼이나 복잡하고 미결정적이다. 우리는 오히려 안도해야 할 것이다. 단순한 결정주의는, 유전자에 의한 것이든 환경에 의한 것이든, 자유의지를 사랑하는 사람들에게는 암울한 미래이기 때문이다.

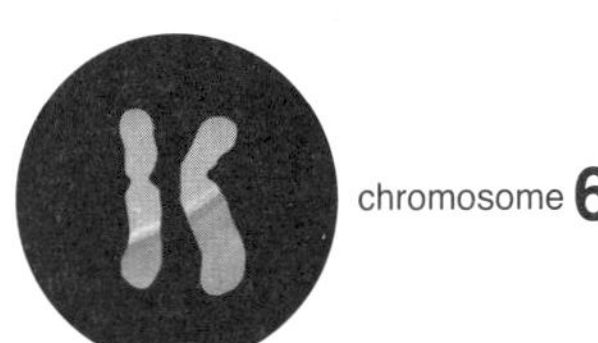

지능

유전론자의 허점은 IQ가 어느 정도 '유전적'이라는 주장 때문이 아니라 '유전적'이라는 말과 '필연적'이라는 말을 동일시하는 데 있다.
- 스티븐 제이 굴드

나 스스로 규칙을 어기고 잘못된 방향으로 이야기를 몰아가고 있다. 벌로 다음 문장을 100번은 써야 할 것 같다. **'유전자는 질병을 일으키기 위해서 존재하는 것은 아니다.'** 때로 유전자가 망가져 병이 생기기는 해도 대부분 우리가 가지고 있는 것은 망가진 유전자가 아니라, 다만 다양한 형태의 유전자들일 뿐이다. 파란색 눈은 갈색 눈 유전자가 변한 것이 아니며, 빨간색 머리는 갈색 머리 유전자가 바뀌어 생긴 것이 아니다. 학문적으로 이야기한다면 이들은 서로 다른 대립인자allele다. 대립인자는 유전적으로 동일한 '문단'의 서로 다른 번역본으로, 모두 동일하게 맞고 유효하며 합법적이다. 모두 정상이다. 정상의 정의는 하나가 아니다.

덤불을 뒤지는 일은 그만두고 유전학이라는 숲에서 가장 뒤엉켜 거칠고, 알려져 있지 않으며, 들어가기 힘든 가시나무로 덮여 있는 지역을 탐색해보자. 그것은 지능의 유전이다.

6번 염색체는 이러한 잡목을 찾기에 가장 좋은 장소다. 1997년 말, 용감하지만 너무 무모해 보이는 한 과학자가 '지능을 관할하는' 유전자를 찾았다고 처음으로 발표한 곳이, 바로 6번 염색체다. 사실 이것은 아무리 증거가 충분하다 하더라도 지나친 행동이었다. 그런 것이 존재함은 말할 것도 없고, 그러한 가능성조차 인정하기를 거부하는 사람들이 수없이 많다. 이 회의론의 근본 이유가 지능의 유전이라는 주제를 건드리는 사람들에게도 의구심을 품게 한, 지난 몇십 년 간 정치적으로 물든 연구 결과 때문만은 아니다. 이미 알려진 많은 일반 상식 때문이기도 하다. 자연은 우리 지능이 맹목적으로 하나의 유전자나 몇몇 유전자들에 의해 정해지도록 내버려두지 않았다. 자연은 우리의 지능을 부모, 습득, 언어, 문화, 교육 등으로 스스로 프로그램될 수 있도록 만들었다.

로버트 플로민Robert Plomin의 연구팀은 매년 여름 미국 전역에서 공부를 잘하는 천재에 가까운 10대 청소년들을 뽑아 아이오와에 모이게 했다. 12세에서 14세 사이의 이들은 5년동안 시험에서 상위 1%에 속한 우수한 어린이들로 IQ는 160 정도였다. 플로민의 연구팀은 이 어린이들이 지능에 영향을 미치는 모든 유전자에서 최상의 형태version를 가지고 있을 것으로 가정하고, 이들의 혈액을 채취하여 6번 염색체를 집중적으로 탐색하기 시작하였다(그가 6번 염색체를 선택한 것은 그의 초기 실험에서 얻은 영감 때문이다). 얼마 후 그는 6번 염색체의 긴 팔 끝에서 다른 사람과 구별되는 두뇌 관할 지역을 발견하였다. 일반인들이 가지고 있는 염기 배열과 다른, 영특한 아이들에게서만 발견되는 것이 있었다. 모두 그런 것은 아니었지만 눈에 띌 정도의 차이였다. 염기 서열은 IGF2R이라고 불리는 유전자 중간에 있었다.[1]

IQ의 역사는 그리 고무적인 것은 아니다. 과학의 역사에서 지능에 관한 논쟁만큼 어리석은 것은 없다. 나를 포함하여 대부분의 사람은 이 주제에 관한 한 불신의 편견을 가지고 있다. 나는 내 IQ를 모른다. 학교에서 테스트를 했지만 결과를 이야기해주지는 않았다. 나는 테스트가 일정 시간 안에 풀어야 하는 것인지 몰랐으므로 다 끝내지 못했고, 점수가 나빴을 것으로 짐작할 뿐이다. 사실 테스트를 일정 시간 안에 끝내야 한다는 것을 깨닫지 못했다는 그 자체로 벌써 그다지 명석하지 않았음을 말해준다. 이 경험은 내가 사람의 지능을 일정 숫자로 나타내는 것을 신뢰하지 못하게 만들었다. 지능을 30분 안에 측정한다는 것 자체가 우스꽝스럽게 보였다. 사실 초기에 행해진 지능검사는 미숙하게도 동기 자체에 편견이 있었다. 선천적 재능과 후천적 재능을 구별하기 위해 쌍둥이 연구를 수행하던 창시자 프랜시스 골턴Francis Galton은 자신이 왜 이러한 일을 했는지 의미를 찾지 못했다.[2]

나의 큰 목표는 사람들에게 유전하는 재능들이 어떠한 것이 있는지, 다양한 집안과 인종의 차이점은 무엇인지를 알아보고, 비효율적인 인종을 대체하여 더 나은 종족을 얻는다는 것이 역사적으로 가능한 일인지 이해하여, 그러한 노력을 한다는 것이 합리적이라면 그것이 우리의 의무인지 생각해보고, 그리하여 저절로 일어날 때까지 기다리는 고통 없이 진화의 궁극적 목표에 좀 더 빨리 다가갈 수 있도록 애쓸 필요가 있는지를 생각해보는 데 있었다.

다시 말해서 그는 사람들을 가축 기르듯 골라서 교배하고자 했다. 그러나 지능검사가 정말로 타격을 준 것은 미국에서였다. 고더드H. H. Goddard는 프랑스 사람 알프레드 비네Alfred Binet가 고안한 지능검사를 미국인과 미국 이민자에 실시한 결과, 대부분의 이민자들은 단순히 '저능아' 내지는 숙달된 전문가라면 한눈에 알아볼 정도의 저능아들이라는 너무나 어리석은 결론을 쉽게 내린 것이었다. 그의 IQ 테스트는 어처구니 없을 정도로 주관적이고 중류층 또는 서구 문명의 가치로 만들어진 편파적인 것이었다. 얼마나 많은 폴란드 유대인이 테니스 코트의 네트가 중간에 있는 것을 알고 있을까? 그는 지능은 타고난다는 것을 전혀 의심치 않았다.[3] 그는 "개인의 지능적·정신적 수준은 생식세포가 합해지면서 모인 염색체의 종류에 의해 결정된다. 다시 말하여 큰 사고로 일부가 손상되는 것 이외에는 다른 영향을 받지 않는다"고 하였다.

이런 점에서 고더드는 말 그대로 괴짜였다. 그러나 그가 국가 정책 결정에 주도권을 쥐고 있었으므로 이민자들이 엘리스 섬에 도착하는 순간 검사를 받도록 만들었고, 더 극단적인 사고를 가진 다른 사람들은 유사한 시도를 하였다. 로버트 예키스Robert Yerkes는 제1차 세계대전 중 모집된 수백만 명의 군인을 대상으로 지능검사를 실시하였다. 비록 군대에서는 그 결과를 무시했지만, 예키스와 다른 사람들은 이 경험을 바탕으로 지능검사로 사람들을 빠르고 쉽게 구별하여 성입직·국가직으로 이용할 수 있다는 주장의 근거로 삼기에 이르렀다. 이 군인들의 지능검사는 1924년 당시 미국 내 주류를 이루던 '북유럽인'들보다 '남동부 유럽인'의 지능이 더 낮다는 근거로 사용되었고, 미국 이민국에서 이들의 이민을 제한하는 쿼터제를 통과시키는 데 중요한 역할을 하었다. 이 법령의 목적은 과학과는 아무 상관이 없었다. 오히려 인종 편견과 미합중국 보호주의의 발상이었다. 다만 과학의 모습을 띤 지능검사에서 그 구실을 찾았을 뿐이다.

이 우생학의 이야기는 다른 장에서 더 다루고자 한다. 위에서 보듯이 이러한 지능검사의 역사적 배경으로 학자들 사이에서, 특히 사회학자들 사이에서 IQ 검사를 불신하는 풍조가 생긴 것은 놀라운 일이 아니다. 제2차 세계대전 바로 직전에 인종 차별과 우생학에 대한 개념이 정반대로 움직이면서, 이제는 지능의 유전이라는 사고 자체가 금기로 여겨졌다. 예키스와 고더드 같은 사람들은 환경적 요소를 무시하여 영어를 할 줄 모르는 사람들을 영어로 검사하였고, 알파벳을 읽지 못하는 사람들에게 처음으로 연필을 쥐고 시험을 치르게 하였다. 그들의 유전에 대한 믿음은 절대적이라서 훗날 비평가들은 그들의 결과를 거의 믿지 않았다. 더욱이 사람은 배울 줄 아는 동물이다. IQ는 교육에 영향을 받을 수 있다. 그러므로 아마도 심리학은 지능에 유전적 요소가 없다는 가정에서 시작해야 할 것이다. 그것은 모두 훈련의 문제다.

과학은 가정을 세우고 이 가정이 잘못되었음을 입증해가는 과정에서 발전한다. 그러나 항상 그런 것은 아니다. 1920년대의 유전적 결정론자들은 자신들이 세운 가정을 부정하기 위해서가 아니라 확인하기 위해 노력하였다. 또 1960년대의 환경론자들은 자신들의 주장에 반대되는 증거보다는 지지하는 증거를 찾는 데 열중하였다. 역설적이지만, 이런 과학의 사각지대에서는 '전문가'가 오히려 일반인보다 더 많이 틀리기도 한다. 일반인들은 항상 교육이 영향을 미친다는 것을 알고 있으며 같은 정도로 능력도 타고난다고 믿는다. 양극단에 서서 극단적이고 허무맹랑한 태도를 취하는 사람들은 오히려 전문가들이다.

지능의 정의를 확실하게 내리기는 어렵다. 사고의 속도, 추리력, 기억력, 언어 능력, 수학적 능력, 정신력 또는 단순히 지적인 것만을 추구하는 욕구 등 무엇으로 사람의 지능이 높다고 할 것인가? 영리한 사람들도 어떤 일에는 놀라울 정도로 우둔하다. 학교 성적이 나쁜 축구 선수도 몇십 분의 1초 만의 기회를 포착하고 놀라운 패스를 한다. 음악, 능숙한 언어 구사, 다른 사람의 마음을 이해하는 감성까지도 항상 따라다니는 능력이나 재능은 아니다. 하워드 가드너Howard Gardner는 각각의 지능을 독립적인 능력으로 인식할 수 있는 복합 지능에 대한 가설을 강력하게 주장하였다. 그에 비해 로버트 스턴버그Robert Sternberg는 기본적으로 분석력, 창의력, 응용력 등 세 가지의 독립적인 지능이 존재한다고 생각하였다. 분석력 문제는 다른 사람들이 만든 문제를 푸는 것이다. 정의가 명확하고, 문제를 푸는 데 필요한 모든 정보가 주어지며, 정답이 하나뿐이고 일상적 경험에서 유추하며, 주관적 흥미와 무관하다. 쉽게 말해 학교 시험과 같은 것이다. 응용력은 푸는 사람이 문제를 내는 것이다. 정해진 정의라는 것이 없고, 주어진 정보가 충분하지 않으며, 답이 1개 이상일 수도 있으나 일상생활에서 바로 나오는 종류다. 브라질의 길거리에서 어슬렁거리는 아이들은 학교 수학 시험은 형편없지만, 일상생활에 필요한 종류의 수학에는 매우 능숙하다. 승마 경주의 전문 계원의 능력을 예측하는 데 IQ는 거의 도움이 되지 않는다. 잠비아의 어린이들은 철사줄 모델을 사용한 IQ 테스트에서는 매우 높은 점수가 나왔으나 연필과 종이를 사용하는 테스트에서는 낮게 나왔고, 영국의 어린이들은 그와 결과가 반대였다.

학교에서는 어쩔 수 없이 분석 문제만를 강조하고 IQ 테스트 또한 그럴 수밖에 없다. 어떤 형식을 택하거나 IQ 테스트는 특정 능력에 편중될 수밖에 없다. 그런데도 그들은 무엇인가를 그냥 측정한다. 만약 사람들의 능력과 여러 종류의 IQ 테스트 결과를 비교하면, 동시에 변하는 경향을 볼 수 있다. 1904년 찰스 스피어맨Charles Spearman은 어떤 과목에 매우 우수한 소년은 다른 과목도 잘하는 경향이 있는 것으로 보아, 여러 특정 분야에 대한 지능이 독립적이기보다 서로 상관이 있음을 발견하였다. 스피어맨은 이것을 일반적 지능이라 하고, 간단히 'g'라고 불렀다. 어떤 통계학자들은 'g'는 단순한 통계적 장난에 불과하다고 주장하였다. 다양한 능력을 측정하기 위해 사용할 수 있는 여러 방법 중 하나다. 어떤 사람들은 이것이야말로 이제까지 해온 생각을 그대로 반영한 것이라고 하였다. 누군가를 '영리하다'고 하거나 그렇지 않다고 평가할 때 많은 사람들이 대부분 그것에 동의한다. 어쨌든 'g'가 작동하고 있다는 데에는 의심의 여지가 없어 보인다. 이것은 아이의 학교 성적을 예측하는 데 다른 어떤 방법보다 정확했다. 'g'의 존재를 증명할 만한 몇 가지 객관적 증거도 있다. 정보를 훑어보고 추려내는 일의 속도는 IQ와 상관이 있다. 그리고 일반적인 IQ는 나이에 상관없이 일정하게 유지된다. 6세에서 18세까지 지능이 급격하게 달라지는 것은 사실이지만, 같은 또래에서 상대적인 IQ는 거의 변하지 않는다. 실제로 신생아가 새로운 자극에 대해 보이는 반응은 이후의 IQ와 깊은 관계가 있다. 몇 달밖에 되지 않은 신생아를 보면서 일정 수준의 교육을 받는다고 가정하여 성인이 되었을 때의 IQ를 예측할 수 있을 정도다. IQ 점수는 학교 시험 성적과 매우 연관이 깊다. IQ가 높은 아이들은 학교에서 가르치는 종류의 정보를 더 많이 받아들이는 것으로 보인다.[4]

그렇다고 이 사실이 교육에 있어서 운명론적인 면을 정당화하는 것은 아니다. 학교 간의 그리고 나라 간의 평균 수학 점수나 다른 과목의 차이를 보면 여전히 얼마나 많은 것을 교육으로 얻을 수 있는지를 알 수 있다. '지능의 유전자'는 진공 상태에서는 작동하지 못한다. 이들도 성숙하는 데는 환경적 자극이 필요하다.

일단 이 바보스러운 지능이라는 정의를 여러 검사에 의해 측정할 수 있다고 인정하고, 이것이 우리를 어디로 이끌어가는지 살펴보자. 과거의 IQ 테스트는 너무도 조잡하고 형편없으며, 객관적인 그 무엇인가를 끄집어내기는 부족한 데도 점수가 일관성 있게 나온다는 것은 참으로 놀라운 일이다. 만약 마크 필포트Mark Philpott가 '불완전한 테스트의 안개'[5]라고 부르는 것을 통해서까지 IQ와 어떤 유전자 사이의 연관성을 발견한다면, 그것은 지능이 유전하는 요소임을 더 강하게 말해주는 것이다. 그뿐만 아니라 최근의 테스트는 문화적 배경과 특정 지식의 영향을 받지 않고 객관성을 띠도록 많이 보완되었다.

우생학적 IQ 테스트가 성행하던 1920년대는 IQ의 유전성에 대한 가정만 있었을 뿐 증거는 없었다. 오늘날 그것은 더 이상 문제가 되지 않는다. IQ가 (이것이 무엇이든 간에) 유전한다는 가정은 쌍둥이와 입양아를 대상으로 한 테스트에서 증명되었다. 결과는 어느 면에서나 너무도 놀라운 것이다. 지능에 관한 어떤 연구에서도 어느 정도의 유전성은 발견되었다.

1960년대에는 쌍둥이를 낳자마자 따로 입양시키는 것이 유행이었다. 많은 경우 별생각 없이 이루어졌지만, 어떤 경우는 유전자가 아닌 양육과 환경이 인간성을 형성한다는 당시의 통설을 테스트하고 증명하기 위해 의도적으로 행해지기도 하였다. 그중 호기심 많은 프로이트파 심리학자가, 뉴욕에서 태어난 베스와 에이미라는 여자 쌍둥이에게 행한 실험 결과가 가장 널리 알려져 있다. 에이미는 가난하고 뚱뚱하며 심리적으로 불안정하고 정이 없는 어머니의 가정으로 입양되었다. 프로이트의 이론이 예측한 대로 에이미는 신경질적이며 내성적으로 자라났다. 그러나 베스 또한 마찬가지였다. 베스를 입양한 어머니는 부유하고 안정적이며 정이 많고 명랑한 사람이었다. 20년 후 다시 만난 에이미와 베스의 성격은 아주 비슷했다. 이 연구는 우리의 정신 세계가 양육의 힘에 의해 형성된다는 것을 보여주려고 한 것인데, 오히려 그 반대를 증명한 셈이 되었다. 본능의 힘을 보여준 것이다.[6]

환경론자에 의해 시작된 다른 환경에서 자란 쌍둥이에 대한 연구는 드디어 반대 주장을 펼친 사람들에게 넘어갔다. 미네소타 대학의 토마스 부처드Thomas Bouchard가 대표적이다. 그는 1979년 초, 세계적으로 흩어져 있는 쌍둥이들을 찾아내 만나게 한 다음 이들의 성격과 IQ를 테스트하였다. 한편 다른 연구에서는 입양된 사람들과 그 입양 부모, 낳아준 부모, 형제들의 IQ를 비교하는 데 열중하였다. 이러한 연구를 종합하여, 수만 명의 IQ 테스트 분석 결과는 다음의 도표와 같다. 숫자는 유의성의 정도를 %로 나타낸 것이다. 100%라 함은 완전히 같은 것이고 0은 둘 사이의 상관성이 없음을 나타낸다.

같은 사람이 두 번 테스트한 결과	87
일란성 쌍둥이가 같이 양육된 경우	86
일란성 쌍둥이가 떨어져 양육된 경우	76
이란성 쌍둥이가 같이 양육된 경우	55
같은 부모에게서 태어난 형제	47
같이 사는 부모와 아이들	40

떨어져 사는 부모와 아이들	31
같이 사는 입양아들	0
떨어져 사는 상관없는 사람들	0

당연히 같이 생활한 일란성 쌍둥이가 가장 높은 상관관계를 보였다. 같은 유전자를 가지고, 같은 자궁에서 태어났으며, 같은 가정에서 자란 일란성 쌍둥이들은 동일한 사람을 두 번 테스트한 결과와 다를 바 없었다. 유전적으로 형제와 다름이 없으나 자궁에서 같이 있던 이란성 쌍둥이는 일란성 쌍둥이보다는 낮은 상관관계를 보였다. 그러나 다른 시간에 태어난 형제보다는 높은 상관관계를 보였다. 자궁에서의 경험이나 어린 시절의 생활이 영향을 미치는 것을 알 수 있다. 그러나 놀라운 결과는 입양하여 같은 집에서 생활한 아이들의 상관관계였다. 0%로 같은 가정환경은 IQ에 전혀 아무런 영향을 미치지 않았다.[7]

자궁 환경에 대한 중요성이 인식되기 시작한 것은 최근의 일이다. 어떤 연구에 따르면, 쌍둥이의 경우 지능 유사성의 20%가 자궁 환경에 의한 것인 데 비해, 형제 사이의 지능 유사성은 자궁의 영향이 5%를 차지한다. 이 둘의 차이는 쌍둥이는 같은 시간에 같은 자궁에 공존한다는 것이고, 형제는 그렇지 않다는 것이다. 자궁에서 일어난 사건들이 지능에 영향을 미치는 정도는 출생 후 부모가 행한 것들을 모두 합친 것의 세 배나 된다. 곧 어느 정도의 지능은 실제로 주어진 것이 아니라 양육에 의해 만들어진 것으로, 이는 고정된 것이 아닌, 지나가는 '궤적'이라고 할 수 있는 양육의 형태에 의해 결정된다는 것이다. 반면, 자연은 청소년기 전반에 걸쳐 지속적으로 유전자를 발현시킨다. 자연은 너무 어린 나이에 아이의 지능을 운명처럼 결정하지 말라고 경

고하는 것이다.[8]

　확실히 이상한 일이다. 지능이 어린 시절에 읽은 책이나 대화 등의 영향을 받지 않는다는 것이 상식적으로 이해가 되지 않는다. 영향을 받지만 다만 그것이 문제의 초점이 아니다. 무엇보다 같은 집에서 사는 부모와 아이들의 지적 추구의 경향이 같다는 사실을 유전으로 설명할 수 있기 때문이다. 그러나 쌍둥이와 입양아 연구를 제외하고, 유전과 가정의 영향을 설명할 만한 연구는 없었다. 쌍둥이와 입양아 연구는 부모와 아이의 IQ가 유사한 현상을 유전적으로 명백히 설명하고 있다. 쌍둥이와 입양아 연구 결과가 잘못 해석되었을 가능성도 배제할 수는 없다. 이들의 출생 가정이 특정 범위에 속하기 때문이다. 표본 조사가 대부분 백인 중류층 가정을 중심으로 이루어졌고, 아주 가난한 사람이나 흑인 가정은 포함되어 있지 않다. 아마 모든 중류층 미국 백인 가정에 있는 책이나 대화의 범위가 비슷하므로 그리 놀랄 일은 아닐 수 있다. 인종이 다른 입양아를 대상으로 비슷한 연구를 한 결과에서는 입양아와 입양 부모의 IQ에 약간의 상관성이 발견되기도 하였다(19%).

　그러나 영향은 그리 크지 않았다. 이 모든 연구는 공통적으로 우리 IQ의 50%는 유전되는 것이고, 가정이라는 환경이 미치는 영향은 20% 이하임을 말해주고 있다. 나머지는 자궁 속, 학교, 어울리는 친구와 같은 외부 환경에 영향을 받는다. 그러나 이것도 잘못 끌어낸 결론이다. IQ는 나이에 따라 변하며, 유전성도 마찬가지다. 성장하면서 경험이 쌓이고 유전자의 영향은 증가한다. 정말일까? 감소할 수도 있지 않을까? 그렇지는 않다. 어린 시절 IQ의 40%가 유전적 영향인 데 반해, 사춘기 후반에 들어서면 유전적 영향은 75%까지 증가한다. 성장할수록, 내재하는 지능이 점점 발현되면서 다른 영향에 의한 흔적을 지워버린다. 주어진 환경에 자신을 맞추기보다는 본인의 내재된 성향에 맞는 환경을 선택하게 된다. 이것은 두 가지 중요한 의미를 가진다. 유전적 영향은 태어나는 순간 고정되는 것도 아니며 환경 요소가 빠짐없이 쌓이는 것도 아니다. 유전성이 변할 수 없음을 의미하는 것은 아니다.

프랜시스 골턴은 이 긴 논쟁의 서두에 상당히 적절한 비유를 인용하였다. "누구나 한 번쯤 나뭇가지를 작은 냇물에 던지고 이것이 움직이는 모습을 지켜보며 시간을 보낸 적이 있을 것이다. 때로 어떤 방해물에 의해 멈추기도 하고, 다른 방해물에 의해 이들의 진행에 도움을 받기도 한다. 어떤 이는 이러한 각각의 사건에 중요성을 부여해 나뭇가지의 운명은 대체적으로 보잘것없는 연속적 사건에 의해 결정된다고 생각할 수도 있다. 어떤 경우든, 모든 나뭇가지들은 결국 물길을 따라 내려가는 데 성공할 뿐만 아니라, 나중에 보면 거의 같은 속도로 이동하고 있다." 다른 증거도 마찬가지다. 더 나은 여건에서 아이들을 교육시킴으로써 IQ 개발에 놀랄 만한 효과를 가져왔으나 일시적일 뿐이라는 증거들을 볼 수 있다. 초등학교를 마칠 무렵, 조기교육head start 프로그램에 참여한 아이들이 그렇지 않은 아이들보다 더 앞서고 있지 않았다.

연구 대상 어린이들이 특정 사회 계급에 속하기 때문에 연구 결과가 유전성을 지나치게 부각시키고 있다는 비난을 인정한다면, 오히려 유전은 평등한 사회에서 그렇지 않은 사회에서보다 더 크게 작용한다고 할 수 있다. 실제로 완전한 능력주의 사회의 정의는, 아이로니컬하게도 환경이 동일하므로 사람들의 성취도는 주어진 자신의 유전자에 의해 결정되는 사회를 말한다. 신장에서는 이러한 상황이 더 잘 나타난다. 과거 영양 상태가 나쁜 아이들은 자신들의 '유전적' 신장만큼 성장하지 못하였다. 오늘날 어린 시절의 영양 수준이 일반적으로 더 나아지면서 개인 간의 신장 차이는 유전자에 의한 경우가 더 많다. 곧 신장에서 유전의 영향력이 증가하는 것처럼 보인다. 지능에서는 아직 신장에서와 같이 유전의 영향력이 증가하는 것처럼 보인다고 할 수 없는데, 이는 어떤 사회에서 환경적 요소가(학교의 질, 집안의 특징, 빈부의 격차 등) 평등해지기보다는 더욱 불평등해지고 있기 때문이다. 그러나 여전히 역설적인 것은 평등한 사회에서 유전자가 더 중요한 관건이 된다는 사실이다.

이러한 유전성은 개인의 차이에는 적용되지만, 다른 그룹 간에는 적용되지 않는다. 다른 경우와는 달리, IQ의 유전성은 다양한 집단이나 종족에서 동일하게 나타난다. 사람들 간에 IQ의 차이가 50%는 유전적이므로, 흑인과 백인 또는 백인과 아시아인의 평균 IQ 차이가 유전에 의한 것이라고 단정하는 것은 잘못된 논리다. 실제로 이러한 암시는 논리적으로뿐만 아니라, 실험적으로도 틀린 것으로 보인다. 그래서 최근에 발간된 《정상분포곡선The bell curve》[9]이라는 책의 일부 논제를 지지하던 중심 기둥이 무너졌다. 흑인과 백인의 평균 IQ는 다르지만 이러한 차이가 유전적이라는 증거는 없다. 실제로, 다른 인종 간의 입양을 조사해보면 백인에 의해 입양되고 양육된 흑인의 IQ는 다른 백인과 다를 바 없었다.

만약 IQ의 50%가 유전에 의한 것이라면, 영향을 미치는 유전자가 있음이 틀림없다. 그러나 얼마나 많은 유전자가 있는지는 알 수 없다. 단 한 가지 확실히 말할 수 있는 것은 영향을 미치는 다양한 유전자들이 존재하고, 사람들은 그 모든 유전자마다 각기 다양한 변이형을 가지고 있다는 것이다. 유전과 결정론은 다르다. 지능에 영향을 미치는 중요한 유전자는 실제로 차이가 없을 수도 있다. 차이가 없는 이러한 유전자의 경우, 이들 유전자에 의한 유전적 차이도 없을 것이다. 예를 들어 나는 5개의 손가락을 가지고 있다. 그것은 내가 손가락을 5개 만드는 유전정보를 물려받았기 때문이다. 그러나 돌아다니다 보면 손가락이 4개인 사람과 마주치기도 한다. 대부분 사고로 손가락을 잃은 사람들이다. 4개의 손가락과 유전은 거의 무관함을 알 수 있다. 대부분 환경이 원인이다. 그러나 손가락의 개수와 유전자가 무관하다고 말할 수는 없다. 다양한 사람들이 동일한 몸의 구조를 가지도록 결정하는 유전자가 있고, 서로 다른 모습을 가지도록 결정하는 유전자도 있다. 로버트 플로민이 행한 IQ를 지배하는 유전자 탐색에서는, 변화가 없는 유전자가 아닌 다양성을 가진 유전자만을 발견할 것이다. 그래서 중요한 유전자들을 찾지 못할지도 모른다.

플로민이 처음 발견한 IGF2R 유전자는 처음에는 '지능의 유전자'일 것 같지 않은 후보자였다. 이 유전자는 플로민이 지능과 연관이 있다고 하기 전에 간암과 관련이 있다고 알려지면서 유명해졌다. 유전자를 그것이 일으키는 질병으로 인식하는 어리석음을 대변하듯이, '간암 유전자'로 불렸을지도 모른다. 어느 순간에 우리는 이것이 암 억제가 주된 기능이고, 지능에 미치는 영향은 부가적 영향으로 또는 그 반대의 경우를 발견하게 될지도 모른다. 사실 이 두 기능 모두 부수적 효과인지도 모른다. 이것이 만들어내는 단백질에는 흥미를 끌 만한 점이 없다. 이 단백질은 "인산화된 효소들을 골지체와 세포 표면에서 리소솜으로 이동하는 데 관여한다". 이것은 분자를 이동시키는 수송 차량과 같은 것이다. 뇌파의 속도를 빨리 하는 것과는 관계가 없다.

IGF2R는 거대한 유전자다. 7,473개의 문자를 가지고 있으며, 이 문자들은 해독되지 않는 의미 없는 염기 배열인 인트론에 의해 도중에 48번이나 끊어져 무려 9만 8,000자의 긴 글 속에 펼쳐져 있다(잡지의 어떤 기사에 48개의 선전 문구가 끼어 있는 것과 같다). 이 유전자의 중간에 길이가 다양한 반복적 문구가 삽입되어 있는데, 아마도 이것이 개인의 지능에 영향을 주는 것 같다. 이 유전자는 인슐린 단백질이나 탄수화물 대사에 관여하는 단백질과 비슷한 데가 있어서, IQ가 높은 사람은 뇌에서 포도당 사용이 더욱 효율적으로 일어난다는 다른 연구 결과와 상관성을 나타내기도 한다. 테트리스라는 컴퓨터 게임을 익히는 과정에서, IQ가 높은 사람들이 낮은 사람들보다 뇌의 포도당 사용량이 훨씬 빨리 감소하는 것을 볼 수 있다. 그러나 이것은 물에 빠진 사람이 지푸라기라도 잡는 심정과 같다. 플로민의 유전자는 만약 이것이 사실이라고 밝혀진다 하더라도, 지능에 다양한 영향을 주는 많은 유전자 중에 하나일 것이다.[10]

쌍둥이와 입양아 연구 결과는 유전이 지능에 영향을 준다는 것을 증명하기에는 너무 우회해서 얻은 것이라 많은 사람들이 연구 자체를 무시할 수도 있다. 그러나 지능과 연관하여 변하는 유전자에 대한 플로민의 직접적 연구 결과를 부정할 수 없게 만들었다는 점에서는 가치가 있다. 이 유전자의 한 형태는 일반인에 비해 천재적 지능을 가진 아이오와 어린이들에게서 두 배나 많이 발견되었고, 이것을 우연으로 보기는 매우 어렵다. 그러나 이것의 영향은 그리 크지 않다. 이 특수한 형태의 유전자는 IQ를 단 4점밖에 올려주지 않는다. 결코 '천재 유전자'는 아니다. 플로민은 그가 아이오와에서 발견한 염색체 두뇌 관할 지역에서 적어도 10개 이상의 이러한 '지능 유전자'가 존재함을 암시한 바 있다. 그러나 IQ의 유전성이 과학적 지위를 획득하는 것에 대해서는 많은 분야에서 당혹감을 나타냈다. 이것은 1920년대와 1930년대에 일어난 우생학적 폐해에 대한 우려를 다시 불러일으켰다. 지나친 유전론자들을 거세게 비판하는 비평가 스티븐 제이 굴드Stephen Jay Gould가 말했듯이, "낮은 IQ를 유전받은 사람들 가운데 일부는 적절한 교육을 통해 상당히 향상될 수도 있고 그렇지 않을 수도 있다. 지능이 유전된다는 사실만 가지고는 아무런 결론도 내릴 수 없다". 옳은 말이다. 그러나 바로 그것이 문제다. 사람들이 유전적 증거를 숙명론적으로 받아들이는 것이 불가피해 보이기 때문이다. 교육자들은 독서장애증dyslexia(알파벳이 거꾸로 보이는 현상. 선생들과 아이들 모두 이들이 알파벳을 거꾸로 보고 있는 것을 깨닫지 못했기 때문에 수업을 이해하지 못하는 저능아로 분류되었다-옮긴이)이 유전적 돌연변이에 의한 것이라 하여 치료 불가능하다고 포기하지 않는다. 오히려 그 반대다. 독서장애증을 가진 아이들을 가려내 특수 교육을 하도록 유도한다.[11]

지능검사의 선구자로 유명한 프랑스의 알프레드 비네Alfred Binet는 검사의 목적이 재능을 가진 아이들을 가려내려는 것이 아니라, 재능이 부족한 아이들에게 특별한 배려를 하기 위해서라고 하였다. 플로민은 자신을 이러한 지능검사의 덕을 본 대표적인 예로 들었다. 자신이 시카고에서 사촌이 42명이나 되는 대가족 중에서 유일하게 대학에 진학할 수 있었던 것은, 지능검사에서 높은 점수를 받은 덕분에 좀 더 나은 학교에 가겠다고 부모를 설득할 수 있었기 때문이라고 했다. 테스트를 선호하는 미국과는 달리 영국에서는 이러한 테스트를 혐오한다. 영국에서는 시릴 버트Cyril Burt에 의한, 아마도 거짓 데이터를 기초로 하여 만든 일레븐플러스라는 악명 높은 테스트가 일시적이나마 행해진 유일한 의무적 지능검사였다. 그러나 영국의 일레븐플러스는 영리한 아이를 열등한 학교로 가도록 판정하는 커다란 부작용을 낳고 말았다. 능력주의인 미국에서 유사한 테스트가 가난하지만 재능 있는 아이들에게 학문적인 장래를 보장하는 수단이었던 것과는 대조를 이룬다.

IQ의 유전성은 전혀 다른 무엇인가를 암시하고 있다. 예를 들어 골턴의 선천성과 후천성을 구별하려는 시도가 잘못된 착상이었음을 보여주는 결정적인 증거 같은 것이다. 다음의 신빙성 없는 말들을 살펴보기로 하자. IQ가 높은 사람들은 평균적으로 두 귀의 모양이 훨씬 대칭을 이루고, 체형 또한 더 대칭성이 있다. 발폭, 무릎 폭, 손가락 길이, 팔목 두께 그리고 팔꿈치 두께 등이 IQ와 연관이 있다.

1990년 초반, 체형의 대칭성에 대한 오래된 관심이 되살아났다. 이러한 것들은 몸의 발생 초기에 대해 무엇인가를 보여줄 수 있기 때문이다. 몸의 어떤 부분은 일관성 있게 비대칭이다. 예를 들어, 사람들의 심장은 대부분 가슴의 왼쪽에 있다. 그러나 다른 기관에서 나타나는 비대칭성은 사람마다 다르다. 어떤 사람은 왼쪽 귀가 오른쪽 귀보다 크고, 어떤 사람은 그 반대다. 이른바 변동하는 비대칭성으로 발생 과정에 감염이나 독성물질 또는 영양 부족 등으로 몸이 받는 스트레스의 정도를 가늠할 수 있다. IQ가 높은 사람이 훨씬 더 대칭적인 체형을 가지고 있다는 사실은 자궁에서 발생 중 또는 어린 시절 스트레스가 적었음을 의미한다. 또는 이들이 이러한 스트레스에 더 저항력이 강하다고 할 수 있다. 저항력은 유전적일 수 있다. 즉 IQ의 유전은 '지능 유전자'의 직접적인 영향 때문이 아니라 독성물질이나 감염에 저항하는 유전자의 간접적인 영향일지도 모른다. 그에 따르면 당신은 IQ를 유전받는 것이 아니라, 동일한 환경적 조건에서 IQ가 높아지도록 발달하는 능력을 유전받는 것이다. 이것과 주어진 재능과 양육의 관계를 어떻게 종합할 수 있을까? 솔직히 불가능해 보인다.[12]

이러한 의견을 지지하는 증거는 플린 효과에서 찾을 수 있다. 뉴질랜드의 과학자 제임스 플린James Flynn은 1980년대 IQ가 모든 나라에서 평균 10년에 3점 정도씩 계속해서 높아지고 있음을 발견하였다. 그 이유는 정확하게 밝혀지지 않았다. 키가 크는 것처럼 어린 시절 영양이 좋아지는 것이 이유일 수도 있다. 과테말라의 두 마을에 여러 해 동안 단백질 첨가물을 무제한으로 공급한 적이 있다. 10년 후 아이들의 IQ를 테스트한 결과, 놀랍도록 높아졌다. 국지적이지만 플린 효과를 증명한 셈이다. 그러나 영양 공급이 좋은 서구사회에서도 IQ는 점점 높아진다. 학교 교육과는 무관해 보인다. 이것은 학교를 그만두어도 IQ에는 일시적인 영향이 나타날 뿐, 학교에서 가르치는 것과 거의 상관없는 테스트 부분에서는 급격한 증가 추세를 보이기 때문이다. 가장 급격한 향상을 보이는 곳은 추상적 논증력 부분이다. 울릭 나이서Ulric Neisser라는 과학자는 플린 효과가 글로서 전달되는 정보를 대신하여 만화, 광고, 영화, 포스터, 그래픽 그리고 시각적 전시 등의 이미지로 가득 찬 현대인의 일상생활에서 비롯된다고 믿고 있다. 현대의 어린이들은 과거보다 더 풍부한 시각적 환경을 경험하고, 이로 인해 IQ 테스트에 주로 사용되는 시각적 퍼즐을 더 잘 풀 수 있는 능력을 습득하게 되었다는 것이다.[13]

그러나 이런 환경적 효과는 IQ의 유전성을 보여주는 쌍둥이 연구 결과와 얼핏 보면 상반되는 것 같다. 50년 간에 걸쳐 IQ가 평균 15점 증가했다는 것을 확대 해석하면, 플린 자신이 말한 것처럼, 1950년대에는 바보들로 가득 찼음을 의미하거나 오늘날은 천재로 가득하다는 것을 의미한다. 지금 우리가 천재로 가득 찬 문화적 르네상스에 있지 않으므로, IQ 테스트는 선천적인 것을 측정하는 것이 아니라고 그는 결론지었다. 그러나 나이서가 옳다면, 현대 사회는 시각과 관련된 특수한 형태의 지능 발달을 촉진하는 환경이라고 할 수 있다. 이러한 결론은 'g'에는 충격적이다. 그러나 이것이 적어도 어느 정도 다양한 종류의 지능이 유전한다는 생각을 부정하는 것은 아니다. 20억 년에 걸친 문화를 이룩하는 동안, 우리 조상은 습득한 지역적 전통을 전해왔고, 사람의 뇌는 지역적 문화가 가르치는 특수한 기술을 발견하고 능숙하게 사용할 수 있는 능력을 (자연 선택을 통하여) 습득하였다. 또한 그러한 기술에 뛰어난 사람을 선별하였을 것이다. 어떤 아이가 경험하는 환경은 외부적 요소만큼이나 자신의 유전자에 따른다. 그 아이는 자신의 환경을 찾고 만들어내기 때문이다. 만약 어떤 소녀가 기계적 성향이 있다면 기계적 기술을 연습하고, 책을 좋아하면 책을 찾는다. 유전자는 어쩌면 능력을 결정하는 것이 아니라 성향을 만드는 것인지도 모른다. 근시안의 유전은 눈 형태의 유전성뿐만 아니라 책을 좋아하는 습관의 유전에 의한 것도 있음을 기억해야 한다. 지능의 유전은, 곧 타고난 능력의 유전만큼이나 길러지는 능력의 유전에 관한 것일 수도 있다. 골턴에 의해 시작된 한 세기의 논쟁을 마감하는 너무도 만족스러운 결론이지 않은가.

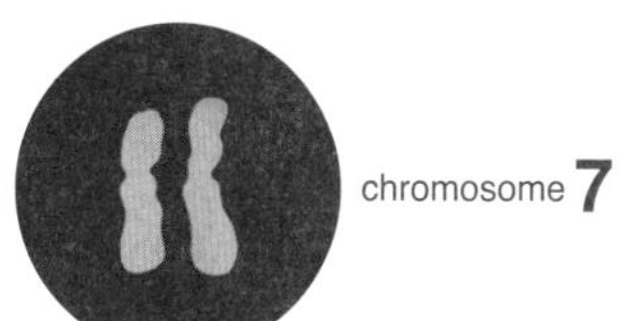

7번 염색체

본능

> 사람의 본성은 결코 기본 속성이 아니다.
> -W.D. 해밀턴

유전자가 우리 몸의 형태를 결정한다는 것을 의심하는 사람은 없지만, 이것이 우리의 행동을 결정짓는다는 생각에는 고개를 갸웃거릴 것이다. 그러나 우리의 7번 염색체에 사람의 본능에 중요한 역할을 하는 유전자가 있음을 설명하고자 한다.

본능이란 동물에게만 적용되는 말이다. 연어는 자신이 태어난 강줄기를 찾아간다. 나나니벌은 이미 죽은 어미의 행동을 되풀이하며, 제비는 겨울에 남쪽으로 이동한다. 이런 것들이 본능이다. 사람은 본능에 의존할 필요가 없다. 대신에 우리는 배운다. 우리는 창조적이고 문화를 가지고 있으며, 의식이 있는 생물이다. 우리가 하는 모든 일은 자유의지, 거대한 뇌 그리고 부모에 의한 세뇌의 산물이다.

이들이 20세기 심리학과 모든 다른 사회학을 주도해온 전통적인 지헤었다. 달리 생각하면 사람의 타고난 습성을 믿는다는 것은, 결정론 자들의 그물에 걸려드는 것이며 태어나기도 전에 유전자에 적힌 대로 철저히 개인의 운명이 정해져 있다는 것과 같다. 그런데도 사회과학에서 유전적 형태가 아닌 훨씬 더 놀라운 형태의 결정론을 재창조하려고 한 것을 상관하지 않았다. 프로이트는 부모에 의한 결정론을, 마르크스는 사회 경제적 결정론을, 레닌은 정치적 결정론을, 프란츠 보애스Franz Boas와 마가렛 미드Margaret Mead는 주위 간섭에 의한 문화적 결정론을, 존 왓슨John Watson과 B. F. 스키너Skinner는 도전과 응전의 결정론을, 에드워드 사피어Edward Sapir와 벤자민 워프Benjamin Whorf는 언어적 결정론을 주장했다. 아주 오래된 가장 큰 오해는 생물학적 요인은 결정론이고 환경적 요인은 자유의지에 따른다는 것으로, 사회과학자들은 거의 한 세기 동안 동물은 본능을 가지며 사람은 그렇지 않다는 것을 사람들에게 설득해왔다.

1950년부터 1990년 사이에 환경결정론자들이 구축해온 틀이 무너지기 시작했다. 프로이트의 학설은 20여 년 간 심리분석학자들이 고치지 못한 병적 우울증을 리튬으로 치유하면서 무너졌다(1995년 한 여성은 3주일 간의 프로작 복용으로 3년 이상 받아온 심리치료보다 더 효과를 보았다는 이유를 들어 자신의 전 심리치료사를 고발했다). 마르크스 이론은 베를린 장벽이 쌓이면서 무너졌다 해도 과언이 아니다. 비록 어떤 사람들은 그 벽이 무너지면서 이것을 깨달았지만, 선전으로 강대국에 대한 즐겁지 않은 복종이 즐거운 일이 되지는 않는다는 것이었다. 문화적 결정론은, 데릭 프리먼Derek Freeman에 의해 마가렛 미드의 결론이 희망적 편견과 형편없는 데이터 그리고 정보 제공자의 사춘기적 조롱의 조합을 기초로 한 것임이 발견됨으로써 무너졌다. 행동학은 1950년 위스콘신에서 이루어진 새끼원숭이를 이용한 실험으로 무너졌다. 이 새끼원숭이는 철사로 만든 어미 인형에게 젖을 받아 먹으면서도 감정적으로는 헝겊으로 만든 어미 인형에게 더 애착을 가졌다. 곧 포유류는 먹이를 주는 것을 좋아하도록 되어 있다는 학설을 따르지 않았다. 부드러운 어미를 좋아하는 것은 아마도 타고난 것인 것 같다.[1]

언어학의 학설에 처음으로 금이 가기 시작한 것은 노엄 촘스키Noam Chomsky의 《신택스의 구조Syntactic structures》에서였다. 이 책은 우리 행동에서 문화를 가장 잘 나타내는 사람의 언어는 문화만큼이나 본능을 기초로 한다고 주장했다. 촘스키는 다윈에 의해 "예술을 습득하고자 하는 본능적 경향"으로 기술된 바 있는 오래된 언어학의 견해를 부활시켰다. 소설가 헨리의 형제인 초기 심리학자 윌리엄 제임스William James는 "사람의 행동에서 동물에서보다 오히려 많은, 독립적 본능의 증거를 볼 수 있다"는 사상의 열렬한 주창자였다. 그러나 그의 생각은 20세기에는 거의 인정받지 못하였다. 촘스키가 그 생각을 되살려냈다.

촘스키는 사람들이 말하는 방법을 연구하면서, 모든 언어에 공통적인 인간적 문법이 존재한다는 증거가 있다는 결론을 내렸다. 비록 대부분 그 능력을 인식하지 못하지만 모두 이것을 사용할 줄 안다. 이는 우리 뇌의 일부가 언어를 배울 줄 아는 특수한 능력이 있는 유전자를 가지고 있음을 의미한다. 그러나 어휘는 타고난 것이 아니다. 만약 타고난 것이라면 우리는 모두 같은 언어를 사용할 것이다. 다만 어떤 아이가 자신이 태어난 사회에서 어휘를 습득할 때 그 단어를 이미 존재하는 사고의 법칙에 따라 분류하는 것 같다. 이러한 생각에 대한 촘스키의 증거는 언어학적인 것이었다. 그는 우리가 말하는 법에서 규칙성을 발견하였는데, 이것은 부모로부터 배운 것도 일상의 대화 속에서 쉽게 추론할 수 있는 것도 아니다. 영어에서 예를 들어보자.

어떤 문장을 의문형으로 바꾸려면 동사를 문장 앞으로 오게 한다. 그러나 어떤 동사를 가져오는지 어떻게 아는가? "A unicorn that is eating a flower is in the garden"이라는 문장에서 두 번째 'is'를 문장의 앞으로 가져오면 "Is a unicorn that is eating a flower in the garden?"이라는 의문문이 된다. 그러나 첫 번째 'is'를 앞으로 가져오면 전혀 이해할 수 없게 된다. "Is a unicorn that eating a flower is in the garden?" 첫번째 'is'는 모든 유니콘을 말하는 것이 아니라 꽃을 먹고 있는 유니콘이라는 이미지를 만들어내는 명사구의 일부다. 그러나 명사구라는 것을 배운 적이 없는 네 살 된 어린이도 이 법칙을 거침없이 사용한다. 그들은 이미 법칙을 알고 있는 것 같다. 'a unicorn that is eating a flower'라는 구문을 이전에 사용한 적도 없거니와 들어본 적도 없지만 이들은 그냥 아는 것이다. 이것이 언어의 아름다움이다. 우리가 사용하는 모든 표현들은 거의 새로운 말의 조합이다.

촘스키의 추론은 그 이후 수십 년에 걸쳐 다양한 분야에서 명쾌하게 증명되었다. 심리언어학자 스티븐 핑커의 말에 따르면, 모든 인간의 언어 습득은 인간의 언어에 대한 본능 때문이라는 결론으로 집중되었다. 핑커는(그는 언어학자 중 처음으로 알아들을 수 있는 문장을 쓸 줄 아는 사람으로 불린다) 언어 능력의 선천성에 관한 설득력 있는 증거를 이끌어 냈다. 석기시대부터 뉴기니의 고립된 종족까지 모든 사람은 문법적 복잡성을 가진 언어를 사용할 줄 안다. 심지어 교육을 받지 못하여 '속어'라고 치부되는 말을 사용하는 사람들조차도 깊숙이 숨어 있는 일정한 문법을 지킨다. 도시의 흑인이 사용하는 에보닉스도 영국 여왕이 사용하는 영어만큼이나 합리적인 규칙을 가지고 있다. 예를 들어 프랑스어에서 이중 부정은 적절한 표현으로 간주되지만 영어에서는 속어다. 이러한 규칙은 각각의 언어에서 나름대로 일정하게 지켜진다.

만약 문법이 어휘의 제한을 받아야 한다면, 네 살 된 어린아이가 일 년 전에는 'went'라는 말을 자연스럽게 사용하다가 갑자기 'goed'라는 말을 쓰기 시작하는 이유는 무엇인가? 그 이유는 읽고 쓰는 것 같은 기술 습득을 위한 특수화된 본능은 없으므로 배워야 하지만, 말하는 법은 어른의 도움 없이 어린 나이에 스스로 배울 수 있다는 데 있다. 'goed'라는 단어를 사용하는 부모는 없는데도 어느 시기가 되면 어린이들은 대부분 이 말을 쓴다. '컵'이라는 말을 굳이 설명하는 부모도 없다. 이 단어가 특별한 어떤 컵을 의미하는 것이 아니고, 손잡이를 가진, 이것이 만들어진 물질을, 컵을 가리키는 행동을, 컵이 가지는 함축된 개념을, 크기나 온도 등을 의미하는 것이 아니라 모든 컵 모양의 물체를 가리킨다는 것을 아무도 설명하지는 않았다. 컴퓨터에게 언어를 가르치려고 하면 우리가 생각하지 못한 이러한 바보 같은 것을, 다시 말해 본능을 가르치는 프로그램을 힘들여 설치해야 한다. 어린이는 일정한 종류의 추측만 하도록 고정되어 있는 프로그램을 가지고 태어난다.

그러나 언어 본능에 대한 가장 놀랄 만한 증거는, 어린이들이 문법이 없는 언어에서 법칙을 만들어내는 일련의 지연스러운 실험을 통해 얻었다. 가장 유명한 사례는 데릭 비커튼Derek Bickerton의 연구다. 19세기 하와이에 모인 외국 노동자들은 피긴 언어를 개발하였다. 이 언어는 그들이 서로 대화할 수 있도록 단어와 구문을 혼합한 것이다. 대부분의 피긴어는 일정한 문법이 없고 이들이 표현하고자 하는 것은 단순하지만, 표현하기는 매우 어려운 언어로 남아 있었다. 그러나 어린 시절 이 언어를 배운 청년 세대에는 모든 것이 달라졌다. 억양의 법칙과 단어의 순서와 문법이 더해지면서 피긴어는 효과적이고 효율적인 언어로 변해갔다. 이것이 크레올어다. 단적으로 말해 비커튼의 결론에 따르면, 피긴어는 본능을 적용할 수 있는 아이들 세대를 거치면서 크레올어로 변화한 것이다.

비커튼의 가설은 손짓신호를 연구하는 사람들로부터 많은 지지를 받았다. 니카라과의 청각장애자 특수학교의 사례다. 이 학교는 1980년대에 처음 설립되어 완전히 새로운 손짓언어를 개발하였다. 학교에서 입술을 읽는 방법으로 별 효과를 보지 못한 아이들이 놀이터나 집에서 사용하는 다양한 손짓을 종합하여 조잡한 형태의 피긴어를 만들어냈다. 몇 년 후, 좀 더 어린 학생들이 이 피긴어를 배우면서 이것은 일반 언어의 복잡성, 경제성, 효율성, 문법을 모두 갖춘 진정한 손짓언어로 변해갔다. 언어를 만든 것은 역시 어린이들이었다. 이러한 사실은 언어 본능은 어린이가 어른이 되면서 사라진다는 것을 의미한다고 할 수 있다. 이것이 어른들이 새로운 언어뿐만 아니라 악센트조차 새로 배우기가 힘든 이유다. 우리는 더 이상 그 본능을 가지고 있지 않다 (어린이도 수업시간에 프랑스어를 배우는 것보다 휴가 동안 프랑스에서 배우는 것이 더 효과적인 것도 같은 이유다. 본능은 듣고 말하는 것에만 작용되며 외우는 법칙에는 작용되지 않는다). 많은 동물의 본능이 지닌 공통적인 특징은 무엇을 배울 수 있는 예민한 시기가 있고, 그 기간이 지나면 배울 수 없다는 것이다. 예를 들어 푸른되새는 일정 기간 자신과 같은 생물종의 노래를 들어야만 제대로 된 노래를 배울 수 있다. 사람도 마찬가지라는 것이 실제로 일어난 슬픈 사건으로 증명되었다. 로스앤젤레스의 한 아파트에서 발견된 13세의 제니는 오랫동안 사람들과 격리된 채 초라한 방에서 갇혀

지냈다. 그 소녀가 알고 있는 단어는 "그만해"와 "더 없어" 두 마디뿐이었다. 이 지옥에서 풀려난 후 제니는 많은 단어를 배웠지만 문법을 활용하는 법을 익힐 수는 없었다. 본능이 발현되는 민감한 기간을 지나쳤기 때문이다.

잘못된 생각이 바뀌는 데는 오랜 시간이 걸린다. 언어는 '생각의 구조를 바꿀 수 있는 문화의 한 형태'라는 잘못된 관념을 없애는 데도 오랜 시간이 걸렸다. 호피 언어에 시간적 개념이 없으므로 호피인 역시 시간 관념이 없다는 식의 전형적인 사례들이 잘못된 생각임이 밝혀졌지만, 여전히 언어는 사람 뇌의 연결의 결과라기보다는 원인이라는 생각이 사회과학 전반에 남아 있다. 이것은 독일인만이 다른 사람의 불운에서 기쁨을 찾는다는 생각을 이해할 수 있으며, 이러한 의미를 가진 Schadenfreude라는 단어를 가지고 있지 않은 우리는 그 생각에 전혀 문외한이라는 것은 불합리한 주장이다.[2]

언어 본능에 관한 증거는 어린이들이 태어난 다음해에 언어를 배우는 방법에 관한 연구 결과를 예로 들지 않더라도 많은 곳에서 찾을 수 있다. 직접적으로 말을 하거나 말의 사용법에 대한 지도를 받거나 간에 관계없이 어린이들은 예측되는 순서와 패턴에 따라 언어를 발달시켜간다. 그리고 최근의 쌍둥이 연구에 의하면 언어 발달이 늦는 경향은 유전적임이 밝혀졌다. 그러나 많은 사람들이 납득할 만한 언어 본능에 관한 가장 설득력 있는 증거는 신경생물학과 유전학 등 기초과학에서 찾을 수 있다. 뇌의 일정 부위는 언어 처리에 사용된다(대부분의 사람에게 이것은 왼쪽 뇌에 있다). 그리고 수화를 하는 '청각장애인'도 수화를 할 때 오른쪽 뇌의 일부를 사용하지만, 언어 처리에는 왼쪽 뇌를 사용하기는 마찬가지다.[3]

만약 이 특정 부위가 손상되면 브로카 실어증이라는 증세가 나타난다. 이들은 감각을 이해하는 능력에는 영향이 없으나, 아주 단순한 문법 외에는 대부분의 문법을 사용하지도 이해하지도 못한다. 예를 들어 브로카 실어증에 걸리면 "자르는 데 망치를 사용했니?" 하는 물음에는 답할 수 있지만, "사자가 호랑이에 의해 죽임을 당했다. 누가 죽었는가?" 하는 물음에는 쉽게 답을 하지 못한다. 두 번째 질문은 단어의 순서에 숨어 있는 문법을 인식해야 하기 때문이고, 이것은 뇌의 특정 부위가 담당하기 때문이다. 베르니케 부위가 손상되면 반대 증세가 나타난다. 이 부위가 손상된 사람은 다양하지만 의미가 통하지 않는 연속된 단어를 나열한다. 브로카 영역은 말하는 것을 관장하고, 베르니케 부위는 브로카 영역에게 어떤 말을 해야 할지를 지시하는 것으로 보인다. 이 밖에도 말을 할 때는 다른 여러 부위가 활발한데 특히 섬(뇌의 외측와의 하면을 이루는 삼각부)이 그러하다(이곳이 독서장애증과 관련된 부위로 보인다).[4]

언어 능력에 영향을 미치는 유전적 현상으로 두 가지를 들 수 있다. 하나는 11번 염색체에 있는 어떤 유전자의 변화로 생기는 윌리엄증으로, 여기에 문제가 있는 아이들은 지능이 아주 낮지만 말이 분명하고 풍부하며 수다스럽다. 이들은 긴 단어와 길고 복잡한 문장을 사용하여 수다를 떤다. 동물에 관한 질문을 던지면, 이들은 쉽게 접할 수 있는 고양이나 강아지 대신에 땅돼지aardvark와 같은 이상한 단어를 고른다. 이들은 다른 감각 기능은 축소되고 언어를 배우는 능력만 높아진 심한 정신지체아다. 이들의 존재는 사고력은 소리 없는 언어의 형태라는 생각을 무너뜨린다.

반대 증상을 나타내는 유전도 있다. 지능에는 영향을 미치지 않으면서 언어 능력만 침해하는 경우다. 특정 언어 손상specific language impairment (SLI)이라 불리는 이 경우는 과학계의 격렬한 논쟁거리가 되었다. 이것은 진화심리학이라는 새로운 과학과 고전 사회과학 사이의 전쟁이었고, 행동의 유전적 해석과 환경적 해석 간의 싸움이었다. 이 유전자가 7번 염색체 위에 있다.

유전자의 존재가 이슈는 아니다. 쌍둥이 연구는 반론의 여지없이 특정 언어 능력의 손상이 유전성임을 분명하게 보여준다. 이 현상은 출생할 때 생길 수 있는 신경 손상과도 관련이 없고, 언어적으로 문제가 있는 양육과도 연관이 없으며, 전반적인 정신지체와도 상관없다. 해석하기 나름이기는 하지만 어떤 테스트에 의하면 유전성이 100%에 가깝다고 한다. 다시 말해 일란성 쌍둥이가 동일한 손상을 가질 확률은 이란성 쌍둥이에 비해 두 배나 된다.[5]

이 문제의 유전자가 7번 염색체 위에 있다는 것도 의심할 여지가 없다. 1997년 옥스퍼드의 과학자들이 7번 염색체의 긴 팔에서 특정 언어 손상과 연관된 유전자 지표를 발견하였다. 어느 영국 대가족의 유전 패턴을 기초로 하여 발견하였는데, 증거가 뚜렷하고 명확했다.[6]

그런데 왜 전쟁이 되었는가? 특정 언어 손상이 무엇인지가 문제다. 일부 학자들에게 이것은 입에서 단어를 만들어내는 능력이나 귀에서 소리를 정확하게 듣는 것을 포함해, 단순히 언어 능력의 여러 문제에 영향을 미치는 뇌의 문제였다. 이들의 학설에 따르면 이러한 감각 기능의 문제로 당사자는 언어 능력에 어려움을 가진다는 것이다. 다른 학자들에게, 이것은 아주 터무니없는 소리였다. 감각이나 소리에 문제가 있을 뿐만 아니라 더 이상한 다른 문제가 있다는 것이다. 그러한 감각 기능의 결핍은 문법을 이해하고 사용하는 것과는 다른 독립적인 문제였다. 그러나 양쪽 학파 모두는 방송 매체에서 이 유전자를 '문법 유전자'로 묘사한 것이 수치스럽고 단순하며 선정적인 태도였다는 데는 동의한다.

이 이야기는 K가족으로 알려진 어느 영국의 대가족에게서 시작된다. 3세대에 걸쳐서 일어난 일로 문제를 가진 어떤 여성이 정상인과 결혼하여 네 명의 딸과 한 명의 아들을 낳았다. 한 명의 딸을 제외하고 모든 아이들에게서 문제의 증세가 나타났고, 이들은 다시 24명의 자손을 가졌고 그중 10명이 같은 문제를 안고 있었다. 이들 가족은 심리학자들을 만나야 했고, 여러 연구팀들은 그들에게 다양한 테스트를 퍼부었다. 그러나 옥스퍼드 팀은 그들의 혈액 연구를 통해 7번 염색체에서 문제의 유전자를 발견하였다. 런던의 어린이 보건연구소와 함께 연구하는 옥스퍼드 팀은, K가족의 특정 언어 손상이 '말과 청각 문제에서 비롯된 문법적 결핍'이라고 주장하는 학파에 속했다. 그들의 주장에 강력한 반대 입장을 표하는 '문법학설'의 주창자는, 캐나다 언어학자인 미르나 고프닉이다.

1990년 고프닉은 K가족이나 이들과 유사한 문제를 안고 있는 사람들이 영어 문법의 기본 법칙을 이해하는 데 문제를 가지고 있음을 처음으로 주장하였다. 이들이 규칙을 모르는 것이 아니라, 문법 규칙을 본능적으로 받아들이지 못하고 모든 것을 의식적으로 외우고 배워야 한다는 것이다. 예를 들어 고프닉이 대부분의 사람들에게 상상의 동물 그림을 보여주며 "이것은 위그Wug다"라고 한 후 다시 이러한 동물이 두 마리 있는 그림을 보여주며 "이것들은……" 하면 그들은 재빨리 "위그스Wugs" 하고 답한다. 그러나 특정 언어 손상을 가진 사람들은 거의 즉시 대답하지 못하고, 대답을 하더라도 오래 생각한 후에야 가능하다. 영어의 복수형은 대부분의 단어에 S를 붙이는데, 이들은 그것을 알지 못하는 것 같다. 이들이 단어의 복수형을 배우지 못하는 것이 아니라, 다만 듣지 못한 새로운 단어를 접하면 일반인들이 하지 않는 실수를 한다는 것이다. 고프닉의 가설은 이들이 머릿속에 영어의 복수형을 우리가 단수형의 어휘를 저장하듯이 독립적인 어휘 사전에 저장한다는 것이다. 이들은 문법을 저장하는 것이 아니다.[7]

문제는 복수형에 한정되지 않는다. 특정 언어 손상을 가진 사람들에게는 과거형, 수동형, 글순서 규칙, 전치사, 글조합 규칙, 그 밖에 우리가 무의식적으로 알고 있는 다양한 영문법이 모두 힘들게 배워야 하는 것이다. 고프닉이 영국의 가족에게서 이러한 현상을 발견하고 처음으로 발표하였을 때, 그녀는 곧바로 격렬한 공격을 받았다. 어떤 비평가는 이러한 현상적 문제는 저변에 깔려 있는 문법 때문이 아니라, 언어의 처리 과정에 문제가 있다는 것이 훨씬 더 합리적인 결론이라고 반박하였다. 영어에서 복수형이나 과거형과 같은 문법은 언어장애인이 특히 어려워한다는 것이다. 다른 비평가들은 K가족들이 단어와 음률, 어휘, 의미, 문장에서 모두 문제가 있는 선천적 언어 결핍증을 가지고 있음을 알리지 않음으로써 고프닉이 잘못된 결론을 내리고 있다고 했다. 그들은 역수동형 등 여러 형태의 문장 구조를 이해하는 데 문제가 있었다는 것이다.[8]

이들 비평가들 사이에는 약간의 세력 견제와 같은 것도 있었다. 이 가족은 고프닉이 발견한 것이 아니다. 그런데 어떻게 그녀가 이들에 관해 새로운 주장을 할 수 있단 말인가? 더욱이 비평하는 사람들 일부는 그녀를 지지하고 있었다. 그녀가 발견한 장애는 모든 문장 형태에 대한 장애에 적용된다. 문법을 어려워하는 것은 말하는 문제에서 비롯되었고, 말하는 장애는 문법의 장애를 가져왔다.

고프닉은 쉽게 포기하지 않았다. 동일한 현상을 보여주기 위해 고안된 여러 가지 독창적인 실험 방법으로 그리스인과 일본인으로까지 대상을 확대해 나갔다. 예를 들어 그리스에서 ‘likos’는 늑대를 의미한다. ‘likanthropos’는 늑대사람을 의미한다. 늑대의 어원을 가진 ‘lik’가 독립적으로 나타나는 법은 없다. 그러나 그리스 말을 사용하는 사람들은 누구나 이 말과 ‘-anthropos’와 같이 모음으로 시작하는 단어와 조합하려면 ‘-os’라는 끝머리를, 자음으로 시작하는 말에는 단지 ‘s’만을 빼야 한다는 것을 안다. 복잡해 보이지만 영어를 사용하는 사람들도 이것은 쉽게 익히는 규칙이다. 고프닉이 지적한 대로 ‘과학 기술 공포증technophobia’처럼 항상 새로운 영어 단어를 사용하고 있기 때문이다.

그런데 특정 언어 손상을 가진 그리스인은 그 규칙을 사용할 수 없다. ‘likophobia’ 또는 ‘likanthropos’와 같은 단어를 배울 수는 있지만, 이러한 단어들이 다른 어원과 접두어를 가진 복잡한 구조를 가지고 있음을 인식하기는 매우 어렵다. 결과적으로, 이것을 보완하기 위해 다른 사람들보다 훨씬 더 많은 어휘가 필요하게 된다. 고프닉은 “이들을 모국어가 없는 사람들로 생각하면 된다”고 설명하고 있다. 이들은 우리가 성인이 되어 다른 언어를 배울 때 힘들게 규칙과 단어를 인위적으로 외우듯이 자신들의 모국어를 배워야 한다.'

고프닉은 일부 특정 언어 손상 환자들이 언어를 사용하지 않는 테스트에서도 IQ가 낮은 것은 인정하지만, 일부 환자들은 평균 이상의 IQ를 보여준다고 했다. 어떤 이란성 쌍둥이에게서는 특정 언어 손상을 가진 한쪽이 특정 언어 손상을 가지지 않은 형제보다 IQ가 높았다. 또한 고프닉은 대부분의 특정 언어 손상 환자들이 말과 청각 장애를 가지고 있지만, 모든 사람들이 그런 것은 아니며 연관성이 없는 우연일 뿐이라고 주장한다. 예를 들어 특정 언어 손상을 가진 사람들은 '볼'과 '벨'을 구별하는 데는 아무 문제가 없다. 그러나 이들은 'fell(넘어지다의 과거형)'을 의미하는 경우에도 종종 'fall(넘어지다의 현재형)'을 사용한다. 어휘의 차이가 아닌 문법의 문제다. 또 이들은 'nose(노즈)'와 'rose(로즈)'와 같이 비슷한 운율을 가지는 단어를 구별하는 데도 큰 어려움이 없다. 고프닉은 자신의 반대파가 K가족이 말하는 것은 다른 사람들에게 '지능이 낮은' 것으로 보인다고 설명했을 때 크게 화를 냈다. 고프닉은 K가족과 같이 이야기를 나누며 피자를 먹고, 가족 행사에 참가하면서 많은 시간을 보낸 후, 그들의 이해력에는 전혀 문제가 없음을 알았다고 했다. 말하는 것과 청각의 문제는 (특정 언어 손상과) 상관이 없음을 증명하기 위해, 그녀는 쓰기 테스트를 고안했다. 예를 들어 다음의 두 문장을 보자. "He was very happy last week when he was first(지난 주에 그가 일등을 한 것을 알고 그는 매우 기뻐했다)." "He was very happy last week when he is first." 이 두 문장에서 대부분의 사람들은 첫 문장은 문법에 맞고, 두 번째 문장은 틀리다는 것을 안다. 특정 언어 손상 사람들은 두 문장 모두 옳다고 생각한다. 이것을 청각이나 말의 장애 때문이라고 생각하기는 어렵다.[10]

그런데도 말과 청각을 주장하는 이론가들은 포기하지 않았다. 그들은 최근에 특정 언어 손상 사람들이 '중복음'에 문제가 있음을 알아냈다. 이들은 순수한 음에 소음이 앞서거나 뒤따라오는 경우, 그 음을 알아듣지 못한다. 그 음이 다른 사람들에 비해 45데시벨 이상 높은 경우에만 분별할 수 있었다. 달리 말하면, 특정 언어 손상 사람들은 시끄러운 소리 속에서 약간씩 다른 소리가 나는 것을 찾는 데 문제가 있어서 단어 끝에 따라오는 '-ed' 소리는 인식하지 못하는지도 모른다.

그러나 이 발견은 문법적 이해 장애 등의 특정 언어 손상 증세의 전반적인 상황을 설명하기보다는 훨씬 더 흥미로운 진화학적 설명에 무게를 두었다. 말과 청각을 담당하는 뇌의 부위는 문법을 담당하는 부위 옆에 있으며, 특정 언어 손상은 두 부위에 모두 장애가 생겼다는 것이다. 특정 언어 손상은 임신 제3기에 7번 염색체에 있는 유전자 이상으로 생긴 뇌의 손상에서 비롯된다. 자기공명 촬영법으로 뇌의 이 부분의 존재와 대략의 위치를 확인하였다. 예상한 대로 말과 언어 처리에 관여하는 브로카와 베르니케 부위로 알려진 두 부위 중 하나에 이상이 있었다.

원숭이의 뇌에도 정확하게 이 두 부위에 해당하는 곳이 있다. 브로카 유사 부위는 원숭이의 얼굴, 인두, 혀 그리고 입의 근육을 조절하는 데 사용된다. 베르니케 유사 부위는 소리의 순서와 다른 원숭이의 호출 소리를 인식하는 데 이용된다. 이것은 대부분의 특정 언어 손상 사람들이 겪는 비언어적 결함과 정확히 일치한다. 얼굴 근육의 조절과 소리의 분명한 인식. 다른 말로 사람의 조상이 언어 본능을 습득하도록 진화할 때 이것은 소리의 생성과 처리에 관여하는 부위에서 시작되었다. 이 소리 생성과 처리 모듈은 얼굴 근육과 귀로 연결된 채 남아 있고, 사람이 사용하는 소리의 어휘에 적용되는 문법의 규칙을 주관하는 언어 본능 모듈은 이 위에서 자라났다. 즉 다른 유인원은 문법적 언어를 전혀 배울 수 없지만 —유인원이 문법적 언어를 배울 수 없다는 사실은 침팬지나 고릴라를 훈련시키는 많은 트레이너들이 철저하게 모든 가능성을 타진한 결과에서 나왔다— 소리 생성과 처리와 언어 능력은 물리적으로 밀접하게 연결되어 있다(그러나 지나치게 밀접하지는 않아서, 청각장애자들은 들어오고 나가는 언어 모듈을 눈과 손으로 이동시킬 수 있다). 뇌의 그 부분에 관여하는 유전자의 결함은 곧 문법적 능력, 말 그리고 청각 그 모두에 영향을 줄 수 있다.[11]

19세기 윌리엄 제임스William James는 사람은 조상이 가지고 있는 본능을 배움에 대한 본능으로 대체한 것이 아니라 새로운 것을 더해 가면서 진화해왔다고 추정했고, 위에서 보여준 증거보다 그의 추정을 지지할 만한 더 좋은 증거는 없다. 제임스의 논리는 1980년대 후반에 자신들을 진화심리학자라고 부르는 과학자들 사이에서 재해석되기 시작했다. 그들 중에서 인류학자인 존 토비John Tooby, 심리학자 레다 코스미데스Leda Cosmides 그리고 심리언어학자 스티븐 핑커가 가장 눈에 띈다. 그들의 주장은 간단하게 말해서 다음과 같다. 20세기 사회과학의 주된 목표는 사회 환경에 영향을 받는 우리 행동방식을 추적하는 것이었다. 그러나 이것을 반대로 생각하면 선천적 사회 본능의 산물로서의 사회 환경이 만들어진 방법을 추적할 수 있다는 것이다. 곧 모든 사람들이 행복할 때 웃고, 걱정이 있을 때 얼굴을 찡그리며, 모든 문화에서 남자들이 젊은 여성에게 성적 매력을 느끼는 것은 문화가 아니라 본능의 표출이다. 모든 나라에 로맨틱한 사랑과 종교적 믿음이 존재하는 것 또한 선통이기보다 본능에 의한 것임을 암시하고 있다. 토비와 코스미데스의 가정에 의하면, 문화는 개인 심리의 산물이며 개인 심리가 문화의 산물은 아니다. 더욱이 타고난 능력과 양육을 대립시킨 것은 커다란 잘못이다. 배울 수 있는 타고난 역량과 배움에 대한 선천적으로 정해진 한계 내에서 모든 지식의 습득이 가능하기 때문이다. 예를 들어 원숭이에게(또는 사람에게) 꽃을 무서워하기보다 뱀을 무서워하도록 가르치는 것이 더 쉽다. 그러나 여전히 가르쳐야 배운다. 뱀을 무서워하는 것은 배워야 하는 본능에 속한다.[12]

진화심리학에서 '진화'는 변화의 세습이나 자연선택 그 자체에 관심을 두고 사용한 말이 아니다. 이런 것들이 흥미로운 것은 사실이지만, 너무 천천히 일어나는 현상들이라서 현대인의 정신을 연구하는 데 사용하기는 어렵다. 다윈 진화론의 세 번째 주제인 적응의 개념에 역점을 두고 사용한 말이다. 복잡한 기계가 어떻게 만들어졌는지 알아보는 것과 같은 방법으로 복잡한 생물 기관이 무엇을 하기 위해 만들어졌는지를 알아보려면 역구성을 해야 한다. 스티븐 핑커는 재구성 과정을 설명하기 위해 올리브 씨앗을 빼는 복잡한 기구를 주머니에 넣어 다니곤 했다. 코스미데스는 스위스제 군용칼을 가지고 비슷한 것을 설명하기 좋아했다. 어떤 기구든, 특정 기능에 대한 설명 없이는 무의미한 기구에 불과하다. 이 칼날로 무엇을 한다는 것인가? 이미지를 만든다는 특수한 기능을 모르는 채 카메라의 작동법을 설명하는 것과 같다. 어떤 점에서, 사람의 눈 또한 사진기와 비슷한 기능을 가지도록 특수하게 디자인되어 있음을 말하지 않고 눈의 형태를 설명하는 것도 의미 없는 일이다.

핑커와 코스미데스는 동일한 법칙이 사람의 뇌에도 적용된다고 주장하였다. 뇌의 각 모듈은 아마도 스위스제 군용칼의 다양한 칼날처럼 특수한 기능을 하기 위해 특수하게 제작되었을 것이다. 이와 다른 주장은 뇌가 복잡해지면서 우연히 부수적인 많은 기능이 생겨났다는 것으로, 촘스키는 이 견해를 지지하지만 많은 증거가 이를 부정한다. 이것은 마이크로 프로세서를 더 복잡하게 만들면 더 많은 기능이 생긴다는 것과 동일한 논리다. '연결주의자'의 신경 네트워크 접근방식은 뇌를 신경과 시냅스로 이루어진 일반 용도의 네트워크처럼 상상하는 실수에서 비롯되었다. 이 견해는 테스트 결과 만족스럽지 않다는 결론에 도달하였다. 미리 정해진 운명적 문제를 해결하기 위해서는 사전에 프로그램된 디자인이 필요하다.

여기에 특이한 역사적 아이러니가 있다. 자연의 고안이라는 개념은 한때 진화의 개념에 대립하는 가장 저돌적이며 강한 반론이었다. 이 주장은 실제로 19세기 전반에 진화의 개념을 잠재운 장본인이다. 가장 강력한 대변인은 윌리엄 팔리William Paley로, 다음과 같은 유명한 말을 남겼다. "당신이 길 위에 놓인 돌을 보고는 그것이 어떻게 여기에 있게 되었는지는 상관하지 않을 것이다." 그러나 시계를 주웠다면 어디에 시계를 만드는 사람이 있을 것이라는 결론을 내리게 될 것이다. 즉 살아 있는 생물 속에서 발견되는 정교한 기능을 가진 장치는 신의 존재에 대한 명백한 증거라고 하였다. 팔리가 틀렸다는 것을 보여주기 위해 동일한 고안의 논리를 사용하여 명쾌하게 정반대의 결론을 이끌어낸 것이 다윈의 천재성이다. 수백만 명의 사람과 수백만 년에 걸쳐 창조물의 몸에서 일어나는 자연적인 변화에 차근차근 작동하는 자연선택이라는 '눈먼 시계제조공'(리처드 도킨스가 사용한 문구다) 역시 쉽게 복잡한 적응을 설명할 수 있다. 복잡한 적응을 자연선택이 작동하고 있다는 첫 번째 증거로 생각한 다윈의 가설은 많은 지지를 얻었다.[13]

우리 모두가 가지는 언어 본능은 단순히 사람들 간에 분명하고 세련된 정보 교환을 위해 만들어진 복잡한 적응일 뿐이다. 아프리카 대륙에서 다른 생물종에는 없는 서로 간의 자세하고 정확한 정보 공유 방식이 우리 조상에게 얼마나 유리하게 작용했을지는 쉽게 상상할 수 있다. "저쪽 골짜기를 따라 지름길로 가서 호숫가 나무의 왼쪽을 돌아가면 우리가 금방 죽인 기린이 있을 것이다. 과일이 있는 나무 왼쪽에 있는 덤불은 피해라, 사자가 들어가는 것을 보았다." 이 두 문장은 상대방의 생존에 매우 귀중한 정보였다. 문법과 그 이외의 것을 이해하는 능력이 없이는 전혀 이해할 수 없는 자연선택의 복권에 당첨될 두 장의 티켓이었다.

문법이 내재하는 본능이라는 증거는 압도적이며 여러 곳에서 찾을 수 있다. 7번 염색체 어딘가에 있는 하나의 유전자가 발생하는 태아의 뇌에서 그 본능을 구성하는 데 작용하고 있다는 증거도, 이 유전자가 어느 정도 작동하는지는 아직 잘 모르고 있지만 믿을 만하다. 그러나 대부분의 사회과학자들은 문법의 발달에 직접적으로 관여하는 유전자가 있다는 생각에 심한 거부감을 나타낸다. 7번 염색체 위 유전자의 경우와 마찬가지로 많은 사회과학자들은 수많은 증거가 있는데도, 유전자가 뇌에 주는 직접적인 영향력은 말을 이해하는 능력에 한하고 언어에 대한 영향은 단순히 부수적인 것에 지나지 않는다고 주장한다. 본능은 '동물'에 한정된 현상이고 사람에게는 적용되지 않는다는 주된 패러다임으로 한 세기를 보냈기에, 이런 거부반응이 놀랄 만한 일은 아니다. 어떤 본능은 배우지 않으면 얻어지지 않는다는 자메이카인의 생각을 고려하면, 이 전반적인 패러다임이 흔들리게 될 것이다.

우리는 이 장에서 진화로서 어떤 문제를 풀고자 했는지를 이해하기 위해서 사람의 행동을 역구성하는, 진화심리학의 주장을 따라가 보았다. 진화심리학은 새롭고 놀랄 정도로 성공적인 학문으로서 많은 분야에서 사람의 행동 연구에 새로운 방향을 제시하였다. 6번 염색체에서 다룬 행동유전학 역시 크게 보아 같은 목표를 가지고 있다. 그러나 주제의 접근방식은 너무나 달라서 행동유전학과 진화심리학은 충돌 직전에 있다. 문제는 이것이다. 행동유전학은 개인 간의 차이를 보고자 하며 이를 유전자의 차이와 연결시킨다. 진화심리학은 모든 사람에게서 볼 수 있는 공통적인 행동을 연구하며 어떻게 그리고 왜 이러한 습관들이 부분적으로 본능이 되었는지를 찾고자 한다. 다시 말해 이들은 적어도 중요한 행동 습관에서 개인 간의 차이는 없다고 한다. 자연선택이 다양성의 소실을 가져오기 때문이다. 이것이 자연선택이 하는 일이다. 만약 어떤 유전자의 특수한 형태가 다른 것보다 우월하다면, 우월한 형태가 곧 일반적인 것이 되고 나쁜 것은 소멸하게 된다. 즉 진화심리학은 만약 행동유전학자가 다양성을 가지는 어떤 유전자를 발견한다면, 그것은 그 유전자가 중요한 유전자가 아니고 다만 부수적인 역할을 하는 유전자이기 때문이라고 한다. 행동유전학자들은 지금까지 발견된 모든 사람의 유전자가 다양한 형태로 존재하는 것으로 보아 진화심리학자의 주장에는 문제가 있다고 반박한다.

이 두 그룹의 견해는 극단적으로 상반된 것처럼 보인다. 사실상 한쪽은 공통적이며 일반적이고 특수 생물종의 특성을 연구하고, 다른 한쪽은 개인의 차이를 연구한다. 두 그룹 모두 어느 정도 진실을 말하고 있다. 모든 사람은 언어 본능을 가지고 있지만 원숭이는 없다. 그러나 이 본능이 모든 사람들에게 같은 수준으로 발달하지는 않는다. 특정 언어 손상을 가진 사람들도 잘 훈련된 침팬지나 고릴라보다는 언어를 배우는 능력이 월등히 뛰어나다.

행동유전학자와 진화심리학자의 결론은 비과학자들에게는 여전히 거부당하고 있다. 어떻게 하나의 유전자가, 곧 DNA라는 문자의 나열이 행동 습관을 만든단 말인가? 어떻게 단백질을 만드는 법과 영어의 과거형을 배우는 능력이 연관되어 있다는 말인가? 언뜻 그들의 결론이 근거보다는 믿음을 더 요구하는 지나친 도약으로 보일지도 모른다는 것을 인정한다. 그러나 그럴 필요는 없다. 행동유전학은 그 뿌리가 발생의 유전학과 다를 바가 없기 때문이다. 성인이 가지는 뇌의 각 모듈이 신경세포의 화학적 지도처럼 태아의 머리에서 발생하는 화학물질의 농도를 지표로 삼아 형성된다고 하자. 이러한 화학물질의 농도는 유전자에 의해 만들어지는 생성물이다. 그러나 이들의 존재는 의심할 여지가 없지만, 이러한 유전자와 단백질이 정확히 배아의 어느 부위에 있어야 하는가를 어떻게 알아내는지를 이해하기는 어렵다. 12번 염색체에서 설명하겠지만, 현대 유전학의 가장 흥미로운 발견의 하나가 이러한 유전자들이다. 행동을 관장하는 유전자에 대한 생각이 발생에 관여하는 유전자가 있다는 생각처럼 그리 이상할 것은 없다. 둘 다 믿기 어렵겠지만, 자연은 한 번도 사람들이 이해하지 못한다고 해서 자신의 방법을 바꾼 적이 없다.

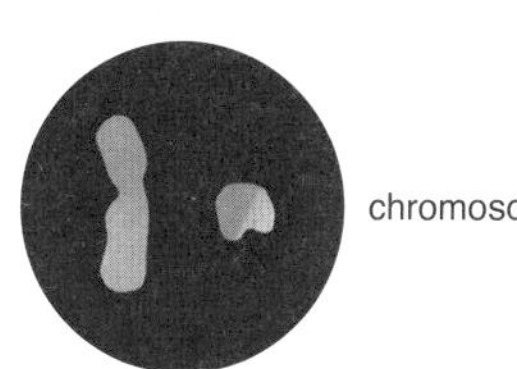

X와 Y염색체

충돌

언어학을 잠시 살펴보는 동안 우리는 진화심리학이 내포한 놀라운 내용들과 접할 수 있었다. 만약 앞에서 살펴본 것에서, 스스로 자랑스럽게 여기는 당신의 언어적 또는 심리적 능력이 어떤 면에서 본능으로 주어진 것일 뿐만 아니라, 다른 무엇인가에 조절되고 있다는 불안한 느낌을 들게 했다면, 여기서 다루는 것들은 그 불안을 훨씬 더 가중시킬 것이나. 이 상에서 나루는 이야기는 모든 유선학의 역사에서 전혀 예기지 못한 일이기 때문이다. 유전자는 개체가 전체적으로 필요한 상황에 따라 전사될 수 있는 방법의 기록으로 생각해왔다. 몸의 하수인으로서의 유전자. 여기서 우리는 다른 실상을 접하게 된다. 몸은 유전자의 야망을 위한 희생자고 장난감이며, 전쟁터고 이동수단이라는 것이다.

크기로 보아 7번 염색체 다음은 X염색체다. X는 짝이 없는 이상한 염색체다. 때로 다른 염색체처럼 동일한 염색체와 쌍을 이루기도 하지만, 때로 염기 배열상 나중에 추가된 듯한 유전적 조각으로 보이는 매우 작고 활동이 없는 Y염색체와 쌍을 이룬다. 적어도 포유류의 수컷과 파리의 수컷, 나비와 새의 암컷에서는 그러하다. 포유류의 암컷과 새의 수컷은 2개의 X염색체를 가지고 있다. 그러나 여전히 조금은 기이하다. 체내의 모든 세포에서 (다른 염색체와는 달리) 두 염색체의 유전자가 모두 발현하는 것이 아니라, 하나는 단단하게 뭉쳐 바소체Bar-Body라는 덩어리를 이루고 작동하지 않는다.

X와 Y염색체는 성염색체로 알려져 있다. 이들이 항상 몸의 성을 결정하기 때문이다. 사람들은 모두 그의 어머니로부터 X염색체를 받는다. 그러나 아버지에게 Y염색체를 받으면 남성, X를 받으면 여성이 된다. 드물게 X와 Y를 가지면서 여성으로 보이는 경우가 있지만, 그것은 단지 규칙의 예외일 뿐이다. 이런 사람들은 Y염색체 위에 있는 남성답게 만드는 유전자가 없거나 잘못되어 있다.

사람들은 대부분 이런 규칙을 안다. X와 Y염색체를 아는 데는 대단한 교육 과정이 필요하지 않다. 또한 색맹이나, 혈우병 그리고 몇 가지 다른 장애가 남성에게 더 많이 나타난다는 것도 알고 있다. 그러한 유전자들이 X염색체 위에 있기 때문이다. 남성은 '여분의' X염색체가 없으므로, 이처럼 열성으로 유전하는 문제들 때문에 여성보다 고생을 많이 한다. 어떤 생물학자는 남성의 X염색체에 있는 유전자는 보조 비행사 없이 비행하는 것과 같다고 비유하기도 하였다. 그러나 대부분의 사람들이 모르는 생물학의 근본을 흔드는 X와 Y염색체에 관한 혼란스럽고 이상한 일들이 있다.

과학지 중에서 가장 객관적이며 진지하다고 알려진 〈영국왕립철학지Philosophical Transactions of the Royal Society〉에서 다음과 같은 표현을 쓰는 것은 흔한 일이 아니다. "포유류의 Y염색체는 화력이 우세한 적과 싸움을 벌이는 것과 같다. Y가 할 수 있는 최선의 선택은 절대적으로 필요하지 않은 염기 배열은 벗어던지고, 도망가서 숨어버리는 것이다."[1] '싸움터' '화력' '적' '도망'? DNA가 하는 일로 생각되지 않는 표현들이다. 그러나 다른 과학지에서는 Y염색체를 설명하면서 〈내부의 적: 유전자 간의 대립, 유전자 좌위의 경쟁의 진화Interlocus contest evolution(ICE) 그리고 내부의 붉은 여왕〉[2]이라는 제목으로 좀 더 기술적인 문구를 사용하였다. 그 내용의 일부를 읽어보자. "Y와 나머지 유전자 간의 끊임없는 경쟁은 미약하게나마 해로운 돌연변이의 유전적 편승으로 Y의 유전자적 질을 계속해서 떨어뜨릴 수 있다. Y가 쇠퇴하는 것은 유전적 편승 때문이다. 그러나 경쟁의 진화 과정은 남성과 여성의 대립적 동반진화가 계속해서 이루어지도록 하는 촉매로서 작용한다." 이 내용들을 이해할 수는 없다 하더라도 눈길을 끄는 단어들이 있는 것은 틀림없다. '적' 그리고 '대립'. 이와 같은 내용을 다루는 최근의 교과서를 보자. 제목은 매우 단순하게 《진화: 10억 년의 전쟁》이다.[3] 어찌 된 일인가?

과거의 한 시점에 우리의 조상은 알의 온도로 성을 결정하는 일반적 파충류의 습성을 버리고 유전적으로 성을 결정하고자 하였다. 이러한 전환은 수정이 이루어지면서부터 각 성이 자신의 특수한 역할에 대한 훈련을 할 수 있도록 하기 위해서였다. 사람의 경우, 성 결정 유전자를 가지면 남성이 되고, 이것이 없으면 여성이 된다. 새는 그 반대다. 이 유전자는 곧 남성에게 이로운 다양한 유전자들, 말하자면 근육을 단단하게 하는 유전자나 공격적 성향들을 자신 쪽으로 끌어들였다. 그러나 여성은 이러한 것들을 원치 않는 대신 남은 에너지가 있다면 자손에게 사용하기를 원했다. 이 이차적 유전자들은 자신들이 한쪽 성에서는 유리한 위치에 있고, 다른 성에서는 불리한 위치에 있음을 발견하였다. 이들은 성적으로 대립적인 유전자로 알려지게 되었다. 이러한 딜레마는 또 다른 돌연변이 유전자가 쌍을 이룬 두 염색체 간에 정상적인 유전적 물질 교환 과정을 억압하면서 해결되었다. 이제 성적으로 대립되는 유전자들은 갈라져 서로 다른 길을 갈 수 있게 되었다. Y염색체의 한 형태는 칼슘을 사용하여 뿔을 만들 수 있게 되었다. X염색체의 한 형태는 칼슘을 우유를 만드는 데 사용할 수 있게 되었다. 즉 한때 온갖 종류의 '정상적' 유전자를 가지고 있던 중간 크기의 염색체 쌍이 성 결정 과정에서 두 종류의 성염색체가 되었고, 각각은 다른 종류의 유전자들을 끌어들였다. Y염색체 위에는 남성에게 유리하지만 여성에게는 종종 불리한 유전자들이 쌓였다. X염색체에는 여성에게는 좋지만 남성에게는 해로운 유전자들이 쌓였다. 예를 들어 X염색체 위에서 DAX란 유전자가 새로 발견되었다. 하나의 X염색체와 하나의 Y염색체를 가진 사람들 가운데 아주 드물게 X염색체 위에 2개의 DAX 유전자를 가지는 사람들이 있다. 그런 사람들은 유전적으로는 남성이지만, 여성으로 성장한다. 그것은 DAX와 남성을 남성으로 만드는 Y염색체 위의 유전자인 SRY가 대립하기 때문으로 밝혀졌다. 하나의 SRY는 하나의 DAX를 이길 수 있지만, DAX가 2개면 하나의 SRY를 물리칠 수 있다.[4]

유전자 간의 충돌은 위험한 상황이다. 좀 더 은유적인 표현을 빌리자면, 두 염색체는 자신들이 속해 있는 생물종 전체에 대해서뿐만 아니라, 서로에게도 더 이상 관심이 없다는 것을 알기 시작했다. 좀 더 정확하게 말하면 X염색체에 있는 유전자의 확장에 이로운 것이 Y염색체에게는 실제로 해를 미치고, 그 반대의 경우도 마찬가지다.

예를 들어 Y염색체를 가지는 정자만 죽이는 치명적인 독을 만드는 어떤 유전자가 X염색체에 생겨났다고 하자. 이 유전자를 가진 남성은 다른 남성과 마찬가지로 아이를 낳을 수는 있지만 아들은 없고 모두 딸일 것이다. 그리고 이 딸들은 모두 그 새로운 유전자를 가지게 된다. 즉 이 유전자는 그렇지 않은 유전자에 비해 다음 세대에 두 배나 흔하게 발견될 것이고 매우 빠르게 퍼져 나갈 것이다. 이 유전자는 많은 남성이 사라져 이 생물종의 존립 자체가 위태로워지고 나서야 비로소 퍼져 나가기를 멈출 것이다.[5]

지나친 억지인가? 그렇지 않다. 실제로 아크레아 엔세돈Acrea encedon이라는 나비에게서 그와 같은 일이 벌어졌다. 결과적으로 암컷이 95%에 달하게 되었다. 이러한 예는 여러 진화적 충돌관계 중 성염색체에 의한 경우에 해당한다. 대부분은 곤충에서 발견되었으나, 그것은 과학자들이 곤충만을 좀 더 자세히 살펴보았기 때문일 뿐이다. 내가 이 장의 제목을 충돌이라고 붙인 것을 이제 이해할 수 있을 것이다. 간단한 통계학: 여성은 2개의 X를 가지고 남성은 X와 Y를 가지므로, 전체 성염색체의 3/4는 X이고 1/4이 Y다. 달리 표현하면, X염색체가 여성에서 보내는 시간이 남성과 보내는 시간보다 두 배나 많다. 즉 X염색체는 Y염색체를 공격할 수 있는 능력을 가질 가능성이 세 배나 높고, Y에 있는 모든 유전자는 새로 생긴 X의 유전자 공격을 받기 쉬운 입장에 있다. 결과적으로 Y염색체는 '도망가서 숨는'(케임브리지 대학의 윌리엄 아모스가 사용한 기술 용어) 전법을 선택하여 되도록 많은 유전자를 버리거나 발현을 중단하였다.

사람의 Y염색체는 매우 효과적으로 자신의 유전자 발현을 중단하여 대부분의 DNA는 단백질을 만들지 않도록 해놓았고, 전혀 아무 일도 하지 않음으로써 되도록 X염색체의 공격 대상이 되지 않게 하였다. 여기에 최근 X염색체에서 따온 듯한 이른바 의사상동 염색체 부위라는 작은 부위가 있다. 이곳에 앞에서 말한 SRY라는 매우 중요한 유전자가 있다. 태아에서 남성적 형질을 가지게 하는 연속적 사건을 시작시키는 유전자다. 어떤 하나의 유전자가 이런 힘을 가지는 일은 매우 드물다. 이것은 많은 사건이 시작되는, 스위치를 켜는 일만을 할 뿐이다. 성기가 고환과 남근의 형태로 변하여 여성과는 다른 몸의 형태나 구성을 가지도록 한다(우리 인간종은 새나 나비와는 달리 여성이 기본형이다). 그리고 여러 호르몬이 뇌로 이동한다. 몇 년 전 〈사이언스〉라는 잡지에 장난스러운 Y염색체 지도가 발표된 적이 있다. 텔레비전 채널을 자주 돌리는 것, 농담을 기억하고 말하는 능력, 신문의 스포츠면에 흥미를 가지는 것, 죽이고 파괴하는 영화를 즐기는 것, 전화로 애정을 표현하지 못하는 것 등과 같은 전형적인 남성적 특징을 관장하는 유전자들을 Y염색체 위에 그려놓은 것이다. 이러한 습관들이 유전적으로 결정된다는 의견을 비웃는 것이 아니라, 그러한 습관들이 남성 특유의 것으로 알려져 있기에 꾸며낸 익살로 매우 재미있었다. 그러나 이 익살스러운 지도는 반대로 유전적인 면을 강조하고 있었다. 그 그림에서 단 한 가지 잘못된 것이 있다면, 이러한 개개의 남성적 버릇을 관상하는 유전자가 각각 존재하는 것처럼 보이게 한 것이다. 사실 이러한 버릇은 테스토스테론과 같은 일반적 남성 호르몬이 뇌에 작용하여 현대적 환경에서 이렇게 행동하는 경향을 가져온 것뿐이다. 즉 어떤 면에서 많은 남성적 특징은 SRY 유전자의 작용이라 해도 과언이 아니다. 육체의 남성화뿐만 아니라 뇌의 남성화에 이르게 하는 연속적 사건을 일으키는 기점이기 때문이다.

SRY 유전자는 특이한 점이 있다. 다양한 인종 사이에서 그 염기 서열이 놀라울 정도로 같다. 실제적으로 인류라는 생물종 내에서 점돌연변이(철자 하나 차이)가 발견된 적은 없다. 그런 점에서 SRY는 인류의 마지막 공통 조상이 생존한 20만 년 전부터 거의 변화하지 않는 유전자라고 할 수 있다. 그러나 침팬지의 SRY와는 매우 다르고, 고릴라의 SRY와도 다르다. 생물종 간에는 다른 일반적인 유전자에 비해 열 배나 많은 차이를 가지고 있다. 활발히 발현하는 다른 유전자에 비교해도, SRY는 가장 빨리 진화하는 유전자의 하나다.

이러한 정반대 현상을 어떻게 설명할 것인가? 윌리엄 아모스William Amos와 존 하우드John Harwood의 설명에 따르면, 이른바 말하는 선택적 휩쓸이selective sweep라는 도망과 숨기 과정에 그 답이 있다. 때때로 X염색체 위에 SRY가 만드는 단백질을 인식하여 Y염색체를 공격하는 유전자가 나타나기도 한다. 그러자 선택적 장점을 가졌으나 X염색체의 눈에 띄지 않는 희귀한 SRY 돌연변이가 생기게 되고, 이 돌연변이는 (공격당하는 SRY 유전자를 가진) 다른 남성을 제치고 퍼져가기 시작한다. 저돌적인 X염색체는 성비를 여성 쪽으로 몰아가는 반면, 새로운 SRY 돌연변이는 반대 방향으로 균형을 맞추어간다. 결과적으로 새로운 SRY 유전자는 거의 아무 변화 없이 모든 생물종으로 확산된다. 이러한 급작스런 진화로 (워낙 빠른 시간 내 일어나기 때문에 진화의 흔적이 남지 않은 것 같다) 다른 생물종 간에는 매우 다르고 동일 생물종 내에서는 유사한 SRY를 만들게 된다. 만약 아모스와 하우드의 이러한 가설이 옳다면, 사람과 침팬지가 갈라진 시점인 500만 년에서 1,000만 년 전에서 현대인의

공통 조상이 나타난 20만 년 사이 적어도 한 번은 이러한 휩쓸이가 일어났어야 한다.[6]

이 장의 첫머리에서 약속했던 충돌과 대립이 다만 분자진화학의 일부에 지나지 않는다는 사실에 실망할지도 모르겠다. 아직 이 장은 끝나지 않았다. 이제 이 분자생물학과 사람 사이의 실제적 대립의 연관성을 보여주고자 한다.

성의 대립 가설을 주도한 것은 산타크루스에 있는 캘리포니아 대학의 윌리엄 라이스William Rice다. 그는 이 점을 분명히 보여주기 위해 여러 가지 특별한 실험을 하였다. 처음 뚜렷한 Y염색체를 가졌던 가상의 우리 조상으로 되돌아가 보자. Y염색체는 저돌적인 X유전자를 피하여 많은 유전자의 발현을 억제하는 과정에 있다. 라이스의 표현에 따르면, 이 벌거벗은 Y염색체는 남성에게 이로운 유전자가 좋아하는 장소였다. Y염색체는 여성에는 존재할 일이 없으므로, 남성에게는 조금만 유용해도 여성에게 나쁜 유전자를 얼마든지 가질 수 있었다(만약 여전히 진화가 생물종에 유리한 것이라고 생각한다면, 이제부터는 그런 생각을 버리는 것이 좋다). 초파리나 사람의 경우도 마찬가지로 수컷의 사정액은 정자와 정액으로 이루어져 있다. 정액은 유전자의 산물인 여러 단백질을 함유하고 있다. 이것의 역할은 전혀 알려져 있지 않았는데, 라이스 박사는 독특한 생각을 해냈다. 초파리를 교배하였을 때, 이 단백질은 암컷의 혈액 속으로 들어가 여러 부위 중에서도 특히 뇌로 이동한다. 여기서 단백질은 여성의 성적 흥미를 줄이고 배란 속도를 증가시키는 역할을 한다. 30년 전까지만 해도, 우리는 이러한 증가를 생물종에 유리한 것으로 해석했다. 암컷이 더 이상의 성적 파트너를 찾기보다는 둥지를 찾도록 유도하기 때문이다. 수컷의 정액이 암컷의 행동을 그쪽으로 유도

했다는 것이다. 〈내셔널 지오그래픽〉의 글과 비슷하지 않은가. 최근에는 이러한 내용은 훨씬 더 좋지 않은 인상을 남기며 설명된다. 수컷은 암컷이 다른 수컷과 더 이상 교배하지 않고 그의 정자로 더 많은 알을 낳도록 암컷을 조작하려고 한다. 아마도 Y염색체 위에 있는 성적으로 적대적인 유전자의 명령으로 (또는 Y염색체에 있는 유전자가 갑자기 발현됨으로써) 그렇게 행동할 것이다. 암컷은 물론 이러한 조작을 거부하는 선택적 압력을 점점 더 받게 될 것이다. 그 결과는 무승부의 대치 상태다.

라이스는 자신의 가설을 증명하기 위해 다음과 같은 기막힌 실험을 수행했다. 진화적 변화가 없는 특정군의 암컷을 별도로 보관하고, 암컷 초파리가 저항성이 증가하지 않는 방법으로 27세대 동안 교배하였다. 한편으로, 그는 수컷이 훨씬 더 효과적인 정액 단백질을 만들어내도록 훨씬 더 저항적인 암컷과 교배하였다. 그리고 27세대가 지난 후 이 두 군의 초파리를 같이 교배하였다. 결과는 예상대로였다. 수컷의 정액은 너무나 효과적으로 암컷의 행동을 조작하여 치명적이기까지 하였다. 암컷을 죽일 수도 있었다.[7]

라이스는 드디어 성적 적대성은 모두 환경에서 나타난다고 믿게 되었다. 이것은 빠르게 진화하는 유전자로서의 명성을 얻었다. 전복의 경우, 알을 싸고 있는 당단백질의 매질벽을 뚫어 구멍을 내는 정자의 리신 단백질이 매우 빠르게 변화하는 유전자에 의해 만들어진다는 것이 밝혀졌다(이 점은 사람도 마찬가지로 보인다). 그것은 아마도 리신과 매질벽 사이의 전쟁에서 비롯된다. 침투가 빠르면 정자에게는 유리하지만 알에게는 불리하다. 기생충이나 제2의 정자가 같이 들어올 수도 있기 때문이다. 수정이 가까워지면서, 자궁은 빠르게 진화하는 (물론 수컷 쪽의) 유전자에 의해 조절된다. 데이비드 헤이그가 이끄는 현대 진화학

이론가들은 태반은 태아에 있는 아버지의 유전자에 의해 생겨 어머니 몸에 기생하는 부착물이라고 생각한다. 어머니가 거부해도 태반은 어머니의 혈당량이나 혈압을 태아에게 이로운 쪽으로 조절한다.[8] 이것에 대해서는 15번 염색체에서 다시 다루고자 한다.

그렇다면 구애는 무엇인가? 공작의 세련된 꼬리는 암컷을 유혹하기 위해 암컷들이 좋아하는 모양으로 만들어졌다고 생각해왔다. 라이스의 공동 연구자인 브렛 홀란드Brett Holland는 다른 설명을 한다. 긴 꼬리가 암컷을 유혹하려고 만들어진 것은 사실이지만, 이것은 암컷들이 유혹을 거부하는 경향이 점점 더 심해졌기 때문이라고 한다. 수컷은 실제로 힘 대신 사랑을 애걸하는 방식으로, 암컷은 까다롭게 굴어 교배의 빈도나 시기를 자신들이 결정하려고 한다. 이러한 가설로서 두 종의 늑대거미에게서 일어나는 놀라운 사실을 설명할 수 있다. 한 종은 앞다리에 있는 짧은 털로 구애를 한다. 수거미의 구애 행위를 비디오로 보여주었을 때, 암컷은 만족스러움을 표시한다. 그 행동으로 수컷의 털이 사라지도록 비디오를 조작하여 보여주더라도, 암컷은 여전히 그 행동에 대해 만족을 표시한다. 그러나 다른 털이 없는 거미 종을 살펴보자. 비디오를 조작하여 털 없는 수컷에 털을 생기게 하면 털 없는 종의 암컷들은 이 털 있는 수컷을 두 배나 좋아한다. 다시 말해 암컷들은 자신들과 같은 종의 수컷 행동에 의해, 흥미를 더 가지는 방향이 아닌 흥미를 잃는 쪽으로 진화한다. 성의 선택은 즉 유혹의 유전자와 저항 유전자 사이의 성적 적대성의 표현이다.[9]

라이스와 홀란드는 사회적이고 대화가 많은 생물종일수록 성적 적대성 유전자로 고통당하기가 쉽다는 결론에 도달하였다. 성 간의 대화가 성적 적대성 유전자가 활동할 수 있는 매체를 제공하기 때문이다.

지구상에서 가장 사회적이고 대화가 많은 생물종은 사람이다. 왜 남성이 생각하는 성추행이 여성들의 생각과 다른지, 왜 사람들 사이의 성적 갈등이 많은지 조금씩 이해되기 시작한다. 진화적인 면에서 성적 관계가 남성과 여성에게 유리한 방향으로 성립된 것이 아니라, 염색체에게 유리한 방향으로 이루어진 것이다. 여성을 유혹하는 것은 Y염색체에게 유리했다. 남성의 유혹을 거부하는 것은 X염색체에게 유리했다.

유전자의 집단 사이에(Y염색체는 이러한 집단 중 하나다) 이러한 대립은 성행위와는 무관하다. 거짓말을 잘하는 한 유전자가 있다고 하자(별로 현실성이 없는 가정이지만, 여러 유전자가 공동적으로 작용하여 간접적으로 진실함에 대해 영향을 미칠 수는 있을 것이다). 이 유전자는 이를 가진 사람을 성공적인 사기꾼으로 만들어줄 것이다. 다른 염색체에 거짓말을 탐지하는 능력이 있는 유전자가 있다고 하자. 이 유전자는 이것을 가진 사람이 사기꾼에게 사기를 당하는 것을 막아주는 정도까지 번성할 것이다. 이 두 유전자는 적대적으로 진화할 것이다. 어느 한 사람이 이 두 유전자를 모두 가진다고 하더라도 각 유전자는 다른 상대 유전자를 자극하게 될 것이다. 이들 사이에는 라이스와 홀란드가 말하는 '상대적 좌위 다툼에 의한 진화'라는 관계가 성립한다. 지난 300만 년 간 사람의 지능 성장을 이끌어온 것은 바로 이러한 경쟁적 작용일 것이다. 사바나에서 불을 지피고 연장을 만들기 위해서 우리의 뇌가 커졌다는 것은 이미 오래전 이야기다. 실제로 모든 진화학자들은 마키아벨리의 논리를 믿는다. 큰 뇌는 조작과 조작을 거부하는 싸움에 필요했다. 라이스와 홀란드는 "우리가 지능이라고 부르는 현상은 공격과 수비를 언어의 문맥상 조정하는 유전자 간 충돌의 부산물일지 모른다"고 적고 있다.[10]

이야기가 지능 문제로 흘러갔다면, 다시 성 문제로 돌아가 보기로 하자. 유전학적 발견에서 아마도 가장 큰 물의를 일으킨 논쟁의 대상은, 1993년 딘 해머Dean Hamer가 발표한 내용일 것이다. 그는 X염색체 위에서 성적 경향에 영향을 주는 하나의 유전자를 발견했다고 발표하였다.[11] 언론에서는 이 유전자를 '게이 유전자'라고 이름 붙이고 관심을 갖기 시작하였다. 해머와 비슷한 시기에 여러 편의 연구 논문들이 발표되었고, 그 연구들은 한결같이 동성애는 문화적 압력이나 의식적인 선택이 아닌 '생물학적' 원인이라는 결론을 내리고 있다. 이러한 연구 가운데는 자신들의 상황이 '타고난 것'임을 확신하고 이를 대중에게 알리고 싶어 한 동성애자에 의한 것도 있다. 살트 연구소 신경과학자인 사이몬 르베이Simon LeVay가 대표적인 경우다. 그들은 자신들의 삶의 방식이 '선택'이 아닌 타고난 성향 때문이라고 한다면 사람들의 편견이 조금은 적어질 것이라고 생각했다. 어떤 면에서는 긍정할 만한 말이다. 유전적 원인에 의한 동성애 성향은 동성애자가 다른 젊은이를 동성애자로 만들지는 않음을 확인시켜 줌으로써 모든 부모들에게 덜 위협적인 존재로 보이게 할 것이다. 보수주의자들의 동성애에 대한 공격이 이것이 유전적이라는 증거를 거부하는 것으로 나타나는 이유도 바로 여기에 있다. "이들이 '동성애자로 타고난 것'이라는 주장을 받아들이는 것에 주의할 필요가 있다. 이것은 사실이 아니기 때문이 아니라, 이것이 동성애주의자들의 설자리를 마련해주기 때문이다." 1998년 7월 29일 보수주의자 레이디 영Lady Young이 〈데일리 텔레그래프〉에 기고한 글이다.

일부 연구자들이 특정 결과를 얻고 싶어 했을지도 모르겠지만, 연구는 객관적이고 공정한 바탕에서 이루어졌다. 동성애가 상당히 유전적인 경향이 있다는 것에는 의심의 여지가 없다. 한 연구의 예를 들어보

자. 이란성 쌍둥이인 54명의 동성애자 중에서, 12명의 쌍둥이 형제가 동성애자였다. 56명의 일란성 쌍둥이 동성애자 중에서 29명의 쌍둥이 형제가 또한 동성애자였다. 일란성이든 이란성이든 쌍둥이는 동일한 환경에서 자랐으므로, 이 결과는 적어도 유전적 요인이 50%는 작용한다는 것을 암시한다. 이와 비슷한 결과에 도달한 연구는 10여 개도 넘는다.[12]

이러한 결과를 흥미롭게 생각한 딘 해머는 관련 유전자를 찾기로 마음먹었다. 그와 그의 공동 연구자가 남성 동성애자가 있는 110명의 가정을 인터뷰한 결과, 상당히 특이한 점을 발견하였다. 동성애 경향이 어머니 쪽 가계에서 유래하는 것 같았다. 어떤 남자가 동성애자인 경우, 아버지 쪽이 아닌 어머니의 남자 형제가 동성애자인 경우가 많았다.

이것은 유전자가 X염색체 위에 있음을 의미한다. 남성의 X염색체는 어머니로부터 오기 때문이다. 위에서 조사한 가계에서 동성애자 남자와 그렇지 않은 남자의 유전자 지표를 비교한 결과, 그는 X염색체의 긴 팔 끝부분의 Xq28이라는 부위에서 차이점을 쉽게 발견하였다. 75%의 동성애자 남성들이 일정 형태의 유전자를 가지고 있는 데 비해, 그렇지 않은 사람의 75%는 다른 형태의 유전자를 가지고 있었다. 통계학적으로 이러한 일이 우연히 생긴 확률은 거의 없다. 뒤이은 연구는 이 결과를 더욱 확신하게 하였고, 여성 동성애자와 이 지역과는 아무 관련이 없었다.[13]

로버트 트리버스Robert Trivers와 같은 진화생물학자들에게 이러한 유전자가 X염색체 위에 있다는 것은 너무도 당연한 일이었다. 동성애적 성적 경향을 결정하는 유전자의 문제는 이것이 아주 빨리 소멸해버린다는 것이다. 그러나 현대 사회에서 이 유전자는 상당한 수준에 있다. 적어도 4%의 남성이 확실한 동성애자다(양성애자는 이보다 약간 적을 것이다). 동성애자 남성은 정상적인 남성에 비해 아이를 가질 확률이 적으므로, 이 유전자는 적어도 사라졌어야만 한다. 어떤 장점을 가지고 있지 않은 유전자는 도태되어 사라진다. 트리버스의 주장에 의하면 X염색체가 여성에 존재하는 기간이 남성보다 두 배나 길기 때문에, 특정 유전자가 남성이 자손을 가지는 데 두 배씩이나 해가 되더라도 여성이 자손을 가지는 데 이익을 준다면 이 유전자는 X염색체 위에 존재할 수 있을 것이라고 주장한다. 예를 들어 해머가 발견한 이 유전자가 여성의 발정기에 이르는 시기나 또는 가슴의 크기를 결정한다고 가정하자. 이러한 특징은 여성이 자손을 가지는 데 영향을 준다. 중세기에 가슴이 크면 젖이 많아 아이들이 일찍 죽을 가능성이 적으므로 부유한 남성을 유혹할 수 있었다. (어머니에게 있던) 이 유전자가 아들에게는 남성을 좋아하도록 하여 그들의 자손을 가지는 것을 감소시킨다 해도, 딸에게는 더 유리한 장점을 주기 때문에 유전자는 사라지지 않고 살아남게 된다.

해머의 유전자가 완전히 밝혀지고 해독되기 전까지는 동성애와 성적 적대성은 단순한 상상에 지나지 않을 것이다. 어쩌면 Xq28과 성적 경향은 아무 관련이 없을지도 모른다. 마이클 베일리Michael Bailey의 최근 연구에서는 동성애자의 어머니 쪽 연관성이 일관성 있게 발견되지 않았다. 다른 과학자들 역시 해머가 발견한 Xq28과의 연관성을 찾지 못했다. 현재 이 유전자는 해머가 연구한 가족에게만 한정된 사실로 보인다. 해머 자신도 이 유전자가 완전히 밝혀지기 전에는 다른 가정을 하는 것은 위험하다고 경고하였다.[14]

그리고 좀 더 복잡한 문제가 생겼다. 동성애에 관한 전혀 다른 해석이 있다. 성적 경향이 태어난 순서와 연관성이 있다는 것이 더욱 분명해지고 있기 때문이다. 형제가 없거나 어리거나 나이 많은 누나가 있는 남성들에 비해 형이 있는 남성들이 동성애자가 될 확률이 높다. 출생 순서와의 연관성은 매우 강하여 형이 한 명씩 늘어날수록 동성애의 경향은 약 1/3만큼 높아진다〔생각보다 큰 숫자는 아니다. 예를 들면 (전체의) 동성애자 비율이 3%에서 4%로 증가한 것이 33%의 증가다〕. 현재 영국, 네덜란드, 캐나다, 미국에서 다양한 대상군을 조사해도 같은 결과가 나오고 있다.[15]

사람들은 한때 이것이 프로이트적 현상이라고 생각하였다. 나이 많은 형들이 있는 가정에서 성장하면 역학관계상 동성애적 성향을 가지게 된다는 것이다. 그러나 많은 경우 그러했듯이, 프로이트적 반응은 거의 언제나 틀렸다(동성애에 대한 전통의 프로이트적 사고는 보호주의적 경향의 어머니와 무관심한 아버지 사이에서 나온다고 했는데, 이 생각은 원인과 결과를 혼동한 탓이다. 소년이 여성에 대한 흥미 유발이 아버지를 거부하게 하고 어머니는 그것을 보완하기 위해 과잉 보호를 하게 된다). 여기에 대한 답은 다시 말하지만 성적 적대감의 영역에 속하는 것이다.

중요한 실마리는 레즈비언의 경우 태어난 순서에 의한 영향이 없다는 것이다. 레즈비언은 순서에 상관없이 골고루 분포되어 있다. 남성의 동성애 성향은 누나의 수와는 관계없다. 남자아이를 가졌던 자궁은 동성애 경향을 높여주는 경향이 있다. 가장 그럴듯한 설명은 Y염색체에 있는 H-Y 마이너 조직 적합성 항원이라고 불리는 3개의 유전자다. 이들 중 하나는 항뮐러리언 호르몬이라 불리는 단백질을 만드는 유전자로, 몸을 남성적으로 만드는 데 중요한 호르몬이다. 이 단백질은 남자 태아에서 자궁과 수정관을 만드는 뮐러리언관을 퇴화시키는 역할을 한다. 다른 2개의 유전자 역할은 분명치 않으나 생식기의 남성화에는 필수적이지 않다. 남성 생식기는 테스토스테론과 항뮐러리언 호르몬에 의해 만들어진다. H-Y 마이너 조직 적합성 항원의 중요성은 최근에 대두되기 시작하였다.

이 유전자의 생성물에 항원이라는 이름이 붙은 것은 이것이 어머니의 면역반응을 일으키기 때문이다. 결과적으로, 아들을 여러 번 낳으면 그 면역반응도 연속적으로 강해진다(여자 태아는 H-Y 항원을 만들지 않고 물론 면역반응도 일으키지 않는다). 태어난 순서와 동성애 경향을 연구하고 있는 레이 블랜처드는 H-Y 항원의 작용은 특정 조직, 특히 뇌의 어떤 유전자를 발현시키려는 데 있다고 주장하였다. 그렇다면 생식기와는 무관하게 어머니의 면역반응이 강해질수록 단백질이 뇌를 남성으로 만드는 효과가 줄어들게 된다. 이것이 여성에게 매력을 덜 느끼게 하거나, 다른 남성에게 매력을 느끼게 하는 것 같다. 이에 대한 증거를 쥐에서 볼 수 있다. 실험적으로 새끼쥐에게 H-Y 항원으로 면역접종을 하였더니, 이들은 성장 후에 다른 쥐에 비해 교배를 성공적으로 해내지 못하였다. 실망스럽게도 실험자들은 그 이유에 대해서는 보고하지 않았다. 초파리 실험에서도 비슷한 결과가 나왔다. 수컷 초파리는 발생 중 특정시점에 '변이자'라고 하는 유전자를 발현시키게 되면 (성충이 된 후에도) 암컷과 같은 성적 행동만을 하였다.[16]

사람은 쥐도 초파리도 아니며, 성에 따른 뇌의 변화는 태어난 후에도 계속된다. 아주 드문 경우를 제외하고 동성애사 남싱은 결코 '남성적' 육체에 갇힌 '정신적' 여성은 아니다. 이들의 뇌는 호르몬에 의해 적어도 부분적으로는 남성화되어 있음에 틀림없다. 그러나 아주 중요한 어느 시기에 어떤 호르몬의 부족으로 성적 성향을 비롯한 어떤 기능에 반영구적 영향이 남았을 가능성은 있다.

성적 적대성이라는 개념을 처음 사용한 빌 해밀턴은 성적 적대성이 유전자가 무엇인가에 대한 우리의 생각을 얼마나 흔들어놓았는지를 알고 있다. 그는 훗날 "유전자는 내가 지금까지 상상해왔듯이—사람을 살아 있게 하고 아이를 가지게 하는 것과 같은—하나의 프로젝트에 파묻혀 일하는 경영진이나 단순히 데이터를 보관하는 덩어리가 아님을 인식하기 시작했다. 오히려 이것은 이기주의와 파벌의 권력 싸움이 있는 무대나 회사의 회의실처럼 보이기 시작했다"고 회고하였다. 해밀턴의 유전자에 대한 새로운 이해는 자신의 심리를 이해하는 데 영향을 미치기 시작했다.[17]

내 자신의 의식과 분리하지 못하는 것으로 보이는 자신은 내가 상상한 것과는 너무도 다른 것으로 나타났다. 그리고 내 자신의 자신에 대한 연민을 그리 부끄러워할 필요도 없다! 나는 어떤 약한 연합정부의 요구로 파견된 대사이고, 분할된 제국의 불안한 주인의 상반된 명령을 받드는 운반인이었다……. 비록 쓰고는 있지만, 이 글을 쓰는 동안 내 마음속 깊이 알고 있는 존재하지 않는 그 일체성이 있는 척 행동하고 있다. 나는 기본적으로 여성과 남성의, 부모와 자손의, 하우스먼의 《슈롭셔의 젊은이》 시에서 세번 강이 켈트족과 색슨족을 보기도 전인 수백만 년 전에 결합된 교전 중인 염색체 조각의 혼합제다.

유전자가 서로 충돌하고, 게놈은 어버이 유전자와 어린아이의 유전자 사이 또는 남성과 여성 유전자 사이의 전쟁터라는 것은, 아주 일부 진화생물학자 사이에서밖에는 알려지지 않은 이야기다. 그러나 이것이 생물학의 철학적 기반을 뿌리째 흔들어놓았다.

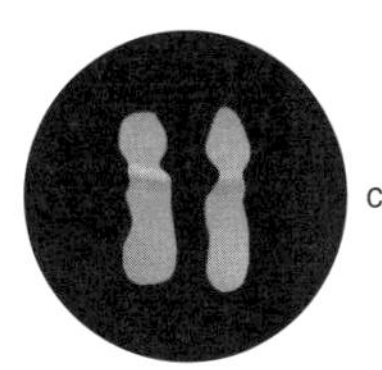

8번 염색체

이기주의

> 우리는 생존 기계다.
> 유전자라고 알려진 이기적 분자를 보존하도록 맹목적으로
> 프로그램된 로봇이다. 이것은 나를 여전히 경악하게 하는 진실이다.
> ―리처드 도킨스,《이기적 유전자》

새로운 가구나 제품을 살 때 끼워주는 설명서는 참으로 난해하다. 필요한 정보는 거의 없고, 같은 내용만 되풀이되며, 애매모호하기 짝이 없고, 꼭 필요한 것은 빠뜨리기 일쑤다. 그러나 적어도 셸리의 '오드 투 조이Ode to Joy(환희의 송가)'나 말에 안장 놓는 법이 제멋대로 적힌 설명서가 다섯 부씩 중간에 끼어 있거나, 특정 설명서만을 복사하는 기계를 만드는 실명서가 나섯 부씩이나 들어 있지는 않다. 또는 설명서가 27조각으로 나뉘어 상관도 없고 쓸모도 없는 긴 책 속에 마구 끼어 있어서 제대로 된 설명서를 찾기 힘든 작업이 되게 하지는 않는다. 그런데 이것이 바로 사람의 레티노블라스토마retinoblastoma 유전자의 모습이다. 그리고 우리가 알고 있는 사람의 일반적인 유전자의 모습이다. 27개의 짧은 단락이 26개의 알 수 없는 긴 문장으로 끊어져 있다.

자연은 게놈 속에 작은 비밀을 숨겨놓았다. 각 유전자는 필요 이상으로 복잡하며, 여러 '단락(엑손으로 부르는)'으로 쪼개져 있고 알 수 없는 무작위적이고 반복적인 긴 문장(인트론으로 부른다)이 그 사이를 채우고 있다. 인트론은 때로 (음흉하게도) 완전히 다른 유전자이기도 하다.

이렇게 문장에 혼란이 생긴 것은, 게놈이 40억 년 동안 계속해서 더하고 빼고 수정하면서 스스로 쓴 책이기 때문이다. 스스로 쓴 보고서에는 독특한 특징이 있다. 특히 이들은 기생관계에 약하다. 여기서 약간 동떨어진 비유처럼 보이는 다음과 같은 상황을 상상해보라. 설명서를 작성하는 어떤 작가가 있는데 그가 매일 아침 컴퓨터에 앉으면 소리지르며 주의를 끄는 단락이 있었다. 이렇게 시끄럽게 소리지르는 단락은 깡패처럼 작가를 협박하여 그가 쓰는 다음 페이지에 자신을 5개나 복사하여 집어넣게 만들었다. 그곳에는 기계조립에 필요한 올바른 설명이 모두 들어 있기는 하지만, 이 설명서는 말 잘 듣는 작가를 이용한 욕심 많고 기생하는 단락들로 가득 차 있다.

실제로 전자우편이 생활화되면서, 이러한 비유법은 더 이상 낯선 이야기가 아니다. 내가 당신에게 다음과 같은 전자우편을 보냈다고 하자. "조심, 지독한 컴퓨터 바이러스가 돌아다니고 있음. 만약 제목에 '마멀레이드'라는 단어가 있는 메시지를 열면, 당신의 하드디스크가 모두 지워질 것이다! 당신이 알고 있는 모든 사람들에게 이 경고문을 보내주기 바란다." 바이러스는 내가 만들어낸 말에 불과했다. 아직 '마멀레이드'라는 전자우편이 돌아다닌 적은 없었으니까. 그러나 만약 나의 이 전자우편이 당신의 눈길을 끌어 나의 경고 편지를 다른 사람에게 돌렸다면, 나의 전자우편이 바이러스다.[1]

지금까지 이 책의 모든 장은 하나의 유전자나 몇 개의 유전자를 중점적으로 다루어왔다. 이들이 게놈에서 중요하다는 것을 암시해가며 추정해왔다. 기억하겠지만, 유전자들은 단백질을 만드는 제조법을 포함하는 DNA 조각이다. 그러나 우리가 가지고 있는 전체 게놈의 97%는 진정한 유전자가 아니다. 이것은 의사유전자, 역가유전자, 위성유전자, 소위성유전자, 미세위성유전자, 이동유전자, 역이동유전자 등으로 이름 붙은 이상한 존재들이 모인 집합체다. 이것을 통틀어 '쓰레기 DNA'라고 부르고 때로는 좀 더 정확한 이름인 '이기적 DNA'라 부르기도 한다. 이들 유전자의 일부는 특수한 종류다. 그러나 대부분은 단백질로 번역되지 않는 DNA 조각에 지나지 않는다. 이 장은 앞 장에서 다룬 성적 충돌에 관한 이야기에서 자연스럽게 갈라져 나온 것으로 쓰레기 DNA를 다루고자 한다.

8번 염색체에 관해서는 특별히 할 이야기가 없으므로, 이 이야기를 하기에 좋은 곳이라 생각한다. 8번 염색체가 지루한 염색체라는 의미가 아니라, 8번 염색체 위에 있는 것으로 알려진 유전자들 가운데는 나의 어쩌면 성급한 주의를 끌 만한 것이 없었다(크기로 보아 8번 염색체는 상대적으로 소홀히 다루어져 가장 덜 밝혀진 염색체다). 쓰레기 DNA는 모든 염색체에서 발견된다. 또 아이로니컬하게 쓰레기 DNA는 인간 사회에서 처음으로 이용된 첫 사람의 게놈 조각이다. 이것은 DNA 지문으로 사용된다.

유전자는 단백질을 만드는 제조법이다. 그러나 모든 단백질 제조법이 바람직한 것은 아니다. 전 인류의 게놈에서 가장 흔한 단백질 제조법은 역전사효소라는 단백질을 만드는 유전자다. 역전사효소는 인체에게는 아무 쓸모가 없는 유전자다. 만약 아이를 가졌을 때 이 유전자를 제거한다 해도 그 사람의 건강이나 수명, 행복에 손해가 되기는커녕 오히려 이익이다. 그러나 이 역전사효소는 어떤 기생생물에게는 중요하다. AIDS 바이러스에게는 게놈의 일부로 매우 유용할 뿐만 아니라 필수적이다. 기생한 숙주를 감염하고 죽이는 데 가장 중요한 공로자다. 그에 비해 사람에게 이 유전자는 귀찮고 위협적이다. 그런데도 가장 흔한 유전자의 하나로, 사람의 전체 염색체에 수백에서 수천 개의 유전자가 널려 있다. 이는 놀라운 사실로 자동차가 범죄 도주용으로 가장 일상적으로 사용되었다는 것과 유사한 말이다. 이것이 왜 여기에 있게 되었는가?

역전사효소의 역할을 살펴보면 그 이유를 알 수 있다. 이 효소는 어떤 유전자의 RNA 사본을 다시 DNA 형태로 복사(역전사)하여 게놈에 집어넣는 역할을 한다. 이러한 방법으로 AIDS 바이러스가 자신의 게놈을 사람의 DNA 속에 통합한다. 그렇게 해야 바이러스가 숨어 있거나 유지하고 다시 복제하기에 유리하기 때문이다. 사람의 게놈에 작동 가능한 역전사효소가 많은 것은 '레트로바이러스'가 이것을 오래전 또는 최근까지도 게놈 안으로 집어넣었기 때문이다. 사람의 게놈에는 수천 개의 거의 완전하지만, 대부분은 작동하지 않는 상태거나 중요한 유전자를 잃어버린 상태의 바이러스 게놈이 들어 있다. 이들을 '사람 내생적 레트로바이러스' 또는 Hervs라고 부르며, 전체 게놈의 1.3%에 해당한다. 그렇게 많은 것 같지 않지만, 모든 유전자를 합치면 3%에 해당한다는 것을 상기해보라. 원숭이에서 유래했다는 사실이 자존심을 건드리겠지만, 바이러스에서 유래했다는 생각에도 익숙해질 필요가 있다.

숙주에서 얻어 쓸 수 있는 중간 산물을 제거하지 않을 이유가 없다. 그리하여 바이러스는 대부분의 바이러스 유전자를 제거하고 역전사효소만 가지게 된다. 효율적으로 만들어진 이 기생생물은 침이나 성행위를 통하여 다른 사람으로 이동해야 하는 것을 포기하고, 숙주의 게놈에 박힌 채로 다음 세대로 계속 유지해갈 수 있다. 진정한 유전적 기생생물이다. 이러한 것을 '역이동유전자retrotransposon'이라고 하며, 이것은 레트로바이러스보다 훨씬 많다. 가장 흔한 것은 LINE-1이라 불리는 문자다. 이것은 DNA의 한 '단락'으로 100개에서 수천 개에 달하는 문자를 가지며, 중간에 역전사효소를 만들 수 있는 완전한 설명서를 지니고 있다. LINE-1은 전체 게놈에 적어도 10만 개의 사본이 존재할 정도로 흔할 뿐만 아니라 군집하고 있다. 이 단락은 한 군데에서 연달아 여러 번씩 반복된다. 이들은 게놈 전체에서 14.6%나 달하는데, 이것은 제대로 된 유전자들을 다 합한 것보다 다섯 배나 많은 숫자다. 이것이 함축하는 바는 두렵기까지 하다. LINE-1은 자신들이 돌아갈 티켓도 가지고 있다. 하나의 LINE-1은 자신을 전사하여 역전사효소를 만들고, 이 역전사효소가 (전사된 자신의 RNA를 다시 역전사하여) DNA를 만들고, 이 복제된 DNA를 게놈 어느 지역에나 집어넣을 수 있다. 이것이 LINE-1이 그렇게 많아진 이유일 것이다. 다시 말하여 '책' 속에 이 반복적 '단락'이 있는 이유는 복제하는 능력이 탁월하기 때문이다.

"벼룩이는 더 작은 벼룩이를 잡아먹는다. 그리고 더 작은 벼룩이가 더 작은 벼룩이를 먹고, 이것은 늘임없이 이어진다." 만약 이것을 LINE-1에 적용하면, 어떤 작은 염기 서열이 자신의 역전사효소를 버리고 LINE-1이 만드는 역전사효소를 사용할 수 있다. LINE-1보다 더 흔한 '단락'은 Alu(알루)라고 하는 것이다. 각 Alu는 180개에서 280개 정도의 문자를 가지고 있다. 이것은 다른 사람들의 역전사효소를 사용하여 자신을 복제하는 데 뛰어나다. 사람의 게놈에 이 Alu는 100만 번

정도 반복되는데, 아마도 전체 '책' 내용의 10%에 해당할 것이다.[2]

이유는 분명하지 않으나, 전형적인 Alu의 염기 서열은 진정한 유전자에 가까운 순서로 되어 있다. 리보솜이라는 단백질을 만드는 기구의 일부를 만드는 유전자와 비슷하다. 이 유전자는 특이하게 내부 프로모터라고 부르는 것을 가지고 있다. 내부 프로모터는 유전자 중간에 '읽으시오'라는 메시지가 적힌 것을 의미한다. 밖에 있는 프로모터에 의지하지 않고, 내부에 전사 신호가 있기 때문에, 증식에는 이상적인 상태다. 결과적으로 Alu 유전자는 아마도 '의사유전자pseudogene'일 것이다. 의사유전자는 중대한 돌연변이로 구멍이 생겨 가라앉은 녹슬은 유전자의 잔해라고 할 수 있다. 이들은 게놈의 바다 밑바닥에 존재하며, 완전히 원래의 유전자 모습이 사라질 때까지 녹슬어갈 것이다(즉 더 많은 돌연변이가 누적되고 있다). 예를 들어 9번 염색체 위에 정체를 알 수 없는 한 유전자가 있는데, 이것을 전체 게놈에서 탐지한다면 11개 염색체의 14개 지역에서 발견할 수 있다. 14개의 가라앉은 유령선처럼. 이들은 여분의 사본으로, 돌연변이가 생기면서 사용이 금지된 것들이다. 대부분의 유전자에도 같은 현상이 존재할 것이다. 작동하는 모든 유전자에도 게놈의 어딘가에는 여러 개의 파괴된 사본이 있을 것이다. 이 특이한 14개의 파괴된 유전자 세트는 사람뿐만 아니라 원숭이에게서도 발견된다. 이들 의사유전자 가운데 3개는 구대륙 원숭이와 신대륙 원숭이가 갈라지면서 가라앉은 것이다. 이것은 이들이 설명서 기능을 하지 않게 된 것이 '단지' 3,500만 년 전쯤이었음을 의미한다고 과학자들은 거침없이 말하고 있다.[3]

Alu는 엄청나게 증식하였지만 이것은 비교적 최근에 일어난 일이다. Alu는 유인원에게서만 발견되고 다섯 부류로 나누어지는데, 어떤 것은 침팬지와 우리가 갈라진 후에 생겨났다(즉 최근 500만 년 동안). 다른 동물도 다른 종류의 짧은 반복적 '단락'을 가지고 있다. 쥐는 B1이라는 것을 가지고 있다.

LINE-1과 Alu에 관한 이 모든 사실은 전혀 예상치 않은 발견이었다. 게놈은 컴퓨터 바이러스처럼 단순히 복제하기 좋다는 이유로 존재하는 이기적으로 기생하는 문자들로 가득 차 있어서 거의 비집고 들어갈 틈이 없다고 해도 과언이 아니다. 다시 말해 우리는 연속적 디지털 문자와 마멀레이드에 관한 경고문으로 가득 차 있다. 사람 DNA의 약 35%는 다양한 종류의 이기적 유전자로 이루어져 있다. 우리는 유전자를 복제하는 데 필요한 에너지보다 35%를 더 사용해야 한다. 우리 게놈은 빠져나올 구멍이 반드시 필요하다.

아무도 이것을 의심하지 않았다. 아무도 생명의 암호를 읽어가면서 통제되지 않고 이기적 착취를 일삼는 것들로 가득 찬 것을 발견하리라고 예상치 않았다. 그러나 모든 다양한 계층의 생명계에서 기생관계가 존재하므로, 우리는 이것을 예상했어야 했다. 동물의 내장에는 기생충이 있고, 혈액에는 박테리아가, 세포 내에는 바이러스가 존재한다. 유전자에 역이동유전자가 없으리라는 법은 없다. 더욱이 1970년 중반 특히 행동에 관심이 많던 진화생물학자들에게 자연선택의 진화는 생물종 간, 다른 그룹 간, 개인 간의 경쟁도 아닌, 개인과 때로 사회를 자신들의 일시적 이동 수단으로 이용한 유전자들 사이의 경쟁으로 이해되기 시작했다. 예를 들어 안전하고 편안하며 긴 삶과 아슬아슬하고 피곤하며 위험한 모험은 있지만 자손을 남기는 교배의 삶 가운데 어느 하나를 선택하라고 한다면, 대부분의 동물은 (그리고 식물도) 후자를 택할 것이다. 죽음의 확률이 높아지더라도 자손을 가지는 쪽을 선택할 것이다.

육체에는 교배 적령기를 지난 후 노화라고 하는 퇴화 과정이 이미 프로그램되어 있다. 심지어 오징어나 태평양 연어는 자손을 남기고 곧바로 죽는다. 이 모두는 육체를 유전자의 운송수단으로, 자신들을 영구히 존속시키기 위해 경쟁하는 유전자들이 사용하는 도구로 생각해야만 이해할 수 있다. 육체의 생존은 다음 세대를 얻는다는 목표의 이차적 문제일 뿐이다. 만약 유전자가 '이기적 복제자'이고 육체는 일회용 '운송수단'이라면(논쟁의 대상이 되는 리처드 도킨스의 용어다), 자신의 몸을 만들지 않고 복제하는 데 성공한 유전자를 찾은 것이 그리 놀랄 일은 아니다. 또한 게놈이 육체처럼 자신들 나름의 경쟁과 협동의 생태적 현상을 충족시키는 서식처라는 것도 놀랄 일은 아니다. 1970년대에 이르러서야 비로소 진화를 유전적 측면에서 바라볼 수 있게 되었다.

게놈이 유전자가 없는 방대한 지역을 가지고 있다는 사실에 대해, 1980년 두 팀의 과학자들은 이 지역에는 자신의 생존에만 관심이 있는 이기적 염기 서열로 가득할 것이라는 가설을 내놓았다. "다른 설명을 찾으려고 한다는 것은 지성의 낭비며 궁극적으로 쓸데없는 짓이다"라고까지 설명하였다. 이러한 대담한 예상을 내놓음으로써, 당시 이들은 조롱의 대상이 되었다. 유전학자들은 여전히 사람의 게놈은, 게놈 자신의 이기적 목적이 아닌 사람의 생존에 이바지하기 위해 존재해야 한다는 고정관념에 사로잡혀 있었다. 유전자는 단순히 단백질 제조법에 지나지 않는다. 이들이 자신들의 목표나 꿈이 있다는 생각은 너무나 터무니없는 것이었다. 그러나 그들의 가설이 옳다는 사실이 극적으로 밝혀졌다. 유전자는 의식적으로 한 것은 아닐지라도, 결과적으로 자신들의 이기적 목표가 있는 것처럼 행동했다. 이렇게 행동한 유전자는 번성하였고 그렇지 않은 유전자는 사라졌다.[4]

이기적 DNA의 한 조각은 게놈의 크기를 더해주어 게놈이 복제하는 에너지 비용만 증가시키는 단순한 승객이 아니었다. 이러한 조각은 또한 유전자의 존재에 위협이 되기도 한다. 이기적 DNA는 한 지역에서 다른 지역으로 옮겨다니거나 복사품을 새로운 지역에 집어넣는 버릇이 있다. 그러다 보면 활동 중인 유전자 중간에 들어가게 되어 유전자들을 사용할 수 없을 정도로 헝클어뜨리기도 하고, 때로 빠져나오면 돌연변이가 원상복구되기도 한다. 이동유전자transposon는 이런 현상으로 처음 발견되었다. 1940년대 후반 직관력을 가졌으나 무시당하던 바바라 맥클린톡Barbara McClintock은 옥수수 알갱이 색의 돌연변이 현상이 색소 유전자에 무엇이 삽입되거나 다시 빠져나오는 이동성 돌연변이로밖에는 설명되지 않는다는 것을 발견하였다.[5] 이 업적으로 그녀는 1983년 노벨상을 받았다.

사람에서 LINE-1과 Alu는 여러 종류의 유전자 중간에 들어가 돌연변이를 일으켰다. 예를 들어 이들은 혈액응고에 관한 유전자에 들어가 혈우병을 일으켰다. 그러나 잘 이해되지 않는 것은, 우리 인간은 다른 생물종에 비해 기생 DNA에 크게 해를 입지 않는 편이라는 것이다. 700개의 사람 돌연변이 가운데 1개만이 '이동유전자'에 의해 발생한다. 쥐에서는 모든 돌연변이의 10%가 이동유전자에 의한 것이다. 이동유전자에 의한 잠재적인 위험은 1950년대에 행해진 드로소필라라는 초파리 연구를 통해 알게 되었다. 초파리는 유전학자들이 선호하는 실험 동물이다. 유전학자들이 사용하는 초파리는 드로소필라 메라노게스터Drosophila melanogaster라고 부르는 종인데 전 세계 실험실에서 교배된다. 이들은 때로 실험실에서 빠져나와 다른 지역종의 초파리와 교배하기도 한다. 이러한 교배종 중의 하나가 드로소필라 윌리스토니

Drosophila willistoni로 이들은 P인자라고 하는 이동유전자를 가지고 있다. 1950년경에 우연히 남아메리카에서 드로소필라 윌리스토니의 P인자가, 피를 먹는 진드기를 통해 드로소필라 메라노게스터로 들어갔을 것으로 추정된다(우리가 돼지나 원숭이의 조직을 이식하는 '이종조직 이식'을 두려워하는 이유도 이를 통해 초파리의 P인자와 같은 새로운 형태의 이동유전자가 우리에게 침입할 수 있기 때문이다). 그때부터 P인자는 급속도로 퍼져갔고, 거의 모든 초파리가 P인자를 가지게 되었다. 1950년 이전에 채집하여 분리·교배한 것에만 P인자가 없었다. P인자는 이기적 DNA로 이것이 유전자에 끼여들면 그 유전자가 파괴된다. 초파리의 다른 유전자들이 이에 점차적으로 대항하기 시작했고 P인자의 이동 습관을 억제하는 방법을 개발했다. 드디어 P인자는 단순한 승객으로서 정착하였다.

적어도 현재, 인류에게는 P인자와 같은 나쁜 것은 없다. 그러나 '잠자는 공주'라고 불리는 비슷한 인자를 연어에서 찾아, 이것을 실험적으로 사람 세포에 주입한 결과, 자르고 연결시키는 능력을 보이면서 번성하였다. 9종의 Alu인자도 P인자처럼 비슷하게 번져 나갔을 것이다. 각각은 다른 유전자들이 자신들의 공통 이익을 위해 이를 억제할 때까지 전체 인류에게로 번져 나가면서 유전자들을 파괴하였고 그 후에야 비로소 현재와 같은 조용한 상태로 정착하였을 것이다. 우리가 인류의 게놈에서 보는 것은 빠르게 발전하는 기생적 유전자 감염이 아니라 과거에 존재하던 유전자들의 잠복기적 포자다. 각각은 게놈이 이들을 제거하는 것이 아닌, 억제하는 방법을 발견할 때까지 빠른 속도로 번져 나갔다.

이런 점에서 (다른 점에서와 마찬가지로) 우리는 초파리보다 운이 좋은 것 같다. 아직 논쟁의 여지가 있는 새로운 이론이지만, 우리는 이기적

DNA를 억제하는 일반적인 메커니즘을 가지고 있는 듯하다. 이 억제 메커니즘은 시토신 메틸레이션cytosine methylation이라고 불린다. 시토신은 유전자 암호문자 C의 화학명이다. 이것이 메틸레이팅되면(문자 그대로 탄소와 수소로 이루어진 메틸 그룹을 붙이는 작업이다) 전사자에 의해 전사되는 것을 막는다. 게놈의 대부분은 많은 시간을 메틸화된 상태로 지낸다. 어떤 면에서 대부분의 유전자 프로모터가 그러하다(전사를 유도하는 유전자의 첫 부분). 메틸화는 일반적으로 특정 조직에서 필요하지 않은 유전자 발현을 막는 일을 한다고 추정해왔다. 그렇게 해서 뇌가 간과 다르고 또 피부와 다르게 된다. 그러나 최근 조금씩 지지를 얻고 있는 상반된 의견이 있다. 메틸화는 조직 특이성 발현과는 거의 아무 상관이 없으며, 오히려 Alu나 LINE-1과 같은 이동유전자를 억제하는 것과 연관이 있다는 것이다. 새로운 학설은 태아의 초기 발생에 근거를 두고 있다. 발생 초기에 모든 유전자는 아주 짧은 기간이지만 모든 메틸화가 제거되고 발현된다. 곧이어 반복 서열을 인식하는 어떤 분자가 전체 게놈을 치밀하게 점검하면서 반복 서열을 메틸화시키고 발현을 막게 된다. 암 종양에서 처음으로 일어나는 현상은 메틸화가 제거되는 것이다. 결과적으로 암에서는 이기적 DNA가 억압에서 풀려나게 되고 발현이 많아지게 된다. 이들은 곧잘 다른 유전자를 망가뜨리므로 암을 더욱 악화시킨다. 이들의 주장에 따르면, 메틸화 현상은 이기적 DNA를 억제하기 위한 것이다.[6]

LINE-1은 1,400개의 '문자'를 가지고 있다. Alu는 최소한 180개의 '문자'를 가지고 있다. 그러나 수없이 띄엄띄엄 반복되면서 축적되는 Alu보다 길이가 짧은 염기 서열도 있다. 이들 또한 길이가 짧은 기생유전자로 부르는 것은 무리일지 모르지만 역시 거의 비슷한 방법으로 증식한다. 즉 이들은 복제에 능숙한 염기 서열이기에 여전히 존재하는 것이다. 실질적으로 이 짧은 길이의 염기 서열은 범죄나 다른 과학에 사용된다. 이제 '과변화 소위성유전자Hypervariable minisatellite'를 소개한다. 이 멋지고 작은 염기 배열은 모든 염색체의 1,000군데 이상의 게놈에서 발견된다. 모든 경우 염기 배열은 일반적으로 약 20개의 '문자'로 이루어진 단순한 '구문'에 지나지 않으나 수없이 반복된다. 이 '단어'는 장소나 사람마다 다르지만 중심 문자는 동일하다. GGGCAGGAXG (여기서 X는 어떤 문자나 가능하다는 뜻이다). 이 염기 배열은 박테리아에서 같은 종의 다른 박테리아와 유전자 교환을 하는 데 사용되는 것과 비슷하고, 우리에게도 염색체 간 유전자 교환을 촉진하는 역할을 하는 것으로 보인다. 마치 이 염기 서열은 글 중간에 "내 주위에서 교환하시오(SWAP ME ABOUT)"라는 문장이 있는 것과 같다.

이것이 소위성유전자 반복의 예다.

hxckswapmeaboutlopl-hxckswapmeaboutlopl-
hxckswapmeaboutlopl-hxckswapmeaboutlopl-
hxckswapmeaboutlopl-hxckswapmeaboutlopl-
hxckswapmeaboutlopl-hxckswapmeaboutlopl-
hxckswapmeaboutlopl-hxckswapmeaboutlopl.

10번이 반복이 된 경우다. 1,000군데의 각기 다른 지역에서 동일한 구문이 50번도 5번도 반복될 수 있다. 세포는 지시에 따라서 다른 상동 염색체의 동일한 지역의 구문과 교환을 시작한다. 그러나 교환하는 과정에서 실수로 반복 숫자가 더해지거나 빠지기도 한다. 이런 방법으로 변하는 각 반복의 길이 변화는 사람들마다 모두 길이가 다를 정도로 빠르게 일어나고, 부모와는 거의 유사한 반복의 길이를 가질 정도로 느리게 일어난다. 염색체에는 수천 개의 이러한 부분이 있으므로, 결과적으로 각 사람은 독특한 세트를 가지게 된다.

1984년 알렉 제프리Alec Jeffreys와 그의 연구원 비키 윌슨Vicky Wilson은 아주 우연히 소위성유전자와 접하게 되었다. 이들은 사람과 물개의 근육 단백질인 미오글로빈myoglovin을 비교하면서 유전자 중간에 반복적인 DNA가 있음을 발견하였다. 각 소위성유전자는 중심이 되는 염기서열 12개 문자가 동일하지만 숫자는 다를 수 있으므로 이 소위성유전자를 꺼내 사람들 사이에서 그 배열의 길이를 비교하는 것은 비교적 쉬운 일이다. 조사 결과, 사람마다 반복되는 수가 다 달라서 모든 사람이 바코드의 연결된 검은 선처럼 독특한 유전적 지문을 가지고 있는 것과 같았다. 제프리는 자신이 발견한 것이 얼마나 중요한가를 금세 알아차렸다. 자신이 연구하던 미오글로빈 유전자를 뒤로 미루고, 독특한 유전적 지문에 관해 연구하기 시작했다. 사람마다 다른 유전적 지문을 가지므로, 이민국 직원들은 미국에 친척을 둔 이민 신청자들을 테스트할 수 있다는 데 흥미를 보였다. 유전자 지문 감식법은 대체로 정확했고, 문제 해결이 한결 쉬워졌다. 그러나 더 극적인 사용은 바로 다음에 있었다.[7]

1986년 8월 2일, 레스터셔의 나보로 지역의 숲에서 15세 된 돈 아시위스라는 소녀가 강간을 당한 후 목졸려 숨진 채 발견되었다. 일주일 뒤, 경찰이 병원 운전기사로 있는 리처드 버클랜드라는 청년을 붙잡았고 그도 소녀를 살해했다고 자백했다. 여기서 수사는 마무리되었다. 버클랜드는 살인죄로 감옥에 가기로 되어 있었다. 그러나 당시 경찰에는 해결되지 않은 또 다른 사건이 있었다. 3년 전 린다 맨이라는 15세된 소녀 역시 강간을 당하고 목 졸린 후 들판에 버려진 사건이다. 살인 방법이 너무도 비슷하여 동일범이 분명했지만, 버클랜드는 린다를 살인한 사실은 부인했다.

알렉 제프리의 유전자 지문 감식법이 신문에 보도되자 경찰은 나보로 지역에서 약 16km 떨어진 레스터 지역에서 일하고 있던 제프리를 찾아가 버클랜드의 경우를 상의하였다. 사건 수사에 협조하기로 한 제프리에게 경찰은 두 소녀의 몸에서 발견된 정액과 버클랜드의 혈액을 보냈다.

제프리는 쉽게 소위성유전자를 발견했고, 약 일주일 후 유전자 지문을 완성하였다. 두 소녀에서 채취한 정액은 동일인의 것으로 판명되어 수사가 종결되는 듯했다. 그러나 놀랍게도 혈액과 정액은 동일인의 것이 아니었다. 결국 버클랜드가 살인자가 아니라는 것이었다.

레스터셔의 경찰은 이런 터무니없는 결과에 강력히 항의하였고, 제프리가 틀렸다고 주장했다. 제프리는 같은 테스트를 여러 차례 반복했고, 범죄감식연구소에서도 같은 실험을 실시하였지만 결과는 마찬가지였다. 어쩔 수 없게 된 경찰은 버클랜드에 대한 기소를 취하하였다. DNA 염기 배열을 근거로 무죄가 밝혀진 것은 역사상 처음 있는 일이었다.

여전히 풀리지 않는 의문은, 버클랜드의 자백과 진짜 살인범이 누구인가 하는 것이었다. 유전자 지문 감식법이 무죄임을 입증하면서 범인을 밝혀냈다면, 경찰은 그 결과를 좀 더 믿었을 것이다. 아시워스가 죽은 지 약 5개월 후 경찰은 나보로 지역의 5,500명을 대상으로 유전자 지문을 조사하였다. 그러나 강간범의 정액과 일치하는 것은 없었다.

그러던 중 레스터의 한 빵집에서 일하는 아이안 켈리라는 사람이 동료에게 자신은 나보로 지역 근처에 산 적이 없는데도 혈액 테스트를 받았다는 말이 단서가 되었다. 그는 나보로에 있는 어느 빵집 종업원인 콜린 피치포크가 경찰이 자신에게 죄를 뒤집어씌우려고 한다면서 혈액 테스트를 부탁했다는 것이었다. 이 말을 들은 동료가 경찰에 신고했고, 경찰은 피치포크를 검거하였다. 피치포크는 두 소녀에 대한 범죄를 모두 자백하였다. 자백 또한 진실인 것이 밝혀졌다. 그의 DNA 지문은 정액의 그것과 일치하였다. 1988년 1월 23일 그는 종신형에 처해졌다.

유전자 지문 감식법은 곧바로 범죄과학수사에서 가장 믿을 만하고 강력한 도구가 되었다. 피치포크의 경우로 이 기술의 놀라운 실력이 증명됨으로써, 미래에 대한 초석을 다지는 계기가 되었다. 유전자 지문 감식법은 아무리 모든 증거가 유죄처럼 보이더라도 무고한 사람은 풀어주게 하고, 이 방법을 사용하겠다는 위협만으로도 범죄를 자백하게 만든다. 정확하게 사용하기만 한다면 놀랄 정도로 정밀하고 믿을 만한 결과를 가져온다. 또 적은 양의 조직이나 콧물, 침, 머리카락 또는 오래전 죽은 시체의 뼈만으로도 정확한 결과를 얻을 수 있다.

피치포크 사건 이후 10년 동안 유전자 지문 감식법과 관련된 많은 일들이 일어났다. 1998년 중반까지 영국 과학수사연구소에서만도 32만 개의 DNA 샘플을 수집했고 2만 8,000건이 범죄와 연결되었다. 이 기술은 점점 단순해져 여러 개가 아닌 하나의 특정 소위성유전자만을 사용할 수 있게 되었다. 유전자 지문 감식법도 그 기술이 향상되어, 아주 작은 소위성유전자나 미세위성유전자도 특정 '바코드'를 만드는 데 사용할 수 있게 되었다. 소위성유전자의 길이뿐만 아니라 실제 염기 배열 또한 분석이 가능하여 세밀함을 더해갔다. 그러나 이러한 DNA 타이핑 기법은 변호사가 끼는 일이 다 그러하듯이 법정에서 잘못 사용되기도 하고 평가절하되기도 한다(대부분의 잘못은 DNA와는 무관하고, 대중의 통계에 대한 미숙함 때문이다. 같은 사실인데도 DNA가 정확히 일치할 확률은 1,000명 중 1명이라고 할 때보다 0.1%라고 말하는 경우 배심원들이 유죄판결을 내릴 확률이 네 배나 높다[8]).

유전자 지문 감식법이 범죄수사에만 혁신을 가져온 것은 아니다. 이것은 1990년 화장된 조세프 멩겔레의 사체를 확인하는 데 사용되었다. 또 모니카 르윈스키의 드레스에 묻은 정액이 대통령의 것임을 확인시켰고, 토마스 제퍼슨의 숨겨진 자손을 확인하는 데도 활용되었다. 이것은 친자 확인 분야에서 공개적으로 또는 비공개적으로 활발하게 이용되었다. 1998년에 아이덴티진이라는 회사가 미국의 전체 고속도로 주변에 다음과 같이 적힌 광고판을 세웠다. '누가 아이의 아버지인가? 전화주십시오. 1-800-DNA-TYPE.' 이들은 무려 600달러나 드는 검사 의뢰 전화를 하루에 300통이나 받았다. 그 내용은 아이의 아버지에게 양육비를 받아내려는 미혼모와 자신과 살고 있는 아이가 정말로 친자인지 의심하는 아버지에 이르기까지 매우 다양했다. DNA 검사 결과는 3분의 2 이상의 경우 어머니의 말이 옳다는 것을 보여주었다. 자신들의 배우자가 바람을 피운 것을 알고 공격하는 경우와 자신들의 의심이 무고한 것을 알아내고 안심하는 것 가운데 어떤 것에 비중을 두는지는 논쟁의 여지가 있다. 예상대로 영국에서 이런 일을 해주는 개인회사가 처음 생겼을 때 방송매체에서는 이 문제를 더 큰 쟁점으로 다루었다. 영국에서 의학기술은 사적 재산이 아닌 국가의 소유물이기 때문이다.[9]

좀 더 로맨틱하게 표현하면, 유전자 지문 감식법에 의한 친자 테스트는 새의 사랑을 이해하는 데에도 크나큰 변화를 가져왔다. 개똥지빠

귀, 유럽붉은가슴울새, 위블러가 짝을 찾고 나서도 오랫동안 계속해서 노래를 부르는 것을 본 적이 있는가? 이러한 새의 노래는 기본적으로 짝을 찾기 위한 것이라는 일반의 생각과 일치하지 않는 행동이다. 1980년대에 생물학자들은 새의 DNA를 테스트하였다. 이들이 발견한 것은 놀랍게도 한 마리의 수컷과 한 마리의 암컷이 서로 도와 자식을 기르는 대부분의 일부일처적 쌍에서, 암컷은 표면상의 '남편'이 아닌 옆 둥지의 수컷과 상당히 자주 교배한다는 것을 발견하였다. 암컷의 부정은 생각보다 훨씬 더 일반적인 것이었다(왜냐하면 이들은 매우 비밀스럽게 행하기 때문이다). DNA 지문 감식법은 정자 경쟁으로 잘 알려진 가설을 설명하는 데 폭발적으로 사용되었다. 침팬지의 몸집은 고릴라보다 네 배나 작지만 침팬지의 고환은 고릴라보다 네 배나 크다. 수컷 고릴라는 한 마리의 암컷을 소유하므로 경쟁자가 없다. 그러나 수컷 침팬지는 암컷을 공유한다. 즉 자신의 자손을 퍼트리는 확률을 높이기 위해 많은 수의 정자가 필요하고 수시로 교배가 가능해야 한다. 이것이 수컷 새가 '결혼' 후에도 그렇게 열심히 노래 부르는 이유일 것이다. 이들은 '기회'를 찾고 있는 것이다.[10]

9번 염색체

질병

절망적인 질병에는 위험한 치료가 따른다.
―가이 포케스

9번 염색체에는 매우 잘 알려진 유전자가 있다. 우리의 ABO식 혈액형을 결정하는 유전자다. DNA 지문 감식법이 있기 오래전부터 혈액형은 법정에서 많이 사용되었다. 때로 경찰이 운 좋게도 범죄 현장에서 혈흔을 찾아 혈액형으로 범인을 잡기도 하였다. 혈액형은 모든 사람이 일단 죄가 없다고 가정한다. 말하자면, 혈액형이 일치하지 않으면 절대로 살인자가 아니고 일치한다고 하더라도 살인자일지도 모른다는 가능성만을 제시할 뿐이다.

이러한 논리가 1946년 찰리 채플린이 자신의 혈액형에서 나올 수 없는 혈액형을 가진 아이의 아버지라는 법정 판결을 내린 캘리포니아 대법원에 큰 영향을 미쳤기 때문은 아니다. 당시 판사들은 과학에 문외한이었다. 친자 확인 소송이나 살인에 이르기까지, 혈액형은 유전자 지문 감식법처럼 무고한 사람들을 도와주는 좋은 방편이었다. DNA 지문 감식법이 사용되는 오늘날에도 혈액형은 범죄 수사에 여전히 사용된다. 혈액형은 수혈에 훨씬 더 중요하다. 잘못된 혈액형의 혈액을 수혈하면 목숨을 잃을 수도 있다. 비록 지금은 유전자 검사에 밀려 그 권위를 상실하였지만, 혈액형은 인류의 이동 역사를 살피는 데도 단서가 되었다. 이제 혈액형을 대수롭지 않게 여길지도 모르겠다. 그러나 1990년 이후 아주 새로운 역할이 발견되었다. 우리의 유전자가 어떻게 왜 그렇게 다른지를 이해하는 데 (사람의 다형 형성에 관한) 열쇠가 되었다.

처음 그리고 가장 널리 알려진 혈액형 분류 시스템은 ABO식이다. 이 시스템이 발견된 1900년에는 3개의 다른 이름으로 불려 무척 혼동을 일으켰다. 모스Moss의 명명법에 의한 타입 I 혈액은 얀스키Jansky의 명명법에서는 타입 IV였다. 조금씩 체계가 잡혀가면서 비엔나의 명명법을 통일적으로 사용하기로 결정하였다: A, B, AB, O. 칼 란트슈타이너Karl Landsteiner는 잘못된 수혈에 의한 재난을 다음과 같이 표현하였다. "적혈구가 모두 달라붙는다." 그러나 혈액형의 관계는 그리 단순하지 않았다. A형 사람은 A형과 AB형에게 수혈할 수 있고, B형 사람은 B형과 AB형에게 수혈할 수 있다. 또 AB형 사람은 AB형에게만 수혈할 수 있고, O형은 모든 사람에게 수혈이 가능하였다. O형은 일반적 수혈자로 알려져 있다. 이러한 혈액형에서는 지역적, 인종적, 역사적 이유도 발견할 수 없었다. 유럽인들은 약 40%가 O형이고, 40%가 A형이며, 15%가 B형이고, 5%가 AB형이다. 이러한 비율은 다른 대륙에서도 비슷하다. 다만 캐나다에는 A형이 주류를 이루는 종족이 있고, 간혹 A형이나 AB형을 가지는 에스키모를 제외한 모든 아메리칸 인디언들은 O형이다.

ABO식 혈액형의 유전양식은 1920년대에 이르러서야 비로소 밝혀졌고, 이들의 유전자는 1990년에 이르러 빛을 보게 되었다. A와 B는 동일한 유전자의 '우성공존co-dominant' 형태이고, O는 '열성' 형태다. 이 유전자는 9번 염색체의 긴 팔의 끝부분에 있다. 1,062개의 긴 문자로 이루어진 문장은 6개의 짧고 하나의 긴 엑손(단락)으로 나누어져 이 염색체의 여러 '페이지'에 걸쳐—1만 8,000 글자에 해당하는—드문드문 놓여 있다. 이것은 5개의 긴 인트론에 의해 갈라지기는 하였지만 중간 크기의 유전자다. 이 유전자는 화학반응을 촉매하는 능력을 가진 단백질인 갈락토실 트랜스퍼라아제galactosyl transferase[1]라는 효소를 만드는 제조법이다.

A형과 B형의 차이는 1,062개의 문자 중에서 7개의 문자가 다르기 때문이다. 그중 3개는 아미노산의 변화를 가져오지 않는 조용한 변화이고 523, 700, 793, 800번 위치에 있는 다른 4개의 문자 변화만이 중요하다. A형은 이 자리에 C, G, C, G가 있고 B형은 G, A, A, C가 있다. 드물게 전혀 다른 문자가 있는 경우도 있다. 어떤 사람은 A형 문자와 B형 문자가 섞여 있고, 어떤 A형 사람은 뒤쪽 문자가 없다. 그러나 이 4개의 작은 변화는 잘못된 혈액에 의한 면역반응을 일으키기에 충분하다.[2]

O형은 A형과 비교해 문자 하나밖에 차이가 없는데, 다른 문자로 바뀐 것이 아니라 빠져 있다. O형을 가진 사람들은 258번째 문자인 'G'가 없다. 그 결과 읽는 프레임의 돌연변이(reading-shift 또는 frame-shift mutation)가 생겼다. 유전자 암호는 3개의 문자를 하나의 단위로 읽는데 구두점(떼어쓰기나 마침표 등을 일컬음)이 없다. 세 단어로 된 다음과 같은

영어 문장을 예로 들어보자. the fat cat sat top mat and big dog ran bit cat. 시처럼 아름답지 않은 문장이라는 것을 인정하지만 설명하는 데는 적절한 예로 사용될 것 같다. 이제 7번째 문자를 X로 바꾸어보자. the fat xat sat top mat and big dog ran bit cat. 읽을 만하다. 이제 같은 위치의 글자를 빼고 남아 있는 글자들을 세 묶음의 글자로 재배열하면(유전자 암호는 항상 3개의 문자를 하나의 묶음으로 읽기 때문에) 다음과 같이 된다. the fat ats att opm ata ndb igd ogr anb itc at. 이것이 ABO식 혈액형의 O형에게 일어난 일이다. 하나의 글자가 빠짐으로써 뒤따라오는 모든 메시지가 완전히 바뀌어버렸다. 다른 특징을 가진 다른 단백질이 된 것이다. 이 단백질로는 화학반응을 촉매할 수 없다.

이러한 현상으로 특별한 문제가 발생하지는 않는다. O형 사람들이 생활에 특별히 불이익을 받는 것처럼 보이지 않는다. 암에 걸릴 확률이 높거나, 운동을 못하거나, 음악성이 없다는 등의 경우는 보이지 않는다. 우생학이 판을 치던 시대에도 O형을 특별히 제거하려는 정치인은 없었다. 혈액형이 현실적으로 유용하면서도 정치적으로 중립적인 이유는 놀랍게도 이것이 전혀 눈에 띄지 않기 때문이다. 무엇과도 연관성이 없다.

흥미로운 것은 만약 혈액형이 눈에 띄지 않고 중립적이라면 어떻게 현재와 같은 형태로 진화해왔는가 하는 점이다. 아메리칸 인디언이 O형을 가진 것이 순전히 우연인가? 첫눈에 혈액형은 1968년 모투 키무라Motoo Kimura가 주창한 중립적 진화의 예로 보인다. 대부분의 유전적 다양성은 자연선택에 의해 목적성을 가지고 선택되었기 때문이 아니라 (어떤 것도) 차이를 만들어내지 않기 때문에 생겨났다는 개념이다. 키무라의 논리에 따르면, 대부분의 돌연변이는 유전적 풀에 영향을 주지 않는 돌연변이를 계속해서 만들어내고, 점진적인 유전적 표류에 의해 무작위적으로 특정 방향으로 이동한다. 즉 적응 목표 없이도 계속적인 변화는 일어난다는 것이다. 100만 년 후에 지구로 돌아온다면 중립적인 이유에서 인간의 게놈은 전혀 다르게 변해 있을 것이다.

'중립주의자'와 '선택주의자'는 그들 각자의 믿음으로 한동안 다투어왔으나, 키무라가 다음과 같이 품위 있게 후퇴함으로써 진정되었다. "많은 변화는 그 효력에 있어서 중립적으로 보인다." 과학자들이 단백질의 변화를 자세히 관찰하면서 대부분의 변화는 단백질의 화학적 효과를 일으키는 '활성 부위'에는 영향을 미치지 않는다고 결론이 났다. 어떤 단백질의 경우 캄브리아기부터 두 종의 생물 사이의 유전적 변화는 250개에 달했으나, 실질적 차이를 가져온 것은 6개뿐이었다.[3]

그러나 혈액형이 실제로는 중립적이 아니라는 것이 밝혀졌다. 1960년대 초부터 혈액형과 설사 사이의 연관성이 밝혀지기 시작했다. 예를 들어 A형 어린이는 특정 소아 설사 박테리아에 쉽게 감염된다. 또 B형 어린이는 다른 종의 박테리아에 쉽게 감염된다. 1980년대 후반에 사람들은 O형 사람들이 콜레라에 더 쉽게 감염되는 것을 알아냈다. 많은 연구가 뒤따르면서, 더 다양한 사실들이 분명해졌다. O형 사람들이 더 쉽게 감염될 뿐만 아니라 A, B 그리고 AB형들도 감염 정도에 차이를 나타냈다. 가장 서항력이 상한 혈액형은 AB형이고 다음은 A형, B형 순이다. 이들은 모두 O형보다 저항력이 훨씬 강했다. AB형의 저항력은 이들이 마치 콜레라에 전혀 영향을 받지 않는 것처럼 보일 정도다. 그렇다고 AB형 사람들은 콜레라가 극성을 부리는 캘커타와 같은 지역에서 아무 물이나 그냥 마셔도 안전하다는 뜻은 아니다. 다른 질병을 얻을 수는 있다. 다만 이들이 콜레라를 일으키는 비브리오 박테리아를 먹더라도 혹은 이 박테리아가 이들의 창자에서 자란다고 해도, 이들은 설사를 하지 않는다는 것이다.

어떻게 AB형이 강력하고 치명적인 질병에 저항성을 가지게 되었는지는 알려져 있지 않다. 그러나 자연선택에서 흥미로운 문제를 제기하고 있다. 사람은 2개의 동일한 염색체를 가지고 있다는 것을 상기해보자. A형 사람들은 실제로 2개의 9번 염색체에 각각 A 유전자를 가진 AA 유전자형을 가진다. B형 사람들은 BB 유전자형이다. 이제 AA, BB, AB 세 종류의 혈액형이 있는 집단을 상상해보자. A유전자는 B보다 콜레라에 강하다. 즉 AA를 가진 아이들은 BB들보다 더 많이 살아남게 된다. 그러면 B형은 도태될 것이다. 그것이 자연선택이다. 그러나 그렇게 되지 않는 것은 AB가 가장 많이 살아남기 때문이다. 즉 가장 건강한 아이는 AA와 BB를 가진 두 부모 사이에서 태어난 자녀들이다. 이들은 모두 AB형이고 콜레라에 대한 저항력이 가장 강하다. 만약 AB가 AB와 결혼한다면 반수의 자녀들이 AB형이고 나머지 반은 AA와 BB를 가진다. BB는 약한 타입이다. 이상하게 세계는 행운이 꼬인 것 같다. 가장 이로운 조합을 가진 사람에게서 확실히 약한 자손이 생겨나게 되었으니 말이다.

이제 사람들이 모두 AA를 가진 어떤 마을에 BB를 가진 사람이 나타났다고 가정해보자. 만약 그가 콜레라를 물리치고 살아남아 결혼을 하게 되었다면, 그의 자손들은 AB형을 가질 것이고 콜레라에 저항력을 가질 것이다. 다시 말해, 드문 형태의 유전자로부터 항상 장점이 생겨난다. 어떤 형태의 유전자가 드물게 되면 다시 새로운 유행처럼 나타나도록 되어 있으므로 어떤 형태의 유전자도 소멸되지는 않는다. 경제에서 횟수 의존형 선택이라고 불리는 이것은 우리가 유전적 다양성을 가지는 가장 일반적인 이유로 보인다.

이것이 A와 B의 균형이 유지되는 이유다. 그렇다면 콜레라에 아주 민감한 O형이 자연선택에 의해 소멸되지 않은 이유는 무엇인가? 답은 또 다른 질병인 말라리아에서 찾을 수 있다. O형 사람들은 다른 혈액형들에 비하여 말라리아에 좀 더 저항성이 있다. 그리고 다양한 종류의 암에 걸릴 확률도 약간 낮은 것으로 보인다. 이러한 것들이 콜레라에 대한 민감성에도 불구하고 O형의 생존성을 증가시키고 유전자가 사라지는 것을 억제하기에 충분한 것 같다. 세 가지 형태의 혈액형은 대충 평형을 유지하고 있다.

질병과 돌연변이의 연관성은 1940년대 후반에 옥스퍼드 대학의 케냐 출신 대학원생인 안토니 알리슨Anthony Allison에 의해 처음 밝혀졌다. 그는 아프리카에서 발견되는 겸상적혈구성 빈혈(심한 빈혈증세가 있는 질병, 아프리카 흑인에게서만 발견된다)이 말라리아와 연관이 있지 않을까 의심하게 되었다. 겸상적혈구 돌연변이는 적혈구가 산소가 없어 찌그러진 형태를 가지는데 2개 염색체 위 유전자가 모두 돌연변이면 치명적이고 하나만 가지고 있으면 건강에 약간 이상이 생긴다. 그러나 하나의 돌연변이 유전자를 가진 사람들은 말라리아에 대부분 저항성을 가진다. 알리슨이 말라리아가 유행하는 지방에 사는 아프리카 사람의 혈액을 검사한 결과 돌연변이를 가진 사람의 혈액에는 말라리아 기생충이 훨씬 적음을 알게 되었다. 풍토성 말라리아 지역인 서부 아프리카에서 겸상적혈구 돌연변이가 특히 많이 발견되었고, 과거 서부 아프리카에서 노예선을 타고 미국으로 건너온 흑인에게서도 흔히 발견된다. 겸상적혈구증은 이 돌연변이가 과거 말라리아로부터 지켜준 대가를 현대에 치르고 있는 것이다. 지중해 연안과 동남 아시아 지역에서 흔한 지중해 빈혈thalassaemia이라는 다른 형태의 빈혈도 말라리아에 대해 비슷한 효과를 나타낸다. 이것으로 보아 이들 지역에도 역시 말라리아가 있었다고 생각된다.

헤모글로빈 유전자에서 하나의 문자 변화로 생기는 겸상적혈구 돌연변이가 말라리아에 대한 유일한 유전적 저항은 아니다. 어떤 유전학자에 따르면 이것은 빙산의 일각일 뿐이라고 한다. 말라리아에 저항성을 부여하는 능력은 적어도 12개의 다른 유전자에서 발견된다. 말라리아가 유일한 질병도 아니다. 결핵에 저항성을 부여하는 유전자 또한 적어도 2개가 존재한다. 비타민 D 수용체 유전자가 그 가운데 하나로 이것은 결핵뿐만 아니라 골다공증의 민감성과도 연관이 있다. 옥스퍼드 대학의 아드리안 힐Adrian Hill은[4] "얼마 전 결핵에 저항성을 가지는 자연선택의 결과, 골다공증에 대한 민감성을 가지는 유전자가 증가했다고 생각된다"고 적고 있다.

한편 새롭게 발견된 유전적 질병인 낭포성섬유증Cystic fibrosis은 장티푸스와 유사한 연관성을 보인다. 7번 염색체에 있는 CFTR이라는 유전자의 변이형은 폐와 장에 치명적인 낭포성섬유증을 일으킨다. 그러나 이 유전적 변이형은 살모넬라 박테리아에 의한 장염인 장티푸스로부터 몸을 보호한다. 이러한 변이형 유전자를 하나만 가지는 사람은 낭포성섬유증이 발병하지 않는다. 그러나 이질과 고열을 일으키는 장티푸스에 거의 완벽한 면역성을 지닌다. 장티푸스는 세포에 그 병균을 감염시키는 데 정상적인 형태의 CFTR이 필요하며, 3개의 문자가 탈락된 형태의 유전자를 가진 세포는 감염시키지 않는다. 정상 유전자를 가진 사람들을 죽임으로써, 장티푸스는 다른 형태의 유전자가 늘어나게 하는 자연선택적 압력을 가한 것이다. 그러나 2개의 변형된 유전자를 가지면 전혀 살아남지 못하므로, 이 유전자는 결코 흔한 유전자가 되지는 못한다. 다시 말하여, 드물고 치명적인 형태의 유전자가 질병에 의해 유지되어온 것이다.[5]

약 다섯 명 가운데 한 명은 유전적으로 물에 잘 녹는 ABO 혈액형 단백질을 침이나 다른 체액으로 분비하지 못한다. 이러한 '무분비자' 들은 뇌수막염이나 이스트 감염, 재발성 방광염 등과 같은 여러 형태의 질병을 앓을 가능성이 높다. 그러나 독감이나 호흡기 바이러스에 감염될 가능성은 적다. 어떤 경우든 유전적 다양성은 질병과 연관성을 보이는 것 같다.[6]

우리는 아직 이 문제를 표면적으로만 알고 있을 뿐이다. 흑사병, 홍역, 천연두, 장티푸스, 독감, 성병, 발진티푸스, 수두 그리고 많은 질병들은 우리 조상들에게 고난을 주면서 우리의 유전자에 자신들의 흔적을 남겨놓았다. 저항성을 부여했던 돌연변이들이 퍼져 나갔으나 대가를 요구했다. 그 대가는 심한 경우도 있고(겸상적혈구성 빈혈) 순리적인 경우도 있었다(다른 혈액형의 수혈을 받을 수 없는).

최근까지 의사들은 감염성 질병의 중요성을 평가절하하는 습성이 있었다. 환경적, 직업적, 음식물 또는 순전히 확률적인 요인에 의한 것이라고 생각해온 많은 질병들이 잘 알려지지 않은 바이러스나 박테리아에 의한 만성 감염의 부작용으로 인식되기 시작했다. 가장 극적인 경우는 위궤양이다. 많은 제약회사들이 궤양을 치유하기 위한 신약을 개발하여 부를 쌓았다. 그러나 사실 필요한 것은 항생제뿐이었다. 궤양은 영양가가 많은 음식이나 신경성, 불운에 의해서가 아니라 일반적으로 어린 시절에 감염된 헬리코박터 필로리Helicobacter pylori라는 박테리아에 의해 발생한다. 마찬가지로 심장병과 클라미디아나 헤르페스 바이러스의 감염, 다양한 관절염과 바이러스의 감염, 우울증이나 정신분열증과 주로 말과 고양이를 감염시키는 드문 중추신경성 바이러스인 보르나Borna 바이러스 등이 강한 연관성을 나타낸다. 이들 중 일부는 잘못된 것으로 밝혀질 수도 있고 어떤 경우에는 미생물에 의해 질병이 생기는 것이 아니라, 질병에 의해 미생물이 침투한 경우도 있을 것이다. 그러나 심장병과 같은 질병에서 사람들의 저항성 정도가 유전적으로 다르다는 것은 이미 밝혀졌다. 아마도 이러한 유전적 다양성도 감염의 저항성과 연관이 있을 것이다.[7]

어떤 면에서 게놈은 사람들과 인종에 대한 의학적 경전처럼 우리의 병리 현상의 과거 기록인지도 모른다. 아메리칸 인디언에게 O형 혈액형이 많아 최근까지 인구밀도나 청결한 환경과 관련이 있는 콜레라 또는 다른 형태의 설사병이 이 지역에서 유행하지 않았음을 반영하고 있는지도 모른다. 그러나 콜레라는 1830년 전까지는 갠지스 강 델타 지역에 국한된 드문 질병으로서 유럽이나 미국, 아프리카로 전파된 것은 그 이후의 일이다. 북부 아메리카에서 발견된 고대 콜롬비아 이전의 미라는 주로 A형이나 B형인 것을 감안할 때, 많은 아메리칸 인디언이 O형인 것은 좀 더 다른 설명이 필요하다. 이곳에서 A와 B유전자가 빠르게 소멸된 것은 다른 선택적 압력이 가해졌기 때문이라고 생각한다. 아메리카 대륙의 토착적인 질병인 성병에 의한 것이라는 암시도 있다 (의학사적으로 여전히 격렬한 논쟁의 대상이 되는 것이나, 북부 아메리카에서 1492년 이전에 발견된 뼈에서 동일한 시대 유럽에서 찾은 뼈에서는 보이지 않는 성병의 흔적이 나타나는 것만은 사실이다). O형을 가진 사람들이 다른 혈액형에 비해 성병에 덜 민감한 것으로 보인다.[8]

이제 콜레라와 혈액형 사이의 연관성이 연구되기 전에는 이해하지 못한 이상한 발견들을 살펴보자. 당신이 교수라고 가정하고 네 명의 남성과 두 명의 여성에게 면 티셔츠를 주며 향수나 방취제를 사용하지 말고 이틀 동안 입고 나서 가져오라고 부탁해보라. 이상한 사람이라고 놀림을 당할 수도 있다. 게다가 이 더러운 티셔츠를 121명에게 냄새를 맡게 한 다음 인상적인 냄새부터 차례로 순위를 정하라고 한다면, 아무리 점잖게 말해도 당신을 기괴한 사람이라고 생각할 것이다. 그러나 진정한 과학자라면 당황할 일이 아니다. 클라우스 웨더킨드Claus Wederkind와 산드라 퓨리Sandra Furi가 바로 이와 똑같은 실험을 하였다. 사람들은 성별이 다른, 유전적으로 가장 다른 사람들의 체취를 제일 좋아했다(또는 가장 덜 싫어했다). 웨더킨드와 퓨리는 6번 염색체에 있는 자신과 남을 인식하고, 면역 시스템의 기생동물의 침투를 인식하는 데 관여하는 MHC 유전자를 살펴보고 있었다. 이것은 다양성이 높은 유전자다. 이와 비슷한 경우로 암컷 쥐는 수컷 배설물의 냄새를 맡음으로써 자신과 가장 다른 MHC를 가진 수컷과 교배하기를 좋아한다. 이것이 웨더킨드와 퓨리가 사람도 유전적 근거를 바탕으로 자신들의 결혼 대상을 선택하는 능력을 가지고 있을지도 모른다는 생각을 가지게 한 이유다. 피임약을 먹고 있는 여성은 다른 MHC 유전형을 가진 남성이 입던 티셔츠에 대한 선호도가 분명하지 않았다. 피임약이 후각에 영향을 미치는 것은 이미 알려진 사실이다. 웨더킨드와 퓨리는 다음과 같이 말했다.[9] "모든 사람에게 좋은 냄새는 없었다. 냄새를 맡는 사람에 따라 선호도가 달랐다."

쥐 실험 결과는 항상 이계교배outbreeding로 해석해왔다. 암컷 쥐는 근친 교배에 따른 질병의 위험부담을 덜고 다양한 유전자를 가진 자손을 가질 수 있도록 유전적으로 다른 집단의 수컷을 만나려고 한다. 그러나 실제로 암컷이 하는 일은 티셔츠 냄새를 맡는 사람들처럼 혈액형 이야기와 비슷한지도 모른다. 콜레라가 유행하는 때에 AA형 사람은 BB형 사람을 만나면 가장 좋다. 이들의 자손은 콜레라에 저항성을 가지기 때문이다. 같은 종류의 시스템을 다른 유전자와 질병과의 동시 진화에 적용하면—MHC 복합체 유전자는 근본적으로 질병 저항성 유전자로 보인다—유전적으로 반대인 배우자에게 매력을 느끼는 게 유리한 것은 분명한 사실이다.

인간 게놈 프로젝트는 잘못된 믿음을 기초로 한다. '사람의 게놈'이라는 것은 없다. 공간적으로나 시간적으로 이렇게 분명하게 규정할 수는 없다. 23개의 염색체에 흩어져 있는 수백 개의 유전자는 사람마다 다르다. 누구도 A형이 '정상'이고 O형이나 B형, AB형은 '비정상'이라고 할 수 없다. 인간 게놈 프로젝트가 전형적인 사람의 염기 배열을 발표할 때 9번 염색체에 있는 ABO식 혈액형의 어느 것을 발표할 것인가? 프로젝트 관계자는 목표는 200명의 평균적인 또는 '공통적인' 염기 서열을 밝히는 것이라고 공포한 바 있다. 그러나 ABO식 혈액형의 경우 초점이 빗나갈 수 있다. 이것의 기능은 모든 사람에게 같지 않기 때문이다. 변이는 인간 게놈의—특정 게놈의—내재적이고 근본적인 특성이다.

1999년 어느 한순간에 포착된 모습을 변하지 않는 영구한 이미지로 믿는 것은 이치에 맞지 않는다. 게놈은 변한다. 집단에서 여러 변이형 유전자가 질병의 발생과 소멸에 따라 종종 생겼다가 사라진다. 안정성을 과장하고 평형을 믿는 것이 안타깝게도 인간의 성향이다. 사실 게놈은 다이내믹하며 변하는 현장이다. 한때 생태학자들은 영국의 굴참나무 숲이나 노르웨이의 전나무 숲처럼 '극상'의 생태계가 있다고 믿었다. 그러나 생태계도 유전학처럼 평형 상태가 없음을 깨달았다. 이 것은 변하고, 변하며 또 변한다. 영원히 똑같이 존재하는 것은 없다.

이것을 반쯤이나마 가장 처음 알아차린 사람은 사람의 유전적 다양성의 풍부함에 대한 이유를 찾기 위해 노력한 홀데인J. B. S. Haldane이다. 그는 일찍이 1949년부터 상당한 정도의 유전적 다양성이 기생동물의 압력에 기인한 것으로 추정했다. 그러나 홀데인의 인디언 동료인 수레시 자야카Suresh Jayakar는 1970년에 안정성은 필요하지 않으며 기생동물은 유전자 빈도가 계속적으로 순환하는 변화를 가져오게 한다고 제안하며, 홀데인의 이론을 부정하였다. 1980년대, 이 열정은 오스트레일리아의 로버트 메이Robert May에게 이어졌다. 그는 아주 간단한 기생동물과 숙주의 관계에서도 평형이 성립하지 않음을 보여주었다. 영원한 카오스 운동은 결정론적 시스템에서도 나올 수 있다. 그리하여 메이는 카오스 이론의 대부가 되었다. 배턴은 영국의 윌리엄 해밀턴이 이어받았다. 그는 성적 생식의 진화를 설명하는 수학적 모델을 개발하였고, 그 모델에 따르면 기생동물과 숙주 사이의 유전적 무기 경쟁이 해밀턴이 말하는 "많은 것들에 의한 (유전자들) 영원한 불안"이라는 결과를 가져온다고 한다.[10]

1970년대 물리학에서는 이미 반세기 전 생겼던 일이 생물학에서도 일어났다. 확실성과 안정성과 결정론의 오랜 세계가 무너졌다. 그 자리에 우리는 파동이 있고 변화하며, 예측할 수 없는 세계를 건설해야 한다. 우리가 이 세대에서 판독하는 게놈은 끊임없이 변화하는 문서를 찍은 하나의 스냅 사진일 뿐이다. 결정판은 없다.

10번 염색체

스트레스

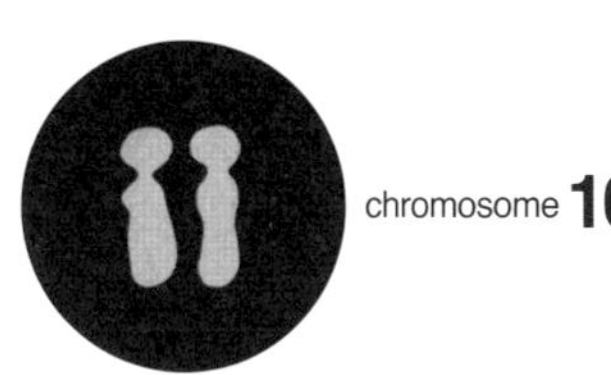

세상은 겉치레로 가득 차 있다. 우리는 행운에 넘쳐서
종종 우리 행동의 잘못이면서도 태양과 달과 별 탓으로 돌린다.
필요에 의한 악인이며 대단한 충동에 의한 바보인 것처럼……
포주의 놀라운 평계, 그의 염소 같은 성격을 별의 탓으로 돌리다니.
─윌리엄 셰익스피어,《리어왕》

게놈은 흑사병의 역사가 적힌 경전이다. 또 우리 조상이 말라리아와 이질과 싸워온 오랜 역사가 인간 유전자의 다양성으로 기록되어 있다. 말라리아에 의한 죽음을 피할 확률은 우리의 유전자 속에 그리고 말라리아의 유전자 속에 이미 프로그램되어 있다. 우리는 우리의 유전자 팀을 경기에 내보내고 말라리아도 그렇게 한다. 만약 그들의 공격이 우리의 수비보다 나으면 그들이 이기는 것이다. 운은 없다. 후보 선수는 허용되지 않는다.

그러나 정말 그럴까? 질병에 대한 유전적 저항은 마지막 수단이다. 질병을 이기기 위한 갖가지 단순한 방법들이 있다. 모기장을 치고 잠을 잔다든지, 늪을 말라버리게 한다든지, 약을 먹고, 마을 전체에 DDT를 뿌리기도 한다. 잘 먹고, 잘 자고, 스트레스를 피하고, 건강한 면역 시스템과 명랑한 성격을 유지하는 것들도 일반적으로 병을 이기는 방법이다. 이 모든 것들이 우리의 감염 여부와 관련이 있다. 게놈이 유일한 전쟁터는 아니다. 지난 몇 장에서 나는 축소주의적 습관에 빠져 있었다. 개체를 분해하여 유전자를 분리해내고 이들의 특수한 기능을 밝혀냈다. 그러나 어떤 유전자도 혼자서 존재하지 않는다. 각각은 몸이라고 하는 거대한 연합군의 일부다. 이제 개체를 다시 조합할 때가 된 것 같다. 좀 더 사회적 유전자, 즉 체내의 다른 여러 기능의 일부를 통합하는 것이 주된 기능인 유전자, 인간으로서의 정신적 이미지를 해치는 정신과 육체의 이중성에 대해 거짓을 부여하는 유전자를 만나보자. 뇌, 육체 그리고 게놈 그 3개가 한데 묶여 움직인다. 게놈은 다른 둘을 조절하기보다 그 2개에 의해 조절되는 편이다. 그것이 유전적 결정주의가 근거 없는 믿음이라고 하는 이유다. 사람의 유전자를 켜고 끄는 것은 의식적이든 무의식적이든 외부적 활동의 영향을 받는다.

콜레스테롤, 위험을 함축하고 있는 단어다. 심장병의 원인, 나쁜 것, 빨간 고기. 먹으면 죽음이다. 콜레스테롤을 독약처럼 취급하는 것은 잘못이다. 콜레스테롤은 몸의 필수 구성성분이다. 이것은 몸을 유지시키는 생화학적이고 복잡한 유전적인 반응의 중심에 있다. 콜레스테롤은 지방에 녹고 물에는 녹지 않는 작은 유기 화합물이다. 몸은 대부분의 콜레스테롤을 음식의 당으로부터 합성하며 이것이 없으면 살 수 없다. 콜레스테롤에서 적어도 기능이 전혀 다른 5개의 중요한 호르몬이 만들어진다 : 프로게스테론, 알도스테론, 코르티솔, 테스토스테론 그리고 오스트라디올. 이들은 전부 스테로이드 호르몬으로 알려져 있다. 이러한 호르몬과 몸의 유전자의 관계는 밀접하며 신기하다.

스테로이드는 식물과 동물 곰팡이가 갈라지기 이미 오래전부터 살아 있는 생물들에게서 사용되어왔다. 곤충이 껍데기를 벗도록 신호를 보내는 호르몬도 이 스테로이드다. 불가사의한 약인 비타민 D 역시 마찬가지다. 합성 스테로이드는 염증을 억제하거나 운동선수들의 근육을 발달시키는 데도 사용된다. 그러나 식물에서 유래한 어떤 스테로이드는 사람의 호르몬과 비슷하게 작용하여 먹는 피임약으로도 쓰인다. 화학공장에서 흘러나와 폐수로 오염된 물에 사는 수컷 물고기를 여성화하고 사람의 정자수를 떨어뜨리는 것도 있다.

10번 염색체에 CYP17이라는 유전자가 있다. 이것은 콜레스테롤을 코르티솔, 테스토스테론, 오스트라디올로 바꾸는 효소를 만든다. 이 효소가 없다면 콜레스테롤은 세 호르몬을 만들지 못한다. 이 유전자가 작동하지 않는 사람은 성호르몬을 만들 수 없어서 사춘기적 2차 성장을 하지 못한다. 유전적으로 남성일지라도 여성처럼 보이게 된다.

그러나 성호르몬은 잠시 미뤄두고 CYP17이 만드는 코르티솔 호르몬을 살펴보자. 코르티솔은 몸의 거의 모든 곳에서 사용된다. 이 호르몬은 뇌의 형태를 변화시켜 문자 그대로 몸과 마음을 통합한다. 코르티솔은 면역 시스템을 방해하며 귀, 코, 눈의 민감성을 바꾸고 여러 가지 몸의 기능을 변화시킨다. 코르티솔 주사를 맞으면 정의상 당신은 스트레스를 받고 있는 것이다. 코르티솔과 스트레스는 거의 동의어다.

스트레스는 다가올 시험, 최근의 죽음, 신문에 보도된 무서운 사건들 또는 알츠하이머 환자를 돌보는 어려움 등의 외부적 요인으로 발생한다. 단기적 스트레스는 순간적으로 심장은 뛰고 발은 차가워지게 하는 호르몬인 에피네프린과 노르에피네프린의 증가를 가져온다. 이 두 호르몬은 비상시에 몸이 '싸우거나 도망가는' 준비를 하도록 해준다. 오랫동안 지속적으로 가해지는 스트레스는 다른 과정을 사용하여 좀 더 느리지만 지속적인 코르티솔의 증가를 가져온다. 코르티솔의 가장 놀라운 효과는 면역기능의 억제다. 중요한 시험이나 스트레스 증세가 보이는 사람들은 감기에 걸리거나 다른 병원균에 쉽게 감염된다. 코르티솔이 백혈구의 생존 기간, 활성도 그리고 숫자를 감소시키기 때문이다.

코르티솔이 이런 일을 하는 것은 유전자의 발현을 유도하기 때문이다. 코르티솔에 의해 반응하는 세포는 코르티솔 수용체를 가지고 있는 세포인데, 이 수용체는 다른 자극에 의해 발현된다. 코르티솔이 발현시키는 유전자는 다른 유전자의 발현을 유도하는 유전자이고, 때로는 이 유전자 역시 또 다른 유전자를 발현시키기도 한다. 코르티솔의 이차적 효과는 10개 또는 수백 개의 유전자를 포함할 수도 있다. 그러나 코르티솔이 만들어지는 이유는 부신피질에서 코르티솔 합성에 관여하는 일련의 유전자들이 발현하였기 때문이고, 그 가운데 하나가 CYP17이다. 혼동스럽게 복잡한 시스템이다. 실제로 일어나는 과정을 개략적으로라도 그리기 시작하면, 아마도 당신은 도망쳐버릴 것이다. 다만 코르티솔을 만들고 조절하며 이에 반응하는 데는 서로 영향을 주는 수백 개의 유전자가 없이는 불가능하다는 것만 이해하면 충분할 것 같다. 이 시점에서 우리 게놈에 있는 유전자는 대부분 다른 유전자의 발현을 조절하는 것이 주된 기능임을 말해두고 싶다.

이야기를 너무 지루하게 끌고 가고 싶지는 않지만, 코르티솔의 역할을 잠시 살펴보기로 하자. 백혈구에서 코르티솔은 같은 10번 염색체 위에 있는 TCF라는 유전자 발현을 시동하는 역할을 한다. TCF에 의해 만들어지는 단백질은 인터루킨 2라는 또 다른 단백질의 발현을 억제하는 역할을 한다. 인터루킨 2는 백혈구가 병균에 대비하여 경계 태세에 들어가게 하는 화합물이다. 즉 코르티솔은 백혈구의 면역 태세를 억제함으로써 질병에 민감하게 만든다.

그렇다면 누가 그것을 담당하는가? 누가 이 모든 스위치를 맨 처음 적절한 장소에 배치하도록 지시하고 코르티솔이 분비를 시작하도록 결정하는 것인가? 각 세포에서 유전자가 발현되어 다른 종류의 세포를 만들어가는 분화 과정에서처럼 그 근본에는 유전적 과정이 있는 것으로 보아, 여기도 유전자들이 담당한다고 말할 수 있다. 그러나 유전자가 스트레스를 일으키는 것이 아니므로 잘못된 추정이다. 사랑하는 사람의 죽음이나 다가오는 시험 등이 유전자에게 직접 말을 하지는 않는다. 이 같은 정보는 뇌에서 처리된다.

뇌가 담당자다. 뇌의 시상하부는 뇌하수체에게 신호를 보내 뇌하수체가 부신(신장 위에 있는 기관)을 자극하는 호르몬을 분비하게 하고, 부신은 자극에 따라 코르티솔을 만들고 분비한다. 뇌하수체는 외부로부터 정보를 받아 인식하는 뇌 부위의 명령을 받는다.

그러나 뇌도 몸의 일부이므로 이것으로 모든 것을 설명하지는 못한다. 뇌하수체가 부신피질을 자극하도록 시상하부를 자극하는 것은 뇌가 그것이 좋겠다고 결정했기 때문이 아니다. 다가오는 시험을 생각하는 것으로 감기에 걸리기 쉽도록 시스템이 구축되어 있는 것은 아니다. 자연선택이다(그 이유는 곧바로 설명하고자 한다). 어떤 경우이든 뇌가 아닌, 시험에 대한 비자발적이며 무의식적인 반응이, 곧 시험이 모든 사건의 담당자다. 시험이 담당자라면 사회를 비난할 것인가. 그러나 사회는 개인의 집합일 뿐이므로 화살은 다시 우리 몸으로 돌아온다. 더욱이 개인에 따라 스트레스에 대한 민감성은 다르다. 어떤 이들은 시험이 다가오면 공포에 시달리지만 어떤 이들은 유유자적한다. 차이가 어디에 있는 것일까? 코르티솔을 만들고 조절하며 반응하는 그 연속적 작용의 어느 시점에 스트레스에 약한 사람들에게는 무감각한 사람과는 다른 유전자가 있을 것이다. 그러나 누가 또는 무엇이 이러한 유전적 차이를 조절하는가?

사실대로 말하면 담당자는 없다. 이것은 사람들이 가장 익숙해지기 힘든 일이지만, 세상은 조절 센터 없이 작동하는 세밀하고 교묘하게 고안된 서로 연결되는 시스템을 가지고 있다. 경제 역시 마찬가지다. 어떤 사람이 경제를 담당하면—무엇이 어디서 누구에 의해 만들어지도록 결정하면—더 잘 돌아갈 것이라는 환상은 구소련뿐만 아니라 서구에서도 마찬가지로 사람들의 부와 건강에 엄청난 해를 입혀왔다. 로마제국에서부터 유럽연합의 고해상도 텔레비전 주도권까지 어디에 투자할 것인가에 대한 중앙 집권적 결정은 중심없는 카오스적인 시장 경제보다 훨씬 더 심한 재난을 가져왔다. 경제는 중앙 집권적 시스템이 아니라 중심이 없고 분산된 조절자를 가진 시장이 좌우한다.

몸도 마찬가지다. 호르몬을 조절하고 몸을 운영하는 뇌가 나 자신일 수도, 게놈을 담고 있는 내 육체가 나 자신일 수도, 뇌를 운용하는 게놈이 나 자신일 수도 없다. 우리는 이 모든 것이다.

이러한 종류의 잘못된 생각은 심리학의 오래된 많은 논쟁에서 비롯되었다. '유전적 결정론'에 대한 찬반 논쟁은 게놈이 육체보다 상위에 있을 것이라는 전제에서 시작되었다. 그러나 외부 사건에 의해 대뇌의 무의식적 또는 의식적 반응에 따라 유전자를 발현시키는 것은 몸이다. 우리는 스트레스가 쌓이는 사건을 생각하는 것만으로도 우리의 코르티솔 수위를 올릴 수 있다. 마찬가지로 특정 고통이 순전히 심리적인 것인지 아니면 물리적 원인인지에 대한 논쟁도(만성피로증을 생각해보라) 완전히 초점을 잃어버렸다. 뇌와 몸은 같은 시스템의 일부다. 만약 뇌가 심리적 스트레스에 반응하여 코르티솔의 분비를 자극하면, 그 코르티솔이 면역 시스템의 반응성을 억제하여 숨어 있던 바이러스 감염이 다시 시작되거나 새로운 것에 감염된다. 증세는 물리적이지만 원인은 심리적인 것이다. 만약 뇌에 병이 있어서 감정에 변화가 오면, 원인은 물리적인 것이지만 증세는 심리적이다.

이와 관련해서 최근 심리신경면역학이 점점 인기를 얻고 있다. 의사와 열성적 신앙요법가들은 심한 거부감을 나타내지만 심리신경면역학의 효능을 입증할 증거는 충분하다. 만성우울증이 있는 간호사는 그렇지 않은 사람에 비해 입가에 발진이 자주 생긴다. 조바심이 심한 사람은 성격이 밝은 낙천주의자에 비해 헤르페스 바이러스의 재발이 심하다. 웨스트포인트 군사학교에서 단구증가증(임파선 발열)을 얻거나 이에 의한 증세가 심한 학생은, 일반적으로 수업에 압박을 느끼거나 초조해하는 부류다. 알츠하이머 환자를 보살피는(특히 스트레스가 심한 일이다) 사람들은 다른 이들보다 질병 퇴치에 관여하는 혈액 내 T세포의 수가 적다. 스리마일 섬 근처에 사는 사람들은 그곳에서 일어난 원자력 사고 이후 암 발생 빈도가 높아졌는데, 이는 방사선에 노출되었기 때문이 아니라(노출되지 않았다) 그들의 코르티솔 수준이 증가하여 암세포에 대한 면역기능이 떨어졌기 때문이다. 배우자가 죽은 사람들은 며칠 동안 면역반응이 매우 낮다. 부모의 싸움으로 가정이 파괴된 아이들은 바이러스에 쉽게 감염된다. 과거에 심리적인 스트레스가 심했던 사람은 행복한 생활을 해온 사람들보다 감기에 쉽게 걸린다. 이러한 연구가 믿기 어려울지 모르나 대부분은 다양한 쥐 실험을 통하여 재확인되었다.[1]

르네 데카르트René Descartes는 서구적 사상을 주도하던, 정신이 육체를 육체가 정신에 영향을 미친다는 생각에 거부감을 느끼게 만든 이중성 논리로 비난을 받는다. 우리 모두가 저지른 실수에 대해 그가 비난을 받아야 할 이유는 없다. 어떤 경우든 물질적인 뇌와 정신은 별개라는 이중성 논리가 잘못은 아니다. 인식하지 못할 정도로 너무도 쉽게 우리 모두가 큰 잘못을 저질렀다. 본능적으로 우리 몸의 생화학적 현상은 원인이고 행동은 결과라고 가정하였다. 유전자가 우리 생활에 미치는 영향까지도 그렇게 확대 추정하였다. 만약 유전자가 행동에도 관여한다면, 이것이 원인이고 그러한 것들은 변이가 있을 수 없다. 이것은 유전적 결정론자만이 저지른 실수는 아니었다. 행동은 "유전자에 있지 않다"고 소리 높여 말해온 반대파들도 마찬가지였다. 숙명론과 운명론을 개탄하는 사람들이 말한 것은 행동유전학을 의미했다. 만약 유전자가 어떻게든 관련되어 있다면 자신들이 이 분야의 선두에 있게 될 것을 알았기에, 이들은 이러한 가정이 설 자리를 만들어주었고, 그리하여 반대파에게 너무 많은 자리를 내주었다. 그들은 유전자는 발현되어야 하고, 그 발현 스위치는 외부 사건에 또는 자의적 행동에 의해 켜진다는 것을 잊어버렸다. 우리가 전지전능한 유전자의 자비에 놓여 있는 것이 아니라, 유전자가 종종 우리의 자비로움에 의존하고 있는 것이다. 당신이 번지점프나 스트레스 쌓이는 일을 하러 갈 때, 또는 공포스러운 장면을 계속 상상한다면 스스로 코르티솔의 수위를 올리는 것이고 코르티솔은 몸 전체를 돌아다니며 유전자들의 스위치를 작동시킬 것이다(행복한 생각이 웃음을 만드는 것만큼이나 일부러 만들어진 웃음으로 뇌의 '행복점'을 자극할 수 있다는 것은 논쟁의 여지가 없는 사실이다. 웃는 것은 확실히 기분을 좋게 만든다. 물리적인 행동이 시키는 대로 습관을 만들어낼 수 있다).

행동이 유전자 발현을 변화시키는 방법을 표시하는 데 가장 좋은 연

구는 원숭이를 이용한 실험에서 볼 수 있다. 진화를 믿는 사람들에게
는 다행스럽게도, 자연선택은 거의 우스꽝스러울 정도로 번창하는 디
자이너로 일단 스트레스를 감지하고 반응하는 유전자와 호르몬으로
이루어진 시스템과 마주치는 순간 이를 변화시키고 싶어 한다. (기억하
겠지만 우리는 98%의 침팬지이고, 94%의 개코원숭이다.) 원숭이와 동일한 호르몬
이 동일한 방법으로 작동하고 거의 동일한 유전자들을 발현시킨다. 동
부 아프리카에 있는 한 무리의 개코원숭이의 코르티솔 수위를 자세히
연구한 결과 특정한 수컷 새끼개코원숭이가 새로운 무리에 들어가고
자 할 때, 일정 나이에 이른 수컷들이 늘상 그러하듯이 자신이 선택한
사회의 조직 체계에서 위치를 확보하기 위해 매우 과격해진다. 그의
혈액 내 코르티솔 수위는 급격히 증가하고 이는 그를 받아주기를 주저
하는 쪽도 마찬가지다. 그의 코르티솔(그리고 테스토스테론) 수위가 증가
함에 따라 백혈구의 숫자는 떨어진다. 면역 시스템은 행동과 정면으로
부딪치고 동시에 혈액에 고밀도 지질단백질과 결합된 콜레스테롤의
양이 점점 줄어든다. 고밀도 지질단백질의 감소는 심동맥이 두꺼워지
는 전형적인 징조다. 개코원숭이는 자신의 자유의지로 한 행동으로 호
르몬을 변화시켰을 뿐 아니라, 이로 인한 그의 유전자 발현이 감염과
심동맥 질환의 위험성까지 증가시켰다.[2]

　동물원에 갇힌 원숭이 중에서 동맥이 누꺼워진 것들은 서열상 아래
에 있는 것들이다. 자신보다 서열이 높은 동물들에게 괴롭힘을 당하여
혈액에는 코르티솔이 증가하고, 뇌에는 세로토닌이 감소하며, 면역기
관은 영구히 억제되고 심장 동맥의 벽에는 상처조직이 두꺼워져 있다.
왜 그런지는 아직도 의문이다. 많은 과학자들이 이제 심장질환이 적어
도 부분적으로는 클라미디아 박테리아와 헤르페스 바이러스와 같은

감염에 의해 발생한다고 믿고 있다. 스트레스는 면역기관의 점검기능을 떨어뜨려 이러한 숨어 있는 병원체들이 증식하는 것을 허용해준다. 이렇게 본다면 스트레스도 일정 역할을 하지만 원숭이의 심장병은 감염성이다.

사람도 원숭이와 매우 유사하다. 서열이 낮은 원숭이가 심장질환을 가질 확률이 높다는 것이 밝혀지기 전에, 영국 런던의 중앙 관청가에서 일하는 공무원의 직위가 낮을수록 심장병 발병 비율이 높다는 놀라운 사실이 밝혀졌다. 1만 7,000명의 공무원을 대상으로 다년간에 걸쳐 행한 대규모 연구에서 거의 믿기 힘든 결론이 나왔다. 몸무게나 흡연, 고혈압보다 그 사람의 직위로 심장마비를 일으킬 가능성을 예측하는 것이 더 정확했다. 지위가 낮은 직업을 가진 사람들, 예를 들어 청소부들은 직위가 높은 정식 비서보다 심장마비를 일으킬 확률이 네 배나 높았다. 그 정식 비서가 뚱뚱하고 고혈압에 흡연가라 해도, 나이도 같고 마르고 비흡연의 혈압이 낮은 청소부보다 심장마비를 일으킬 확률이 낮았다. 이것은 1960년대에 벨 전화회사에서 100만 명의 직원을 대상으로 한 연구 결과와도 일치한다.[3]

잠시 이 결론에 대해 생각해보자. 이것은 심장에 관한 우리의 모든 생각을 바꾸어놓았다. 콜레스테롤은 이야기의 중심에서 밀려났다(높은 콜레스테롤은 위험요소이지만 그것은 유전적으로 고콜레스테롤인 사람에 한해서 그러하다. 그러나 이런 사람들에서조차도 지방 섭취를 줄임으로써 얻는 이점은 그리 크지 않다). 음식 섭취, 흡연, 혈압 등 의사들이 지적하는 심장병의 주된 발병 원인도 이차적인 원인으로 밀려났다. 직책이 높고 바쁜 업무나 생활을 하는 사람에게 스트레스와 심장병이 많다는 것은 인정받지 못하는 구식 생각들이 되어버렸다. 물론 여기에도 약간의 원인이 있는 것은 사실이지만 그리 대단하지는 않다. 과학자들은 이제 생리적이 아닌 직장에서의 위치와 같은 외부적 요소를 더욱더 지적하고 있다. 당신의 심장은 당신의 월급에 달려 있다. 도대체 무엇이 어떻게 돌아가고 있는가?

원숭이에게서 그 실마리를 찾을 수 있다. 서열이 낮을수록 스스로의 생활을 조절할 수 있는 범위가 줄어든다. 공무원도, 코르티솔의 수위는 본인이 해야 할 일의 양에 비례하는 것이 아니고 다른 사람들의 명령에 따라야 하는 일에 비례한다. 실험으로 증명할 수 있다. 두 그룹의 사람들에게 같은 일을 준 다음, 한 그룹은 정해진 방법대로 정해진 스케줄에 따라서 하도록 명령하였다. 이 외부 간섭이 주어진 그룹의 사람들은 그렇지 않은 그룹의 사람들에 비해 스트레스 호르몬과 혈압, 심장박동수가 증가한다.

영국의 공무원을 대상을 한 연구가 있고 2년 후, 사기업으로 전환되기 시작하는 정부 부서에서 같은 연구를 다시 했다. 연구 초기에 공무원들은 직업을 잃는다는 것이 무엇인지를 몰랐다. 질문서를 돌렸을 때 사람들은 직업을 잃는 것을 두려워하는가 하는 질문 자체를 반박하였다. 공무원 사회에서 이것은 아무 의미 없는 질문이라고 하였다. 다른 부서로 이동하는 것이 최악의 경우였다. 그러나 1995년에 이르자 이들은 직장을 잃는다는 것이 무엇인지 정확하게 이해했다. 세 명 중 한 명은 이미 그것을 경험했다. 사기업화의 효과는 모든 사람이 자신들의 작업이 외부 요인에 달려 있음을 느끼게 하는 것이었다. 예상대로 스트레스가 따랐고, 그 스트레스는 건강의 이상을 가져왔다. 이는 음식 습관이나 흡연, 음주와 같은 변화로 설명할 수 있는 정도 이상이었다.

심장질환이 조절 능력 부족으로 생기는 증세라는 사실로 이것의 산발적인 발생을 잘 설명할 수 있다. 고령의 직장인들이 은퇴하여 '편히

쉬기' 시작하면서 곧 심장마비를 일으키는 이유도 이것으로 이해가 쉽게 된다. 바쁘게 움직이던 사무실에서 물러나와 배우자가 다스리는 가정에서 한가롭고 단조로운 일들만(설거지, 개와의 산책) 하게 되기 때문이다. 흔히 사람들은 가족의 결혼이나 행사와 같이 자신들이 지휘하는 바쁜 일들이 끝날 때까지 어느 정도 병을 늦출 수 있다(학생들은 흔히 급한 시험에 대한 압박이 진행되는 동안이 아닌 끝나고 나서야 드러눕게 된다). 직장이 없거나 생활보장 제도에 의존하는 사람들이 병에 잘 걸리는 이유도 마찬가지다. 생활보장 제도는 이에 의존하는 사람에게 유통성 없는 집요한 제한을 하게 되는데, 이는 원숭이 세계에서 우두머리가 그 부하에게 하는 것보다 심하다. 창문이 열리지 않는 현대식 건물에 사는 사람들이 스스로 자신의 환경을 더 많이 조절할 수 있는 오래된 건물에 사는 사람들보다 자주 아픈 것도 설명이 된다.

중요한 점을 다시 한 번 강조하고자 한다. 생물학적인 것이 우리의 행동을 결정하는 것이 아니라, 우리의 생물학적 생리가 종종 우리의 행동에 의해 결정된다.

코르티솔에 대한 것은 다른 스테로이드 호르몬에도 적용된다. 테스토스테론은 공격성과 연관이 있다. 그러나 호르몬이 공격성을 생성해내는 것인가, 공격성이 호르몬을 만들어내는 것인가? 물질주의적 입장에서 보면 전자를 더 믿고 싶을 것이다. 그러나 원숭이 실험을 통해 후자가 더 사실에 가까운 것으로 드러났다. 심리적인 것이 물리적인 것에 앞서고 있다. 마음이 몸을 조절하고 게놈 역시 마찬가지다.[4]

테스토스테론도 코르티솔처럼 면역 시스템을 억제한다. 그것이 많은 생물종에서 수컷이 암컷보다 질병에 더 시달리고 사망률이 높은 이유다. 면역 체계의 억제는 미생물에 대한 저항성뿐만 아니라 큰 기생충에도 적용된다. 쇠파리는 사슴이나 가축의 피부에 알을 낳는다. 구더기는 곧 살 속을 파고 들어가 숨어 있다가 파리로 변태하기 전 피부로 나와 혹을 만든다. 북부 노르웨이의 사슴이 특히 이 기생충에 의해 큰 고통을 겪는데, 수컷이 암컷보다 고통이 훨씬 심하다. 두 살쯤 된 수컷은 암컷보다 평균 세 배나 많은 쇠파리 혹을 가진다. 그러나 거세한 수컷은 암컷과 동일한 숫자를 보인다. 찰스 다윈이 만성질환으로 앓던 샤가스병Chagas을 일으키는 기생충인 원생동물도 유사한 패턴을 가진다. 다윈은 칠레를 여행하면서 샤가스병을 가진 벌레에 물린 듯한데 그가 말년에 앓던 증세는 그 질병과 잘 일치한다. 만약 다윈이 여성이었다면 그런 고통을 겪지 않았을지도 모른다.[5]

우리는 여기서 다윈에게 도움을 얻어야 할 것 같다. 테스토스테론이 면역기능을 억제한다는 면도 자연선택의 한 종류인 성적 선택에서 교묘하게 이용되었다. 다윈이 진화에 관해 쓴 두 번째 책인 《인류의 후손 The descent of man》에서, 그는 비둘기 사육사가 비둘기를 번식시키듯이 암컷은 수컷을 변형시킬 수 있다는 개념을 제시했다. 여러 세대에 걸쳐 교미하는 수컷을 선택함으로써 암컷은 수컷의 모양, 색, 크기 또는 노래까지 변화시킬 수 있다. X와 Y염색체를 다룬 전 장에서 설명한 것처럼, 다윈은 바로 이것이 공작에게 일어난 일이라고 생각했다. 한 세기가 지난 1970년대와 1980년대에 이르러 여러 가지 이론적이고 실험적 연구들을 통해 다윈이 옳았음이 증명되었다. 암컷의 적극적 또는 소극적 선택이나 유행에 따라 세대마다 수컷의 꼬리, 깃털, 뿔, 노래, 몸집이 변화되고 있었다.

그러나 수컷이 긴 꼬리와 큰 노랫소리를 가지도록 하여 얻는 이익은 무엇인가? 지지를 받고 있는 두 가지 견해는 다음과 같다. 하나는 암

컷은 자신의 새끼수컷이 당시에 유행하는 모습을 간직하여 다른 암컷
에게 매력적으로 보이게 해야 하기 때문이라는 것이다. 두 번째는, 이
책에서 살펴보고자 하는 견해로 수컷의 장식은 자신의 유전자질을 어
떻게든 보여주려는 것이다. 특히 유행하는 감염에 대한 그의 저항력을
나타낸다. 그는 자신을 보여주면서 말하는 것이다. 내가 얼마나 강한
지. 내가 긴 꼬리를 가지고 노랫소리가 큰 것은 내가 말라리아로 약해
지지도 않았고 벌레에 감염되지도 않았기 때문이다. 테스토스테론이
면역체계를 약화시키는 것은 이것이 정직한 메시지가 되도록 도와준
다. 그의 장식은 혈액 내 테스토스테론의 수위에 따라 다르다. 테스토
스테론이 높을수록 색깔이 더 곱고 크며, 노래를 잘 부르거나, 공격적
이다. 면역기능이 낮은데도 병에 걸리지 않고 거대한 꼬리를 가지는
것은 유전적으로 강한 것임에 틀림없다. 마치 면역체계가 약한 유전자
를 눈에 띄지 않게 하려는 것 같다. 테스토스테론은 면역에 의한 베일
을 걷고 암컷이 유전자를 바로 볼 수 있게 해준다.[6]

면역 능력의 어려움으로 알려져 있는 이 학설에 의하면 테스토스테
론의 면역 억제 효과는 피할 수 없다고 본다. 수컷이 이러한 어려움을
극복하여 면역기능을 억제하지 않으면서 테스토스테론의 수치를 높
일 수는 없다. 만약 이러한 수컷이 존재한다면 (말 그대로) 면역성을 가
지면서 긴 꼬리를 가질 수 있기 때문에 당연히 그는 대성공을 거두어
수많은 자손을 얻을 것이다. 이 학설은 스테로이드 호르본과 면역억제
기능은 다른 모든 생물학적 현상에서처럼 피할 수 없는 중요한 연관성
이 있음을 암시한다.

그러나 더 이해할 수 없는 것이 있다. 아무도 이러한 연관이 피할 수
없음은 말할 것도 없고 어떻게 처음 생겨났는가에 대하여 적절한 설명

을 할 수 없다는 점이다. 왜 몸이 스테로이드 호르몬에 의해 면역기능이 억제되도록 디자인되어야 하는 것인가? 살아가는 동안 일어나는 사건들에 의해 스트레스를 받을 때마다 당신은 감염이나 암과 심장병에 걸리기 쉬워진다. 이는 쓰러져 있는 사람을 다시 발로 차는 것과 같다. 동물들이 적과 싸우려고 테스토스테론을 높일 때마다 감염과 암과 심장병에 더 걸리기 쉬워지는 까닭은 무엇 때문인가?

여러 과학자가 이 수수께끼 문제를 두고 씨름해왔지만, 아무 소득이 없었다. 폴 마틴Paul Martin은 그의 《병들어가는 정신The sickening mind》이라는 심리신경면역학 책에서 두 가지 가능성을 제시하고 모두 반박하였다. 첫 번째는 면역 시스템과 스트레스 반응은 어떤 다른 시스템이 디자인되는 과정에서 생겨난 우연한 부산물로서 모두 실수였다는 것이다. 마틴이 지적했듯이, 복잡한 신경과 화학물질의 연결을 볼 때 이것은 대단히 만족스럽지 못한 설명이다. 체내의 아주 소수의 부위는 우연히 퇴화하거나 기능이 없으며, 특히 복잡하지 않다. 자연선택은 면역반응의 억제가 별다른 작용을 하지 못했다면 거침없이 그 연관성을 제거해버렸을 것이다.

현대인의 삶은 길고 인위적 스트레스를 양산하며 고대의 환경은 짧았기 때문이라는 두 번째 설명 역시 만족스럽지 못하다. 원숭이와 공작 그리고 지구상의 대다수 새와 포유류들은 자연 상태에서 살고 있으나 그들 역시 스테로이드에 의해 면역기능을 억제당하고 있다.

마틴은 곤혹스러움을 감추지 않는다. 스트레스가 필연적으로 면역기능을 억제한다는 사실을 설명할 길이 없었다. 나 역시 마찬가지다. 아마도 마이클 데이비스Michael Davies가 제안하였듯이 기능 억제는 현대 이전에 가장 보편적인 스트레스인 반기아 상태에서 에너지를 절약하기 위해 디자인되었는지도 모른다. 또는 코르티솔은 테스토스테론에 대한 부산물이고 테스토스테론에 대한 반응은 암컷에 의한 수컷의 유전자를 좋은 방향으로 유도하려는, 즉 질병에 저항성이 많은 쪽으로 일부러 만들어진 것인지도 모른다. 다시 말해 앞의 X와 Y염색체 장에서 다룬 성적 적대성의 산물과 연관성이 있는지도 모른다. 나 또한 이러한 설명에 확신이 없다. 더 좋은 생각이 있으면 도전해봄직하다.

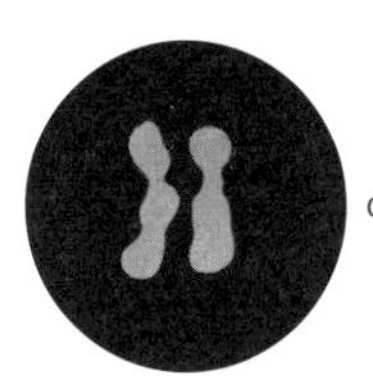

개성

사람의 성격은 그 자신의 운명이다.
－헤라클레이토스

사람들의 공통적인 특성이나 사람마다 각기 다른 고유한 성격이 어디에서 기원하는가에 대한 질문의 답은 게놈에서 찾을 수 있다. 이상하게도 게놈은 사람의 공통적 특성과 사람마다 다른 고유한 특성을 모두 결정한다. 사람들은 스트레스를 받을 때 코르티솔 수위가 올라가고 면역작용은 억제된다. 사람들은 모두 이러한 방법으로 외부 자극에 의해 작동 개시 또는 작동 중난뇌는 유전자를 가지고 있다. 또한 각자 다른 면을 가지고 있어 어떤 사람은 겁이 많으며, 누구는 모험을 즐기고, 어떤 사람은 조용한 반면 다른 사람은 말이 많다. 이러한 차이를 개성이라 하는데 단순히 성격이란 의미 이상의 뜻을 가지고 있다. 즉 타고난 것으로, 남들과 다른 성격을 의미한다.

개성과 관련된 유전자를 이해하려면 먼저 앞 장에서 다룬 호르몬보다는 마음과 연관이 있는 것으로 보이는 화학물질에—호르몬도 화학물질이므로 그 경계가 모호하지만—초점을 맞추어야 한다. 11번 염색체의 짧은 팔 쪽에 D4DR이라는 유전자가 있다. 이 유전자는 도파민 수용체dopamine receptor라는 단백질을 만들며, 뇌의 특정한 세포에서만 발현된다. 주로 다른 신경세포와 접해 있는 신경세포의 세포막에 위치하여 도파민이라는 작은 화합물을 받아들이는 작용을 한다. 도파민은 신경신호 전달물질의 하나로서 전기적 신호에 의해 신경세포의 한쪽 끝부분에서 분비된다. 특정 신경세포에서 도파민 수용체가 도파민과 반응하면 그 신경세포는 스스로 전기적 신호를 생성한다. 이것이 뇌가 작동하는 방법이다. 항상 전기적 신호에 의해 화학적 신호가 만들어지고, 화학적 신호에 전기적 신호가 발생한다. 뇌는 최소 50가지 이상의 다른 화학신호로써 다양한 종류의 의사소통이 동시에 일어날 수 있게 한다. 각 신경신호 전달물질은 각기 다른 세포를 자극하거나 동일 세포 내 다른 화학신호에 대한 반응 민감도를 변화시킨다. 뇌를 컴퓨터에 비유하는 것은 여러 가지 이유로 잘못되었다. 대표적으로 컴퓨터의 스위치는 단순한 전기적 스위치이지만 신경세포에서의 시냅스는 민감도가 아주 높은 화학반응으로 작동하는 전기적 스위치다.

특정 신경세포에서 D4DR의 발현이 일어난다는 것은 두말할 나위도 없이 그 신경세포가 도파민을 통한 회로의 한 구성원임을 의미한다. 도파민 회로는 뇌에 혈액의 공급을 조절하는 등의 여러 가지 일을 한다. 도파민이 부족해지면 결단력이 없고 경직된 개성을 가지며 점점 자기 몸조차 움직이기 힘들어진다. 극단적인 경우가 파킨슨병이다. 도파민 유전자를 제거한 쥐의 경우, 몸을 움직이지 못하여 굶어 죽게 된다. 도파민과 유사한 화학물질(도파민 작동물질dopamine agonist라고 함)을 뇌에 투여하면 이와 같은 문제가 극복된다. 그에 비해 도파민이 지나치게 많이 공급된 쥐는 대단히 탐구적이며 모험적이 된다. 인간의 경우에는 정신분열증의 직접적인 원인이다. 몇 가지 환각제는 도파민 회로를 자극하여 그 효과가 나타난다. 코카인에 심하게 중독되어 음식보다 코카인을 선호하는 쥐의 경우에는 뇌의 일부분인 측중격핵_{nucleus acumbens}에서 도파민이 분비되는 것을 볼 수 있다. 쥐에게 스위치를 누를 때마다 이 '행복중추'가 자극이 되도록 해놓으면 쥐는 스위치를 누르고, 또 누르게 된다. 그러나 도파민이 작용하지 못하게 하는 화학물질을 그 쥐의 뇌에 투여해놓으면 더 이상 스위치를 누르지 않는다.

이 상황을 다시 표현하면, 도파민은 뇌에서 동기를 유발하는 화학물질로 추측된다. 부족하면 자발적인 면이나 동기유발이 적어지고, 지나치면 쉽게 싫증을 내고 새로운 모험거리를 자주 찾게 된다. 아마 여기에 개성이 서로 다른 근본적인 이유가 있는 것 같다. 해머_{Hamer} 학장이 표현했듯이 1990년대 중반에 모험 추구적인 개성에 관한 유전자를 찾고자 한 것은 아라비아의 로렌스와 빅토리아 여왕의 차이를 추적하여 살피고자 하는 것과 같다. 도파민을 만들고 조절하며, 분비하고 받아들이는 과정에는 여러 유전자가 관여하기 때문에 아무도 하나의 유전자로 이러한 면의 개성이 전적으로 결정된다고는 예상하지 않았다. 또한 모험심의 차이가 유전적이라는 것, 즉 어느 무엇보다도 실제적으로 유전적 영향이 강하다는 것도 예상했던 바가 아니다.

유전적 차이라는 것은 예루살렘의 리처드 엡스타인_{Richard Ebstein} 연구실에서 11번 염색체에 있는 D4DR에 관한 연구로 밝혀졌다. D4DR은 48개의 아미노산 서열이 2~7번의 빈도로 나타나는 다양한 반복 염기 서열들을 가지고 있다. 대부분 4번 또는 7번의 반복이 일어나지만 사람에 따라 2번, 3번, 5번, 6번, 8번, 9번, 10번 또는 11번의 반복이 일어나기도 한다. 반복 횟수가 많아질수록 도파민과 반응하는 도파민 수용체로서의 효과가 떨어진다. 즉 '긴' 반복을 포함한 D4DR 유전자는 뇌의 특정 부분에서의 도파민에 대한 반응도가 낮아지는 것을, '짧은' 반복을 가진 D4DR 유전자는 반응도가 높아지는 것을 의미한다.

해머와 그의 동료들은 반복의 길이가 개성과 어떠한 관계가 있는지를 알아내려고 했다. 이 접근방식은 6번 염색체에서 특정한 행동에 관여하는 어떤 유전자를 추적하여 찾고자 한 로버트 플로민의 접근방식과 반대가 된다. 즉 해머는 특정 유전자를 가지고 이에 관계되는 기질trait을 찾고자 하였다. 124명을 대상으로 여러 종류의 개성 테스트를 한 후 새로운 것만을 추구하는 성격novelty-seeking character을 조사하고 그들의 유전자를 검사하였다.

놀랍게도 예상대로였다. 비록 아주 많은 사람을 대상으로 한 것은 아니었지만, 해머가 연구한 집단 내에서는 2개의 짧은 유전자를 가진 사람들에 비해 1개 또는 2개(사람의 체세포는 이배체diploid이므로 2개의 유전자가 존재)의 긴 유전자를 가지고 있는 사람들의 경우에 새로운 것을 추구하는 경향이 뚜렷하였다. 긴 유전자는 6개 이상의 반복을 포함한 경우다. 해머는 이 유전자가 속칭 젓가락 유전자chopstick gene라고 비유되는 경우에 해당되지 않을까 걱정하였다. 보통 눈이 푸른 사람들은 젓가락을 사용하는 데 서투르다. 이를 보고 아무도 젓가락 사용이 눈의 색깔과 관련된 유전자에 의해 유전적으로 결정된다고 주장하지 않는다. 유전과는 상관이 없는 단순한 문화적 요인에 의해 비동양계 사람들에게 푸른 눈과 젓가락 사용이 미숙하다는 공통점이 생겨났을 뿐이다. 리처드 르윈틴Richard Lewontin은 이와 같은 무연관성을 다른 비유를 들어 설명하고 있다. 즉 뜨개질을 잘하는 사람은 Y염색체를 가지고 있지 않다는 것이, 뜨개질을 잘하려면 Y염색체가 없어야 한다고 말할 수 없다는 것이다.

이런 과정에서 개입될 수 있는 애매한 점들을 배제하기 위해서 해머는 미국 한 가족의 구성원에게 동일한 연구를 수행하였다. 이 경우에도 역시 상관관계가 잘 성립되어, 새로움을 갈구하는 경향이 있는 사람이 1~2개의 긴 유전자를 가지는 경향이 뚜렷하였다. 한 가족의 구성원들이므로 문화가 달라서 생길 수 있는 젓가락설이 전혀 설득력이 없게 된다. 바로 위와 같은 유전적 차이가 개성의 차이의 기본이다.

이에 대한 설명은 다음과 같다. 긴 D4DR 유전자를 가진 사람은 도파민에 대한 반응 민감도가 낮기 때문에, 짧은 유전자를 가진 사람이 보통 일에서 얻는 도파민 효과만큼을 얻기 위해 좀 더 모험적인 삶을 즐기게 된다. 즉 동일한 도파민 효과를 얻으려고 모험을 갈구하는 성격이 되는 것이다. 새로움을 갈구하는 경향을 좀 더 명확히 보여주는 것으로 해머는 다음의 예를 들고 있다. 이성애적인 남성의 경우 긴 D4DR 유전자를 가진 사람은 짧은 D4DR 유전자를 가진 사람에 비해 다른 남성과 섹스를 하는 확률이 여섯 배나 높았다. 또 동성애적인 남성의 경우 긴 D4DR 유전자를 가진 사람은 짧은 D4DR 유전자를 가진 사람에 비해 다른 여성과 섹스를 하는 확률이 다섯 배 높았다. 양쪽 모두 긴 유전자를 가진 사람이 짧은 유전자를 가진 사람에 비해 더욱 많은 섹스 상대를 가진다.[1]

우리 주위에도 일단 일을 저지르고 보는 사람이 있는가 하면, 반대로 나름의 목표를 세워놓고도 새로운 시도를 망설이는 사람이 있다. 아마 전자가 긴 D4DR 유전자를 가지고, 후자가 짧은 D4DR 유전자를 가지고 있을 것이다. 그러나 그렇게 단순한 것 같지는 않다. 해머는 새로움을 갈망하는 성격의 원인으로 이 유전자가 차지하는 비율은 4% 이하라고 주장한다. 대체적으로 이 성격은 40% 정도가 유전성이고, 개성의 차이와 그 특성이 잘 상응되는 유전자들이 있다고 한다면 비중이 비슷한 10개 정도의 유전자가 이에 관계된다고 볼 수 있다. D4DR은 개성에 관계된 한 요인이며, 아마도 한 다스 정도의 다른 요인이 작용할 것이다. 이와 같은 것을 확장시켜 인간의 개성에 관계되는 유전자 수를 개략적으로 추정하면 500개 정도 된다. 사람마다 차이가 나는 것만을 포함했을 때 말이다. 사람들 사이에는 차이가 없지만 인간성에 영향을 미치는 것도 상당수 있을 것이다.

이런 것이 행동과 관련이 있는 유전자들의 모습이다. 이제 당신은 행동에 미치는 유전적 영향이라는 이야기에 전혀 겁먹을 것 없음을 이해할 것이다. 500개의 '개성 관련 유전자' 가운데 하나에 얽매인다는 것이 얼마나 엉터리 같은 이야기인가? 미래의 세계(멋진 신세계에서와 같은)에서 임신한 아이가 개성 유전자 가운데 하나가 좋지 않다고 유산을 시킨다면 이것이 얼마나 어리석은 결정이겠는가. 더욱이 다시 가지게 되는 아이는 더 많은 2~3개나 좋지 않은 유전자를 가질지도 모르는 마당에……. 설사 대단한 힘을 가진 권력자가 사람들에게 특정 유전적 개성에 대해 우생학적 선택을 적용하려든다 할지라도 이 시도가 얼마나 무모한지 짐작이 갈 것이다. 수많은 대상자의 500여 개 유전자를 일일이 조사하여 하나라도 부적당하다고 제외시키다 보면, 100만 명의 후보를 대상으로 시작했더라도 아마 결국에는 아무도 남지 않을 것이다. 우리 모두가 어떤 의미로는 돌연변이체다. 이른바 디자인된 아이designer baby에 대한 시도를 무력화하는 최고의 방법은 관계된 유전자를 더 많이 확인하고 그러한 표현형이 만들어지는 것이 얼마나 복잡한지를 깨우쳐주는 일뿐이다.

한편 개성의 결정에 유전적 요인이 중요하다는 발견을 성격 치료에 응용할 수 있다. 태어날 때부터 부끄러움을 많이 타는 원숭이라도 대담한 양부모 원숭이가 키우면 그 특성을 빨리 극복할 수 있다. 이러한 현상은 사람에게도 거의 유사하다. 키우기에 따라서 타고난 개성을 변화시킬 수 있다. 흥미로운 것은 그 특성이 타고난 것임을 이해하는 일이 이 문제를 치료하는 데 도움이 되는 것 같다는 점이다. 유전학적 연구를 접하게 된 치료사 세 명이 부끄러움을 극복하는 시도로 이를 치료하기보다는 환자 자신의 타고난 성질을 이해시키는 방법으로 바꾸었을 때 효과적임을 발견하였다. 환자들은 자신의 문제점이 실제로 존재하며, 타고난 것이지 잘못된 습관에 의한 것이 아님을 알고 마음을 편히 가지게 된다. "역설적으로 사람의 기본적 성향을 병으로 보지 않고 있는 그대로 받아들이게 하는 것이 자아 존중이나 사람 간의 관계를 증진시키는 최고의 선택이라고 생각된다." 즉 소극적인 면을 타고났다고 말해주는 것이 이를 극복하는 데 도움이 된다는 것이다. 결혼 문제 상담의 경우에도 당사자에게 상대방의 나쁜 버릇이 타고난 것이며 바꾸기 어렵다는 것을 받아들이게 하고, 다른 면에서 해결점을 찾게 해 효과를 보았다는 보고가 많다. 동성애 자식을 눈 부모가 동성애 특성이 자신들의 양육 방법의 잘못이 아니라 바꿀 수 없는 타고난 특성임을 이해할 때 아이들을 받아들이기 쉬웠다. 그 내용이 시사하는 점과 다르게 그 성격이 타고난 것임을 인식하는 경우 심리적 안정감을 가져다준다.[2]

보통의 경우보다 길들이기 쉽고 선천적으로 겁이 없는 여우나 쥐를 만든다고 가정해보자. 한 가지 방법은 새끼들 중 가장 검은 것을 골라서 다음 세대의 육종에 사용하는 것이다. 이 과정을 반복하면 수년 안에 길들이기 쉬운 동물을 만들 수 있다. 이 기묘한 방법은 이미 동물 육종가들 사이에서는 널리 알려져 있다. 1980년대에 들어와 여기에 새로운 의미가 더해졌는데, 바로 인간의 신경화학과 개성 사이의 연관관계가 위의 사실과 유사하다는 것이다. 어린이의 수줍음과 대담함에 관한 연구를 주도하고 있는 하버드 대학의 심리학자 제롬 카간Jerome Kagan 팀은 커서 수줍음이 많을지 대담할지를 빠르면 생후 4개월 정도의 아이를 보고 예측할 수 있음을 알아냈다. 양육이 중요하기는 하지만 타고난 개성이 상당한 역할을 한다.

아주 극단의 성격을 가진 사람을 제외하고는 수줍음을 타고난다는 것은 그리 놀랄 만한 일이 아니다. 그러나 재미있는 것은 이러한 특성이 전혀 상관없어 보이는 다른 특성과 연관이 있다는 점이다. 유럽 계통의 경우에는 수줍음을 많이 타는 청소년은 대체로 눈이 푸르고, 알레르기를 일으키는 경향이 높으며, 마르고 키가 크며, 얼굴이 갸름하고 수줍음을 덜 타는 사람보다 뇌의 오른쪽 앞머리의 활성이 크며, 심장박동이 빠른 특성을 가지고 있다. 이 모든 특성은 발생 중인 배에서 신경능선neural crest 부분 세포들의 조절을 받으며, 여기에서 뇌의 일부분인 소뇌편도amygdala도 생겨난다. 이 부분들은 모두 도파민과 유사한 노르에피네프린norepinephrine이란 신경신호 전달물질을 사용한다. 위와 같은 특성은 대체로 북유럽 사람의 특성이기도 하다. 카간은 이를 빙하시대 이 지역에서 추위에 견딜 수 있는 특성, 즉 대사 속도가 빠른 사람들이 살아남은 결과라고 설명하였다. 대체로 대사 속도는 소뇌편도에서 노르에피네프린 체계의 활성이 증진되어 빨라지며 이에 따라 여러 특성, 예를 들어 냉정하고 수줍음을 타거나 창백한 안색을 가지게 된다. 여우나 쥐의 경우처럼 수줍음을 많이 타고 의심이 많은 타입이 대담한 경우보다 엷은 색을 가진다.[3]

카간의 말이 옳다면, 눈이 푸르고 키가 크고 마른 사람은 다른 사람에게 맞설 때 좀 더 조바심을 내는 경향이 있을 것이다. 인력관리 담당자라면 이 사실을 사원 채용에 활용할 수 있다. 이미 우리 사회에서는 인력 고용 시 개성에 차별을 두고 있다. 대부분의 구인광고에는 사교적 성격을 가진 사람(아마 어느 정도 태생하고도 관계가 있는)을 요구한다. 그러나 눈 색깔로 채용 여부를 결정하는 것은 허용되지 않는다. 그것은 심리적 차별에 비해 물리적 차별은 허용되지 않기 때문이다. 실제로는 심리적 차별은 화학물질에 대한 차별이며, 이 또한 물리적인 차별이다.

도파민이나 노르에피네프린은 이른바 모노아민monoamine 계열이다. 뇌에는 이 두 가지와 유사한 또 다른 모노아민 계열의 세로토닌serotonin이 있는데, 이 또한 개성이 화학적으로 관련 있음을 보여준다. 다만 세로토닌은 도파민이나 노르에피네프린보다는 좀 복잡하여 그 특성을 정확하게 단정지어 말하기 어렵다. 정상보다 세로토닌이 아주 높은 사람의 경우는 강박적으로 단정함과 조심성에 집착한다. 심하면 신경과민에까지 이른다. 이러한 강박성·집착성 병리현상을 가진 사람들은 세로토닌의 수위를 낮춰줌으로써 증상을 완화시킬 수 있다. 반대로 세로토닌이 아주 낮은 사람은 충동적인 경향이 있다. 충동적인 폭력 범죄를 저지르거나 자살하는 사람은 많은 경우 세로토닌의 수위가 아주 낮다.

프로작이라는 약물의 작용 방법에는 여러 설이 있지만 세로토닌 체계 쪽에 영향을 미친다고 알려져 있다. 이 약물을 개발한 릴리사와 과학자가 제시한 통설에 따르면 프로작은 신경세포의 세로토닌 재흡수를 저해하여 뇌에 세로토닌의 양을 증가시킨다고 한다. 세로토닌이 증가하면 조바심을 내거나 의기소침한 경향이 줄어들어 보통 사람도 낙천주의자로 변하게 된다. 그러나 프로작을 통해 신경세포의 세로토닌 반응을 방해함으로써 반대효과를 줄 수도 있다. 17번 염색체에 세로토닌 수송 단백질 유전자가 있는데, 이 유전자의 앞부분에 유전자의 발현 정도를 조절하는 데 관계되는 조절 염기 서열이 있고 그 길이에 따라 발현을 억제하는 정도의 차이가 생긴다. 많은 돌연변이의 경우처럼, 이 부분의 크기 변화는 동일한 염기 서열이 반복되어 만들어지는데 22개로 구성된 일정한 염기 서열이 14번 또는 16번씩 반복되어 있다. 보통 세 명 가운데 한 명은 길이가 긴 2개의 유전자를 가지고 있어 발현 억제 작용의 효과가 약한 편이다. 유전자 발현이 원활히 일어나면 이로 인해 세로토닌 수송 단백질의 생성이 높아지고 따라서 세로토닌이 잘 제거된다. 이런 사람은 신경과민이 훨씬 덜하고 성별, 인종, 교육, 수입 정도에 상관없이 보통 사람들보다 훨씬 상냥한 경향이 있다.

　이러한 사실을 바탕으로 해머 학장은 세로토닌은 조바심을 내고 의기소침한 정도를 완화시키는 것이 아니라 증진시키는 화합물이라고 결론지었다. 그래서 그는 이를 뇌에 벌을 주는 화학물질이라고 불렀다. 그러나 반대로 해석되는 여러 증거가 있다. 즉 세로토닌이 많을 때 기분이 좋아진다. 겨울철 스낵에 대한 욕구와 졸음과의 연관성이 이에 관한 사례다. 많은 사람들이 비교적 빨리 어두워지는 겨울철에는 오후 늦은 시간이면 탄수화물성 스낵을 자주 찾게 된다고 한다. 그런 사람들은 보통 겨울 동안 긴 수면 시간이 필요하지만, 그렇다고 그 수면이 썩 만족스럽지도 않다고 한다. 이 과정은 다음과 같이 설명할 수 있다.

겨울철 초저녁에 어둠이 깔리기 시작하면, 뇌는 이에 반응하여 수면을
유도하는 호르몬인 멜라토닌을 만들기 시작한다. 멜라토닌은 세로토
닌에서 만들어지므로 세로토닌의 양이 적어진다. 세로토닌의 양을 빨
리 회복시키려면 뇌에 보다 많은 트립토판을 공급해야 한다. 이렇게
하는 가장 빠른 방법은 이자에서 인슐린을 분비하게 하여, 몸에서 트
립토판 등 여러 영양을 흡수케 하는 것이다. 인슐린 분비를 촉진하는
것이 탄수화물 스낵이다.[4]

　　겨울 저녁이면 뇌의 세로토닌 수위를 높여 스스로 기분이 좋아지도
록 과자를 먹는다. 즉 먹는 습관을 조절함으로써 세로토닌의 수위를
조절할 수 있다. 실제로 혈액 중 콜레스테롤을 낮추기 위해 사용되는
약이나 다이어트로 세로토닌에 영향을 미칠 수 있다. 많은 연구자료에
서 보통 사람들의 경우 콜레스테롤을 낮추는 약물을 복용하거나 다이
어트를 하게 되면 그렇지 않은 사람들에 비해 심장질환으로 인한 사망
은 줄어드는 반면 급사 확률은 증가하는 것으로 나타났다. 즉 콜레스
테롤 문제를 치료하면 심장마비는 14%로 줄어드는 데 비해, 급사 확
률은 78%로 증가한다. 대체로 급사가 심장마비보다 드물기 때문에
이를 감안하면 수치상으로는 얻는 것과 잃는 것이 비슷해진다. 그러나
급사의 경우 주위의 무고한 사람이 고생을 하게 되는 문제가 있다. 따
라서 콜레스테롤 치료에는 위험요소가 있다. 최근 20여 년 동안 알려
지기는 죄수, 폭력 가해자, 자살에 실패한 사람과 같이 충동적이고 비
사교적이며 의기소침한 사람들이 비교적 평균보다 콜레스테롤 수치
가 낮다고 한다. 율리우스 카이사르가 카시우스의 야위고 굶주린 모습
을 경계한 것도 이상할 것이 없다.

　　이와 같은 결론은 통계적 유의성이 커서 다른 의료 전문가들에게 의

미가 없다는 반박을 받지만 꽤 반복적으로 일어나는 현상이다. 7개 국의 35만 1,000명을 대상으로 7년에 걸친 미피트Mifit 실험에서, 아주 낮은 또는 아주 높은 콜레스테롤을 가진 사람들이 보통 사람에 비해 특정 연령에서의 사망률이 두 배나 높다는 통계 결과를 보여주었다. 저콜레스테롤 쪽의 사망은 주로 사고, 자살 또는 피살이었다. 각 그룹의 극단적인 부분인 25% 범주만을 놓고 비교해보면 저콜레스테롤인 사람이 자살하는 경향이 고콜레스테롤인 사람보다 네 배나 높다. 이 경향은 여성의 경우에는 성립하지 않았다. 그러니 이 때문에 모두들 달걀 프라이를 다시 먹어도 된다는 말은 아니다. 일부 사람에게 고콜레스테롤과 고콜레스테롤성 음식이 위험한 것처럼, 일부 사람에게 저콜레스테롤이나 저콜레스테롤성 음식은 위험하다. 저콜레스테롤 다이어트는 모두에게가 아닌 유전적으로 과다한 콜레스테롤 문제가 있는 사람에게만 추천해야 한다.

저콜레스테롤과 폭력의 관계에 세로토닌이 작용하는 것은 거의 확실하다. 저콜레스테롤 다이어트를 시킨 원숭이는 공격적이고 성미가 까다로워지는데(몸무게는 줄지 않고) 이는 세로토닌 수위가 떨어져서 생기는 듯하다. 노스캐롤라이나 주의 보먼 그레이Bouman Gray 의과대학의 카플란Jay Kaplan 연구실에서 보고한 바에 따르면, 저콜레스테롤(그러나 고지방) 다이어트를 시킨 여덟 마리의 원숭이는 고콜레스테롤 다이어트를 시킨 아홉 마리의 원숭이보다 뇌에서의 세로토닌 수위가 반 정도였으며, 동료에게 공격적이거나 비사교적 행동이 40% 정도나 증가하였다. 이러한 경향은 암수 모두에서 나타났다. 실제로 저세로토닌은 사람에게 충동적 살인, 자살, 싸움, 방화 가능성의 척도가 되는 것처럼 원숭이에게도 공격성의 척도가 된다. 이 이야기가 법적으로 모든 사람이 이마에 자신의 세로토닌 수치를 표시해서 다른 사람이 누구를 피하거나 감금하거나 보호를 해주어야 할지를 구별해야 한다는 것일까?[5]

그와 같은 방법은 시민의 자유를 침해하기 때문에 실패할 가능성이 높다. 세로토닌의 수치는 타고난 것도, 변할 수 없는 것도 아니다. 단지 사회적 상태의 산물이다. 주위 사람보다 자긍심이 높고 사회적 지위가 높을수록 세로토닌 수치가 증가한다. 원숭이를 이용한 실험은 이와 같은 사회적 형태가 우선한다는 것을 보여준다. 지배층 원숭이는 세로토닌 수위가 높고 피지배층은 낮다. 이게 원인인지 결과인지는? 세로토닌 수치가 높은 원숭이에게서 지배적 형태가 나오는 것이라고 추론하기 쉽다. 그러나 실제는 그 반대로 그 원숭이의 조직 내 위치에 따라 세로토닌의 수치가 변한다.[6]

많은 사람들이 생각하는 것과는 달리 지위가 높을수록 공격성이 낮다. 이는 사바나원숭이의 경우도 마찬가지다. 지위가 높은 사람이 특별히 더 대담하거나, 날뛰거나 폭력적이지 않다. 보통 협상에 능하고 동지를 잘 끌어들인다. 차분하고 품위 있게 행동하며 덜 충동적이고 상대방의 의도를 공격으로 오해하는 경향도 덜하다. 사람이 아닌 원숭이의 경우지만 그룹 내에서 어느 원숭이가 대장인지를 어린이도 쉽게 알아낼 수 있다는 것을 UCLA의 마이클 맥과이어 Michael McGuire가 보고하였다. 인간 사회에서도 볼 수 있는 도도한 듯한 태도나 행동으로 이를 쉽게 파악할 수 있다. 원숭이의 기분이 세로토닌 수위에 의해 결정된다는 것은 의심할 여지가 없다. 인위적으로 그룹 내의 위계 질서를 바꾸어놓으면 피지배 상태에 들어간 원숭이의 세로토닌 수위가 떨어지고 태도도 변하게 된다. 인간 사회에서도 비슷한 양상을 볼 수 있다. 대학의 남학생 클럽에서 대표가 되면 세로토닌의 수위가 올라가고 그만두었을 때 떨어지는 것을 볼 수 있다. 자신의 세로토닌 수위를 알게 되면 스스로에 대한 예언이 가능해진다.

이러한 이야기는 일반 사람들이 생물학에 대해 가지고 있는 견해와 정반대다. 모든 세로토닌 체계는 생물학적으로 결정된 것이다. 범죄자가 될 확률은 당신의 뇌가 화학적으로 어떠한가에 의해 결정된다. 그러나 이 말은 물론 평균적인 상황을 말하는 것이지 우리의 행동이 사회적 생활로 바뀔 수 없음을 의미하는 것은 아니다. 이와는 정반대로 뇌의 화학적 상태는 우리가 접해 있는 사회적 특성에 의해 결정된다. 생물학적으로도 행동이 결정되지만 사회의 영향에 의해서도 행동이 결정된다. 우리 몸의 코르티솔 체계의 경우에서 비슷한 현상을 설명한 바와 같이 뇌의 세로토닌 체계에서도 마찬가지다. 기분, 마음, 개성, 행동은 사회적으로 결정된다. 물론 이 말이 생물학적으로 결정되지 않는다는 의미는 아니다. 사회적 영향이 유전적으로 존재하는 유전자를 작동시키느냐 않느냐를 결정하고 그것이 다시 행동에 영향을 미친다.

여러 종류의 타고난 개성 타입이 있고 이 사람들은 신경신호 전달물질을 매개로 사회적 영향에 대해 다양하게 반응한다는 것은 부정할 수 없는 사실이다. 합성 속도가 다른 세로토닌 유전자들, 세로토닌 수용체의 반응성이 다른 유전자들, 특정 부위에 세로토닌에 대한 반응이 커지도록 하는 유전자들, 멜라토닌 합성에 세로토닌을 소모해버려서 겨우내 우울증에 시달리게 하는 유전자들 등, 관계되는 유전자는 많다. 3대에 걸쳐 범죄와 연관이 있는 네덜란드의 가계가 있는데, 그 원인은 의심할 것도 없이 한 유전자에 있었다. 이 사람들은 X염색체에 있는 모노아민 산화효소monoamine oxidase란 유전자가 달랐다. 모노아민 산화효소는 세로토닌과 같은 화합물을 분해시킨다. 추론에 의하면 그들은 세로토닌의 신경 화학적 특성 때문에 범죄의 길로 접어들게 된 것 같다. 그렇다고 해서 이 유전자를 속된 표현이라면 몰라도 범죄 유전자라고 할 수는 없다. 해당 돌연변이는 아주 드물며 범죄자에게서도 드물게 나타나는 유형으로 고아 돌연변이orphan mutation 가운데 하나로 여겨진다. 모노아민 산화효소 유전자로는 일반적 범죄 행동에 대해 설명할 수 있는 것이 많지 않다.

아직 개성을 뇌의 화학작용의 문제로 보기는 충분하지 않다. 이 하나의 세로토닌이라는 화합물질로도 여러 방법으로 타고난 개성의 차이를 설명할 수 있다. 또 마음의 세로토닌 체계가 사회적 환경과 같은 외적 영향을 받는 데도 여러 방법이 있다. 어떤 사람은 다른 사람보다 외적 환경에 훨씬 더 민감하다. 이것이 유전자와 환경의 현실이다. 1차원적인 결정이 아닌 둘 사이의 매우 복잡한 상호관계에 의한 미로다. 사회적 행동은 우리의 마음과 몸에 영향을 주는 외부적인 여건이 아니다. 그것은 우리를 구성하고 있는 본질적인 한 부분이며, 우리의 유전자들은 사회적 행동을 만드는 역할을 할뿐더러 이에 반응하도록 프로그램되어 있다.

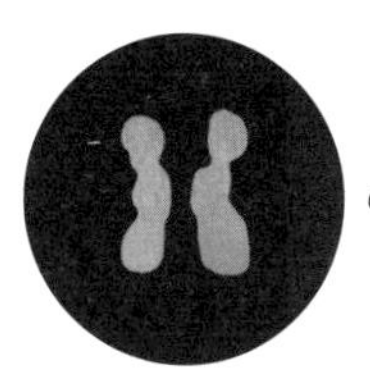

12번 염색체

자가조립

달걀에는 자연의 법칙에 따른 마지막 모습이 담겨 있다.
달걀은 잠재적인 닭이다.
-연금술사 벤 존슨

자연에는 우리가 세상에 만들어낸 물건들과 상응되는 것들이 참으로 많다. 박쥐는 수중음파탐지기, 심장은 펌프, 눈은 카메라, 자연도태는 시도와 오류, 유전자는 조리법, 뇌는 도선(엑손)과 스위치(시냅스)로 구성되고, 호르몬계는 정유공장에서와 같은 피드백 조절을 사용하며, 면역작용은 간첩 행위에 대한 대항적 스파이 활동이며, 육체가 성장하는 것은 경제 성장과 비슷하다. 그 비유가 적당하지 않은 것도 있지만 최소한 이들은 자연이 동원한 여러 가지 해법이며, 자연의 천재적인 고안에 해당하는 기법과 기술들이다. 우리 인간은 이와 같은 것을 대부분 공업 기술로서 재발명하였다.

그러나 이는 어느 정도 이상에서는 통하지 않는다. 정말 놀랍고, 멋지고, 기묘한 것임에도 자연은 그다지 어렵게 성취한 것 같지 않다. 자연에는 있으나 우리에게 없는 것으로, 분화되지 않은 덩어리인 1개의 수정란에서 사람의 몸이 만들어지는 것과 같은 경우를 들 수 있다. 위 경우에 해당하는 유사한 기계(또는 소프트웨어)를 고안한다고 상상해보자. 미국 국방성은 어쩌면 그런 것을 시도해보았을지도 모른다. "자네 임무는 쇠조각과 폭발물 재료로 스스로 제조되는 폭탄을 만드는 것이다. 예산은 얼마든지 써도 좋고, 인력도 최고의 두뇌들로 1,000명을 써도 좋다. 팔월까지 시제품을 만들어 오게. 암놈 토끼는 한 달에 열 번씩이나 할 수 있는 일이니 그리 어렵진 않겠지."

이와 유사한 것이 인공적으로 만들어진 적이 없으므로 그것을 이해하기란 쉽지 않다. 알이 자라고 발생함에 따라 특정 사건이 특정 부위에서 일어나 점차 구체적인 윤곽이 잡힌다. 이와 같은 일에는 어떤 계획이 필수적이다. 신이 이를 중재하는 것도 아닐 터이니 그와 같은 세부 계획이 알 그 자체에 내재되어 있어야 한다. 어떻게 알은 해보지도 않은 일을 이끌어 나갈까? 과거에 사람들은 정자에 축소판 인간이 있다는 전성설을 믿었다. 아리스토텔레스도 지적했듯이 전성설은 문제에 대한 답이 되지 못한다. 축소판 인간은 어떻게 만들어지는가? 나중에 나온 가설에서 윌리엄 베이트슨은 모든 생물은 질서정연하게 부품이나 조각(이를 동종 형성homeosis이라고 불렀음)으로 만들어진다는 비교적 근접한 답을 내놓았지만, 대체로 그 전과 다름이 없었다. 1970년대에는 발생에 복잡하고 고급스런 기하학적인 해석을 사용하는 것이 유행이었다. 수학자에게는 미안하지만 자연의 해결법은 비록 그 세부 내용은 엄청나게 복잡해 보이지만 아주 단순하고, 이해하기 쉬운 것으로 판명되었다. 그 모든 것은 디지털 형태로 쓰인 유전자와 관련이 있다. 이와 같은 역할을 하는 발생 관련 유전자들 가운데 일부가 12번 염색체의 중간에 모여 있다. 이 유전자들을 발견하고 기능을 밝힌 일은 아마도 유전자의 암호를 풀이한 이후 유전학이 이룩한 가장 위대한 업적일 것이다. 그 발견 자체는 두 가지 측면에서 아주 뛰어나고, 운이 좋은 놀라운 내용이었다.[1]

수정란이 배로 성장할 때 처음에는 분화되지 않은 덩어리다. 점점 2개의 비대칭, 즉 머리·꼬리 축과 등·배의 축이 생긴다. 초파리나 두꺼비의 경우에 이 축은 모체에 의해 만들어지는데, 모체의 세포가 배의 한쪽은 머리로, 다른 한쪽은 등으로 지시하게 된다. 쥐나 사람의 경우는 후반부에 생성되는데 어떻게 만들어지는가는 알려지지 않았다. 자궁에 착상하는 순간이 중요한 것으로 추측된다.

초파리와 두꺼비에서 이 비대칭 형성은 몇 가지 모체 유전자 산물의 농도 구배로 이루어진다고 알려져 있다. 포유동물에서도 그 비대칭은 역시 화학적인 것에 의해 일어난다. 각 세포는 자신의 세포 내용물을 바탕으로 지구위치파악 시스템(GPS)처럼 자리를 파악한다. 예를 들어 "당신은 지금 몸의 뒤편 아래쪽에 가까운 위치에 있다"처럼. 당신이 어디에 있는지 아는 것은 참으로 좋은 일이다.

그러나 어디에 위치하는지를 아는 것은 시작에 불과하다. 거기에 있으면서 무슨 일을 하는가는 전혀 다른 문제다. 이러한 과정을 조절하는 유전자를 호메오 유전자homeotic genes라고 한다. 예를 들면 위치가 파악된 세포에서 그 정보를 지침서에 대입하면 "날개가 돼라" 또는 "신장세포가 돼라" 등과 같은 지시를 내릴 수 있다. 물론 지금 말하는 것처럼 되는 것은 아니다. 컴퓨터나 지침서가 있는 것이 아니라 단지 연속적이고 자동적인 단계들을 거쳐 유전자가 특정 유전자를, 그리고 그 유전자가 다른 특정 유전자를 작동시킨다. 그런데도 지시서는 적절한 비유다. 사람들은 좀 이해하기 힘든 일이지만 배발생의 위대함은 전적으로 탈집중화 과정에 있기 때문이다. 몸의 모든 세포는 완전한 상태의 게놈을 가지고 있으므로 어떤 세포도 누구로부터의 지시를 기다릴 필요 없이 각 세포는 자신의 정보와 옆에서 받는 신호에 따라 움직이면 된다. 우리 사회는 이런 방법으로 만들어져 있지 않다. 우리는 특정 부분에서는 지나치게 정부의 결정에 끌려다니는 편이다. 우리도 탈집중화를 시도해보는 것이 좋을 것 같다.[2]

초파리는 번식이 빠르고 다루기 쉬워 19세기 초부터 유전학자들의 중요한 연구 수단으로 사용되어왔다. 초파리는 한낱 파리에 지나지 않지만 유전자가 염색체 위에 있다는 것, X선에 의해 돌연변이가 유도될 수 있다는 뮐러의 발견 등, 많은 유전학의 기본 원리를 규명하는 데 쓰인 고마운 존재다. 인위적 돌연변이 중에는 더듬이 자리에서 다리가 생기거나, 평균곤halter 부위에서 날개가 나오는 등 비정상적으로 성장하는 것도 있었다. 즉 특정 부위에서 몸의 다른 부위의 것이 생성된다. 그 원인은 호메오 유전자에 이상이 생긴 때문이다.

1970년대 후반 야니 뉘슬라인-폴하르트Jani Nusslein-Volhard와 에릭 비샤우스Eric Wieschaus는 위와 같은 돌연변이체를 많이 확보하였다. 다리나 날개 또는 신체의 다른 부분이 엉뚱한 곳에서 생성되는 것들을 골라내면서 점점 어떤 경향을 보게 되었다. 갭gap 유전자들은 몸의 큰 부분을 결정하는 것이고 페어-룰pair-rule 유전자들은 각 부위에서 좀 더 작은 내용을, 체절극성segment-polarity 유전자들은 좀 더 작은 내용에서 앞뒤를 구분하는 데 중요한 작용을 하는 것들이다. 즉 발생 관련 유전자는 조직적으로 작용하여 발생하는 배아를 점점 작은 부분으로 구분하고 세부사항을 만들어간다.[3]

이것은 매우 놀라운 일이었다. 이전까지는 신체의 각 부위가 특정 유전적 설계grand genetic plan에 따른다기보다는, 이웃하는 것들에 따라 신체의 각 부위가 결정된다고 믿었다. 그러나 돌연변이를 이용하여 변형된 부분을 추적하고 그 염기 배열을 파악한 결과, 더욱 놀랄 만한 사실이 알려졌다. 그 결과는 20세기 인간의 지식 축적에 추가된 두 가지 믿기 힘든 위대한 발견 가운데 첫 번째 것이다. 바로 특정 염색체의 일정 지역에 위치하는 지금은 혹스Hox 유전자라 불리는 8개의 호메오 유전자 부위를 발견한 것이다. 그 자체로는 그리 놀라울 것이 없지만, 8개의 유전자가 신체의 다른 부분에 영향을 미친다는 것과 몸의 부위와 같은 순서로 유전자가 위치한다는 것은 참으로 놀라운 점이다. 첫 번째 것은 입, 두 번째는 얼굴, 세 번째는 머리의 윗부분, 네 번째는 목, 다섯 번째는 흉부, 여섯 번째는 복부의 앞부분, 일곱 번째는 복부의 뒷부분, 여덟 번째는 복부의 다른 부분을 형성하는 데 영향을 미친다. 첫 번째 유전자가 머리 끝이고, 마지막 유전자가 꽁지 끝이라는 것뿐 아니라, 모든 경우에 해당하는 유전자들이 예외없이 질서정연하게 염색체 위에 배치되어 있다.

대체로 유전자의 순서는 비교적 무작위적이라는 것을 감안하면 이것이 얼마나 독특한지 알 수 있다. 이 책에서는 게놈의 내용을 설명하기 위해서, 일종의 논리적 순서에 따라 게놈을 다루고 있다. 그러나 이것은 인위적이다. 일반적으로 특정 유전자가 특정 부위에 있어야 할 아무런 이유가 없다. 때로는 특정 유전자에 가까이 있어야 할 필요는 있을지도 모른다. 그러나 문자 그대로 이들 호메오 유전자들은 사용하는 순서에 따라 배열되어 있다.

두 번째는 1983년에 바젤의 게링Walter Gehring 연구실에서 모든 호메오 유전자에 공통적인 부분이 있음을 발견한 것이다. 모든 유전자에 호메오 상자라고 불리는 180개 문자로 이루어진 동일한 문장이 안쪽에 있었다. 처음에는 이해하기 힘든 현상이었다. 모든 유전자에서 동일하다면 어떻게 다리가 될지 더듬이가 될지를 구분한단 말인가? 모든 전기 기구에는 플러그가 있다. 플러그만 보고는 그것이 토스터 기계인지 전등인지 알 수 없다. 호메오 상자와 플러그는 아주 적절한 비유다. 호메오 상자는 유전자에서 만들어진 단백질이 특정 유전자 DNA 가닥에 붙어 유전자의 작동을 켜고 끄는 역할을 한다. 모든 호메오 유전자들은 다른 유전자들을 작동시키거나 작동을 중지시키는 역할을 한다.

호메오 상자를 이용함으로써 물건이 쌓여 있는 데에서 플러그가 달린 것만을 골라내듯 호메오 유전자들을 찾을 수 있었다. 게링의 동료인 에디 드 로버티스Eddie de Robertis는 개구리에서 호메오 상자를 포함한 유전자들을 추적하여 발견하였다. 쥐에서도 찾을 수 있었다. 거의 똑같은 180개 문자의 호메오 상자를 가지고 있었다. 쥐에서 네 군데의 혹스 유전자 무리를 발견하였고, 초파리처럼 이 유전자 무리는 머리 쪽 관련 유전자부터 꼬리 쪽 관련 유전자의 순서로 배열되어 있었다.

쥐와 초파리의 유사성은 참으로 기묘한 것으로, 배 발생 과정에 유전자들이 몸의 부위와 동일한 순서로 존재해야 한다는 것을 시사한다. 더욱 놀라운 것은 쥐의 유전자가 초파리의 유전자와 아주 비슷하다는 것이다. 즉 초파리 유전자 무리 중 첫 유전자 lab은 쥐의 세 무리 유전자 중 첫 유전자들 a1, b1, d1과 유사하며 이와 같은 경향은 나머지 유전자에서도 동일하다.[4]

물론 차이도 있다. 쥐의 경우는 네 무리의 총 39개의 혹스 유전자가 있고 각 무리의 끝부분에는 초파리에서는 볼 수 없는 5개 이하의 여분의 혹스 유전자가 있다. 각 유전자 무리에는 초파리에는 있는 여러 가지 유전자가 없다. 그러나 그 유사성은 여전히 환상적이다. 너무나 환상적이라서 처음에는 발생학자들이 믿지 않았을 정도였다. 많은 사람들이 회의적으로 보았으며 단순한 우연의 일치를 과장한 것으로 믿었다. 일부 사람은 그 소식을 듣고 처음에는 게링의 또 하나의 황당한 추측이라고 무시하였다가 나중에 가서야 믿기도 하였다. 〈네이처〉 지의 편집장인 존 매독스John Maddox는 이것은 그 당시의 가장 중요한 발견이라고 하였다. 발생학적 측면에서 보면 우리 인간도 그저 고급 초파리일 뿐이다. 사람에게도 쥐와 같은 혹스 유전자 무리가 있으며 그 가운데 무리 C는 12번 염색체의 오른쪽에 위치한다.

이것이 시사하는 바는 두 가지다. 하나는 진화학적인 면이고 또 하나는 실용적인 면이다. 진화학적 의미에서 우리는 초파리와 같은 조상에서 유래했으며 5억 3,000만 년 전 이래로 같은 배 발생 방법을 쓰고 있고 그 방법은 모든 종들에서 사용된다는 것이다. 하물며 성게도 동일한 유전자 무리를 이용하는 것으로 알려졌다. 초파리나 성게는 사람과 전혀 다르게 생겼지만, 화성인과의 차이를 비교한다면 배아들은 거의 동일하다고 할 수도 있다. 배 발생이 유전학적 측면에서 이렇게 잘 보존되어 있다는 것은 참으로 놀라운 일이다. 실용적인 면에서의 의미는 오랫동안 쌓아온 초파리 유전자에 대한 연구 결과를 인간의 경우에 연관지어 활용할 수 있다는 점이다. 지금까지 사람의 유전자보다 초파리의 유전자들에 대한 연구가 훨씬 많이 이루어졌다. 이 정보들은 이제 그 가치가 급증하여 사람의 게놈 연구에 좋은 지침이 되고 있다.

이와 같은 경향은 혹스 유전자뿐만 아니라 모든 발생 관련 유전자에서 유사하다. 한동안 머리는 척추동물의 특성으로 이 뛰어난 척추동물들은 새로운 세트의 유전자들을 사용하여 대뇌를 포함한 뇌를 구성하였다고 생각하였다. 지금은 쥐에서의 뇌 형성에 관여하는 두 쌍의 유전자 Otx1, Otx2, Emx1, Emx2가 초파리의 머리쪽 발생에 작용하는 유전자와 동일하다는 것을 알고 있다. 초파리에서 눈을 만드는 데 중심 역할을 하는 유전자는 eyeless인데 쥐에서는 pax-6이 그에 상응하는 유전자로 알려져 있다. 쥐에 해당되는 것은 사람에서도 해당된다. 파리나 사람은 캄브리아기에 벌레와 같은 단순한 생명체에서 몸의 구성이 다르게 만들어졌을 뿐이다. 똑같은 기능을 가진 유전자가 여전히 유지되어 존재한다. 물론 차이는 있다. 그렇지 않다면 우리는 파리처럼 생겼을 것이다. 그러나 그 차이는 놀랍게도 아주 미미하다.

예외라는 것이 원칙보다 좀 더 설득력이 있기 쉽다. 예를 들어 파리에는 몸의 등쪽과 배쪽의 차이를 만들어내는 주요한 유전자가 2개 있다. 하나는 decapentaplegic이라 불리고 등 형성과 관계가 있어 이것이 발현되는 세포들은 등 부분이 된다. 다른 하나는 short gastrulation이라 불리며 배 형성에 관계한다. 이것이 발현되는 세포들은 배 부분이 된다. 두꺼비, 쥐 더욱이 우리에게도 이와 유사한 유전자가 2개 있다. 하나는 BMP4라 하여 decapentaplegic 유전자와 유사하고, 다른 하나는 chordin으로 short gastrulation 유전자와 유사하다. 그런데 놀라운 일은 이 유전자들이 쥐와 파리에서 하는 역할과 정반대라는 것이다. 즉 BMP4는 배 형성에, chordin은 등 형성을 유도한다. 절지동물과 척추동물은 위아래가 서로 반대인 셈이다. 즉 과거에는 둘 다 한 조상에서 기원했을 것이지만 여기서 생긴 한쪽 생물은 배 쪽으로 걷게 되고, 다른 쪽은 등쪽으로 걷게 된 것이다. 어느 쪽이 원래 조상과 같은 방향성을 가지는지는 알 수 없으나 그중 한 가지가 맞을 것임은 알 수 있다. 등 형성, 배 형성 유전자는 이미 두 가지 계열로 나누어지기 전부터 존재하였기 때문이다. 잠시 위대한 프랑스 학자 힐레르Etienne Geottroy St Hilaire에게 경의를 표한다. 그는 1822년에 여러 동물의 발생을 관찰하고, 사람은 중추신경이 등쪽으로 뻗어 있는 데 비해 곤충에서는 중추신경이 배쪽으로 뻗어 있음을 바탕으로 위와 같은 사실을 추론하였다. 그의 이러한 추측은 두 계열의 동물 신경계가 각기 독립적으로 진화했다는 진부한 학설에 밀려 175년 동안이나 무시를 당했다. 그러나 그의 주장은 절대적으로 옳았다.[5]

　다른 동물 간 유전자도 놀랍도록 유사성이 높아서 유전학자들은 믿기 힘들 만큼 신기한 실험을 일상적으로 수행한다. 예를 들어 초파리의 한 유전자를 돌연변이를 일으켜 망가뜨린 다음 사람의 동일한 유전자를 유전공학 방법으로 삽입하면 정상적인 초파리가 만들어진다. 이 방법을 유전적 구출genetic rescue이라 한다. 사람의 Otx, Emx와 같은 혹스 유전자를 써서 초파리의 상응하는 유전자를 구출할 수 있다. 이것은 대체로 어렵지 않게 잘 이루어지기 때문에 정상 유전자로부터 생긴 초파리인지, 사람의 유전자를 받아 구출된 초파리인지 구별하기가 거의 불가능하다.[6]

　이것은 이 책의 시작 부분에서 언급한 디지털 가설의 정수를 보여주는 경우다. 유전자들은 어떤 체계에서나 쓰일 수 있는 소프트웨어들이다. 여기에는 동일한 암호가 사용되고 그 역할도 같다. 분리된 지 5억 3,000년이 지난 지금도 사람의 컴퓨터는 초파리의 소프트웨어를 인식하며 그 반대도 마찬가지다. 실제로 컴퓨터에 비유하는 것이 참으로 적절한 것 같다. 5억 4,000~5억 2,000년 사이에 일어난 캄브리아기 대폭발은 1980년대 중반에 온갖 종류의 컴퓨터 소프트웨어가 등장한 것처럼 형태 형성에 대한 많은 시도가 이루어진 시기였다. 이 기간에 우리의 조상이 되는 최초의 호메오 유전자를 가진 생물이 생겼다. 이 생물은 분명히 몸은 둥글고 납작한 벌레처럼 생겼고 진흙 속에 살았을 것이다. 이 모양은 당시 존재한 여러 형태 형성 방법 가운데 한 가지였지만 아마도 점차 지구 전체 또는 그 대부분으로 퍼지게 되었다. 이것이 가장 좋은 디자인이었고 가장 훌륭한 것이었을까? 캄브리아기 대폭발 때의 애플Apple은 누구이고, 마이크로소프트Microsoft는 누구일까?

12번 염색체의 혹스 유전자 가운데 하나를 좀 더 자세히 살펴보자. 혹스 C4는 초파리의 입 형성에 작용하는 dfd 유전자에 상응하는 유전자다. 이 유전자의 염기 서열은 다른 염색체의 A4, B4, D4나 쥐의 a4, b4, c4, d4의 것과 매우 유사하다. 쥐의 배아에서 이 유전자들은 목부분, 즉 목쪽의 등뼈와 그 속의 척수에서 발현된다. 만약 이들 유전자 중 하나를 망가뜨리면 쥐의 목에 있는 1~2개의 등뼈(목뼈)가 영향을 받는다. 그리고 그 효과는 대단히 선별적이다. 영향을 받은 등뼈는 정상보다 목의 앞쪽에 형성된다. 4개의 혹스 4 유전자들은 각 등뼈들이 첫번째 목뼈와 다르게 되도록 만드는 데 작용한다. 만약 혹스 4 유전자 2개를 망가뜨리면 좀 더 많은 수의 등뼈가 영향을 받고, 3개를 망가뜨리면 그 영향은 더 커진다. 따라서 4개의 유전자 사이에는 일종의 누적효과가 있는 듯하다. 머리에서 아래쪽으로 유전자들이 하나하나 작동해서 각 유전자들은 배아의 각 부분이 좀 더 아래쪽 부분이 되도록 유도한다. 사람이나 쥐는 4개씩의 각기 다른 혹스 유전자를 가짐으로써 1개를 가지고 있는 초파리에 비해 좀 더 정교한 발달 조절이 가능해진다.

또한 초파리는 유전자 무리에 8개의 혹스 유전자를 가지는데 사람은 왜 13개를 가지고 있는지 명확해진다. 곤충들과는 다르게 척추동물은 항문 뒤에 꼬리가 있어서 여기에도 등뼈가 이어진다. 사람이나 쥐의 여분의 혹스 유전자가 이 부분들을 만들어내는 데 필요하다. 우리 조상이 원숭이가 될 무렵 이 꼬리는 줄어들고 없어져서 이 유전자들은 쥐 유전자에 비해 우리에게는 사용되지 않게 된 것으로 추정된다.

이제 아주 중요한 문제에 대해 생각해보자. 왜 조사한 모든 종에서 혹스 유전자들은 차례로 배열되었으며, 머리 부분에서 발현되는 것이 첫 번째 유전자인가? 명확한 답은 없지만 흥미로운 암시가 있다. 가장 앞쪽의 유전자가 몸의 가장 앞부분에서 발현될 뿐만 아니라 가장 먼저 발현된다. 모든 동물은 전면에서 후면의 순서로 발달한다. 따라서 시간이 흐름에 따라서 혹스 유전자들이 순차적으로 발현되고, 한 혹스 유전자의 발현에 의해 다음번 유전자가 작동이 되어 그 기능이 발휘된다. 이와 같은 현상은 동물의 진화 역사와도 연관이 있다. 우리의 조상 생물들은 머리쪽이 아니고 주로 꼬리쪽이 길어지고 발달하면서 더욱 복잡한 몸의 형태가 만들어진 것 같다. 그래서 혹스 유전자에서 지난 진화의 순서가 재현된다. 에른스트 헥켈Ernest Haeckel의 유명한 "개체발생은 계통발생을 반복한다"는 말처럼 배의 발생은 그 조상의 진화 순서와 동일하게 일어난다.[7]

위의 이야기로 완결된 것처럼 보이지만 이것은 단지 일부분에 지나지 않는다. 배아의 위아래 비대칭과 전후 비대칭은 시간 순서내로 몸의 특정 부분에서 특정 묶음의 유전자가 발현되면서 가능해진다. 각 몸의 구간에서 특정 혹스 유전자가 작동되고, 이는 다시 다른 유전자를 작동시킨다. 각 구간 자체 또한 적절하게 분화되어야 한다. 예를 들어 날개의 발생 등이다. 그다음 일이 더 재미있다. 동일한 신호라도 몸의 부위에 따라 다른 의미로 해석된다. 그 위치와 그 정체를 인식하는 각 구간은 신호에 적절히 대응한다.

앞에서도 언급한 바 있는 초파리의 decapentaplegic 유전자는 특정 신체 구간에서는 다리를 유도하지만 다른 구간에서는 날개를 유도한다. 이 유전자는 hedgehog라 하는 다른 유전자에 의해 작동되는데, decapentaplegic의 발현을 억제하는 단백질을 저해함으로써 그 유전자가 작동하게 한다. hedgehog은 이른바 체절극성 유전자라 하며, 이는 체절의 뒤쪽 반쪽에서만 발현된다. 따라서 만약 hedgehog가 발현되는 조직을 앞쪽으로 옮겨놓으면 2개의 앞쪽 부분이 맞붙고 2개의 등쪽 부분은 밖으로 향하는 일종의 경상(거울에 비쳤을 때의 좌우 대칭의 상)의 날개를 가진 초파리가 만들어진다.

사람이나 조류에 hedgehog에 해당하는 것이 있다는 것은 그다지 놀랄 일은 아니다. sonic hedgehog, Indian hedgehog, desert hedghog라 불리는 3개의 유전자가 닭이나 사람에서나 동일한 기능을 한다(지금은 tiggywinkle이라는 유전자, warthog와 groundhog라는 새로운 2개의 유전자군이 알려져 있다. 이 모든 이름은 hodgehog 유전자가 망가지면 그 초파리가 바늘투성이 모양을 가지기 때문에 붙여진 것이다). 초파리의 경우처럼 sonic hedghog 유사 유전자는 몸의 각 구역의 뒷부분을 표시하는 역할을 한다. 발생 초기의 날개 조직에서 어느 쪽이 뒤쪽인지를 구별하는 것이다. 아주 작은 유리 구슬에 sonic hedgehoge 단백질을 묻힌 후, 적절한 때에 이를 닭의 배아 초기에 날개의 엄지쪽 발달 부위에 24시간 동안 넣어주면, 초파리의 경우에서처럼 2개의 날개가 앞쪽 부분끼리 맞붙고 2개의 뒤쪽 부분들은 바깥쪽으로 배열된 형상의 2개의 대칭형 날개를 가지게 된다.

다른 말로 hedgehog는 날개의 전후를 규정하며 손가락으로 나누어지게 하는 것은 혹스 유전자다. 단순한 팔, 다리의 초기 조직에서 5개의 손가락, 발가락이 생기게 하는 과정은 우리에게도 일어난다. 그리고 시간의 개념이 다르게 4억 년 전에 어류의 지느러미 모양에서 손이 된 최초의 사지동물에서도 위와 같은 일이 일어난다. 최근에 이루어진 과학적 업적 가운데 가장 성공적인 것은 이와 같은 형태의 변화 과정을 연구하는 고고학자와 혹스 유전자를 연구하는 발생학자가 동시에 동일한 기본 형상을 발견한 것이다.

이야기는 1988년 그린랜드에서 아칸조스트레가라 불리는 화석을 발견한 데서부터 시작된다. 3억 6,000년 전 것으로 추정되는 이 화석은 절반은 어류이고 절반은 사지동물로 끝에 손가락이 8개 있는 전형적인 사지동물의 사지를 가지고 있어 사람들을 놀라게 하였다. 이것은 초기 사지동물이 얕은 물로 올라오면서 만들어질 수 있는 여러 사지 모양 가운데 하나였을 것이다. 우리의 손이 어류의 지느러미에서 어떻게 만들어졌는가가 다른 화석에 비해 좀 더 분명하게 나타나 있었다. 손목의 끝부분에서 활 모양의 뼈가 만들어지고 여기에 새끼손가락 방향으로 손가락들이 뻗쳐 배열되는 방법이다. 이와 같은 영향은 손의 X선 사진으로도 확인할 수 있다. 이와 같은 추정은 모두 화석을 바탕으로 이루어졌는데, 혹스 유전자가 사지를 만드는 경우에 그와 같은 과정으로 이루어진다는 발생학자의 설명을 고고학자가 들었을 때 그 경이로움이 어떠했을지 상상이 갈 것이다. 첫째, 자라고 있는 사지의 끝쪽에 발현의 농도 구배가 생기면 독립적인 팔뼈와 손목뼈가 생기고, 그리고 마지막 뼈의 바깥쪽에 역구배가 생겨 다섯 손가락이 만들어진다는 것이다.[8]

혹스와 hedgehog만이 발생을 조절하는 유전자는 아니다. 어디서 어떻게 몸의 부분을 만드는지를 신호하는 20여 개의 다른 유전자가 있어 그 놀라운 자가형성을 하는 역할을 한다. 여기에는 '팩스 유전자pax gene'나 '갭 유전자gap gene'라고 불리는 것이 있는데 radical fringe, even-skipped, fushi tarazu, hunchback, Krüppel, giant, engrailed, knirps, winbeutel, cactus, huckebein, serpent, gurken, oskar, tailless 등이 그 예다. 유전발생학이라는 새로운 세계로 들어가는 것은 때로는 수많은 어휘를 알아야 읽을 수 있는 톨킨의 소설에 빠져드는 기분이다.

그러나 놀랍게도 새로운 사고방식이 필요하지는 않다. 고급 물리학, 카오스 이론, 양자역학, 색다른 개념 등이 필요한 것이 아니다. 유전암호의 발견처럼 처음에는 새로운 개념으로만 풀릴 것 같은 문제도 알고 보면 아주 단순하고, 말 그대로 이해하기 쉬운 것으로 엮어 있다. 그저 알에 주입된 화학물질의 비대칭적 존재에 의해 나머지 일이 벌어진다. 유전자들이 서로를 작동시켜 배아에서 머리, 꼬리가 형성된다. 또 몸의 각 구역에서는 다른 유전자들이 차례로 작동되어 위쪽에서 아래쪽으로 운명이 결정된다.

또 다른 유전자들이 작동되어 전면과 후면의 반쪽이 결정된다. 이제는 다른 유전자들이 이들 정보를 해석하여 좀 더 복잡한 몸의 부분이나 기관을 만들어낸다. 이것은 소크라테스적이라기보다는 아리스토텔레스적으로 비교적 기본적이며, 화학적이고 기계적이며 단계적인 과정이다. 단순한 비대칭에서 복잡한 형상이 점차 만들어질 수 있다. 세부적으로는 그렇지 않지만 원리로 보면 발생은 너무 단순하여 왜 공학 기술자가 이를 본따 자가조립하는 기계의 발명을 시도해보지 않는지 의구심마저 든다.

13번 염색체

유사 이전

고대는 세상의 청년기였다.
-프랜시스 베이컨

벌레와 파리, 닭, 사람들의 발생은 매우 비슷하여 공통 조상의 후손임을 잘 대변해주고 있다. 우리가 이런 유사성을 알 수 있는 것은 DNA라는 것이 단순한 알파벳으로 적힌 코드이기 때문이다. 발생 유전자의 단어를 비교해보면 같은 단어가 발견된다. 완전히 다른 규모이지만 동일한 유추법을 적용하면 사람의 언어도 마찬가지다. 사람의 어휘를 비교하면 동일한 어원을 찾을 수 있다. 예를 들어 이탈리아어, 프랑스어, 에스파냐어 그리고 로마어는 라틴어라는 공통 어원을 가지고 있다. 이 역사언어학과 유전계통학 두 분야는 인류 이동의 역사라는 동일한 주제로 수렴된다. 역사학자들은 먼 유사 이전의 과거에 적힌 기록이 없다고 탄식하지만, 유전자의 형태로 그리고 인류 언어의 어휘로서 말의 형태로 기록되어 있다. 앞으로 천천히 등장할 것은 유전학적 계통학으로, 13번 염색체가 이것을 토론하기에 적절한 장소로 보인다.

1786년 캘커타의 영국 판사였던 윌리엄 존스William Jones 경은 영국 왕립 아시아 학회에서 고대 인도 언어인 산스크리트에 대한 연구를 발표하였다. 그는 산스크리트가 라틴어와 그리스어의 사촌이라고 결론지었다. 학식이 높았던 그는 이 세 언어는 켈트어, 고트어 그리고 페르시아어와도 유사하므로 이 모든 언어는 '동일한 어원에서 갈라진' 것으로 추정하였다. 그의 추측은 어휘의 유사성에서 비롯된 것으로 현대 유전학자들이 5억 3,000만 년 전에 환형동물이 존재했다고 주장하는 것과 똑같은 논리다. 예를 들어 셋이라는 단어는 라틴어에서는 'tres'이고 그리스어에서는 'treis'이며 산스크리트에서는 'tryas'이다. 물론 말하는 언어와 유전적 언어의 가장 큰 차이는 말하는 언어에서는 수평적인 말의 이동이 훨씬 많다는 점이다. 아마도 산스크리트의 셋이라는 단어는 유럽 언어에서 빌려온 것일 수 있다. 그러나 그 이후의 연구들은 존스 경이 확실히 옳았음을 밝혀주었다. 하나의 언어를 사용하고 한 지역에서 살던 단일 집단의 후손들이 그 언어를 멀게는 아일랜드와 인도까지 가져갔고, 서서히 현재와 같은 언어로 다르게 변해간 것이다.

인도-유럽어족들은 적어도 8,000년 전에 그들의 고향을 떠났다. 어떤 사람들은 그곳을 현재의 우크라이나 지역으로 생각하지만, 현재 터키의 산악 지역일 가능성이 더 높다(언덕과 급류의 강에 대한 단어가 존재하는 것으로 보아). 어디이거나 간에 이들은 의심할 여지없이 농부였다. 이들의 언어에는 농작물, 소, 양, 개에 대한 단어가 존재한다. 이 단어들로 그 시대는 시리아와 메소포타미아의 기름진 언덕에서 이른바 말하는 농사법이 개발된 직후로 추정된다. 우리는 이들의 언어가 2개의 대륙에 흔적을 남긴 것으로 보아 농사법이 매우 성공적이었음을 상상할 수 있다. 그러나 그들의 유전자는 어떠한가? 이제 나는 이 질문을 간접적으로 살펴보고자 한다.

현대의 인도-유럽어족의 고향인 아나톨리아에 사는 사람들은 터키어를 사용한다. 터키어는 인도-유럽어가 아니고 중앙 아시아 사막과 대초원에서 건너온 말을 타는 유목민과 전사들을 통해 나중에 들어온 언어다. 이 '알타이' 사람들은 말을 다루는 기술이 뛰어났다. 이들의 어휘가 그것을 대변해준다. 이 언어에는 말에 대한 일상어가 많다. 세 번째 부류의 언어는 우랄어로서 북부 러시아, 핀란드, 에스토니아 그리고 이상하게도 헝가리에서 사용된다. 이 언어는 아마도 가축의 사육과 같은 잘 알려지지 않은 기술을 사용하는 사람들이 성공적으로 이동한 결과임을 보여준다. 오늘날 북부 러시아에 사는 사모예드 사슴 사육자들이 아마 전형적인 우랄어 사용자들일 것이다. 그러나 좀 더 깊이 들어가면, 이 인도-유럽어, 알타이어, 우랄어, 세 언어 그룹 사이에도 의심할 여지없이 어떤 연관성이 보인다. 이들은 1만 5,000년 전 유라시아 지역에서 단일어를 사용하고 사냥과 수집을 하며 살던 사람들에게서 나왔다. 위 세 언어 그룹에서 공통적으로 보이는 단어들을 살펴보면 이들은 늑대(개)를 제외하고는 가축이 없던 것으로 보인다. 이 '노스트라틱Nostratic' 사람 후손의 경계를 정하는 데는 의견이 다양하다. 러시아의 언어학자 블라디슬라브 일리치-스비티치Vladislav Illich-Svitych와 아하론 돌고폴스키Aharon Dolgopolsky는 아라비아와 북부 아프리카에서 사용되는 언어인 아프로-아시아 어족을 포함하고자 한다. 그에 비해 스탠퍼드 대학의 조세프 그린버그Joseph Greenberg는 이들을 빼고 북동 아시아의 캄차카어와 츄크치어를 포함시킨다. 일리치-스비티치는 이들의 어원이 비슷한 소리를 낸다고 추론하여 표음문자인 노스트라틱어로 시를 짓기도 하였다.

이 언어학적 대그룹에 대한 증거는 변하지 않은 단순하고 사소한 단어에 근거를 둔다. 예를 들어 인도-유럽어, 우랄어, 몽골어, 추크치어, 에스키모어들은 모두 '나'를 지칭하는 단어에 'm' 소리가 들어가거나 들어갔고 '당신'이라는 말에는 't' 소리가 들어간다(프랑스어의 'tu'처럼). 이러한 예는 우연이라고 하기 어려울 정도로 줄줄이 나열된다. 놀랍게 들릴지 모르지만 포르투갈어와 한국어는 거의 확실히 같은 어원에서 출발하였다.

노스트라틱 사람들의 비밀이 무엇이었는지는 결코 알아낼 수 없을 것이다. 어쩌면 개를 이용해 사냥하는 법이나 활 같은 것을 처음으로 발명했는지도 모른다. 가능성은 희박하지만, 어쩌면 민주적 결정 방법을 만들었을 수도 있다. 그러나 이들이 자신들의 선임자들을 완전히 물리친 것은 아니었다. 바스크어와 카프카스 산맥에서 사용되던 여러 언어들과 이제는 사멸된 에트루리아어들은 노스트라틱 대그룹에 속하지 않지만 나단Na-Dene으로 불리는 대그룹에 속하는 나바호어와 일부 중국어와 공통점을 가지고 있다. 여기서 약간 무리한 상상을 해보자. 피레네 산맥에서(산맥은 주류가 피해가는 인류 이동의 걸림돌이다) 살아남은 바스크어는 다양한 지역명으로 보아 한때 더 넓은 지역에서 사용되었고, 그 지역은 크로마뇽 사냥꾼들의 벽화가 있는 동굴 지역과 일치한다. 그렇다면 바스크어와 나바호어는 네안데르탈인에게서 유래하여 유라시아로 퍼져 나간 초기 현대인이 사용한 언어학적 화석이 아닐까? 이 언어를 사용하는 사람들은 중석기시대 사람들의 후손이었고, 이들이 신석기시대에 있던 인도-유럽어를 사용하는 사람들과 만난 것일까? 아마도 그렇지는 않을 것이지만 재미있는 상상임에는 틀림없다.

　1980년대, 이탈리아의 유명한 언어학자 루이지 루카 카발리-스포르차Luigi Luca Cavalli-Sforza는 언어학의 발견들을 바라보면서 너무나 당연한 질문을 던졌다. 언어학적 경계와 유전적 경계가 일치하는가? 유전적 경계는 다른 인종 간 결혼으로 당연히 더 불분명했다(네 명의 다른 할머니와 할아버지를 가지더라도 보통 하나의 언어를 사용한다). 프랑스인과 독일인의 차이는 프랑스어와 독일어와 차이보다 훨씬 덜 명확하다.

　그럼에도 어떤 패턴이 나타나기 시작했다. 단일 유전자의 다양한 변이 형태를 가지고 데이터를 수집하고 교묘한 통계적 수법을 사용하여 분석한 결과, 카발리-스포르차는 유럽 안에서 5개의 유전자 등고선 지도를 그릴 수 있었다. 첫 번째는 남동쪽에서 북서쪽으로 향하는 등고선으로 신석기시대의 농부들이 중앙 아시아에서 유럽으로 퍼져 나간 것을 보여주고 있다. 이것은 9,500년 전부터 유럽으로 농업이 전파되었다는 고고학적 데이터와 정확히 일치하고 28%의 유전적 다양성을 보여준다. 두 번째 등고선은 북동쪽으로 급격한 경사를 이루는데, 이 지역은 우랄어를 사용하는 유전자와 일치하며 22%의 유전적 다양성을 그린다. 세 번째는 그보다 약한 선으로, 유전적 빈도가 우크라이나 대초원에서 퍼져 나오는 정도를 보여주는 것으로 3,000년 전 볼가-돈강 지역의 대초원에서 유래한 유목민의 전파를 보여주고 있다. 네 번째는 좀 더 약한 선으로, 그리스와 남부 이탈리아와 서부 터키에서 정점을 그리는데 기원전 1,000년과 2,000년 사이의 그리스인의 이동을 보여주고 있다. 가장 흥미로운 것은 다섯 번째의 특이한 유전자들이 모인 급격한 작은 등고선으로 에스파냐 북부와 프랑스 남부의 대(고유의)바스크 지역과 거의 정확하게 일치한다. 이것은 유럽의 신석기시대 이전에 살던 바스크인이 이곳에 생존해 있는 것으로 볼 수 있음

을 의미한다.[1]

유전자는 다시 말하여, 새로운 기술을 지닌 사람들의 이동과 확산이 인류의 진화에 거대한 역할을 담당하였다는 언어학자들의 증거를 지지하고 있다. 유전자 지도는 언어학적 지도보다 불명확하다. 그러나 언어학적 지도를 더 명확하게 해준다. 작은 스케일에서는 이들 역시 언어학적 지역과 일치하는 모습을 보여준다. 카발리-스포르차의 고향인 이탈리아에는 유전적으로 고대 에트루리아인과 제노아 지역의 리구리아인(인도-유럽어가 아닌 고대 언어를 사용하는 사람들)과 남부 이탈리아의 그리스인과 일치하는 지역이 있다. 메시지는 간단하다. 언어와 사람은 어느 정도는 같이 이동한다.

역사학자들은 곧잘 신석기시대 사람들이나, 유목인 또는 마자르인들 또는 누구든 유럽으로 '밀려들어온' 사람들에 대해 언급한다. 그러나 무슨 뜻인가? 이들이 확장이나 이동을 말하는 것인가? 새로 들어온 사람들이 기존의 사람들을 대신하였는가? 죽였다는 것인가 아니면 숫자적으로 우세했다는 것인가? 기존 종족의 여성과 결혼하고 남성은 죽였다는 것인가? 아니면 이들의 기술과 언어와 문화가 단순히 입을 통해서 기존의 원주민들에게 전해졌다는 것인가? 모든 모델이 가능하다. 18세기 미국에서 원주민은 유전적으로나 언어적으로 거의 모두 백인으로 대체되었다. 17세기 멕시코에서는 좀 더 다른 혼합이 이루어졌다. 19세기 인도에서는 영어는 전파되었으나, 우르두/힌두어가 그러했듯이 유전적 혼합은 거의 없었다.

유전적 정보는 역사 이전의 사건을 이해하는 데 매우 유용하다. 북서쪽으로의 유전적 혼합의 차이는 신석기 농업의 확산으로 이해하는 것이 가장 그럴 듯한 설명이다. 즉 남동쪽에서 온 신석기 농부들은 '원주민'과 유전자를 혼합했음에 틀림없다. 침입자들의 유전적 영향은 거리가 멀어질수록 점차 불분명해졌다. 이것은 상호 결혼이 있었음을 의미한다. 카발리-스포르차는 남성 경작자들이 사냥 수집의 지역 여성과 결혼했을 것이나 그 반대는 아니었을 것이라고 주장한다. 그것은 최근 중앙 아프리카에서 피그미와 그 주변 경작자들 사이에서도 볼 수 있기 때문이다. 경작인들은 사냥 수집인들에 비해 더 많은 부인을 거느리는데, 사냥 부족을 미개인으로 경시하는 경향이 있어서 자기 부족의 여성들이 사냥 부족 사람들과 결혼하는 것을 허용하지 않으면서 자신들은 사냥 부족 여성들을 부인으로 삼는다.

침입자인 남성들이 자신들의 언어를 강제로 사용하게 하고 지역 여성과 결혼하였다면 다른 유전자에 비해 독특한 Y염색체를 가지고 있을 것이다. 핀란드에서 이를 찾아볼 수 있다. 핀란드인들은 유전적으로 주위의 유럽인들과 Y염색체를 제외하고는 거의 다를 바가 없다. 그런데 Y염색체는 북부 아시아인을 닮았다. 우랄어와 우랄 Y염색체 지역인 핀란드는 오래전 한때 유전적으로나 언어적으로 인도-유럽어족 집단에 강제적으로 제압된 적이 있다.[2]

이것이 13번 염색체와 무슨 연관이 있는 것인가? 여기가 그 악명 높은 BRCA2가 있는 곳이다. 그리고 이것은 유전적 가계도를 이해하는 데 노움이 된다. BRCA2는 1994년에 '유방암 유전사'로 두 번째 발건되었다. 매우 드문 변이형의 BRCA2를 가진 사람들은 일반적인 경우보다 유방암 발생률이 훨씬 높았다. 이 유전자는 유방암 빈도가 높은 아이슬란드인 가족을 연구하면서 처음 밝혀졌다. 아이슬란드는 완벽한 유전학 실험실이다. 이곳은 900년경 적은 무리의 노르웨이인들이 정착하기 시작하여 그 이후 이주해 온 사람들이 거의 없었다. 27만 명의 아이슬란드인 대부분은 소빙하시대 이전에 아이슬란드에 도착한 몇천 명의 바이킹 후손들이다. 추위로 1,100년 동안 고립되고 14세기 흑사병으로 황폐해지는 과정을 거치며, 잦은 근친 결혼으로 유전적 동일성을 가지고 있으므로 유전자 탐색에는 더없이 좋은 지역이 되었다. 미국에서 일하던 모험심이 강한 아이슬란드 과학자가 본국으로 돌아가 사람들의 유전자 탐색 작업을 돕는 사업에 뛰어들었다.

이후 유방암 빈도가 높은 두 가정을 추적한 결과 1711년에 태어난 같은 조상에서 갈라져 나왔음을 알아냈다. 두 가정 모두 한 유전자의 999번째 자리 이후 5개의 문자가 결손된 동일한 돌연변이를 가지고 있었다. 같은 유전자의 다른 돌연변이도 있다. 6,174번 문자의 결손은 아슈케나지 유대인 후손들에게서 흔히 발견된다. 42세 이전 발생하는 유대인 유방암은 약 8%가 이 돌연변이에 의한 것이고 17번 염색체에 있는 BRCA1의 돌연변이에 의한 것이 20%에 해당한다. 이것 역시 아이슬란드인과 같은 정도는 아니지만 과거의 근친결혼에 의한 것이다. 유대인들은 다른 종교를 가진 사람과 결혼하여 많은 사람들이 빠져 나갔고 유대교로 개종하는 사람들은 많지 않았다. 결과적으로 아슈케나지 사람들이 유전적 연구에 좋은 대상이 되었다. 미국에서 유대인 유전자 질병방지협회는 학령기 어린이들을 대상으로 혈액검사를 실시하였다. 이들이 자라 결혼을 고려할 때 핫라인을 통해 자신들의 검사번호를 알려주면 협회는 결과를 통고한다. 만약 이들이 동일한 결함이 있는 테이색스병이나 낭포성섬유증 유전자를 보유하고 있다면 협회는 결혼하지 말도록 권유한다. 이 자발적인 프로그램은 1993년 우생학이라는 비난을 받았지만 그 결과는 상당한 효과적이었다. 미국 유대인 사이에서 낭초성섬유증은 실제적으로 사라졌다.[3]

즉 유전지리학은 학문적 흥미 이상이다. 테이색스병은 아슈케나지 유대인에게 아주 흔한 9번 염색체에 존재하는 유전적 돌연변이의 결과다. 테이색스병 보인자들은 폐결핵에 걸리지 않는 특성이 있는데, 이는 아슈케나지 유대인의 유전적 지리 분포에서도 확인해볼 수 있다. 지난 2세기 동안 도심의 빈민가에 모여 살던 아슈케나지인들은 특히 이 '백색의 죽음'에 노출되어 있었으므로, 일부가 치명적인 질병을 가지더라도 긍정적 기능을 하는 다른 유전자를 획득한 결과임에 틀림없다.

13번 염색체에 아슈케나지인들에게 유방암을 일으키게 하는 그 돌연변이가 아직도 존재하는 것에 대한 설명은 없다. 많은 인종적, 민족적, 유전적 특이성에는 그 이유가 있다. 다른 말로 하면, 유전자 지도는 역사와 역사 이전을 꿰뚫는 기능적 기여도를 그리는 것이라고 할 수 있다.

알코올과 우유를 예로 들어보자. 매우 흥미로운 점을 발견할 것이다. 알코올 분해 능력은 4번 염색체에 있는 유전자가 만드는 알코올 분해효소의 발현 정도에 따른다. 사람들은 대부분 이 유전자의 발현을 유도할 능력을 가지고 있다. 아마도 이것을 가지고 있지 않은 사람들을 죽이거나 불구로 만들어가면서 어렵게 진화된 생화학적 계책일 것이다. 발효된 액체는 비교적 깨끗하고 병균이 없기 때문이다. 농경 문화가 정착한 후 1,000년 동안 다양한 형태의 설사병은 잠기 힘는 고통을 주었을 것이다. 열대지방을 여행할 때 우리는 사람들에게 '물을 함부로 마시지 마라'라고 경고한다. 정화수가 있기 전, 유일하게 안전한 물은 끓이거나 발효된 형태였다. 18세기 후반까지 유럽의 부유층은 포도주, 맥주, 커피, 홍차 이외의 물은 마시지 않았다. 그렇지 않으면 위험했기 때문이다(이 습관은 여전히 남아 있다).

유목민들은 발효시킬 곡물을 키우지 않았다. 안전한 물이 필요하지 않았기 때문이다. 인구 밀도가 높지 않은 곳에서 살았기에 자연수는 이들이 마시기에 충분히 깨끗했다. 오스트레일리아와 북부 아메리카 원주민이 쉽게 알코올 중독이 되는 이유가 바로 여기에 있다.

비슷한 경우가 1번 염색체 위에 있는 락타아제 유전자다. 이 효소는 우유에 많은 락토오스를 분해하는 데 필요하다. 우리의 소화계에는 이 유전자가 항상 발현되고 있으나 대부분의 포유류는 태어날 때 발현되고 수유기가 끝나면 발현을 멈춘다. 이해할 만한 일이다. 우유는 유아기 때만 섭취하므로 수유기가 끝났는데도 이 효소를 계속 만든다는 것은 불필요한 에너지 낭비다. 그러나 몇천 년 전에 사람들은 가축을 기르기 시작했고 그들의 우유를 얻어내는 법을 알았다. 낙농업의 탄생이었다. 유아기 어린이에게는 문제가 되지 않았으나 락타아제가 발현되지 않는 어른은 우유를 소화하기 힘들었다. 이 문제를 해결하는 방법으로 락토오스를 분해하는 박테리아를 이용해 우유를 치즈로 만들었다. 락토오스 함량이 낮은 치즈는 어른과 아이들 모두 쉽게 소화할 수 있었다.

그러나 때로 락타아제 유전자에 돌연변이가 생겨 유아기 이후에도 계속 발현되었고 이 돌연변이를 가진 사람들은 평생 우유를 분해할 수 있었다. 유럽 사람들은 대부분 이 돌연변이 유전자를 가지게 되었다. 70% 이상의 서부 유럽인들이 어른이 되어도 우유를 마실 수 있는 데 비해 아프리카, 동남 아시아와 오세아니아 지역의 사람들 중 우유를 마실 수 있는 사람들은 30% 이하다. 이 돌연변이의 빈도는 인종과 지역에 따라 다르며, 인류가 처음 우유를 마시게 된 이유를 이 패턴으로 알아낼 수 있다.

여기에는 세 가지 가설이 있다. 가장 가능성이 높은 첫 번째 가설은 사람들이 기르는 동물을 통해 쉽고 지속적으로 우유를 섭취할 수 있었기 때문이라는 것이다. 두 번째는, 햇빛이 충분하지 않은 곳에서 사는 사람들이 보통 햇빛에 의해 생성되는 비타민 D가 부족해지자 비타민 D가 많은 우유를 섭취하게 되었다는 것이다. 이것은 북유럽 사람들이 전통적으로 우유를 잘 마시는 데 비해 지중해 지역 사람들은 주로 치즈를 먹는다는 사실에서 추정한 것이다. 세 번째는 아마도 물이 부족한 지역에서 우유를 마시기 시작했을 것이라는 가설이다. 예를 들어 사하라와 아라비아 사막의 베두인족과 투아레그족 유목민들은 주로 우유를 마신다.

두 명의 생물학자들이 62개의 문화를 비교한 결과 고도와 우유 섭취 능력에는 연관성이 없으며, 건조 지역과도 관련이 없다는 결론을 내렸다. 즉 두 번째와 세 번째 가설에 대한 가능성이 희박해졌다. 그러나 우유 분해 능력이 높은 집단은 낙농의 역사를 가지고 있음을 알아냈다. 중앙 아프리카의 투시인, 서부 아프리카의 풀라니인, 사막지역의 베두인족, 투아레그족, 베자인, 아일랜드인, 체코인, 에스파냐인 들은 공통적으로 양, 염소나 소를 기르던 역사를 가지고 있었다. 이들은 우유를 가장 잘 분해하는 사람들이다.[4]

여러 증거들로 이러한 사람늘이 처음 목축 생활을 시작하면서 이에 반응하여 우유 소화 능력을 습득한 것으로 보인다. 즉 우유 소화 능력에 대한 유전적인 변화가 먼저 생기고 나중에 목축을 시작한 것이 아님을 의미한다. 이것은 중요한 발견이다. 문화적 변화가 진화와 생물학적 변화를 가져온 것이다. 자발적이고, 자유의지에 의한 의식적인 행동이 유전자의 변화를 가져올 수 있다. 이처럼 사람들은 자신의 진

화적 압력을 창조하고 있다. 평생 일을 해서 팔이 건장해진 대장장이
는 건장한 팔을 가진 아이를 낳는다는 뜻이 아니라, 다만 의식적이고
의지에 찬 행동은 특정 생물종 특히 우리 인간의 진화적 변화를 가져
올 수 있다는 것이다.

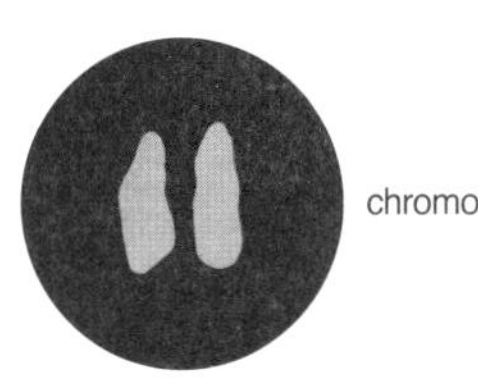

14번 염색체

영생불멸

천국은 모든 생명체의 운명이 담긴 책을
그들의 현 상태를 적어놓은 페이지를 제외하곤 감추어둔다.
–알렉산더 포프,《인간에 대한 명상집》

되돌아보건대 게놈은 영구한 것처럼 보인다. 최초의 'ur 유전자'에서부터 지금 당신의 몸 속에서 활동 중인 유전자들에 이르기까지 40억 년 동안 아마도 500조 번의 끊임없는 복제의 사슬로 이어져 내려왔을 것이다. 그사이 중단이나 치명적인 실수는 없었다. 그러나 과거의 영생불멸이 금융 조언자들의 말처럼 미래의 영생불멸을 보장하는 것은 아니다. 조상이 되기는 쉽지 않다. 사실상 자연선택이 그렇게 되는 것을 어렵게 만든다. 만일 쉬웠다면 적응적인 진화를 가져오는 경쟁의 이점은 사라져 버렸을 것이다. 비록 인류가 앞으로 또 100만 년을 지속하더라도, 오늘날 살아 있는 우리의 유전자는 100만 년 후 인류의 유전자로 남아 있지 않을 것이다. 우리의 특정 후손의 유전자들은 다음 세대의 자손이 없으면 전해지지 못하고 점차 소멸하게 될 것이다. 그리고 만일 인류가 멸종한다면(대부분의 종들은 단지 1,000만 년 정도만 지속되며 그 후손종을 남기지 못한다. 인류는 500만 년 동안 지속되어 왔고 지금까지 후손종을 낳지 못했다) 오늘날 살아 있는 어느 누구도 미래에 유전적인 기여를 하지 못하게 된다. 그런데도 지구가 오늘날과 유사한 상태로 존재하는 한, 어디엔가 있는 어떤 생물이 미래 생물종들의 조상이 될 것이고, 영속적인 생명의 사슬은 계속해서 존재하게 될 것이다.

만일 게놈이 영구하다면 육신은 왜 죽게 되는가? 40억 년 동안의 계속적인 복제를 거치고서도 당신 몸 속의 유전자에 담긴 메시지는 디지털 부호이기에 무뎌지지 않았지만, 인간의 피부는 나이가 들수록 점점 탄력을 잃게 된다. 단세포인 수정란에서 몸의 구성세포 모두가 만들어지기까지는 세포의 수가 두 배로 증가하는 분열 과정이 50번 정도도 필요하지 않고, 건강한 상태의 피부로 유지하기 위해서는 이 과정이 추가로 수백 번 정도 더 필요할 뿐이다. 옛날 한 왕이 수학자에게 그의 업적에 대한 보상으로 무엇이든 주겠다고 약속하였다. 수학자는 칸당 2배수로 쌀알을 담게 하여 두 번째 칸은 2개, 세 번째 칸은 4개, 네 번째 칸은 8개 늘어나는 식으로 쌀알이 담긴 서양 장기판을 요구하였다. 마지막 칸인 예순네 번째의 칸에는 거의 2000경(100만 배의 100만 배의 100만 배의 20배)으로 헤아리기 불가능한 엄청난 개수의 쌀알이 필요하다. 사람의 몸도 마찬가지다. 알이 분열하면 그 결과로 생긴 각각의 딸세포도 계속 분열하게 된다. 47번 분열하여 배수가 되면 그 결과로 몸에는 100조 개 이상의 세포가 생긴다. 일부 세포들은 일찍 분열을 멈추고 다른 것들은 계속 분열하기 때문에 많은 조직들은 50번 이상의 배수 분열로 만들어졌고, 일부 조직들은 생애를 통해 계속 고쳐나가기에 수백 번 정도 배수 분열을 하게 된다. 이것은 이들의 염색체가 담긴 메시지에 잘못이 생길지도 모를 만큼이나 많은 횟수인 수백 번 동안이나 복제한다는 뜻이다. 그런데도 생명체가 시작한 이래로 40억 번의 복제(최초의 원시 세포로부터 인간 탄생까지의 시간 동안의 복제 횟수를 의미함-옮긴이)를 거치면서 당신이 물려받은 유전자에 잘못이 생기지 않았다. 그 차이는 무엇인가?

그 질문에 대한 답 일부는 14번 염색체에 있는 TEP1이라는 유전자 덕분이다. TEP1의 산물은 텔로메라아제telomerase라고 하는 아주 이상하고 작은 생화학적 기구의 일부분을 구성하는 단백질이다. 단적으로 말해서 텔로메라아제가 없으면 노화가 일어난다. 텔로메라아제를 첨가하면 어떤 세포의 경우에는 영구적으로 살 수 있다.

이 이야기는 DNA를 발견한 제임스 왓슨이 1972년에 우연히 행한 관찰로 시작된다. 왓슨은 DNA를 복제하는 중합효소poly-merase라고 하는 생화학적 기구가 DNA 사슬의 끝에서는 복제할 수 없음을 알아냈다. 이들은 본문의 몇 단어가 지나서야 복제를 시작할 수 있었다. 따라서 복제될 때마다 그 내용이 조금씩 줄어들게 된다. 본문은 완벽하게 복사하지만 항상 각 페이지의 첫 줄과 마지막 줄을 빠뜨리는 복사기를 상상해보라. 이런 이상한 기계에 대한 해결책은 페이지의 시작과 끝부분을 쓸모 없는 반복적인 내용이 적힌 줄로 장식하는 것이다. 이것이 정확히 염색체에서 일어나는 일이다. 각각의 염색체는 단순히 거대하게 꼬여 있는 30.48cm의 DNA 분자로, 양쪽 끝부분만 제외하곤 모두 복제될 수 있다. 염색체의 끝부분은 아무 의미가 없는 단어인 TTAGGG가 2,000번 정도 반복적으로 존재한다. 이렇게 염색체 끝부분에 지겹도록 반복된 것을 텔로미어telomere라고 한다. 이것이 있어서 DNA의 복제 기구는 중요한 의미가 있는 부분을 빼놓지 않고 복제할 수 있게 된다. 마치 구두끈의 끝부분에 있는 플라스틱 조각처럼 염색체의 끝부분이 마모되는 것을 막을 수 있다.

그러나 염색체가 복제될 때마다 텔로미어가 약간씩 줄어든다. 수백 번의 복제 후에는 염색체의 양끝이 아주 짧아져서 중요한 부분이 없어질 위험에 처하게 된다. 당신 몸 속에서 텔로미어는 1년에 약 31개의 단어씩 짧아진다. 그것 자체만으로도 세포가 노화되고 어느 나이 이상에서는 번식하지 못하는 이유가 된다. 어쩌면 이 때문에 몸도 늙는지 모른다. 비록 이 점에 대해서는 강력한 반대 의견들이 있지만 80세 노인의 경우 태어날 때에 비해 텔로미어의 길이는 약 5/8로 줄어들었다.[1]

다음 세대의 직접적인 조상이 되는 난세포나 정자세포에서 유전자가 없어지지 않는 이유는 텔로메라아제가 있기 때문인데, 이 효소는 닳아 없어진 염색체의 끝부분을 수선하여 텔로미어를 다시 길게 만든다. 1984년에 캐롤 그레이더Carol Greider와 엘리자베스 블랙번Elizabeth Blackburn에 의해 발견된 텔로메라아제는 특이하게도 텔로미어를 재생할 때 주형으로 사용하는 RNA를 단백질 내에 가지고 있다. 이것의 단백질 부위는 게놈 안에서 레트로바이러스와 이동유전자를 증식하게 하는(8번 염색체 참조) 역전사효소reverse transcriptase와 놀랄 정도로 비슷하다. 어떤 사람들은 이 단백질이 모든 레트로바이러스와 이동유전자들의 전구체 RNA에서 DNA를 전사하는 최초의 발명자라고 생각한다. 어떤 이들은 이것이 RNA를 사용하기 때문에 오래된 RNA 세계의 잔재라고 생각한다.[2]

같은 맥락에서, 각각의 텔로미어에서 수천 번 반복되는 TTAGGG라는 문구가 모든 포유동물에서 같다는 점에 유의해야 한다. 사실상 이것은 거의 모든 동물에서 동일한데, 심지어 수면병을 일으키는 병원균인

트리파노솜trypanosome이나 뉴로스포라Neurospora 같은 곰팡이에서도 같다. 식물에서는 이 문구의 처음 부분에 T가 하나 더 있어서 TTTAGGG다. 우연이라고 하기에는 유사성이 너무 높다. 겉으로 보아 텔로메라아제는 생명체가 시작할 때부터 존재하였으며, 모든 자손들이 거의 동일한 RNA 주형을 사용한 것으로 보인다. 그러나 신기하게도 운동성 섬모로 바삐 움직이는 작은 섬모충류들은 특이하게 텔로미어에 약간 다른 반복 문구를 가지고 있어서 보통 TTTTGGGG이거나 TTGGGG다. 앞 장에서 이야기한 바와 같이 섬모충류는 가장 흔하고 공통적인 유전부호가 아닌 부호를 사용하는 생명체다. 섬모충류가 대부분의 생명 계보에 들어맞지 않는 특이한 생명체라 결론을 쉽게 내리게 하는 많은 증거들이 발견된다. 개인적으로 이들은, 박테리아가 진화되어 나오기도 전 생명과 같은 뿌리에서 기원한, 실제로 모든 살아 있는 생명체의 최후의 공통된 조상인 루카 자신의 후손으로 살아 있는 화석이라는 결론에 언젠가는 도달하게 되지 않을까 생각한다. 물론 이것은 황당한 추측이자 본론에서 벗어난 여담이다.[3]

아이러니 같지만 완전한 텔로메라아제 기구는 사람이 아니라 오직 섬모충류에서만 분리되었다. 우리는 아직 확실하게 어떤 단백질들이 모여 사람의 텔로메라아제를 형성하는지 알지 못하며, 이것이 섬모충류의 그것과 아주 다를 수도 있다. 일부 회의론자들은 사람의 세포에서 찾기가 너무 어려워 텔로메라아제를 '신비의 효소'라고 부르기도 한다. 하나의 작동 유전자가 양끝에 2개의 텔로미어로 씌워져 만들어진 수천 개의 작은 염색체를 가진 섬모충류에서 텔로메라아제를 찾기가 훨씬 쉽다. 그러나 한 캐나다 과학자팀은 섬모충류의 텔로메라아제와 유사한 쥐의 DNA 도서관을 조사하여 쥐의 유전자를 찾았고 곧바로 이와 유사한 사람의 유전자를 발견했다. 일본의 과학팀은 이 유전자가 14번 염색체에 있는 것을 밝혔고, 이것이 아직 분명하지는 않지만 유명한 텔로메라아제 연관 단백질 1(TEP1)을 만든다. 그러나 이 단백질이 텔로메라아제의 필수 구성성분이기는 하지만, 염색체의 끝부분을 수리하는 실질적인 역전사를 하는 부위는 아닌 것 같다. 이 글을 쓰는 현 시점에 그런 기능을 할 것 같은 후보가 발견되었지만 염색체 위의 위치는 아직 알려져 있지 않다.[4]

그들에게는 텔로메라아제의 유전자를 찾는 것이 '젊음의 유전자'를 찾는 것과 마찬가지였다. 텔로메라아제는 세포에서 불로장생의 약처럼 행동하는 것으로 보인다. 주로 텔로메라아제를 연구하는 게론이라는 회사는 분열하는 세포에서 텔로미어가 줄어드는 것을 처음으로 보여준 칼 할리Cal Harley라는 과학자에 의해 설립되었다. 1997년 8월 게론에서 텔로메라아제의 일부분을 복제하였다는 기사가 신문의 1면을 장식하였다. 주식 값은 즉시 두 배로 뛰었는데, 우리에게 영원한 젊음을 줄 수도 있다는 희망에서가 아니라 오히려 암 치료약의 개발 가능성 때문이었다. 종양이 자라려면 텔로메라아제가 필요하기 때문이다. 그러나 게론은 그 후 텔로메라아제를 이용하여 세포가 영구적으로 살게 하는 실험을 하였다. 한 실험에서 게론의 과학자들은 실험실에서 키운 원래부터 텔로메라아제가 결여된 두 종류의 세포를 택해 텔로메라아제의 유전자를 주입하였다. 세포들은 보통 노화하여 죽게 되는 시점이 훨씬 지나고서도 젊고 활달한 상태로 계속해서 분열하였다. 연구 결과를 발표할 당시 텔로메라아제 유전자가 주입된 세포들은 예상 수명을 지나 20회 이상의 배수 분열을 초과하고도 멈출 기미를 보이지 않았다.[5]

정상적인 인간의 발달에서 텔로메라아제를 만드는 유전자들은 발달하는 배아의 몇 조직에서만 작동한다. 텔로메라아제의 작동이 중지되는 효과는 스톱워치를 맞추는 것에 비유된다. 그 순간부터 텔로미어의 길이는 각각의 세포 라인에서 분열 횟수에 따라 점점 짧아지고 그 길이가 한계점에 도달하면 세포분열이 멈추게 된다. 생식세포의 경우에는 텔로메라아제 유전자의 작동이 전혀 멈추지 않으므로 스톱워치가 아예 작동하지도 않는다. 악성 종양세포는 작동이 멈추었던 이 유전자를 다시 작동하게 한다. 텔로메라아제의 유전자 중 하나를 작동하지 못하게 한 쥐의 세포들은 점점 텔로미어가 짧아진다.[6]

텔로메라아제의 결여가 세포 노화와 죽음의 주원인으로 보이지만, 이것이 바로 몸 전체를 늙게 하고 죽게 하는 주원인이기도 할까? 이것을 지지하는 좋은 증거들이 있기는 하다. 동맥의 벽세포들은 정맥의 벽세포들보다 일반적으로 텔로미어가 짧다. 이것은 높은 압력을 받는 동맥에 의해 더 많은 스트레스와 긴장을 받게 되는 동맥벽의 고된 삶을 반영한다. 이들은 심장 박동 때마다 팽창하고 수축해야 하므로 더 많이 손상되어 더 많은 수선을 필요로 한다. 수선에는 텔로미어의 끝부분을 소모해야 하는 세포의 복제가 필요하다. 그 결과 세포들이 노화하고 그 때문에 우리는 정맥경화가 아니라 동맥경화로 죽게 된다.[7]

뇌의 노화는 이들 세포가 복제를 통해 교체되지 않기 때문에 이렇게 쉽게 설명할 수 없다. 그렇지만 이것이 텔로미어 이론의 치명적인 약점이 되지는 않는다. 뇌를 지지해주는 보조세포들인 교세포glial cell들은 실제로 복제를 하므로 아마도 이들의 텔로미어는 짧아질 것이다. 그러나 이제 노화가 텔로미어가 짧아진 늙은 세포들의 축적에 의해 일어난다고 믿는 전문가들은 거의 없다. 우리가 노화와 관련이 있다고 생각하는 암, 근육 쇠퇴, 근육경화증, 머리카락의 백발화, 피부 탄력의 감소 등의 문제는 세포의 복제가 멈추는 것과는 상관이 없다. 암의 경우에는 오히려 세포들이 너무 많이 복제되는 것이 문제다.

게다가 동물은 종에 따라 노화율이 엄청나게 다르다. 대체로 코끼리처럼 큰 동물들이 작은 동물들보다 오래 사는데, 만일 세포의 증식이 노화된 세포를 가져온다면 쥐가 되는 것보다 코끼리가 되는 것이 더 많은 세포 분열에 의한 세포 증식이 필요하므로 언뜻 보아도 모순이다. 그리고 거북이나 나무늘보같이 느리고 둔한 동물들은 크기에 비해 오래 산다. 그래서 만일 물리학자에 의해 세계가 만들어졌다면 있을 법한 아주 산뜻하고 간단 명료한 법칙은, 바로 모든 동물들이 일생 동안 같은 수의 심장 박동을 한다는 것이다. 코끼리는 쥐보다 그 심장 박동 속도가 훨씬 느려서 오래 살며, 심장 박동수로 측정해 보면 이들의 생의 길이가 같다는 것이다.

문제는 이 법칙에 박쥐나 새의 경우와 같은 예외가 있다는 것이다. 작은 박쥐들은 적어도 30년을 사는데 이들은 일생 동안 엄청난 속도로 먹고 호흡하며 혈액을 펌프질한다. 심지어 동면을 하지 않는 박쥐도 마찬가지다. 혈액의 온도가 몇 도 더 높고 혈당량이 포유류보다 적어도 두 배 이상 높으며 산소 소모가 훨씬 빠른 새들도 일반적으로 오래 산다. 스코틀랜드 출신의 조류학자인 조지 더넷George Dunnet은 1950년과 1992년에 같은 야생 풀마갈매기fulmar를 안고 찍은 두 장의 사진을 제시하였다. 두 사진에서 풀마갈매기는 어느 경우나 똑같아 보였지만 더넷 교수는 그렇지 않았다.

다행스럽게도 생화학자와 의학자들이 설명하지 못한 노화의 패턴을 진화학자들이 설명하게 되었다. 제임스 홀데인, 피터 메드워, 조지 윌리엄스 등은 독립적으로 노화 과정에 대한 상당히 만족스러운 가설을 내놓았다. 각각의 종은 기대 수명에 맞도록 선택되고 계획된 노화 프로그램과 번식이 멈추는 나이가 있는 것으로 보인다. 자연선택에 의해 생식기 전이나 생식기 중에 해를 미칠지도 모르는 유전자들은 조심스럽게 제거된다. 이것은 젊어서 이러한 유전자를 발현하는 모든 개체들의 성공적 생식을 감소시키거나 개체를 죽게 함으로써 가능해진다. 그러나 노년에는 생식이 거의 일어나지 못하기 때문에, 생식기가 지난 늙은 육체에 손상을 미치는 유전자는 자연선택에 의해 제거되지 못한다. 더넷의 풀마갈매기를 예로 들어보자. 이 새가 쥐보다 훨씬 오래 사는 이유는 풀마갈매기에게는 고양이나 부엉이 같은 천적이 없기 때문이다. 쥐는 3년 넘게 살 확률이 거의 없기에 4년 된 쥐의 육체에 손상을 미치는 유전자들은 사실상 선택에 의해 없어질 수 없다. 풀마갈매기의 경우에는 20년이 지나야 번식하므로 20년 동안 풀마갈매기의 몸을 손상시킬 수 있는 유전자들은 도태된다.

 이 이론에 대한 증거로 미국 조지아 주 연안에서 약 8km 떨어진 세이펠로 섬에서 스티븐 오스타드Steven Austad가 행한 연구 결과가 있다. 세이펠로 섬에는 1만 년 동안이나 격리되어 있던 아메리카주머니두더지 무리가 살고 있다. 주머니두더지는 다른 유대동물처럼 빨리 늙는다. 보통 두 살이 되면 노화로 백내장, 신경봉을 겪고 피부가 벗겨지거나 기생충 등으로 죽는다. 그러나 그것은 그다지 심각한 문제가 되지 않는데 그 이유는 이들이 보통 두 살이 되기도 전에 트럭에 치여 죽거나 코요테나 부엉이 등의 다른 천적에 의해 죽기 때문이다. 오스타드는 천적들이 없는 세이펠로 섬에서는 이들이 오래 살 것이라고 추론하였다. 따라서 최초로 두 살이 지난 후에도 더 나은 건강 상태를 가진 것들이 선택되어 이들의 육체가 더디게 쇠퇴할 것이며 더 천천히 노화할 것이라고 생각했다. 이 예측은 정확하게 들어맞았다. 오스타드는 세이펠로 섬에서 주머니두더지들이 훨씬 더 오래 살 뿐만 아니라 노화도 천천히 일어난다는 것을 밝혀냈다. 본토에서는 극히 드문 일로 두 살이 되어서도 번식에 성공할 정도로 건강하였고, 근육의 경화도 본토의 주머니두더지들보다 덜 일어났다.[8]

노화에 대한 진화적인 이론으로 모든 종들 간에 일어나는 특정 경향도 만족스럽게 설명할 수 있다. 왜 몸집이 큰 생물들(코끼리)이나 보호 장치가 잘되어 있는 생물(거북, 가시돼지) 또는 천적으로부터 비교적 자유로운 생물(박쥐, 물새)들이 천천히 노화하는 경향을 보이는지를 설명한다. 각각의 경우에 사고나 포획에 의한 사망률이 낮기 때문에 생의 후반까지 건강을 유지시켜 주는 유형의 유전자들에 대한 선택압이 높아진다.

물론 사람들은 수백만 년 동안 큰 몸집으로 무기를 사용해서(심지어 침팬지도 막대기를 이용해 표범을 쫓아낼 수 있다) 자신을 잘 보호해왔으며 천적도 별로 없다. 따라서 천천히 노화되는데 아마도 시간이 갈수록 더 천천히 노화되는 것 같다. 자연 상태에서 사람은 5세 전까지의 유아 사망률이 50% 정도로 현대 서양의 기준으로는 충격적일 정도로 높지만, 사실 다른 동물을 기준으로 보면 낮다. 우리의 석기시대 조상들은 20세 정도부터 번식을 시작하여 35세 정도까지 지속하였으며 약 20년 동안 자식을 돌보았다. 따라서 약 55세가 되면 성공적 생식에 해를 미치지 않고 죽을 수 있다. 우리 대부분이 55세와 75세 사이의 어느 시점부터 점차로 백발이 되고 몸이 굳어서 삐걱거리며 귀가 멀게 되는 것은 전혀 놀랄 일이 아니다. 디트로이트의 한 자동차 제조업체에서는 차의 어느 부분이 잘 고장나지 않는지 알아내기 위해 폐차장을 돌아다니며 조사하는 사람을 고용하였다. 그러고는 이들의 조사 결과를 바탕으로 가장 먼저 망가지는 부분의 수준에 맞추어 부품을 제조하려고 했다. 그리하여 모든 시스템은 한꺼번에 망가지기 시작한다. 우리도 마찬가지다. 자연선택의 결과로 우리 몸의 각 부분은 우리의 자식들이 스스로 살아가기에 충분하고 그 이상도 그 이하도 아닌 정도로만 오래 지탱할 수 있도록 디자인되었다.

자연선택에 의해 우리의 텔로미어는 기껏해야 75년에서 90년 정도의 소모와 수선을 견딜 수 있을 정도의 길이로 만들어졌다. 확실하게 알려져 있지는 않지만 자연선택에 의해 거북과 풀마갈매기의 텔로미어는 더 길어지고 아메리카주머니두더지의 텔로미어는 훨씬 더 짧아진 것으로 보인다. 심지어 사람 개개인의 수명 역시 텔로미어 길이의 차이를 나타내는 것일 수 있다. 확실히 사람에 따라 염색체 말단마다 약 7,000~1만 개의 DNA 문자로 되어 있는 텔로미어의 길이는 다양하다. 그리고 수명처럼 텔로미어의 길이도 상당히 유전적이다. 일반적으로 90세 이상 장수하는 집안 사람들은 대부분 우리보다 긴 텔로미어를 가지고 있어서 마모되는 데 시간이 더 오래 걸릴지도 모른다. 1995년 2월 아를 지방 출신인 프랑스인 장 칼망Jeanne Calment은 출생증명서를 기지고 있는 사람으로서 유일하게 120회 생일을 낮이한 최초의 사람이다. 아마도 그녀는 TTAGGG라는 메시지를 더 많이 반복해서 가지고 있을지도 모른다. 그녀는 122세에 죽었고 그녀의 남동생도 97세까지 살았다.[9]

그렇지만 실제로 칼망 부인이 장수한 것은 다른 유전자들 덕분일 가능성이 더 높다. 긴 텔로미어도 육체가 빨리 쇠퇴한다면 아무 소용이 없다. 텔로미어는 손상된 조직을 수선하기 위한 세포 분열로 금방 짧아지게 될 것이다. 조기 노화의 증상을 보이는 불행한 유전 현상인 워너Werner 증후군을 가진 사람들은 같은 길이로 시작하였지만 다른 사람들보다 훨씬 빨리 텔로미어가 짧아지게 된다. 아마도 빨리 짧아지는 것은 체내에서 산화반응의 결과로 생기는 비공유 전자쌍을 가진 이른바 자유 라디칼free radical에 의한 부식성 손상을 적절하게 교정할 능력이 없는 탓으로 보인다. 녹슨 쇳덩어리를 보면 알 수 있듯이 해리된 산소분자는 위험한 물질이다. 우리 몸도 역시 산소의 영향으로 계속해서 녹슬게 된다. 적어도 초파리와 벌레 등에서 장수를 유도하는 대부분의 돌연변이들은 자유 라디칼의 생산을 억제하는 유전자로 드러났다. 즉 장수는 손상을 교정하는 세포들의 복제 수명을 연장하기보다는 처음부터 손상을 막게 하여 얻어지는 듯하다. 과학자들은 선충류에 있는 한 유전자를 이용하여 사람의 나이로는 350세에 해당하는 예외적으로 아주 오랜 수명을 지닌 선충을 교배하였다. 마이클 로즈Michael Rose는 초파리에서 수명이 긴 개체를 22년 동안이나 선별해왔다. 즉 각 세대에서 가장 오래 사는 개체들끼리 교배하였다. 그의 '메수셀라' 초파리들은 이제 보통 초파리들보다 두 배나 긴 120일을 살며 보통 초파리들이 죽는 시기에 교배를 시작한다. 그런데 여기에는 한계가 없는 것 같다. 100세가 넘는 프랑스인에 대한 연구에서 장수하는 사람들의 특징으로 보이는 6번 염색체에 위치한 세 가지 유형의 한 유전자가 밝혀졌다. 흥미롭게도 이들 중 하나는 장수하는 남자들에게서 공통적으로 발견되며 다른 하나는 장수하는 여자들에게서 공통적으로 나타난다.[10]

노화는 많은 유전자의 조절을 받는 현상 가운데 하나로 판명되기 시작하였다. 한 전문가의 추정에 따르면, 인간 게놈 전체의 약 10%에 해당하는 7,000개 정도의 유전자들이 노화에 영향을 미친다. 이 때문에 어떤 유전자를 '노화담당유전자the aging gene'는 말할 것도 없고 '하나의 노화유전자an aging gene'라고 말하는 것은 터무니없는 일이다. 노화는 몸의 여러 체계들이 거의 같은 정도로 동시에 쇠퇴하는 것이다. 이런 몸의 체계들의 기능을 결정하는 어떤 유전자든 노화를 유발할 수 있으며, 여기에는 아주 그럴듯한 진화적인 논리가 담겨 있다. 생식 시기가 지난 후에 쇠퇴를 가져오는 돌연변이는 거의 모든 인간의 유전자들에게 발각되지 않은 채 누적될 수 있다.[11]

실험실에서 과학자들에 의해 사용되는 불멸의 세포주를 암환자에게서 찾은 것은 우연이 아니다. 그 가운데 가장 유명한 것이 헬라HeLa 세포주로 1951년에 볼티모어에서 죽은 헨리에타 랙스Henrietta Lacks라는 흑인 여자의 자궁경부암에서 채취한 것이다. 그녀의 암세포는 실험실에서 배양하자 걷잡을 수 없이 증식하여 종종 다른 실험실의 페트리 접시까지 차지하곤 했다. 1972년에는 러시아에까지 도달하여 과학자들이 새로운 암바이러스를 발견한 것으로 속았을 정도다. 헬라 세포는 소아마비 백신을 개발하는 데 사용되었고 우주로도 보내졌다. 전 세계에 있는 헬라 세포의 총량은 이제 헨리에타 몸무게의 400배가 넘는다. 이들은 정말 놀랍도록 오래 산다. 그런데도 아무도 헨리에타 랙스 본인이나 그녀의 세포가 불멸이라는 사실을 알게 되었을 때 가슴 아파했을 그녀의 가족들에게 허락을 받아야 한다는 생각을 하지 않았다. 뒤늦게나마 애틀랜타 시는 이 과학적인 여자 영웅을 기리기 위해 10월 11일을 헨리에타 랙스의 날로 정하였다.

헬라 세포는 단순히 뛰어난 텔로메라아제를 가지고 있다. 만일 헬라 세포에 안티센스antisense RNA, 다시 말해서 텔로메라아제의 RNA 메시지에 정확히 반대되는 메시지를 가진 RNA를 주입하면 텔로메라아제의 RNA와 달라붙어 텔로메라아제 발현을 차단하여 작용하지 못하도록 한다. 그렇게 되면 헬라 세포는 더 이상 오래 살지 못한다. 약 25회 정도의 세포 분열 후에는 노화하여 죽게 된다.[12]

암은 활성적인 텔로메라아제가 필요하다. 암은 불로불사의 생화학적 영약에 의해 생명력을 얻는다. 그런데도 암은 본질적으로 노화에 의한 병이다. 암 발병률은 종에 따라 그 속도가 다르기는 하지만 나이가 들수록 일정하게 증가한다. 지구상의 어떤 생물도 젊었을 때보다 나이가 들어서 암에 걸릴 확률이 는다. 암의 가장 큰 위험 요소는 나이다. 흡연 등의 환경적 위험요소는 부분적으로 이들이 노화과정을 촉진하기 때문에 작용한다. 흡연은 폐를 손상시키고, 그 결과 수선이 필요하면 텔로미어의 길이가 짧아지고 세포는 텔로미어 길이로 보면 더 늙게 되는 것이다. 피부, 고환, 유방, 직장, 위, 백혈구 등 특히 암에 잘 걸리는 조직들은 일생 동안 수선이나 다른 이유로 세포 분열을 많이 하는 조직들이다.

여기에 모순이 있다. 짧아진 텔로미어는 암에 걸릴 위험이 높아지는 것을 뜻하지만 텔로미어를 길게 하는 텔로메라아제는 암에게 꼭 필요한 존재다. 해답은 종양이 악성으로 바뀌려면 반드시 일어나야 하는 필수적인 돌연변이의 하나가 텔로메라아제의 유전자를 다시 작동하게 한다는 사실에 있다. 이제 게론 사에서 텔로메라아제 유전자를 복제하였을 때 일반적인 암 치료제의 개발에 대한 기대로 그 회사의 주식 값이 치솟은 이유가 아주 명백해질 것이다. 텔로메라아제를 쓰지 못하게 하면 암세포도 빨리 노화되어버릴 것이기 때문이다.

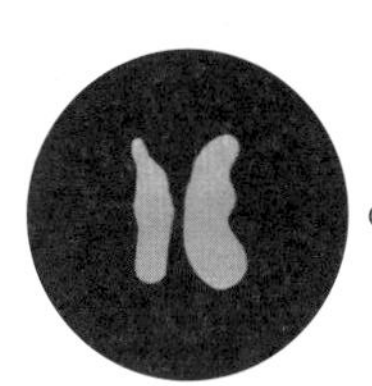

성

모든 여자는 그들의 어머니처럼 된다. 그것이 바로
그들의 비극이다. 남자는 그렇지 못하다.
그게 그들의 비극이다.
- 오스카 와일드

마드리드의 프라도 미술관에는 17세기 궁정화가였던 후안 카레노 데 미란다Juan Carreno de Miranda가 그린 한 쌍의 〈옷 입은 괴물La Monstrua vestida〉과 〈벌거벗은 괴물La Monstrua desnuda〉이 걸려 있다. 이 그림에는 아주 뚱뚱한 유제니아 마르티네즈 발레조Eugenia Martinez Vallejo라는 여섯 살 소녀가 그려져 있다. 그녀에게는 분명히 어딘가 다른 점이 있다. 나이에 비해 키가 크고 지나치게 살이 쪘으며 손발이 아주 작고, 눈과 입이 이상하게 생겼다. 아마도 서커스에서 신기한 볼거리로 등장할 수도 있을 것 같다. 자세히 살펴보면 그녀가 드문 유전병인 프레이더-윌리 증후군Prader-Willi syndrome을 앓고 있음을 알 수 있다. 이 병에 걸리면 아이들은 뚱뚱해지고 피부가 창백해지며 젖을 빨지 않고, 나중에는 거의 배가 터질 정도로 과식을 하면서도 포만감을 느끼지 못해 살이 찌게 된다. 한 예로 프레이더-윌리 증후군을 앓는 아이의 부모는 가게에서 쇼핑을 하고 집에 돌아오는 길에 아이가 차 뒷좌석에 있던 날베이컨 450g을 몽땅 먹어치운 것을 본 적도 있다. 이 증후군을 지닌 사람들은 손발이 작고 성기가 제대로 발달하지 않으며 약간의 정신박약 증상을 보인다. 때로는 불같이 화를 내는데 특히 음식을 주지 않을 경우에 심하다. 또한 그들은 어떤 의사의 표현을 빌리자면 "퍼즐맞추기에 아주 능숙하다".[1]

프레이더-윌리 증후군은 1956년에 스위스 의사들에 의해 처음 밝혀졌다. 유전자들이 병을 일으키기 위하여 존재하는 것이 아니라고 내가 몇 번이나 이 책에서 쓰지 않겠다고 약속한 그런 종류의 단지 드문 유전적 질병일 수도 있다. 그러나 이 특별한 유전자에는 아주 이상한 점이 있다. 1980년대 의사들은 프레이더-윌리 증후군이 있는 집안에서 때로 이와 거의 반대라고 할 앵겔만 증후군Angelman's syndrome이 나타나는 것에 주목하였다.

랭커셔의 워링턴에서 의사로 일하던 해리 앵겔만Harry Angelman은 드물지만 '꼭두각시 같은 아이'라는 놀림을 받는 어린이들이 유전적 질병을 앓고 있다는 사실을 처음 깨달았다. 프레이더-윌리 증후군과는 대조적으로 이 아이들은 뚱뚱하지 않으며 가냘파 보였고 지나치게 활동적이었으며 불면증에 시달렸고 머리가 작으며 턱이 길고 자주 긴 혀를 내밀곤 했다. 이들은 꼭두가시처럼 무의식적으로 경련을 일으키지만 성향이 낙천적이라서 늘 웃음을 띠고 종종 발작적으로 웃었다. 그러나 이들은 말을 배우지 못하고 심각한 정신박약 증상을 보였다. 앵겔만 증후군을 가진 아이들은 프레이더-윌리 증후군의 아이들보다 훨씬 드물지만 때로는 같은 집안에서 나타난다.[2]

곧이어 프레이더-윌리 증후군과 앵겔만 증후군 모두에서 15번 염색체의 같은 부분이 결여된 것이 밝혀졌다. 차이는 프레이더-윌리 증후군의 경우에는 아버지로부터 온 15번 염색체의 일부분이 없는 데 비해, 앵겔만 증후군의 경우에는 어머니로부터 온 15번 염색체의 일부분이 없다는 것이다. 결여가 남자를 통해 전달되면 프레이더-윌리 증후군, 여자를 통해 전달되면 앵겔만 증후군으로 나타난다.

이러한 사실은 멘델 이후로 우리가 유전자에 대해 배운 모든 것을 정면으로 부정하는 것이다. 이것은 게놈의 디지털적 속성과 모순되며, 유전자가 단순히 유전자가 아니라 그 기원에 대한 비밀스런 과거를 지니고 있음을 의미한다. 유전자는 수정 시 각각의 부모에게서 온 유전자가 마치 다른 문자체로 쓰여 있는 것처럼 부계나 모계의 각인imprint이 되어 있어 어느 쪽 부모에게서 온 것인지를 '기억'하고 있다. 유전자가 활성화된 모든 세포에서 '각인된' 유전자 판은 작동하고 다른 판은 꺼져 있다. 따라서 특정 개체는 아버지로부터 물려받은 유전자(프레이더-윌리의 유전자 경우) 또는 어머니로부터 물려받은 유전자(앵겔만의 유전자 경우)만 발현한다. 이제 조금씩 이해가 되기는 하지만, 여전히 어떻게 이런 일이 일어나는지는 모른다고 할 수 있다. 왜 이런 일이 일어나는지는 특이하면서도 도전적인 진화적 이론의 대상이다.

1980년대 후빈에 필라델피아와 케임브리지에서 두 그룹의 과학자들이 각각 놀랄 만한 발견을 하였다. 이들은 부모가 하나, 즉 어머니만 둘이거나 아버지만 둘인 쥐를 만들려고 하였다. 복제양 돌리가 생기기 이전인 그 당시에는 체세포로부터 개체를 복제하는 것이 불가능하였기 때문에 필라델피아 팀은 2개의 수정란의 전핵pronucleus을 서로 교환하였다. 난자가 정자와 수정하면 염색체를 함유한 정자의 핵이 난자로 들어가지만 바로 난자의 핵과 융합되지 않는데 이때 2개의 핵을 전핵이라고 한다. 가는 주사기로 정자의 전핵을 뽑아내고 다른 난자에서 뽑아낸 전핵을 대신 넣어 난자의 전핵만 2개 있게 하거나 반대로 정자의 전핵만 2개 있게 할 수 있다. 그 결과 유전적으로 말하자면, 어머니 없이 아버지만 둘이거나 아버지 없이 어머니만 둘인 2개의 생육 가능한 알이 생기게 된다. 케임브리지 팀도 같은 결과를 얻었지만 약간 다른 기술을 이용하였다. 그러나 양쪽 모두 배아는 발달하지 못하고 자궁에서 곧 죽고 말았다.

어머니가 둘인 경우에는 배아 자체는 제대로 분화되었지만 배아를 유지할 태반이 만들어지지 않았다. 아버지가 둘인 경우에는 배아가 크고 건강한 태반과 태아를 둘러싸는 양막의 대부분이 만들어졌지만, 태아가 있어야 할 내부에 머리를 식별할 수 없는 분화되지 않은 세포 덩어리가 들어 있었다.[3]

이러한 결과는 범상치 않은 결론을 이끌어냈다. 아버지로부터 물려받은 부계 유전자들은 태반을 만들게 하고, 어머니로부터 물려받은 모계 유전자들은 태아의 대부분, 특히 머리와 두뇌를 만든다는 것이다. 왜 이럴까? 5년 후 옥스퍼드 대학의 데이비드 헤이그가 이에 대한 그럴듯한 해답을 제시하였다. 그의 가설에 따르면 포유류의 태반은 태아를 유지하기 위해 고안된 어머니의 기관이 아니라, 어머니의 혈액 공급선에 기생하면서도 해가 되지 않도록 디자인된 태아의 기관으로 재해석되었다. 그는 태반이 문자 그대로 어머니의 혈관을 팽창케 하여 뚫고 들어간 다음 모태의 혈압과 혈당을 증가시키는 호르몬을 생산한다는 사실에 주목하였다. 어머니는 이 침입에 맞서기 위해 인슐린의 양을 증가시켜 반응한다. 그런데 어떤 이유에 의해서든 태아의 호르몬이 사라지면 어머니는 인슐린의 양을 증가시키지 않게 되어 정상적인 임신이 진행된다. 다시 말해서 비록 어머니와 태아가 공통의 목적을 가지고 있지만, 이들은 태아가 모태의 자원을 얼마만큼 가지게 될지에 대해 나중에 젖을 뗄 때처럼 치열한 다툼을 벌인다.

그러나 태아도 부분적으로 어머니의 유전자에 의해 만들어지기 때문에, 이 유전자들의 경우에 이익이 상반되는 모순을 겪는 것이 놀랄 일은 아니다. 태아 속의 아버지 유전자는 이런 걱정을 하지 않아도 된다. 이들은 어머니가 거처를 제공하는 한 어머니의 이익을 고려하지 않는다. 의인화하자면 아버지의 유전자는 어머니의 유전자가 충분한 모태를 만들 것이라고 신뢰하지 않기에 스스로 이 일을 담당한다. 따라서 아버지만 둘인 배아를 통해서 발견되었듯이 태반의 유전자에는 부계 각인이 생기게 된다.

헤이그의 가설은 몇 가지 예측을 가능하게 하고, 대부분은 곧 증명되었다. 특히 이 가설에 따르면 알을 낳는 동물은 각인이 없을 것이라고 예측되는데, 그것은 알 속에 있는 세포가 어미가 만드는 난황의 크기에 영향을 미칠 수 있는 방법이 없기 때문이다. 이것이 어찌해 보기도 전에 이미 어미의 몸 바깥으로 나와 있게 된다. 마찬가지로 헤이그의 가설에 의하면 태반 대신에 주머니를 가지는 캥거루와 같은 유대동물도 각인된 유전자를 가지지 않을 것이다. 지금까지는 헤이그가 옳은 것으로 보인다. 각인은 태반을 가진 동물과 종자가 모체의 식물로부터 양분을 얻는 식물의 특징이다.[4]

더욱이 헤이그는 곧이어 쥐에서 새로 발견한 한 쌍의 각인된 유전자가 그가 있을 것으로 예상한 바로 그곳, 즉 배아의 생장을 조절하는 곳에서 나타난 것에 주목하고 의기양양해하였다. IGF2는 단일 유전자에 의해 만들어지는 인슐린과 유사한 작은 단백질이다. 이것은 발달하는 태아에서는 흔하지만 어른이 되면 없어진다. IGF2R은 그 기능이 불분명하지만 IGF2가 붙는 단백질이다. 어쩌면 IGF2R은 단순히 IGF2를 제거하기 위해 존재하는지도 모른다. 주목할 것은 IGF2와 IGF2R은 모두 각인되어 있는 유전자라는 것이다. 전자는 부계의 염색체에서 후자는 모계의 염색체에서만 발현된다. 마치 부계의 유전자는 배아의 생장을 장려하고, 모계의 유전자는 그것을 억제하려는 투쟁을 벌이고 있는 것처럼 보인다.[5]

　헤이그의 이론에 따르면 각인된 유전자들은 일반적으로 이렇게 서로 길항적(상극작용) 쌍으로 존재할 것으로 예측된다. 심지어 일부의 경우에는 사람에게서도 마찬가지로 생각된다. 사람의 11번 염색체에 있는 IGF2 유전자는 부계적으로 각인되어 있으며 우연히 2개의 부계 유전자만 받게 되면, 심장과 간이 너무 크게 자라 태아의 조직에 흔히 종양이 생기게 되는 벡위드-비데만 증후군Beckwith-Wiedemann syndrome을 앓게 된다. 비록 사람에서는 IGF2R이 각인되지 않지만 IGF2를 제어하는 H19라는 모계성 각인 유전자가 존재하는 것으로 보인다.

　만일 각인된 유전자가 서로 싸우기 위해서만 존재한다면 둘 다 작동하지 않을 때에는 배아의 발달에 전혀 영향을 미치지 않아야 한다. 실제로 그렇다. 각인된 유전자를 모두 제거해도 정상적인 쥐가 생긴다. 유전자는 이기적이라서 전체 개체를 위해서가 아니라 자기만의 이익을 위한다는 앞 장에서 살펴본 8번 염색체의 영역으로 다시 돌아온 것 같다. 거의 확실히 (비록 일부 과학자들은 다르게 생각하지만) 각인에 대한 내재적인 목적이 있는 것 같지는 않다. 이것은 이기적 유전자와 특히 성적인 적대관계 이론의 또 다른 예다.

일단 이기적 유전자의 개념으로 생각하기 시작하면, 여러 가지로 그럴듯한 생각이 떠오를 것이다. 이런 경우를 생각해보라. 부계 유전자의 영향을 받는 배아들은 형제와 자궁을 공유할 때와 다른 아버지를 가진 배아와 자궁을 공유할 때 다르게 행동할 것이다. 후자의 경우에 더 이기적인 부계의 유전자를 가질 것이다. 이런 생각을 가진 뒤에는 자연과학적 실험을 통해 이 예측을 확인하기는 비교적 쉽다. 모든 쥐가 똑같은 것은 아니다. 예를 들면 학명이 페로마이스커스 마니큐라투스Peromyscus maniculatus의 일부 암쥐는 여러 마리의 수컷을 상대하여 일반적으로 한 배에 아비가 다른 새끼들을 같이 가진다. 그에 비해 페로마이스커스 폴리오나투스Peromyscus polionatus 암쥐는 단 한 마리의 수컷만을 상대하므로 한 배에 있는 새끼들은 모두 어미와 아비가 같다.

그렇다면 P. 마니큐라투스와 P. 폴리오나투스를 교배하면 어떻게 될까? 어떤 종이 아비가 되고 어떤 종이 어미가 되는가에 따라 달라진다. 만일 난혼 성향인 P. 마니큐라투스가 아비면 새끼들이 크게 태어난다. 만일 일부일처인 P. 폴리오나투스가 아비가 되면 새끼들이 작게 태어난다. 무슨 일이 벌어지고 있는지 이해가 되는가? 부계의 P. 마니큐라투스 유전자는 전혀 혈연관계가 없는 경쟁자들과 함께 같은 자궁에 있게 되면서 어미의 자원에서 자기 몫을 더 많이 가지기 위해 다른 태아와 경쟁하면서 선택되어왔다. 모계의 P. 마니큐라투스 유전자는 자신의 자원을 많이 빼앗아가려고 경쟁하는 태아들이 자궁에 있기에 이와 맞서며 선택되어왔다. 좀 더 자연적인 환경에 있는 P. 폴리오나투스의 자궁에서는 공격적인 부계와 모계의 P. 마니큐라투스 유전자들이 단지 상징적인 저항을 겪어 이 경쟁에서 이기게 된다. 아비가 난혼 성향이면 새끼가 커지고 어미가 난혼 성향이면 새끼가 작아진다.

이것은 각인 이론에 대한 아주 멋진 본보기다.[6]

　그러나 조심해야 한다, 대부분의 설득력 있는 많은 이론들처럼 사실이기에는 너무 완벽한 것 같다. 특히 각인된 유전자들이 상대적으로 더 빨리 진화하게 된다는 확인할 수 없는 예측을 낳게 한다. 그 이유는 성적인 적대관계로 각 세대가 이어질 때마다 서로 교대로 일시적으로 한쪽 성이 우위를 점하게 되는 분자적인 군비 경쟁이 일어나기 때문이다. 그러나 각인 유전자에 대한 종 간의 비교 결과는 그렇지 않다. 오히려 각인 유전자가 더 천천히 진화하는 것으로 보인다. 점점 더 헤이그의 이론이 전부는 아니더라도 적어도 일부는 각인에 대한 설명이 되는 것으로 보인다.[7]

　각인은 묘한 결과를 낳는다. 남자의 2개의 15번 염색체 중 어머니로부터 받은 15번 염색체는 어머니로부터 왔다는 표지를 가지고 있다. 이 염색체가 다시 그의 아들이나 딸에게 전해질 때는 이것이 아버지로부터 왔다는 표지를 달게 된다. 이 염색체는 모계의 표지에서 부계의 표지로, 어머니의 경우에는 그 반대로 표지가 전환되어야 한다. 이러한 표지의 전환이 실제로 일어나는 것이 밝혀졌다. 앵겔만 증후군을 가진 사람 중 소수의 경우에서는 15번 염색체 모두가 부계로부터 온 것처럼 행동하는 것 이외에는 염색체상의 이상이 전혀 없기 때문이다(대부분의 앵겔만 증후군은 어머니로부터 유래한 15번 염색체의 일정 부분이 결여됨으로써 생긴다).이러한 현상은 표지의 전환이 일어나지 않았기 때문이다. 그것은 이전 세대에서 염색체에 부계의 표지를 만드는 각인 센터라고 하는 각인 유전자의 가까이에 있는 작은 DNA 부분에 돌연변이가 일어났기 때문이다. 그 표지는 8번 염색체에서 이미 살펴본 것과 같이 유전자의 메틸화 반응으로 이루어졌다.[8]

기억할지 모르겠지만 '문자' C의 메틸화 반응은 유전자가 작동하지 못하도록 하는 수단으로 이기적 DNA를 일종의 가택연금 상태에 두는 것이다. 탈메틸화 반응demethylation은 이른바 배낭blastocyst이 형성되는 배아의 초기 발달 과정에서 일어나며, 발달의 다음 단계인 낭배 형성 시기gastulation에 다시 메틸화 반응이 일어난다. 각인 유전자들은 어떤 방법에 의해 이 과정을 피함으로써 탈메틸화 반응이 일어나지 않는다. 이것이 어떻게 일어나는지에 대한 흥미로운 단서는 있지만 아직 명확한 증거는 없다.[9]

각인 유전자들에서 탈메틸화 반응이 일어나지 않는 것이 수십 년 간 포유동물의 복제cloning를 가로막는 장애가 되어왔다. 두꺼비는 체세포의 유전자를 수정란에 집어넣으면 아주 쉽게 복제할 수 있지만, 포유동물의 경우에 이것이 불가능했던 것은 암컷의 체세포는 양쪽 염색체 모두의 일부 중요한 유전자들이 메틸화 반응에 의해 작동하지 않고, 수컷의 체세포는 다른 각인 유전자들이 메틸화 반응에 의해 작동되지 않기 때문이다. 따라서 각인이 발견된 이후에 과학자들은 자신 있게 포유동물의 복제는 불가능하다고 선언하였다. 복제된 포유동물은 모든 각인 유전자들이 양쪽 염색체에서 모두 작동하거나 아니면 모두 작동하지 않게 되어 동물 세포에 필요한 양의 균형이 깨져 발달이 일어나지 않게 된다. 각인을 발견한 과학자들은[10] "체세포 핵을 사용한 포유동물의 복제가 성공할 것 같지 않은 것은 예측되는 결과"라고 하였다.

그런데 1997년 초에 갑자기 스코틀랜드에서 복제 양 돌리가 탄생하였다. 어떻게 돌리와 그 이후의 복제된 포유동물들이 각인의 문제를 피하게 되었는지는 돌리를 만든 과학자들에게도 수수께끼로 남아 있지만 처리 과정에서 모든 유전적 각인이 제거된 것처럼 보인다.[11]

15번 염색체의 각인된 지역에는 약 8개의 유전자가 들어 있다. 그 가운데 하나인 UBE3A가 잘못되면 앵겔만 증후군에 걸리게 된다. 바로 그 옆에 있는 2개의 유전자 SNRPN과 IPW가 프레이더-윌리 증후군을 일으키는 후보들이다. 다른 유전자일 수도 있지만 여기서는 SNRPN이 바로 그 유전자라고 가정해보자.

위의 증후군들은 항상 이러한 유전자들에 돌연변이가 일어나서 생기는 것만이 아니라 다른 종류의 사건으로도 생긴다. 난자가 난소에서 형성될 때 보통은 한 쌍의 염색체들의 한쪽만 받는데, 드물게 부모의 한 쌍의 염색체가 분리되지 않아서 둘 다 받는 경우도 있다. 정자와 수정한 후 배는 이제 어머니로부터 2개와 아버지로부터 1개, 모두 3개의 염색체를 가지게 된다. 이 현상은 특히 나이가 든 어머니에서 일어나며 대개는 수정란이 죽게 된다. 만일 이 3개의 염색체가 가장 작은 21번 염색체라면, 배는 태아로 발달하여 출생하고 그 후에도 상당 기간 생존하며 그 결과로 다운증후군이 나타난다. 다른 경우에는 여분의 염색체가 세포의 생화학적 균형을 지나치게 무너뜨려 발달 과정이 일어나지 않게 된다.

그러나 대부분의 경우 이 단계에 도달하기 전에 몸은 3개의 염색체에 대한 문제를 해결하는 방법을 가지고 있다. 한 염색체를 통째로 '없애고delete' 의도한 대로 2개의 염색체만 남기는 것이다. 문제는 이 일이 임의적으로 일어난다는 것이다. 결여되는 것이 어머니로부터 온 2개의 염색체 중에서 하나가 될지 아버지로부터 온 1개의 염색체가 될지는 알 수 없다. 1개의 모계 유전자가 없어질 확률은 66%이지만 잘못될 수도 있다. 만일 실수로 부계 염색체가 없어지면 2개의 모계 염색체만 가지게 된다. 대부분의 경우에 이것이 문제가 되지 않지만, 만일 15번 염색체에서 이 일이 생기면 어떤 일이 생길지 예측할 수 있다. 2개의 모계 각인 유전자인 UBE3A는 표현되지만 부계 각인 유전자인 SNRPN은 발현이 안 된다. 이 결과가 프레이더-윌리 증후군이다.[12]

겉보기에 UBE3A는 그다지 흥미로운 유전자가 아니다. 이것의 단백질 산물은 일종의 'E3 유비퀴틴 리가아제ubiquitin ligase'로 특정한 피부와 림프 세포에 있는 단백질들의 구성원이다. 그런데 1997년 중반에 서로 다른 세 연구팀에서 쥐와 사람 모두에서 UBE3A가 뇌에서 발현되는 것임을 밝혔다. 이것은 엄청난 뉴스였다. 프레이더-윌리 증후군과 앵겔만 증후군에서 모두 뇌의 이상이 감지되었기 때문이다. 더 놀랄 만한 사실은 다른 각인 유전자들도 뇌에서 작동한다는 믿을 만한 증거가 나왔다. 특히 쥐에서 전뇌의 대부분은 모계 각인 유전자들에 의해 만들어지며, 뇌의 아래 부위인 시상하부의 대부분은 부계 각인 유전자들에 의해 만들어진다.[13]

이 일은 아주 기발한 과학적 실험, 즉 '키메라chimera 쥐'의 생성으로 밝혀졌다. 키메라는 유전적으로 서로 다른 두 개체의 몸이 합쳐진 것이다. 염색체를 자세히 검사하지 않고는 알 수 없지만 자연적으로도 일어나기 때문에 당신도 일부 또는 전부가 키메라일지도 모른다. 유전적으로 다른 2개의 배아가 우연히 마주쳐 융합하면 마치 한 배아처럼 자라게 된다. 이들을 똑같은 게놈이 2개의 몸체에 들어 있는 대신에 한 몸체에 2개의 다른 게놈이 들어 있는 일란성 쌍둥이의 반대라고 생각하면 된다.

실험실에서 키메라 쥐를 만들기는 비교적 쉬워서 2개의 초기 배아를 조심스럽게 융합시키면 된다. 그러나 이때 케임브리지 팀은 기발한 생각을 해냈다. 정상적인 배를 난자의 핵과 난자의 핵을 수정시킨 배,

즉 부계의 유전자는 전혀 없이 모계의 유전자로만 이루어진 배와 융합시킨 것이다. 그 결과 비정상적으로 머리가 큰 쥐가 태어났다. 이들이 정상적인 배와 부계의 유전자로만 이루어진 배(즉 핵이 2개의 정핵으로 치환된 난자에서 자란 배)의 키메라를 만들었을 때, 그 결과는 반대로 몸집은 크고 머리는 작은 쥐가 생겼다. 모계 세포들에 이들의 존재를 알릴 수 있는 무선 송신기와 비슷한 특별한 생화학적 장치를 달아, 쥐의 뇌의 바깥층 대부분과 대뇌피질, 해마 등은 일관성 있게 모계 세포로 이루어지며 시상하부에는 모계 세포가 없다는 놀라운 사실을 발견하였다. 대뇌피질은 감각정보의 처리 과정이 일어나서 행동이 일어나게 하는 곳이다. 대조적으로 부계의 세포는 뇌에 비교적 드물고 근육에 많이 존재한다. 그러나 뇌에서는 시상하부, 편도amygdala 그리고 시각 부위 앞부분의 발달에 기여한다. 이러한 부위들은 대뇌변연계의 일부로 감정을 조절한다. 과학자 로버트 트라이버스Robert Trivers의 말에 따르면 이 차이가 시상하부가 독선적인 기관인 반면에 대뇌피질은 모계쪽 기관들과의 공동적인 작용을 담당한다는 사실을 반영한다.[14]

다시 말해 태반은 부계 유전자가 모계 유전자에 의해 만들어지도록 맡길 수 없는 기관이라고 믿는다면, 대뇌피질은 모계 유전자가 부계 유전자에 의해 만들어지도록 맡길 수 없는 기관이라고 할 수 있다. 우리가 쥐와 같다면 우리는 (사고력과 감정이 유전된다고 믿는 만큼) 어머니의 사고력과 아버지의 감정에 따라 살아간다. 1998년 쥐에서 암쥐의 모성적 행위를 결정하는 놀라운 성질을 가진 또 다른 각인 유전자를 발견하였다. 이 비만Mest 유전자가 온전한 암쥐는 새끼를 잘 보살핀다. 이 유전자가 제대로 작동하지 않는 암쥐는 끔찍한 어미 쥐가 된다는 사실을 빼고는 정상이다. 이들은 편안한 보금자리를 만들지 못하고 새끼쥐가 돌아다닐 때 집으로 데려오지 못하며, 새끼쥐를 깨끗하게 해주지 않는 등 대체로 새끼를 제대로 돌보지 않는 것 같다. 이들의 새끼쥐들은 대개는 죽는다. 불가사의하게도 이 유전자는 부계 유전된다. 부계로부터 받은 것만 작동하고 모계로부터 받은 것은 작동되지 않는 상태로 남아 있다.[15]

배아의 생장에 대한 경쟁적 관계를 설명한 헤이그의 이론으로는 이 사실이 쉽게 이해되지 않는다. 그러나 일본 과학자 요 이와사Yoh Iwasa가 설명이 가능한 이론을 내놓았다. 그의 주장으로는 아버지의 성염색체가 자손의 성을 결정하기 때문에 Y염색체 대신에 X염색체를 전달하면 자손은 여성이 되고 따라서 여성에게서만 부계의 X염색체가 발견된다. 그래서 여성에게 특징적으로 요구되는 행위는 오직 부계 염색체에서만 표현되어야 한다. 만일 이들이 모계 염색체에서도 표현된다면 남성에게서도 이러한 행위가 나타나거나 여성에게는 지나치게 나타나게 된다. 따라서 모성적 행위는 부계적으로 각인되야만 한다.[16]

이 생각을 가장 잘 뒷받침할 만한 자연과학적 실험이 런던의 어린이 건강연구소의 데이비드 스커스David Skuse와 그의 동료들에 의해 이루어졌다. 스커스는 X염색체의 일부나 전부가 결손되어 일어나는 터너 증후군을 앓고 있는 나이 6세부터 25세까지의 여성 80명을 찾아냈다. 남자는 1개의 X염색제만 가지며 여자는 2개의 X염색제를 가지나 1개는 모든 세포에서 작동이 되지 않는 상태로 유지되기 때문에 이론상 터너 증후군은 발달에 거의 영향을 주지 않아야 한다. 실제로 터너 증후군을 앓는 소녀들은 외모와 지능은 정상이다. 그러나 이들은 종종 사회에 제대로 적응하지 못한다. 스커스와 그의 동료들은 두 종류의 터너 증후군 소녀들, 즉 부계 X염색체가 없는 경우와 모계 X염색체가 없는 경우를 비교하였다. 모계 X염색체가 없는 25명의 소녀들은 55명의 부계 X염색체가 없는 소녀들보다 사회적인 상호작용을 매개하는 언어와 논리 기능이 뛰어나서 상당히 적응을 잘하였다. 스커스와 그의 동료들은 소녀들에게 인식력 표준검사를 실시하고, 사회 적응력의 평가를 위한 질문서를 부모에게 작성하게 한 다음 이것을 조사하였다. 질문서에는 아이들이 다른 사람의 감정을 의식하는지에 대한 여부, 다른 사람의 기분을 깨닫는지에 대한 여부, 자신이 한 행위가 가족의 다른 사람에게 미치는 영향을 망각하는지 여부, 다른 사람의 시간을 빼앗는지 여부, 화가 났을 때 달래기의 어려움 정도, 자신도 모르는 사이에 다른 사람을 기분 나쁘게 하는 행동의 여부, 명령에 잘 따르는지 여부 등의 유사한 질문이 담겨 있었다. 부모들은 전혀 사실이 아닐 경우 0, 가끔 그럴 경우에는 1, 아주 자주 그럴 경우에는 2로 답하도록 하였다. 그다음에 전부 12개의 질문에 대한 총점을 합하였다. 모든 터너 증후군 소녀들이 정상적인 남자와 여자 아이들보다 높은 점수를 보였으며, 부계 X염색체가 없는 경우가 모계 X염색체가 없는 경우보다 두 배 이상 점수가 높았다.

추론하자면 X염색체 위 어딘가에 부계 염색체에서만 정상적으로 작동하는 각인 유전자가 있으며, 이 유전자가 예를 들면 다른 사람의 감정을 이해하는 능력과 같은 사회 적응력의 발달을 증진하게 된다. 스커스와 그의 동료들은 X염색체의 일부만 결손된 아이들로부터 여기에 대한 추가적인 증거를 얻었다.[17]

이 연구는 두 가지의 확고한 의미를 포함하고 있다. 첫째는 자폐증과 독서장애증 등의 언어 손상이나 다른 사회적 문제가 여자보다 남자 아이에게 흔한 사실에 대한 설명이 된다. 남자아이는 어머니로부터 모계 각인이 된 1개의 X염색체만 받게 되고 따라서 문제의 유전자가 작동하지 않게 된다. 아직까지 이 유전자를 찾지 못했지만 X염색체에서 각인 유전자들이 알려지게 되었다.

그러나 둘째는 더 일반적인 것으로 20세기 후반 내내 계속된 성 차이에 대한 다소 터무니없는 논쟁에 끝이 보이기 시작하였고, 양육만큼 천성의 중요성이 부각되었다. 교육의 중요성을 믿는 사람들은 천성의 역할을 완전히 부인한 반면에 천성의 중요성을 믿는 사람들은 교육의 중요성을 별로 부인하지 않았다. 문제는 아무도 몰지각하게 양육의 효과를 부인하려 하지 않았기에 양육의 역할이 아니라 천성의 역할이 있는가에 관한 것이다. 내가 이 장의 글을 쓰던 어느 날 나의 한 살배기 딸이 장난감이 담긴 수레에서 플라스틱 아기인형을 발견하고 즐거운 비명을 지르는 모습을 보았다. 그 아이의 오빠가 같은 나이 때 장난감 트랙터를 끌면서 소리를 지르던 모습과 흡사하였다. 나는 다른 많은 부모들처럼 그것이 단지 우리가 무의식적으로 행한 일종의 사회적 조건화에 의한 것이라고 믿고 싶지 않다. 남자아이와 여자아이는 스스로 행동을 시작할 바로 그 단계부터 체계적으로 다른 관심을 가진다. 남자아이들은 경쟁적이고 기계나 무기 그리고 행위에 더 관심이 많다. 여자아이들은 사람과 옷 그리고 말에 더 관심이 많다. 좀 더 솔직하게 표현하자면 남자가 지도를 좋아하고 여자가 소설을 좋아하는 것은 양육 때문이 아니다.

아무튼 의도적은 아니지만 잔인하면서 완벽한 실험이 양육론 지지자들에 의해서 행해졌다. 1960년대 미국에서 한 소년이 할례를 받다가 성기에 큰 손상을 당하는 사고가 일어났다. 그러자 의사들이 이 소년을 거세와 수술 그리고 호르몬 요법으로 소녀로 바꾸기로 결정하였다. 존이 조앤이 되어 그녀는 치마를 입고 인형을 가지고 놀게 되었으며 젊은 처녀로 자라났다. 1973년에 프로이트파의 심리학자인 존 머니John Money는 공개적으로 대중 앞에서 조앤이 여자로 잘 적응하였고, 이것으로 성적인 역할은 사회적으로 만들어지는 것이 의심할 바 없게 되었다고 주장하였다.

1997년에 이르기까지 아무도 그 사실을 확인하지 않았다. 밀턴 다이아몬드Milton Diamond와 키스 지그문슨Keith Sigmundson이 조앤을 찾아냈을 때 조앤은 여자와 결혼하여 행복하게 살고 있는 남자가 되어 있었다. 그의 이야기는 머니가 말한 것과는 전혀 달랐다. 그는 어린 시절에 언제나 불행했고 항상 바지를 입고 남자아이들과 놀고 싶었으며 서서 오줌을 누고 싶었다고 한다. 14세 때 부모로부터 자신에게 일어난 일을 듣고 나서 안도하였고 호르몬 요법을 중단하고 이름도 존으로 돌아갔다. 남자의 생활을 다시 시작하여 유방 제거 수술을 받았고 25세에 결혼하여 그 여자의 아이를 입양하였다. 성적 역할은 사회적으로 만들어진다는 증거로 제시된 그가 정반대의 결론인 천성적으로 성의 차이가 나타난다는 것을 입증한 것이다. 동물학에서 나온 증거들은 항상 그와 같아 대부분의 생물에서 남성적 행동은 여성적 행동과 체계적으로 다르며 그 차이는 본성에 의한 것이다. 뇌는 본성적으로 성적 차이를 지닌 기관이다. 게놈과 각인된 유전자들 그리고 성과 관련된 행동의 유전자들도 같은 결론을 내리게 한다.[18]

16번 염색체

기억

유전은 자신의 기구의 변형까지도 허용한다.
-1896년, 제임스 마크 볼드윈

인간의 게놈은 한 권의 책과 같다. 숙련된 전문 기술자라면 각인과 같이 이례적인 것을 적절히 고려하면서 처음부터 끝까지 주의 깊게 읽음으로써 완벽한 인간의 몸을 만들 수 있을 것이다. 이 책을 제대로 읽고 해석할 수 있는 올바른 기법만 주어진다면, 숙달된 현대판 프랑켄슈타인 백작의 경우에는 위업을 달성할 수 있을 것이다. 그런 다음 어떻게 힐 깃인가? 그는 인간의 육제를 만늘어 생기(생명의 영약)를 주입했을 뿐이고 진정으로 살게 하려면 단순히 존재하게 하는 그 이상의 무엇을 해야만 한다. 그러기 위해서는 적응하고 변화하며 또 반응도 해야 한다. 자율성도 획득하고 프랑켄슈타인 백작의 통제에서도 벗어나야 한다. 메리 셸리Mary Shelley(《프랑켄슈타인》의 작가)의 이야기에 나오는 불운한 백작처럼 유전자들은 자신의 창조자로부터의 조절을 벗어나야 마땅

할 것 같다. 생명을 영위할 자신의 길을 찾을 수 있도록 자유로워져야한다. 게놈은 언제 심장이 박동해야 할지 언제 눈을 깜박거려야 할지또는 언제 생각해야 할지를 알려주지 않는다. 비록 유전자들이 개성과지성 그리고 인간 본성의 척도를 놀라운 정확도로 결정짓기는 하지만,나서야 할 때만 나선다. 여기 16번 염색체에는 가장 위대한 대표자의하나라고 할 수 있는 학습과 기억을 관장하는 유전자들이 존재한다.

우리 인간은 놀랄 정도로 유전자에 의해 결정된다고 하지만, 우리가후천적으로 생에서 배운 것들에 의해 더 큰 영향을 받는다. 게놈은 자연선택에 의해 세계에서 유용한 정보를 뽑아내고 그 정보를 자신의 디자인에 구현할 수 있는 정보 처리 컴퓨터다. 정보 처리를 진화로 대처하기에는 너무나 느리다. 각각의 변화에 수세대가 걸린다. 따라서 게놈이 수초 또는 수분 안에 세상에서 정보를 뽑아 행동을 통해, 그 정보를 구현할 수 있는 뇌라는 훨씬 더 빠른 기계를 발명하는 것이 유용하다는 것을 안 것은 전혀 놀라운 일이 아니다. 당신의 게놈은 당신에게당신의 손이 지금 뜨겁다는 것을 말해주는 신경망을 제공하여, 당신손을 뜨거운 난로로부터 치우게 하는 행동을 하게 한다.

학습은 신경학과 심리학의 영역에 속한다. 그것은 본능의 반대 개념으로 본능이 유전적으로 이미 결정된 행동을 말한다면 학습은 경험에의해 변형되고 수정되는 행동이다. 학습과 본능은 서로 거의 공통점이없거나 아니면 심리학의 행동파학자들이 20세기 내내 공통점이 없다고 우리를 믿게 만들었다. 그렇다면 왜 어떤 것들은 본능에 의해 선천적으로 알게 되고, 어떤 것은 배워서 알게 되는 것일까? 어떻게 방언이나 어휘들은 배워서 알게 되고 언어는 본능적으로 알게 되는가? 이장의 주인공이라고 할 수 있는 제임스 마크 볼드윈James Mark Baldwin은 잘 알려지지 않은 19세기 진화이론학자다. 그는 1896년 당시뿐만 아니라 그 후 91년 동안이나 전혀 아무런 영향을 끼치지 못한 난해하면서도 철학적인 주장이 함축된 논문 하나를 발표했다. 그러나 1980년대 후반 그의 이론이 어떻게 컴퓨터를 공부해야 할지를 가르치는 데 아주 적절하다고 생각한 어느 컴퓨터 과학자 팀에 의해 갑자기 유명해졌다.[1]

볼드윈이 다룬 문제는 어떤 것들은 왜 본능으로서 미리 프로그램화되어 있지 않고 살아가면서 배워서 얻어야 하는가였다. 사람들은 흔히 학습은 좋은 것이고 본능은 나쁘다거나 또는 학습은 발전된 것인 데 비해 본능은 원시적이라고 믿고 있다. 따라서 동물들은 본능적으로 알고 있는 온갖 종류의 것들을 우리는 배워야 하는 것이 인간의 특성이라고 여겨왔다. 인공지능 연구자들은 이 전통에 따라 재빨리 학습을 정점에 두고 다목적 학습기계를 만드는 것을 목표로 하였다. 그러나 이것은 사실상 실수다. 인간도 동물처럼 본능에 의해 같은 행동을 한다. 우리도 병아리와 마찬가지로 본능적으로 기고 서며 걷고 울기도 하고 눈을 깜빡거린다. 우리는 단지 동물적 본능에다 접목시킨 추가적인 것들, 예를 들면 독서, 운전, 은행 업무, 쇼핑 등의 것들은 학습으로 배운다. 볼드윈은 "의식의 주기능은 어린이에게 유전에 의해 자연적으로 배우지 못하는 것을 배우게 하는 것이다"라고 하였다.

그리고 우리 자신이 무언가를 학습함으로써 우리는 자신을 미래의 문제에 대해 본능적 해결책에다 프리미엄을 더한 선택적 환경에 두게 된다. 따라서 학습은 차츰 본능에 그 자리를 내놓게 된다. 내가 13번 염색체의 장에서 제시했던 것과 마찬가지로 낙농업의 발달은 우리 몸에 락토오스의 소화불량이라는 문제를 갖게 하였다. 처음 해결책은 문화적인 것으로 치즈를 만드는 것이었지만, 나중에는 선천적으로 락토오스를 분해하는 효소인 락타아제를 어른이 되어서도 생산할 수 있는 방법을 만들어냈다. 아마도 만일 오랜 기간 문맹인 사람들이 생식적으로 불리한 위치에 놓인다면 글을 읽게 되는 것 자체가 궁극적으로는 선천적인 것이 될 것이다. 사실상 자연선택의 과정은 자연에서 유용한 정보를 빼내 그것을 유전자에 부호화하는 것이기에 인간 게놈을 40억 년 간 축적된 학습의 결과로 보는 것도 일리가 있다.

그러나 모든 것들을 선천적으로 만드는 것에 대한 이점도 한계가 있다. 강한 본능적 바탕을 지니면서도 융통적이기도 한 말의 경우, 만일 자연선택에 의해 갈 데까지 가게 되어 언어의 어휘 자체도 본능적으로 된다면 이것은 분명히 황당한 일일 것이다. 그렇게 되면 말은 전혀 융통성을 가지지 못하게 되고 컴퓨터라는 새로운 말을 만들지 못해 그것을 '의사교환을 할 때 생각하는 물건'이라고 묘사하게 될 것이다. 마찬가지로 자연선택은 철새는 틀에 갇혀 있지 않고 변형이 가능한 항해법, 즉 별을 나침반으로 사용하여 항해하는 법을 가져다주었다. 차츰 북쪽 방향으로 진행하는 춘분점(equinox, 밤과 낮이 같은 분점) 때문에 철새들은 자신들의 별나침판을 각 세대마다 학습을 통하여 반드시 다시 맞추어야 한다.

볼드윈 효과는 문화적인 진화와 유전적인 진화의 미묘한 균형에 대한 것이다. 그들은 서로의 적이 아니라 동지로서 최상의 결과를 얻기 위해 서로의 영향력을 주고받게 된다. 독수리는 부모에게 지역적 조건에 잘 적응해나가기 위해 문화나 유전의 조화를 배울 여유를 가지는 데 비해, 뻐꾸기는 결코 부모를 만날 수 없으므로 모든 것을 본능에 의존해야 한다. 이들은 부화하여 몇 시간 안에 본래 그 둥지 주인의 새끼들을 밖으로 밀어내야 하고, 부모의 도움 없이도 어린 시절에 철새로서 아프리카의 적당한 장소로 이동해야 하며, 나방을 어떻게 찾아먹는지를 알아내야 하고 다음해 봄에는 태어난 곳으로 돌아가 짝을 짓고 알을 낳을 만한 적당한 남의 둥지를 찾아야 한다. 이 모든 행동들은 경험을 통하여 값지게 얻은 일련의 본능적인 행동이다.

인간의 뇌가 본능에 의존하는 정도를 과소평가하듯이 우리는 일반적으로 다른 동물들이 학습을 통하여 배우게 되는 정도를 과소평가한다. 예를 들어 꿀벌들은 서로 다른 유형의 꽃들로부터 꽃가루와 꿀을 채취하는 방법을 대부분 경험을 통하여 배운다고 알려져 있다. 한 종류의 꽃에는 훈련이 되어 있다 하더라도 다른 종류에 대해서는 실습을 하기 전까지는 서툴다(어떻게 해야 할지를 모른다). 그러나 일단 투구꽃 종류를 어떻게 다루어야 할지를 알게 되면 유사한 형태의 송이풀 꽃도 잘 다루게 된다. 따라서 그들은 개개의 꽃을 단순히 암기하는 것이 아니라 어떤 추상적인 원리를 일반화시킨다.

또 다른 동물의 학습으로 잘 알려진 예로는 꿀벌보다 하등동물에 속하는 갯민숭달팽이see slag의 경우를 들 수 있다. 이보다 더 저능한 동물을 찾기는 어렵다. 이들은 느리고 작을 뿐만 아니라 단순하고 소리를 내지 않으며 아주 작은 뇌를 가지고 있고 부러울 정도로 신경 감응이 없이 식생활과 성생활을 영위한다. 이들은 다른 곳으로 옮겨갈 수 없고 날지도 못하며, 서로 의사소통을 하거나 생각할 수도 없다. 뻐꾸기나 심지어 꿀벌과 같은 생물과 비교하면 이들의 생은 너무나 간단하다. 만일 단순한 동물은 본능에 의존하고 복잡한 동물은 학습에 의존한다는 생각이 맞다면, 갯민숭달팽이들은 전혀 학습이 필요없을 것이다.

그런데도 이들은 배울 수 있다. 만일 이들의 아가미를 향해 물줄기를 쏘아대면 아가미를 집어넣는다. 이것을 반복적으로 하게 되면 아가미를 집어넣는 행동을 점점 멈추게 된다. 갯민숭달팽이는 일단 가짜 경보로 인지된 것에 대해 반응을 멈추게 된다. 이것을 습관화반응 habituation이라고 한다. 미분대수학을 배우는 것과 같다고 할 수는 없지만 이것도 학습이기는 마찬가지다. 반대로 아가미에 물줄기를 쏘기 전에 전기적 충격을 한 번 가하게 되면 아가미를 보통 때보다 더 깊이 집어넣게 되는데 이를 민감화sensitization라고 한다. 이들도 그 유명한 파블로프의 실험 개들처럼 조건반사가 일어나 만일 전기충격과 함께 물줄기를 약하게 쏘게 되면 약한 물줄기로도 조건반사에 의해 아가미를 집어넣게 된다. 그런 후에 보통의 경우 아가미를 집어넣게 하는 행동을 일으키기에는 너무 약한 물줄기로도 아가미를 재빨리 안으로 집어넣게 된다. 다시 말해서 갯민숭달팽이는 뇌를 사용하지 않고도 개나 사람처럼 같은 종류의 학습 즉 습관화, 연관학습 등을 할 수 있는 능력이 있다. 이러한 반사적 행동과 이를 조절하는 학습은 이 보잘것 없는 생명체의 배에 있는 작은 신경 덩어리인 복부 신경절에서 일어난다.

에릭 캔들Eric Kandel은 단순히 갯민숭달팽이를 괴롭히기 위해서가 아니라 학습이 어떻게 이루어지는지에 대한 기본 메커니즘을 이해하기 위해 이러한 실험을 주도하였다. 학습이란 무엇인가? 뇌 또는 복부 신경절에서 새로운 습관이나 행동의 변화를 습득하려면 신경세포에 어떤 변화가 일어나는가? 중추신경계는 각각을 따라서 전기적 신호가 전달되는 수많은 신경세포와 이들 사이의 접합 지점인 시냅스로 구성되어 있다. 전기적인 신경신호가 시냅스에 도달한 후 전기적 여행을 다시 시작하려면 마치 기차 승객이 해협을 건널 때 연락선으로 갈아타듯이 화학적인 신호로 전달해야만 한다. 캔들은 얼마 지나지 않아 뉴런(신경세포) 간의 시냅스에 관심을 가졌다. 학습은 이들 특성의 변화로 나타나는 것으로 보인다. 따라서 갯민숭달팽이가 잘못된 경보로 습관화가 일어나는 것은 자극을 수용하는 감각 뉴런과 아가미를 움직이는 운동 뉴런 사이의 시냅스가 약해졌기 때문이다. 반대로 갯민숭달팽이가 자극에 민감해지면 시냅스는 강화된다. 캔들과 그의 동료들은 차츰 그리고 재치있게 갯민숭달팽이의 뇌에서 시냅스의 강화나 약화를 유도하는 특정 물질의 본질을 밝히게 되었다. 이 물질이 바로 고리형cyclic AMP(cAMP)다.

캔들과 그의 동료들은 고리형 AMP를 중심으로 연속적으로 일어나는 화학적 변화를 발견하였다. 그들의 이름을 무시한 채 이 일련의 화학물질들을 A, B, C 등으로 부른다고 가정하면,

A가 B를 만들며,

이것이 C를 활성화시켜,

D라는 채널(이온이 지나는 통로)을 닫히게 하여,

E라는 물질이 더 많이 세포 안에 머물게 되면서

시냅스를 지나서 다음 뉴런으로 신호를 전해주는

신경신호 전달물질인 F의 방출시간이 길어지게 된다.

C는 또한 CREB라는 단백질의 모양을 변화시켜 활성화시킨다. 이 활성화된 형태의 CREB를 가지지 않은 동물은 학습을 통해 배울 수는 있지만 이것을 한 시간 이상 기억하지 못한다. 이것은 CREB가 일단 활성화되면 유전자들을 작동시켜 시냅스의 모양과 기능을 바꾸기 때문이다. 이때 활성화되는 유전자를 CRE(cyclic-AMP response element, cAMP 반응인자) 유전자라고 한다. 더 깊이 들어가면 여러분은 추리소설을 읽는 것과 같은 기분이 들 것이다. 그러나 조금만 참으면 다시 단순해질 것이다.[2]

사실상 둔스dunce라고 하는 초파리를 예로 들면 간단하게 말할 수 있다. 둔스는 어떤 냄새 뒤에는 항상 전기적 충격이 따라온다는 사실을 배울 수 없는 돌연변이 초파리다. 이것은 1970년대 자외선을 조사하여 얻은 학습과 관련된 초파리 돌연변이체로서, 간단한 학습조차 불가능한 것 중 가장 먼저 찾은 것이다. 캐비지cabbage(양배추), 암네시악amnesiac(기억상실증), 루터베가rutabaga, 래디시radish, 터닙turnip(세 종류의 무 이름) 같은 다른 돌연변이체들도 곧 발견되었다(이들의 이름을 보면 초파리 유전학자들이 인류 유전학자들에 비해 훨씬 더 자유롭게 명명한 것을 다시 한 번 느끼게 된다). 모두 합쳐서 현재까지 17가지의 학습 돌연변이 초파리가 발견되었다. 콜드 스프링 하버 연구소(뉴욕 주의 롱아일랜드에 있는 하버드 대학의 생물학 관련 부속 연구소)에 재직 중이던 팀 털리Tim Tully는 이미 갯민숭달팽이의 실험으로 얻어낸 캔들의 업적에 자극을 받아 이 돌연변이 초파리들에게서 정확히 무엇이 잘못되었는지를 조사하였다. 결과는 털리와 캔들 두 사람 모두를 기쁘게 하였는데, 그 이유는 망가진 유전자는 모두 고리형 AMP를 만들거나 이와 반응하는 것과 관련이 있었기 때문이다.[3]

그래서 털리는 만일 초파리의 학습 능력과 관련된 유전자를 쓰지 못하게 하면 학습 능력이 변경되거나 증진되는 일도 생길 것이라고 추론하였다. 그리하여 CREB 단백질을 만드는 유전자를 제거하였더니 학습을 할 수는 있지만 배운 것을 금방 잊어버려 기억을 하지 못하는 초파리가 생겨났다. 그 뒤에 특정 냄새 뒤에는 전기충격이 온다는 사실을 한 번에 배우는 초파리부터 열 번 만에 배우는 초파리들도 만들어냈다. 털리는 이 초파리들이 마치 사진을 보고 그대로 기억해낼 수 있는 능력photographic memory을 가졌다고 묘사하였으며, 이것은 영리한 것과는 전혀 관계가 없었다. 그들은 예를 들어 맑은 날에 자전거 사고를 낸 내용이 실린 글들을 너무 많이 읽어서 실제로 사고를 낸 적이 있다고 생각하고, 햇빛이 내리쬐는 날에는 자전거를 타려고 하지 않는 사람처럼 특정 사실을 너무도 쉽게 일반화시킨다. 유명한 러시아인 세라셰브스키Sherashevsky처럼 뛰어난 기억술사mnemonist들도 이와 똑같은 문제를 겪게 된다. 이들은 머릿속에 너무 많은 사소한 일들을 집어넣어 나무는 보지만 숲을 보지는 못한다(전체를 보지 못하고 부분만 보게 된다). 지능은 기억과 망각의 적절한 조합에 의해 나타나기 때문이다. 나는 종종 내가 전에 읽은 적이 있는 책의 한 구절이나 라디오 프로그램에서 들은 적이 있는 것을 쉽게 기억, 즉 인지한다는 사실에 놀라곤 한다. 그런데도 나는 외울 수는 없다. 기억이 나의 의식 저편 어딘가에 감추어져 있기에 그럴 것이다. 아마도 기억술사들에게는 기억이 이렇게 깊숙이 감추어져 있는 것이 아닐 것이다.[4]

털리는 CREB가 다른 유전자들을 작동시키는 일종의 지배 유전자로서 학습과 기억의 중심부에 있다고 믿는다. 그리하여 학습을 이해하기 위한 탐사 과정이 유전적 탐사 과정이 되어버렸다. 본능적인 행동 대신에 어떻게 학습이 이루어지는지를 알게 됨으로써 유전자의 횡포에서 벗어날 것으로 생각했으나, 오히려 학습을 이해하는 가장 확실한 방법은 학습을 유도하는 유전자와 그 산물을 이해하는 것임을 발견했다.

이제는 CREB가 초파리나 갯민숭달팽이에만 존재하는 것이 아니라는 사실에 놀라지 않을 것이다. 쥐에게도 사실상으로 동일한 유전자가 존재하며 CREB 유전자가 망가진 돌연변이 쥐도 이미 만들어져 있다.

예상대로 이들은 수영 물통 안 어디에 수중 플랫폼underwater platform이
숨겨져 있는지(이것은 쥐의 학습실험에서 표준적인 시험 과정이다) 또는 어떤 음
식이 먹어도 되는지 등을 기억해내는 간단한 임무도 수행할 수 없다.
쥐의 뇌에 CREB 유전자와 상보적인 서열을 가진 유전자antisense를 주
입하면 한동안 이 유전자의 기능을 마비시켜 일시적으로 기억상실증
을 일으키게 된다. 반대로 만일 그들의 CREB 유전자가 특별히 활성
이 높으면 아주 훌륭한 학습자가 된다.[5]

 사람과 쥐는 진화적 관점에서 보면 단지 머리카락 하나의 차이밖에
없다. 우리 인간도 역시 CREB 유전자를 가지고 있다. 인간의 CREB
유전자는 2번 염색체에 있지만, 이들의 절대적인 동지로 CREB의 직
무 수행을 도와주는 CREBBP라고 불리는 것은 16번 염색체에 있다.
알파-인테그린α-integrin이라고 하는 학습과 관련된 또 다른 유전자도
16번 염색체에 있다. 이것이 이번 장을 학습이라고 이름 붙인 다소 어
색한 이유다.

 초파리에서 고리형 AMP 시스템은—독버섯의 일종인 맥각버섯
toadstool처럼 생긴 뉴런(신경세포)이 돌출된—버섯체mushroom body라고 하
는 뇌 부위에서 특별히 활성이 높다. 만일 어떤 초파리에 버섯체가 결
손되어 있으면 이 초파리는 냄새와 전기적 충격과의 연관학습을 익히
지 못하게 된다. CREB와 고리형 AMP는 버섯체에서 제 기능을 발휘
하는 것처럼 보인다. 정확히 어떻게 작용하는지에 대해서는 이제 겨우
이해하기 시작하는 단계다. 휴스턴의 로널드 데이비스Ronald Davis와 마
이클 그로테윌Michael Grotewiel 그리고 동료들은 학습이나 기억이 결손
된 돌연변이 초파리를 체계적으로 찾는 과정에서 볼라도volado('볼라도'
는 칠레의 속어로서 건망증이 심한 교수들을 일컬을 때 사용한다고 그들이 친절히 설명하고

있다)라고 명명한 다른 종류의 돌연변이를 찾게 되었다. 둔스, 캐비지 그리고 루터베가 등과 마찬가지로 볼라도 초파리는 학습에 어려움을 겪는다. 그러나 위의 다른 유전자들과는 달리 CREB나 고리형 AMP와는 전혀 관계가 없다. 볼라도 유전자는 버섯체에 존재하는 알파-인테그린이라고 하는 단백질을 구성하는 소단위체subunit를 만드는 것이고, 세포들을 서로 결합시키는 역할을 하는 것으로 보인다.

이것이 기억을 변경시키는 것 이외에도 많은 영향을 미치는 젓가락 유전자(11번 염색체장 참조)인지를 확인하기 위하여 휴스턴의 과학자 팀은 꽤 교묘한 실험을 수행하였다. 이들은 볼라도 유전자가 망가진 초파리에 새로운 볼라도 유전자를 온도가 갑자기 올라가면 작동되는 열충격 유전자heat-shock gene와 연결하여 집어넣었다. 이들은 두 가지 유전자를 조심스럽게 배치하여 열충격 유전자가 작동할 때만 볼라도 유전자가 기능을 갖도록 하였다. 선선한 온도에서는 초파리가 학습을 하지 못했지만, 이들이 열충격을 받은 지 세 시간 후에는 훌륭한 학생이 되었다. 그러나 몇 시간 후 열충격이 사라지자 이들은 다시 학습 능력을 상실했다. 이것은 볼라도 유전자가 학습에 필요한 구조를 짓는 데만 요구되는 유전자가 아니라 정확히 학습할 때 필요하다는 것을 의미한다.[6]

볼라도 유전자의 책임이 세포들을 함께 결합시키는 단백질을 만든다는 사실은, 기억이 문자 그대로 뉴런 간의 연결을 단단하게 하는 것일지도 모른다는 호기심을 불러일으킨다. 당신이 새로운 것을 배우게 되면 당신의 뇌는 물리적인 네트워크를 변경시켜 전에는 없었거나 약하게 연결되어 있던 부위에 새로이 단단한 연결을 만들게 된다. 나는 이것이 학습과 기억을 구성하는 과정이라고 받아들일 수는 있지만, 여전히 볼라도라는 단어의 의미 등에 대한 나의 기억이 어떻게 몇 개의 강화된 뉴런의 시냅스 연결로 만들어지게 되는지 쉽게 상상이 되지 않는다. 이것은 확실히 놀랄 만한 일이다. 그렇지만 이 문제를 분자적 수준까지 낮춘 것만으로는 수수께끼를 해결할 수 있다고 보기 어렵다. 나는 오히려 과학자들이 새롭고 오묘한 수수께끼, 어떻게 신경세포 간의 연결이 기억의 메커니즘이 될 뿐만 아니라 기억 그 자체가 되는지를 상상케 하는, 그 수수께끼를 우리 앞에 던진 것이라는 느낌이 든다. 이것은 모든 면에서 양자역학만큼 스릴이 있는 수수께끼이며 위자판(심령술에서 사용하는 작은 접시 모양의 점판)이나 비행접시보다 훨씬 더 스릴이 있다.

이 수수께끼 안으로 좀 더 깊숙이 파고들어가 보자. 볼라도의 발견은 인테그린이 학습과 기억의 중심임을 암시하지만 이런 종류의 힌트는 이미 예전부터 있었다. 1990년에 이르러서는 인테그린을 방해하는 약물이 기억에 영향을 미친다는 사실이 알려졌다. 구체적으로 표현하면 그런 약물이 기억의 창조에 중요한 장기기억강화long-term potentiation(LTP)라는 과정을 방해한다. 뇌의 안쪽 깊숙한 부위에 해마hippocampus(해마의 그리스어)라고 하는 구조물이 있고 해마의 일부를 아몬Ammon의 뿔(양과 관련이 있는 이집트의 신 이름을 따옴. 후에 알렉산더 대왕이 리비아의 시와 오아시스에 베일에 가리고 방문 후 그의 양부로 삼음)이라고 한다. 특히 이 아몬의 뿔에는 다른 감각 뉴런의 유입을 통합하는 수많은 '피라미드형의' 뉴런들(이집트 관련 단어가 계속되는 것에 유의하라)이 있다. 피라미드형의 뉴런은 작동하기가 어렵지만, 만일 2개의 별개 신호가 동시에 유입되면 그 통합효과로 작동된다. 일단 작동을 시작하면 원래 들어왔던 두 가지 신호의 어느 하나에 의해서도 쉽게 작동된다. 따라서 피라미드의 시각적

풍경과 이집트라는 단어의 소리가 합쳐져 피라미드 세포를 작동하였다면 둘 사이에 연관된 기억을 만들어낸다. 그러나 해마에 대한 생각이 같은 피라미드 세포에 연결되어 있더라도 같은 시간에 나타나지 않았다면 동일한 수준으로 '강화'되지는 않는다. 이것이 장기기억강화의 한 예이다. 만일 당신이 단순하게 피라미드 세포를 이집트에 대한 기억으로만 생각한다면, 그 단어나 풍경의 어느 하나에 의해서도 피라미드 세포는 작동하겠지만 해마에 의해서는 그렇지 않게 된다.

장기기억강화는 갯민숭달팽이에서 이루어진 학습처럼 완전히 시냅스 성질의 변화, 이 경우에는 정보를 유입하는 세포(감각뉴런)와 피라미드 세포 사이의 시냅스에 의존한다. 이 변화에는 거의 확실히 인테그린이 관여한다. 이상하게도 인테그린의 저해로 장기기억강화의 형성이 방해를 받지 않고 이것의 유지가 방해된다. 인테그린은 아마도 문자 그대로 시냅스를 서로 가까이 잡아두는 데 필요한 것 같다.

불과 얼마 전에 나는 피라미드 세포가 실제로 기억일지도 모른다고 그럴듯하게 말했지만 이것은 허튼소리다. 당신의 어릴 적 기억들은 해마가 아니라 신피질neocortex에 존재한다. 해마와 그 근처에 있는 것은 장기기억을 만드는 곳이다. 아마도 피라미드 세포는 새로 형성된 기억을 어떤 방법을 통해 보관 장소로 전달하는 것 같다. 우리는 이 사실을 1950년대에 흔치 않은 해괴한 사고를 당한 두 사람 덕분에 알게 되었다. 과학 문헌에 H. M.이라는 이름의 첫 글자로만 기록되어 있는 첫 번째 사람은 자전거 사고로 생긴 간질성 발작을 방지하기 위하여 뇌의 상당 부분을 제거하였다. N. A.라고 알려진 두 번째 사람은 공군의 레이더 기술자였다. 그는 어느 날 책상에 앉아 모델을 만들다가 뒤를 돌아보는 순간, 마침 곁에서 작은 펜싱 칼을 가지고 놀던 동료의 칼끝이 콧

구멍을 관통하여 뇌가 찔리는 사고를 당했다.

두 사람은 모두 오늘날까지 지독한 기억상실증을 앓고 있다. 그들은 어린 시절부터 사고가 일어나기 몇 년 전까지 일어난 일들은 아주 자세히 기억한다. 그러나 그들은 방금 일어난 일은 방해를 받지 않으면 다시 생각해보라고 하기 전까지 잠깐 동안은 기억할 수 있다. 그들은 새로운 장기기억을 형성할 수 없다. 매일 보는 사람의 얼굴도 알아볼 수 없고 집에 돌아가는 길도 잊어버린다. 증세가 덜한 N. A.의 경우 TV 프로그램 중간에 방영하는 광고방송 때문에 그 전의 줄거리를 잊어버려 TV 시청을 즐기지 못한다.

H.M.은 새로운 일을 잘 배울 수 있으며 그 일을 하는 요령도 알지만 그가 무엇을 배웠는지는 기억하지 못하는데, 이는 어떤 과정상의 기억이 사실이나 사건에 대한 기록상의 기억과는 다소 다르게 형성된다는 것을 암시한다. 이 차이점은 사실이나 사건에 대하여 심각한 기억상실증을 지닌 세 명의 젊은이에 대한 연구 결과로도 확인되었다. 이들은 읽고 쓰는 기술을 포함하여 여러 기술들을 비교적 어렵지 않게 취득하고 학교를 마쳤다(학교 교육 과정을 끝마쳤다). 이 세 사람은 모두 영상을 투사하는 스캔 검사 결과 해마가 비정상적으로 작았다.[7]

그렇다면 우리는 기억이 단순히 해마 안에서 만들어진다고 말하는 것보다는 좀 더 구체적일 수 있다. H.M.과 N.A. 둘 다 겪은 손상으로 보아 뇌의 또 다른 두 부분, 즉 H.M.이 가지고 있지 않은 중간측엽medial temperal lobe과 N.A.에게 일부 결손된 간뇌diencephalon의 두 부위가 기억 형성에 관여하고 있음을 짐작할 수 있다. 이것에 자극을 받은 신경과학자들은 모든 기억기관 중에서 가장 필수적인 것을 찾으려고 그 범위를 점점 줄여나가 단 1개의 중요한 구조, 비강 주변피질perirhinal cortex에 도달했다. 여기서 시각, 청각, 후각 또는 다른 부분에서 보낸 감각정보의 공정을 거치게 되고 아마도 CREB의 도움으로 기억이 만들어진다. 그런 후 이 정보는 해마로 보내지고 다시 간뇌에서 일시적으로 저장된다. 만일 영구히 보존할 가치가 있다고 여겨지면 장기기억으로서 다시 신피질에 보내진다. 당신이 누군가의 전화번호를 찾아보지 않고도 기억을 해내는 바로 그 순간이다. 기억이 중간측엽에서 신피질로 전달되는 것은 자는 동안인 밤에 일어나는 것이 거의 확실하다. 쥐의 뇌에서 측엽의 세포들은 밤에 왕성하게 활동한다.

인간의 뇌는 게놈보다 훨씬 더 인상적이고 근사한 기계다. 만일 정량적 분석을 선호한다면 뇌는 수십억 개의 염기 대신에 수백경 개의 시냅스를 가지며, 무게는 마이크로그램이 아닌 킬로그램 수준이다. 기하학으로 표현하면 뇌는 디지털형의 2차원적이라기보다는 아날로그형의 3차원적 기계다. 열역학적 측면에서 보면 뇌는 증기기관처럼 일할 때 다량의 열을 발생시킨다. 생화학자의 입장에서 뇌는 단지 DNA의 4개의 뉴클레오티드nucleotide만이 필요한 단순한 것이 아니라, 수천 개의 단백질과 신경전달물질을 포함한 다른 화학물질이 필요한 것이다. 참을성이 없는 사람의 입장에서 보면 게놈은 빙하보다 더 천천히 바뀌는 반면에 뇌는 문자 그대로 시시각각 당신이 보는 동안에 새로 배운 기억을 만들어내기 위해 시냅스를 변화하면서 바뀌게 된다. 자유의지를 사랑하는 사람에게는 경험이라고 하는 무자비한 정원사에 의해 우리 뇌의 신경망이 다듬어지는 것이 뇌의 적절한 기능에 필수적인 반면에, 게놈은 상대적으로 거의 유연성 없이 미리 정해진 메시지를 끝까지 연출해간다. 모든 면에서 지각과 의식을 가진 생명체가 유전자에 의해 자동적으로 결정된 생명체보다는 유리한 것처럼 보인다. 그런데도 제임스 마크 볼드윈이 이미 깨달은 바 있고 현대의 인공지능의 추종자들이 느끼고 있는 것처럼 이러한 양단법은 잘못된 것이다. 뇌는 유전자에 의해 창조된 것이다. 그것은 본래의 디자인만큼만 좋을 수밖에 없다. 뇌가 경험에 의하여 변형되도록 디자인된 기계라는 그 사실 자체가 유전자에 씌어 있다. '어떻게'라는 수수께끼는 현대 생물학이 해결해야 할 커다란 도전 과제다. 그러나 인간의 뇌가 유전자의 능력이 최대로 발휘된 가장 훌륭한 기념비적인 것임에는 의심의 여지가 없다. 언제 나서야 할지를 아는 것은 위대한 지도자의 표지다. 그리고 게놈은 언제 나서야 할지를 알고 있다.

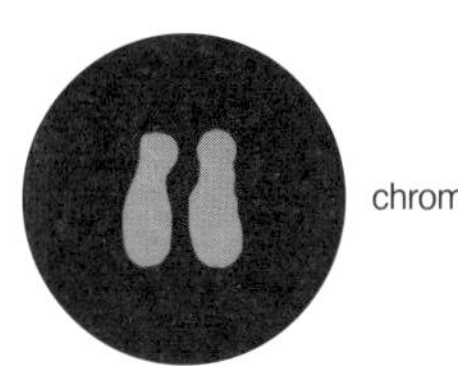

17번 염색체

죽음

자신의 육신(전체)을 위하여 죽어가는 게 얼마나 즐거운 일인가.
-호라티우스
오래된 거짓말
-윌프레드 오웬

만일 학습이 뇌세포 사이에 새로운 연결을 만드는 것이라면, 그것은
또한 오래된 연결을 끊어버리는 것이기도 하다. 태어날 때 뇌는 세포
간의 연결이 너무 많이 이루어져 있으며 발달하면서 많은 연결이 없어
져간다. 예를 들면 처음에 시각피층visual cortex은 양쪽 눈으로부터 들어
오는 신호를 50%씩 모두 받아들인다. 상당히 파격적인 정리 단계를
거치면서 왼쪽 뇌 부위는 오른쪽 눈에서 들어온 정보만을 받게 되고,
오른쪽 뇌 부위가 왼쪽 눈에서 들어온 정보만을 받게 되는 변화가 생
긴다. 경험에 의하여 불필요한 연결이 차츰 없어지고 그리하여 뇌는
일반적인 것에서 특수한 장치로 바뀌게 된다. 조각가가 대리석 덩어리
를 한 조각씩 잘라 나가며 인간의 형상을 만들어가듯이 환경은 뇌의
기술을 번득이게 하기 위해 여분의 뉴런들을 제거해간다. 앞을 보지

못하는 사람이나 어릴 때 영원히 앞을 보지 못하게 된 포유류에게는
이런 종류의 정리 과정이 전혀 일어나지 않는다.

그러나 차츰 없어진다는 것은 단순히 시냅스의 연결이 소실되는 것
이상을 의미한다. 그것은 세포 자체의 죽음도 뜻한다. ced-9라는 유
전자가 잘못된 쥐는 뇌에서 필요 없는 세포가 제 기능을 하지 못하면
서 죽지 않아 잘 발육하지 못하게 된다. 이러한 쥐는 조직화되지 않은
채 제대로 작동하지 않는 세포만이 너무 많은 뇌를 가진다. 우리는 날
마다 100만 개씩의 뇌세포가 죽고 있다는 무의미한 통계치를 일반 상
식으로 자주 들먹인다. 그러나 우리는 어릴 때부터, 심지어는 어머니
의 자궁(뱃속)에 있을 때도 정말로 빠른 속도로 뇌세포를 잃어왔다. 그
렇지 않았다면 우리는 전혀 사고를 할 수 없게 되었을 것이다.[1]

ced-9와 같은 유전자들에 의해 자극을 받아 필요 없게 된 세포들은
집단 자살을 하게 된다(다른 ced 유전자들은 몸의 다른 조직 세포에서 자살을 유도
한다). 죽어가는 세포들은 정확하게 정해진 과정을 따른다. 현미경으로
볼 수 있을 정도로 아주 작은 선충류의 배아는 궁극적으로 1,090개의
세포로 분열하지만, 발달 과정에서 정확하게 131개의 세포는 스스로
죽고 성체가 된 벌레에서는 959개의 세포만이 남게 된다. 마치 몸 전
체의 큰 이익(대의)을 위하여 자신을 희생하는 것처럼 보인다. "몸 전체
를 위해 희생되는 게 얼마나 자랑스럽고 마땅한 일인가" 하고 외치면
서 마치 베르됭 언덕을 넘어 진격하는 군인이나, 침입자에게 숙어가면
서 벌침을 쏘는 일벌처럼 영웅적으로 사라져간다. 이 비유가 전혀 얼
토당토한 것만은 아니다. 몸 세포 사이의 관계는 벌통 속의 꿀벌과 전
혀 다를 바가 없다. 우리 몸 속 세포들의 조상은 한때 독립적인 개체들
로서 약 6억 년 전에 이들은 서로 협동하기로 진화적인 '결정'을 하였

고, 사회성 곤충들은 아마도 5,000년 전쯤에 거의 동등한 몸의 수준에서 협동하기로 정하였다고 할 수 있다. 유전적으로 아주 가까운 친척인 이들은 세포의 경우에는 생식세포에게, 꿀벌의 경우에는 여왕벌에게 생식의 임무를 맡김으로써 더 효율적으로 생식을 할 수 있음을 알게 되었다.[2]

이 비유는 매우 합리적이나, 진화생물학자들은 이제 이들의 협동정신이 어느 한계까지만 머무른다는 사실을 깨닫기 시작했다. 베르됭의 군인들이 대의를 거스르고 반란을 일으켰듯이 일벌도 기회만 생기면 스스로 생식할 능력이 있다. 단지 다른 일벌들의 경계 탓으로 그렇게 하지 못할 뿐이다. 여왕벌은 여러 마리의 수벌과 교배해 대다수 일벌들은 단지 서로 이복자매일 뿐이고, 상호 간 공통의 유전적 이익이 거의 없게 만듦으로써 모든 일벌들의 충성심을 얻게 된다. 같은 일이 몸속의 세포에서도 일어난다. 반란은 항상 일어나는 골칫덩이다. 세포들은 생식세포에게 봉사하기 위하여 존재한다는 자신들의 임무를 자꾸 잊어버리고 스스로 증식하려고 한다. 아무튼 각각의 세포도 처음에는 생식세포에서 갈라져 나온 것이므로, 전세대 동안 분열을 중단하는 것이 못마땅할 수밖에 없다. 그리하여 날마다 모든 조직에서 그 위치를 망각하고 마치 유전자가 자체 생식하는 오래된 소명을 거역하지 못하는 것처럼, 다시 분열을 시삭하는 세포가 있게 마련이나. 이 세포를 막지 못하면 그 결과로 암이 발생하는 것이다.

그러나 대개는 막을 수 있다. 반란에 의해 암이 발생하는 문제는 몸집이 큰 모든 동물에게서 아주 오래전부터 존재하였기에, 세포들은 자신이 암세포로 바뀌면 자살을 유도하는 일련의 정교한 스위치를 갖게 되었다. 이런 스위치 중에서 가장 유명하고 중요한 유전자가 1979년에 발견된 17번 염색체의 짧은 팔에 위치한 TP53이다. 이번 장에서는 그 주요 기능이 암을 방지하는 것인 유전자의 입장에서 암에 대한 주목할 만한 이야기를 다루고자 한다.

닉슨 대통령이 1971년에 암과의 전쟁을 선포하였을 때 과학자들은 암이 조직의 지나친 성장이라는 분명한 사실 말고는 이 적의 실체를 전혀 알지 못했다. 대부분 암은 전염되거나 유전하는 것이 아니었다. 일반적인 관념에 따르면, 암은 결코 한 가지 형태의 질병이 아니라 대부분 외부의 복합적인 요인에 의해 유도되는 다양한 장애의 집합체다. 굴뚝 청소부는 석탄에 함유된 타르 때문에 고환암에 걸리고, X선 촬영 기사와 히로시마의 피폭자들은 방사선에 의해 백혈병에 걸리며 흡연자는 담배 연기 때문에 그리고 조선소 공원들은 석면가루 때문에 폐암에 걸리게 된다는 것이다. 이들 사이에 서로 연관성이 없을지도 모르지만 종양을 억제시켜야 할 면역체계의 실패가 관여하고 있음은 일반적으로 알려진 사실이다.

그러나 경쟁적으로 진행된 두 연구에 의하여 암에 대해 획기적인 새로운 통찰력을 가지게 되었다. 첫째는 1960년대에 캘리포니아 대학의 브루스 에임스Bruce Ames에 의한 발견으로, 석탄의 타르와 X선과 같이 암을 일으키는 많은 화학물질이나 방사선 등의 한 가지 중대한 공통점은 바로 DNA를 잘 손상시킨다는 것이다. 에임스는 암이 유전자 자체의 질병일지도 모른다는 가능성을 알아낸 것이다.

두 번째의 돌파구는 훨씬 이전에 이미 마련되어 있었다. 1909년에 페이턴 로우스Peyton Rous는 육종형sarcoma 암을 앓고 있는 닭이 건강한 닭에게 암을 옮길 수 있다는 사실을 증명하였다. 그가 연구를 할 당시에는 암이 전염성이라는 증거가 전혀 없었기 때문에 그의 주장은 대체로 무시되었다. 그러나 1960년대에 로우스 육종Rous sarcoma 바이러스를 시작으로 여러 종류의 동물 암 바이러스와 종양 바이러스oncovirus가 발견되었다. 로우스는 예견적인 통찰력을 인정받아 결국 86세의 나이에 노벨상을 받았다. 사람의 종양 바이러스들이 잇달아 발견되고 자궁경부암과 같은 여러 종류의 암들은 실제로 바이러스 감염에 의하여 일어난다는 것이 명백해졌다.[3]

로우스 육종 바이러스Rous sarcoma virus의 유전자 서열을 조사해보니 지금은 사아크src라고 알려진 암을 유발하는 특별한 유전자를 가지고 있었다. 곧 다양한 종양 바이러스들에서 다양한 종양 유전자oncogene들이 밝혀졌다. 에임스처럼 바이러스 학자들도 암이 유전자 질병이라는 사실을 깨닫기 시작하였다. 1975년에 암 연구학계는 사아크가 바이러스 유전자가 아니라는 사실의 발견으로 발칵 뒤집혔다. 이것은 닭, 쥐 그리고 인간을 포함한 우리 모두가 가지고 있는 유전자였다. 로우스 육종 바이러스는 이 종양 유전자를 숙주로부터 훔쳐온 것이었다.

좀 고지식한 과학자들은 암이 유전적 질병이라는 사실을 인정하기를 꺼려했다. 그것은 암이 아주 드문 경우를 제외하고는 유전되지 않기 때문이다. 그들은 유전자가 생식세포에만 있는 것이 아니라 개체의 일생을 통하여 몸의 다른 모든 기관에서도 작용하고 있다는 사실을 잊고 있었다. 생식세포가 아닌 몸 속의 기관에 생긴 유전적 질병도 여전히 유전적인 질병이라고 할 수 있다. 1979년에 이르기까지 세 종류의 종양에서 추출해낸 DNA를 사용하여 쥐에서 암세포를 유도함으로써 유전자만으로도 암을 일으킬 수 있다는 사실을 입증하였다.

처음부터 어떤 종류의 유전자가 종양 유전자가 될지는 분명하다. 세포의 성장을 촉진하는 유전자들이다. 우리의 세포들은 그런 유전자들을 가지고 있기에 어머니의 자궁 속에서 그리고 어린 시절에 성장할 수 있으며 상처도 아물게 된다. 그러나 이들의 스위치는 생의 대부분 기간에 반드시 꺼져 있어야만 하며, 만일 억지로 계속 켜져 있게 하면 그 결과는 엄청난 재앙이 될 수 있다. 일생 동안 100조 개의 체세포가 제법 빠른 속도로 새로운 세포로 분열되고 교체되는 상황에서, 돌연변이를 유도하는 담배 연기나 자외선이 아니더라도 종양 유전자가 계속적으로 작동할 수 있는 기회는 얼마든지 있다. 그러나 다행스럽게도 우리 몸에는 지나치게 성장하는 세포를 찾아내어 차단하는 일을 하는 유전자도 있다. 1980년대 중반 옥스퍼드 대학의 헨리 해리스Henry Harris가 이와 같은 종양 억제tumor-suppressor 유전자들을 발견하였다. 종양 억제 유전자는 종양 유전자와 반대작용을 한다. 종양 유전자는 계속 켜져 있으면 암을 일으키고, 종양 억제 유전자는 계속 꺼져 있으면 암을 일으키게 된다.

종양 억제 유전자는 여러 가지 수단을 동원하여 암을 억제하는데, 가장 두드러진 예가 성장과 분열이 진행되는 회로의 어느 한 지점에 세포를 멈추게 하는 것이다. 이를테면 서류상의 하자가 전혀 없을 때에만 앞으로의 진행을 허용하는 것이다. 그러므로 종양이 이 단계 이상으로 진행되기 위해서 세포는 계속적으로 켜져 있는 종양 유전자와 계속적으로 꺼져 있는 종양 억제 유전자를 동시에 가지고 있어야만 한다. 이 정도로도 암이 일어날 가능성은 없지만 이것이 전부는 아니다. 조절이 불가능할 정도로 종양이 자라게 되려면, 앞 단계를 성취한 후 세포의 비정상적인 행동을 감지하고 다른 유전자들에게 비정상적 세포의 자살을 유도하도록 지시를 내리는 유전자가 배치된 더 좁은 검문소를 지나야만 한다. 이것이 바로 TP53이다.

1979년에 던디 대학의 데이비드 레인David Lane이 처음 TP53을 발견하였을 때는 종양 유전자라고 생각했는데 나중에 종양 억제 유전자로 밝혀졌다. 레인과 그의 동료 피터 홀Peter Hall이 1992년 어느 날 선술집에서 TP53에 대해서 이야기를 나누고 있었다. 이때 홀이 자기를 TP53이 종양 억제 유전자인지를 확인하는 실험 재료로 사용할 것을 제안하였다. 동물 실험에 대한 허가를 받으려면 수개월이 걸리지만 자원한 인간에 대한 실험은 바로 허가가 나기 때문이었다. 홀은 자기 팔의 좁은 부위에 반복적으로 방사선을 조사하여 상처가 나게 하고, 레인은 그 후 두 주 동안 조직검사biopsy를 실시하였다. 이들은 TP53에 의해 생성되는 p53 단백질이 방사선의 조사로 조직이 손상된 이후에 극적으로 증가하는 것을 보여줌으로써, 이 유전자가 암을 일으키는 손상에 반응한다는 것을 증명하였다. 레인은 임상 실험에서 잠재적인 암 치료약으로 p53을 개발하기에 이르렀고, 이 책이 출판될 무렵에는 첫 번째 지원자들이 그 약을 복용하게 될 것이다. 던디 대학에서의 암 연구는 급속한 성장을 거듭하여 이제 p53은 테이 강 유역 스코틀랜드의 이 작은 도시에서 황마와 마멀레이드에 이은 세 번째로 유명한 산물이 되고 있다.[4]

TP53 유전자의 돌연변이는 치명적인 암의 결정적인 특징이어서 사람에게 나타나는 모든 암의 55%가 잘못된 TP53에 의한 것이다. 폐암의 경우에는 이 비율이 90% 이상이다. 유전되는 2개의 TP53 유전자 중에서 선천적으로 잘못된 유전자를 하나라도 가진 사람은 보통 어린 나이에 암에 걸릴 확률이 95% 이상이다. 직장암을 예로 들어보자. 이 암은 APC라고 하는 종양 억제 유전자의 돌연변이로 시작된다. 점막에 돌기polyp가 생기면서, 만일 여기에 RAS라고 하는 종양 유전자가 계속 켜지게 되는 두 번째 돌연변이가 일어나면 흔히 아데노마adenoma (선종)라는 것으로 발달하게 된다. 그런 다음 아직 알려지지 않은 또 다른 종양 억제 유전자가 잘못되는 세 번째 돌연변이가 생기면, 아데노마는 더 심각한 종양으로 발전하게 된다. 이제 TP53에서 일어나는 위험한 네 번째 돌연변이가 나타나면 종양은 완전한 카시노마carcinoma(암종)로 변하게 된다. 다른 종류의 암에서도 유사한 다단계 변화가 나타나는데 종종 TP53이 마지막 단계가 된다.

이제 왜 종양을 발달 단계 초기에 발견하는 것이 중요한지를 알 수 있을 것이다. 종양이 커질수록 다음 단계의 돌연변이를 거칠 가능성이 높아진다. 이는 일반적인 확률로 볼 때나 종양 세포가 빠르게 증식하는 까닭에 유전적 오류가 쉽게 일어나서 돌연변이를 일으키게 되는 두 가지 모두의 이유 때문이다. 특별히 어떤 암에 걸리기 쉬운 사람들은 돌연변이 유발mutator 유전자의 돌연변이로, 일반적으로 돌연변이가 더 잘 일어나거나 아니면 이미 잘못된 종양 억제 유전자를 가지고 있기 때문이다(13번 염색체에 관한 장에서 다루었던 유방암 유전자인 BRCA1과 BRAC2는 아마도 유방 특이성 돌연변이 유발 유전자일 것이다). 종양도 토끼의 군집처럼 빠르고 강한 진화적 압력에 쉽게 굴복하게 된다. 번식이 빠른 토끼의 자손들이 곧 토끼굴을 지배하듯이 각각의 종양 세포군에서도 가장 빨리 분열하는 세포가 더 안정된 세포들을 압도하게 된다. 땅굴을 파서 독수리의 습격을 피할 수 있는 변종 토끼가 그냥 바깥에서 생활하는 토끼보다 우세종이 되듯이, 세포를 억제된 상태에서 벗어나게 하는 종양 억제 유전자에서 일어난 돌연변이가 다른 돌연변이들을 압도하게 된다. 외부 환경으로 특정 토끼가 자연선택되듯이 문자 그대로 종양이 처해 있는 환경이 그 특징 종양 유전자의 돌연변이체를 선택하게 되는 것이다.

많은 경우에 결국에는 많은 돌연변이가 나타나는 것이 이상한 일은 아니다. 돌연변이는 임의로 일어나지만 자연선택은 그렇지 않다.

마찬가지로 우리 생애에서 왜 암이 나이가 열 살씩 더 먹을 때마다 발생률이 두 배나 높은, 주로 노인층의 질병이 되었는지 이제 분명해지고 있다. 나라마다 다르겠지만 우리 가운데 10분의 1에서 반 정도는 TP53을 포함한 종양 억제 유전자를 피해나가, 결국 괴롭고도 치명적인 암에 걸리게 될 것이다. 노인성 암이 많은 죽음의 원인들을 제거해온 선진국의 예방의학의 성공적인 징조라는 것은 거의 위안이 되지 않는다. 오래 살수록 우리 유전자 속에 더 많은 실수들이 쌓여 동일한 세포에서 종양 유전자는 켜지고 종양 억제 유전자는 꺼지게 될 가능성이 커진다. 이것이 일어날 확률은 상상할 수 없을 정도로 작지만 우리 생애 동안에 만들어내는 세포도 거의 상상치 못할 정도로 많다. 그리하여 로버트 와인버그Robert Weinberg가 말했듯이,[5] "100경 번의 세포분열에서 1개의 치명적인 악성 세포의 생성은 제법 성공적인 것이다".

이제 TP53 유전자를 좀 더 자세히 보자. 이것은 1,179개의 염기로 이루어져 있으며 보통은 다른 단백질 분해효소에 의해 빨리 분해되어 반감기가 겨우 20분 정도인 p53이라는 단순한 단백질을 만들어낸다. 합성된 바로 후에는 p53이 활성을 나타내지 않는다. 그러나 어떤 신호를 받게 되면 단백질의 생산은 급격히 증가하고 파괴는 거의 멈추게된다. 정확하게 그 신호가 무엇인지는 신비에 싸여 있지만, DNA의 손상이 신호의 일부다. 약간 손상된 DNA가 어떤 방법으로 p53을 경계상태에 들어가게 하는 것 같다. 범죄기동 타격대나 특별기동대팀처럼 이 분자는 서둘러 거점을 확보한다. 다음에 벌어지는 일은 사건현장에 도착해서 "나는 FBI다. 지금부터는 내가 맡도록 하겠다"는 따위의 말을 하는 영화 속 토미 리 존스Tommy Lee Jones나 하비 카이텔Harvey Keitel처럼 p53이 세포 전체를 통괄하게 된다. 주로 다른 유전자가 작동하도록 하면서 p53은 세포에게 다음의 두 가지 일 중 하나를 하게 한다. 증식을 멈추고 DNA 복제도 중지하여 잘못이 치유될 때까지 정지한 상태로 있거나, 자살을 도모케 한다.

p53을 일깨워 곤경을 알리는 또 다른 신호는 세포 내 산소의 부족인데, 이것은 종양 세포를 진단하는 특징이 된다. 공 모양으로 자라는 암세포 덩어리 안에는 혈액 공급이 부족하여 세포들이 산소 부족을 느끼기 시작한다. 악성 암세포들은 종양 안으로 새로운 소동맥들이 자라도록 신호를 보내어 이 문제를 해결한다. 가장 유망한 새로운 암치료제는 '앤지오제네시스angiogenesis'라고 하는 혈관생성 과정을 차단하는 약제다. 그렇지만 p53이 때로는 무슨 일이 일어나는지를 깨닫고 혈액이 공급되기 전 종양 세포들을 죽인다. 따라서 피부암처럼 혈액 공급이 원활치 않은 조직에 생기는 암은 발달 초기에 TP53을 못 쓰게 만들지 못하면 자라지 못한다. 이 때문에 흑색종melanoma은 아주 위험하다.[6]

p53이 '게놈의 보호자' 심지어 '게놈의 수호천사'라는 별명을 얻은 것이 전혀 놀랄 일이 아니다. TP53에는 군인이 반란을 꾀하려다 발각되면 저절로 녹는 입 속에 있는 독약처럼 작은 것을 위해 큰 것을 희생하는 공통적 선the greater good이 부호화되어 있는 것으로 보인다. 이런 유형에 의한 세포 자살을 그리스어의 낙엽이 떨어지는 것에 비유하여 아폽토시스apoptosis(세포자살)라고 한다. 이것은 암에 대한 우리 몸의 가장 중요한 무기이자 최종 방어선이다. 정말로 아폽토시스는 너무나 중요하여 거의 모든 암치료법이 p53과 그 부류들을 깨워서 아폽토시스를 유도함으로써 효과를 낸다는 것이 점점 더 분명해지고 있다. 예전

에는 방사선이나 화학요법이 세포의 DNA 복제에 손상을 주어 분열하는 세포를 선택적으로 죽이기 때문에 효과가 있다고 생각했다. 그러나 그것이 사실이라면 왜 어떤 종양들은 이런 요법이 효과가 없는 것일까? 암이 치명적 상태로 진행되면 어떤 요법도 더 이상 듣지 않아서 화학이나 방사선 요법으로도 종양의 크기가 줄어들지 않게 된다. 왜 그런가? 만일 그런 요법이 분열하는 세포를 죽이는 것이라면 그 요법은 항상 효과가 있어야 할 것이다.

콜드 스프링 하버 연구소에서 일하던 스콧 로Scott Rowe가 기막힌 답을 찾았는데, 이러한 요법들은 실제로 DNA에 어느 정도 손상을 주지만 세포를 죽일 만큼은 아니며 대신에 p53을 일깨워 그 세포들을 자살케 할 만큼이라고 하였다. 따라서 화학이나 방사선 요법은 사실상 백신처럼 몸이 스스로 자신을 돕게 하여 효과를 내는 것이다. 로의 이론을 증명해주는 증거는 많다. 방사선 요법이나 세 가지 화학 요법, 곧 5-불화우라실5-fluorouracil, 에토포사이드etoposide, 아드리아마이신adriamycin은 모두 바이러스 종양 유전자에 의해 감염된 실험실 배양 세포들의 자살을 촉진한다. 그리고 이제까지는 치료 효과가 있던 종양이 갑자기 나빠져 치료요법에 효과가 없을 때, 그 변화는 TP53을 망가뜨리는 돌연변이와 밀접한 관련이 있다. 마찬가지로 가장 치료가 힘든 흑색종, 폐암, 직장암, 방광암, 전립선암 등은 보통 TP53이 이미 변이를 일으킨 것들이다. 유방암의 일부는 항암요법이 잘 듣지 않는데 이역시 이미 TP53이 망가졌기 때문이다.

이러한 통찰력은 암의 치료에 매우 중요하다. 의학의 중심 분야가 커다란 오해의 결과로 진행되고 있었다. 의사들은 분열하고 있는 세포를 죽이는 약품을 찾는 대신에 세포의 자살을 독려하는 약을 찾아야 했다. 이 말은 화학요법이 전혀 효과가 없다는 것이 아니고 우연히 효과를 나타냈다는 것이다. 이제 의학 연구가 사실을 바탕으로 진행되기에 그 결과는 더욱 희망적이다. 단기간에 얻은 성과로 많은 암환자들에게 죽음에 이르기까지의 고통을 덜어줄 것이다. TP53이 이미 망가졌는지를 검사하면 의사들이 화학요법이 듣게 될지 여부를 미리 판단할 수 있게 되고, 이미 TP53이 망가진 경우 환자나 그 가족들은 현재와 같은 헛된 희망을 가지고 생의 마지막을 고통으로 보내는 일이 없어질 것이다.[7]

종양 유전자는 돌연변이가 되지 않은 상태에서는 세포가 일생 자라고 번식하는 데 필요하다. 피부도 재생해야 하고 새로운 혈액세포도 만들어야 하고 상처도 치유해야 된다. 가상의 암을 억제하는 메커니즘이 정상적인 세포의 성장과 번식을 막아서는 안 된다. 정확한 순간에 분열을 멈출 수만 있다면, 세포들은 자주 분열을 할 수 있어야 하고 분열을 촉진하는 유전자를 가지고 있어야 한다. 이런 일이 어떻게 이루어지는지도 점차 밝혀지고 있다. 이러한 장치들을 사람이 만들어냈다고 한다면 귀신처럼 천재적인 뇌가 했다고밖에는 말할 수 없을 것이다.

또 다시 해답은 아폽토시스다. 종양 유전자는 분열과 성장을 유도하는 유전자지만 놀랍게도 이들 중 일부는 또한 세포의 죽음을 유발한다. 그런 유전자의 하나인 MYC의 경우, 분열과 죽음 모두 이 유전자에 의해 초래되지만 생존신호라고 하는 외부요인에 의해 죽음의 신호는 일시적으로 억제되어 있다. 이러한 생존신호가 사라지는 순간 죽음이 나타난다. 이것은 마치 MYC가 미쳐 날뛸 것을 알고 있는 디자이너가 어떤 세포에 생존신호가 끝나게 되면 즉시 자살하도록 자동폭탄장치(부비트랩)를 설치해놓은 것과 같다. 이 기발한 디자이너는 한걸음 더 나아가 3개의 다른 종양 유전자 MYC, BCL-2, RAS를 연결하여 서로 조절하도록 하였다. 정상적인 세포의 성장은 이 세 가지가 모두 제대로 작동할 때만 일어난다. 이런 연결관계를 찾아낸 과학자들에 따르면,[8] "이러한 상호지원이 없어지면 자동폭탄장치가 폭발하여 그 세포는 죽거나 죽기 직전의 단계로 가도록 되어 있어 더 이상 암이 될 위험성은 없다".

p53과 종양 유전자에 대한 이야기는 이 책의 많은 부분에서처럼 유전적 연구가 위험하여 축소해야만 한다는 주장을 무색하게 한다. 또한 이 이야기는 시스템을 이해하기 위해서는 분해가 필요하다는 귀납법적 과학관이 헛되고 결점투성이라는 주장을 강력히 반박한다. 암의 의학적 연구분야인 종양학oncology은 비록 부지런하고 천재적인 사람들이 엄청난 연구비를 지원받아 부지런히 연구를 진행하고 있지만, 귀납법적 연구자들의 유전적 연구방법으로 겨우 수년 간 이룩한 것에 비하면 아주 보잘것없다. 실제로 1986년 이탈리아의 노벨상 수상자인 레나토 둘베코Renato Dulbecco가 처음으로 인간 게놈에 대한 완전한 유전자 서열 분석이 필요하다고 제기하였다. 당시 그는 이것이 암 전쟁에서 이길 수 있는 유일한 길이라고 주장하였다. 이제 인류 역사상 처음으로 서구인에게 가장 많고 잔인한 죽음의 원인인 암에 대한 진정한 치료법이 개발될 가능성이 생겼는데, 이것이 바로 귀납론자의 유전적 연구와 그것을 이해하게 됨으로써 가능해졌다. 유전학 자체를 위험한 것으로 규정하고 저주한 사람들은 이 사실을 기억해야 한다.[9]

자연선택은 일단 한 가지 문제를 해결하는 방법을 선택하면, 종종 그 방법을 다른 문제를 해결하는 데도 사용한다. 아폽토시스 유도는 암세포를 제거하는 것 이외의 다른 기능도 가지고 있다. 이는 일상적인 감염성 질병에 대항하는 데도 유용하다. 만일 세포가 바이러스에 감염된 것을 알게 되면, 몸 전체의 이익을 위하여 자살을 하게 된다(개미나 벌들도 집단의 이익을 위하여 같은 일을 한다). 세포들도 정말 이와 똑같은 일을 한다는 확실한 증거가 있다. 필연적으로 일부 바이러스가 세포의 자살을 방지하는 방법을 진화시켜왔다는 증거도 있다. 선열glandular fever이나 단핵세포증가증mononucleosis을 일으키는 엡스타인-바르Epstein-Barr 바이러스는 감염된 세포가 자살하려는 경향을 막는 일을 하는 것으로 보이는 막단백질을 함유하고 있다. 자궁경부암의 원인으로 알려진 인간 유두종papilloma 바이러스는 TP53과 다른 종양 억제 유전자의 작동을 막는 두 가지 유전자를 가지고 있다.

4번 염색체에서 이미 언급하였듯이 헌팅턴병은 재생되거나 교체가 불가능한 뇌세포들이 지나치게 무계획적으로 세포자살을 함으로써 일어난다. 어른의 뇌에서 뉴런은 재생되지 않으며 그 때문에 일부 뇌 손상은 회복이 불가능하다. 각각의 뉴런은 피부세포와는 달리 더할 나위 없이 정교하게 이루어진 경험이 풍부하고 훈련된 세포이기에 진화적 의미로는 잘 맞는 것 같다. 이것을 경험도 없고 임의적 형태를 지닌 뉴런으로 교체하는 것은 없는 것보다 못한 일이다. 뉴런에 바이러스가 침입하면 뉴런은 아폽토시스를 하지 않게 되어 있다. 대신에 아직 불분명한 이유로 때때로 바이러스 자신에 의해 아폽토시스가 유도된다. 예를 들면 치명적인 알파바이러스alphavirus 뇌염이 실제 이 경우에 속한다.[10]

아폽토시스는 또한 이기적 이동유전자transposon에 의해 유도된 유전적 질병과 같은 암이 아닌 다른 종류의 이상을 방지하는 데도 유용하다. 난소와 정소에 있는 생식세포들은 그 업무가 이기적인 세포를 찾아내 아폽토시스를 유도하는 여포세포와 세르톨리Sertoli 세포의 감시를 받고 있다는 거의 확실한 증거가 있다. 예를 들면 5개월 된 태아의 난소에는 거의 700만 개의 생식세포가 존재한다. 그러나 출생할 때에는 200만 개만 남아 있고, 그 가운데 평생 겨우 400개 남짓만 배란된다. 나머지는 잔인하기 그지없이 우생학적이어서 완전치 못한 세포들에게 자살하도록 명령을 내리는 아폽토시스에 의해 도태하게 된다(몸은 전체주의 체제다).

같은 원리가 뇌에도 적용되어 발달 과정에서 ced-9와 다른 유전자들에 의해 대량의 세포도태가 일어난다. 여기서도 제대로 일하지 못하는 세포는 전체를 위하여 희생되어야 한다. 따라서 아폽토시스에 의한 뉴런의 도태가 학습을 가능하게 할 뿐만 아니라 남아 있는 세포들의 평균적인 질을 향상시킨다. 비슷한 일이 면역세포에서도 거의 확실하게 일어나는데 아폽토시스에 의한 잔인한 세포도태가 일어나는 또 다른 영역이다.

아폽토시스는 중앙 집권적 사업이 아니다. 중앙에서 계획을 세우지도 않으며 누가 살고 죽게 될지를 결정하는 육체의 정치국도 존재하지 않는다. 이것이 바로 이것의 진정한 아름다움이다. 배의 발생처럼 각자 세포는 자신의 정보에 따라 움직인다. 단 한 가지 생각하기 힘든 일은 아폽토시스가 어떻게 진화되어있는가에 대한 것이다. 만일 삼염되었거나 암을 유발하거나 유전적으로 해가 되는 세포는 테스트를 거쳐 스스로 죽게 되므로 정의상 그 세포는 존재할 수 없다. 따라서 자손에게 그 유용함을 전해줄 수가 없다. '가미가제식 수수께끼'라고 하는 이 문제는 일종의 집단 선택의 형태로 해결될 수 있다. 아폽토시스가 잘 작용하는 개체는 그렇지 않은 개체보다 나은 기능을 가지게 되고 따라서 좋은 형질을 후손의 세포에게 넘겨줄 수 있게 된다. 그러나 특정 개체 안에서는 자연선택에 의한 진화가 불가능하기에 아폽토시스 시스템이 한 사람의 생애 동안에는 개선될 수 없음을 의미한다. 우리는 물려받은 세포자살 메커니즘에서 벗어날 수 없다.[11]

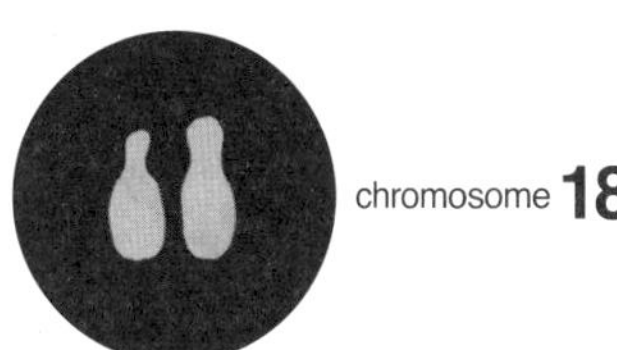

18번 염색체

치료

우리의 의심증은 반역자로서
종종 얻게 될지도 모를 이점을
시도하는 것조차 두렵게 하여 잃어버리게 된다.
-윌리엄 셰익스피어,《자에서 자로》

새 천 년이 열리면서 우리는 처음으로 유전자 부호의 교과서를 편집할 수 있는 단계에 서게 되었다. 이제 유전자 부호는 더 이상 소중한 원고가 아니고 디스크상의 내용물이다. 내용의 일부를 첨삭하고 문장을 재배열하고 새 글을 덮어 쓸 수도 있다. 이번 장은 우리가 어떻게 이 일을 할 수 있으며, 실제로 이 일을 해야 하는지 또는 우리가 하려고 할 때 왜 용기가 나지 않아서 분서편집기(컴퓨터)를 집어던져 버리고 문서가 신성불가침한 것이라고 주장하고 싶게 되는지에 관한 것이다. 바로 유전자 조작에 관한 것이다.

대다수 일반인에게는 유전학 연구의 최종 종착역 또 원한다면 궁극적 선물은 유전자 조작에 의하여 탄생하는 인간일 것이다. 이 말은 지금부터 수세기가 지난 어느 날 완전히 새로 만들어진 유전자를 가진 인간이 생길지도 모른다는 뜻이다. 현재로서는 다른 인간이나 동식물로부터 빌려온 유전자를 가진 인간을 의미한다. 이 일이 가능할까? 가능하다면 윤리적으로 옳은 일일까?

18번 염색체 위에 있는 대장암을 억제시키는 한 유전자를 생각해보자. 앞 장에서 이미 잠깐 다룬 바 있는 바로 그 종양 억제 유전자로 아직 그 위치는 확실하지 않다. 예전에는 DCC라는 유전자로 생각하였지만, 이제 DCC는 종양 억제와는 무관하고 척추의 신경성장을 유도하는 것으로 알려져 있다. 종양 억제 유전자는 DCC와 가깝지만 여전히 위치가 불분명하다. 만일 선천적으로 이 유전자에 결함이 있으면 암에 걸릴 위험이 훨씬 커진다. 미래의 유전공학자는 마치 자동차의 고장 난 점화플러그를 교체하듯이 이것을 빼내 교체할 수 있을까? 머지않은 장래에 이 대답은 '예'가 될 것이다.

내가 막 저널리스트로서 활동을 시작할 당시에는 문장을 옮길 때 진짜 가위로 자르고 풀로 붙이는 일을 했다. 그러나 오늘날에는 마이크로소프트사의 친절한 직원들에 의해 만들어진 가위 모양의 작은 소프트웨어 아이콘을 사용해 같은 일을 한다(지금도 이 문장을 다음 페이지에서 여기로 옮겨왔다). 그러나 원리는 같아서 문장을 옮기려면 잘라서 어느 곳에 붙여넣어야 한다.

유전자 책의 문구를 편집하는 데도 역시 가위와 풀이 필요하다. 다행히도 자연은 자신의 목적을 위해 이미 이것을 만들어놓았다. 풀은 리가아제ligase라고 부르는 효소로 이들은 떨어진 DNA 조각을 발견하면 서로 붙여서 꿰맨다. 가위는 제한효소restriction enzymes라고 하며 1968년에 박테리아에서 발견되었다. 박테리아 세포에서 이들이 하는 일은 침투하는 바이러스의 유전자를 토막 내 바이러스를 물리치는 것이다. 그러나 가위와는 달리 제한효소는 까다로워서 특별한 문자의 순서로 배열된 DNA 가닥만을 자른다는 것이 곧 알려지게 되었다. 마치 '제한'이라는 글자가 있을 때만 자르는 가위처럼, 서로 다른 DNA의 배열을 인지하여 자르는 제한효소가 현재 400개 정도 알려져 있다.

1972년에 스탠퍼드 대학의 폴 버그Paul Berg는 시험관 안에서 제한효소를 사용하여 바이러스 DNA를 반으로 자르고 리가아제를 사용하여 이들을 새로운 조합으로 붙였다. 이렇게 하여 그는 최초로 인위적인 '재조합' DNA를 만들었다. 이로써 인류는 아주 오래전부터 레트로바이러스retrovirus가 해온 일, 즉 염색체에 유전자를 끼워넣는 일을 할 수 있게 되었다. 일 년 만에 유전공학적으로 조작된 박테리아, 즉 두꺼비에서 뽑아낸 유전자를 가진 대장균이 탄생하였다.

곧이어 대중적인 우려가 쏟아졌는데 일반인들에서만 국한된 것이 아니었다. 과학자 자신들도 이 새로운 기술을 성급하게 이용하기 전에 중단하는 것이 옳다고 생각했다. 그들은 1974년에 모든 유전공학에 대한 금지령을 요구하고 나섰다. 그러나 이러한 일련의 일들은 과학자들이 그만둘 정도면, 정말로 우려할 만한 일이 있을 것이라는 대중적 불안감만을 가중시켰다. 자연의 섭리에 따라 박테리아 유전자는 박테리아에, 두꺼비 유전자는 두꺼비에 들어 있는데 그들이 누구라고 감히 서로 바꾼다는 말인가? 그게 끔찍한 결과를 낳을 수도 있지 않을까? 1975년에 아실로마에서 열린 회의에서 안전에 대한 열띤 토의가 벌어졌고, 미국에서는 유전공학이 연방위원회의 감독 아래에서 조심스럽게 다시 시작되었다. 과학이 스스로를 단속한 결과였다. 대중적인 우려는 서서히 가라앉았는데 1990년대 중반에 들어와 이번에는 안전이 아니라 윤리 문제로 되살아나고 있다.

드디어 생명공학이 태어났다. 처음에는 제넨텍, 그다음에는 시투스와 바이오젠이 설립되었고, 이 새로운 기술을 이용하려는 다른 회사들이 계속해서 생겨났다. 여기에는 모든 가능성이 열려 있었다. 이제 박테리아로부터 사람의 단백질을 의약용이나 식품 또는 산업용으로 만들 수 있다고 기대하였다. 그러나 박테리아가 대부분의 사람 단백질을 제대로 만들지 못하고, 더욱이 높은 수요의 의약품으로 사용하기에는 사람 단백질에 대해 알려진 것이 너무 적다는 사실이 밝혀지면서 점차 실망감만을 나타냈다. 막대한 벤처 자본의 투자에도 불구하고 주주들에게 이익을 가져다준 회사는 어플라이드 바이오시스템과 같이 다른 회사가 사용할 장비를 만드는 회사들뿐이었다. 그래도 생산품들은 나왔다. 1980년대 후반에 들어서 박테리아에서 만들어진 인간생장호르몬이 사체의 뇌에서 추출한 값비싸고 위험한 호르몬을 대체하게 되었다. 윤리적인 문제와 안전성에 대한 우려는 유전공학을 시행한 지 30년이 지난 지금까지 유전공학 실험으로 환경이나 대중의 건강과 관련된 어떤 사고도 일어난 적이 없기 때문에 근거가 없는 것으로 드러났다. 지금까지는 모두 좋았다.

이런 가운데 유전공학은 사업보다는 과학에 훨씬 더 큰 영향을 미치게 되었다. 이제는 유전자를 복제할 수 있게 되었다(이 문장에서 복제의 의미는 대중적인 의미와 다르다). 즉 '건초더미'에서 '바늘'과 같은 특정 인간유전자를 뽑아내 이것을 박테리아에 집어넣으면 수백만 개의 복제품이 만들어지며 이것을 분리하여 유전자의 서열을 읽을 수 있게 된 것을 말한다. 이 방법으로 연구에 사용할 만큼 충분한 양의 인간 게놈 조각이 들어 있는 인간 DNA 도서관이 만들어졌다.

인간 게놈 프로젝트에서 일하는 사람들은 이 도서관을 이용하여 전체의 내용(DNA의 전체 서열을 의미함)이 완전해지도록 서로 끼워 맞추고 있다. 그들이 하고 있는 일의 규모는 방대하기 그지없다. 30억 개의 문자로 구성된 내용은 약 50m 높이로 쌓아둘 분량의 책과 같다. 이 일을 주도하고 있는 케임브리지 부근의 웰컴 트러스트 생어 센터에서는 일 년에 1억 개 문자의 속도로 게놈을 읽고 있는 중이다.

물론 지름길도 있다. 우선 전체 내용의 97%에 해당하는 해독되지 않는 이기적 DNA, 인트론intron, 반복적인 소위성minisatellites, 사용되지 않는 의사유전자pseudogene 등의 DNA는 무시하고 유전자에만 주력하는 것이다. 이러한 유전자들을 가장 빨리 찾는 방법은 cDNA 도서관이라고 부르는 다른 종류의 도서관을 만드는 것이다. 그러기 위해서는 첫째로 세포 내의 모든 RNA 조각을 걸러내야 한다. 그들의 다수는 해독 과정에 있는 편집되고 축약된 유전자의 복사본이라고 할 수 있다. 이런 전령 RNA의 DNA 복사본을 만들면, 이론상으로 중간에 끼어 있는 필요 없는 DNA는 모두 빠진 순수한 유전자로만 만들어진 책의 복사본을 갖게 될 것이다. 그러나 이 방법의 가장 큰 결점은 염색체 위에서 유전자의 위치나 순서를 전혀 알 수 없다는 것이다. 1990년대 후반에 들어와 인간 게놈에 대한 상업적 특허가 인정되면서 이와 같은 무차별적인 방법으로 연구를 수행하는 사람들과 느리지만 철저히 그리고 공익을 위하는 사람들 사이에 커다란 의견 차이가 생겼다. 한쪽에는 고등학교를 중퇴하고 전직 프로 서퍼surfer(파도 타기)였으며 베트남전 참전 용사이기도 한 생명공학계의 백만장자 크레이크 벤터Craig Venter가 경영하는 셀레라사가 있고, 다른 쪽에는 웰컴 트러스트라는 의학 자선단체의 후원을 받고 있는 턱수염을 기른 노력파이자 방법론자인 케임브리지 대학 출신의 과학자 존 설스턴John Sulston이 있다. 누가 어느 편에 있는지는 굳이 말하지 않아도 알 것이다.

다시 유전자 조작으로 돌아가보자. 박테리아에 유전자를 집어넣는 것은 쉽지만 사람에게 삽입하는 것은 아주 어려운 일이다. 박테리아는 플라스미드plasmid라고 하는 작은 원형의 DNA를 쉽게 받아들여 자신의 것으로 사용하며, 또한 각각의 박테리아는 1개의 세포로 되어 있다. 인간은 100조 개의 세포로 구성되어 있다. 만일 인간을 유전적으로 조작하려면 이 모든 세포에 유전자를 집어넣거나 단세포인 배아embryo를 사용하여 시작해야 한다.

그렇지만 1970년에 레트로바이러스가 RNA로부터 DNA 복사본을 만들 수 있다는 사실이 밝혀지면서 갑자기 '유전자 요법gene therapy'은 실현 가능한 목표가 되었다. 레트로바이러스는 자신의 RNA 게놈 속에 간단히 말하자면 "나의 복사본을 만들어서 네 염색체 속에 끼워넣도록 하라"는 메시지를 담고 있다. 유전자 요법자가 해야 할 일은 레트로바이러스의 유전자 중 몇 개(특히 감염 후 병을 유발하는 것들)를 잘라내고, 대신에 사람의 유전자를 집어넣은 후 환자에게 이 바이러스를 감염시키는 게 전부다. 레트로바이러스가 몸 속의 세포에 자신의 유전자를 삽입하게 되면 이제 유전적으로 변형된 인간이 탄생하게 된다.

1980년대 초반에 이르기까지 과학자들은 이 과정의 안전성에 대하여 걱정하였다. 레트로바이러스가 지나치게 작용하여 체세포뿐만 아니라 생식세포도 감염시킬지 모른다고 생각했다. 레트로바이러스는 어쩌면 잘라낸 병 유발 유전자들을 다시 얻게 되어 병을 일으킬지도 모르고 몸 속의 어떤 유전자를 변형시켜 암을 일으킬지도 모르며 다른 이상한 일이 일어날지도 모른다. 유전자 요법에 대한 두려움은 1980년에 혈액질환을 연구하던 마틴 클라인Martin Cline이라는 과학자가 비록 레트로바이러스에 의한 것은 아니지만, 유전적 혈액질환인 지중해 빈혈을 앓고 있던 이스라엘인에게 무해한 재조합 유전자를 삽입하지 않겠다는 약속을 깨면서 불길을 당겼다. 클라인은 명성뿐만 아니라 직장까지 잃게 되었다. 그의 실험 결과는 결국 출판되지 않았다. 쉽게 말하자면 모든 사람이 인간에 대한 실험은 시기상조라는 것에 동의하였다.

그러나 생쥐를 사용한 실험은 고무적이기도 하였지만 실망스럽기도 하였다. 유전자 요법은 실현 가능성이 없는 것 같아 안전성 문제는 뒷전으로 밀렸다. 각각의 레트로바이러스는 오직 한 종류의 조직만 감염시킬 수 있고, 유전자를 막 속에 넣어 포장하기 위해서는 아주 세심한 주의가 요망된다. 이들은 염색체의 아무 부위에나 임의로 들어가거나 종종 발현되지 않기도 한다. 그리고 감염 병균들과 맞서도록 고도로 준비된 우리 몸의 면역체계는 서투르게 조작된 레트로바이러스를 놓치지 않는다. 게다가 1980년대 초반까지는 아주 소수의 인간 유전자만이 클로닝(유전자가 쉽게 복제 증식되도록 운반체에 삽입한 것을 의미함-옮긴이)되어 있어서 비록 작용이 가능하다고 해도 레트로바이러스에 넣을 만한 뚜렷한 후보가 없었다.

그래도 1989년에 몇 가지의 신기원이 이룩되었다. 레트로바이러스도 토끼의 유전자가 원숭이에 전달되었고 클로닝된 사람의 유전자가 사람의 세포에 그리고 생쥐에게도 주입되었다. 대담하고 야심만만한 세 명의 과학자 프렌치 앤더슨French Anderson, 마이클 블레이스Michael Blaese 그리고 스티븐 로젠버그Steven Rosenberg는 인체 실험을 하기로 결심하였다. 미국 연방정부의 DNA 재조합권고위원회Recombinant DNA Advisory Committee와의 길고도 격렬한 투쟁을 벌여 말기 암환자들에 대한 실험을 허락받았다. 그리고 이 실험은 과학자들과 의사들 간에 무엇이 중요한지에 대한 논쟁을 불러일으켰다. 순수 과학자들은 이 실험이 아직 시기상조라고 생각했고, 암으로 죽어가는 수많은 환자들을 지켜보는 의사들은 서두르는 게 당연하다고 여겼다. 한 토론회에서 앤더슨이 말하기를 "왜 서두르냐고? 그 이유는 지금 이 나라에서 1분마다 한 명씩의 암환자가 죽어가며 우리가 이 회의를 시작한 지 146분 동안에 146명의 암환자가 죽어갔기 때문이다"라고 하였다. 결국 1989년 5월 20일에 위원회는 허락을 하였고, 흑색종으로 죽어가던 모리스 쿤츠 Maurice Kuntz 라는 트럭 운전사에게 최초로 승인된 새로운 유전자를 의도적으로 주입하였다. 하지만 그 유전자는 그를 치료하기 위한 것도 심지어는 그의 몸 속에 영구히 머물도록 고안된 것도 아니었다. 그것은 단지 새로운 형태의 암 치료법에 대한 보조 수단에 지나지 않았다. 종양에 침투하여 식세포 작용을 잘하는 특별한 종류의 백혈구를 그의 몸 밖에서 배양하여, 사람의 몸 속에서 이 백혈구를 추적할 수 있도록 작은 박테리아 유전자를 가진 레트로바이러스로 감염시킨 후, 다시 그의 몸에 주사하였다. 비록 쿤츠는 사망했고, 이 실험으로 어떤 놀랄 만한 결과도 얻지 못했지만 유전자 요법은 이렇게 시작되었다.

1990년에 앤더슨과 블레이스는 더욱 야심 찬 계획을 가지고 다시 위원회의 문을 두드렸다. 이번에는 단지 추적장치가 아니라 실제로 치료를 목적으로 하는 유전자를 사용하겠다는 것이었다. 목표는 중증복합면역결핍증(SCID, severe combined immune deficiency)이라는 극히 드문 유전적 질병으로, 어린이에게 발병하면 모든 백혈구 세포가 급속히 죽어 면역방어를 할 수 없게 된다. 이 병을 앓는 어린이는 무균실에서 지내거나, 다행히도 항원항체반응을 일으키지 않는 친척으로부터 골수

이식 수술을 받지 않으면 반복되는 감염과 질병으로 일찍 죽게 된다. 이는 20번 염색체에 있는 ADA 유전자라고 하는 1개의 유전자 DNA 서열에 변화가 일어나서 생기게 된다.

앤더슨과 블레이스는 중증복합면역결핍증을 앓고 있는 어린이의 혈액에서 백혈구를 뽑아내 새로운 ADA 유전자를 가진 레트로바이러스로 감염시킨 후 이 백혈구를 다시 어린이의 몸에 수혈할 것을 제안했다. 이 역시 곤경에 처하게 되었는데 반대 이유는 다른 데 있었다. 1990년에 이르러 동일한 소의 유전자로 만든 ADA 단백질을 주입하는 PEG-ADA라고 하는 새로운 중증복합면역결핍증의 치료법이 개발되었기 때문이다. 인슐린을 주사하는 당뇨병이나 혈액 응고제를 주입하는 혈우병의 치료법처럼 중증복합면역결핍증을 PEG-ADA를 주사하는 단백질 요법으로 치료할 수 있는데, 유전자 요법이 왜 필요하겠는가?

새로운 기술들은 처음 생겨날 때에는 종종 경쟁력이 아주 없는 것처럼 보인다. 최초에 건설된 철도는 기존의 운하에 비해 훨씬 비싸고 믿음이 덜 가지만, 시간이 흐를수록 새로운 발명은 기존의 운하와 경쟁이 될 정도로 경비를 줄여 효능이 증가하게 된다. 유전자 요법도 마찬가지다. 단백질 요법이 현재로서는 중증복합면역결핍증의 치료법으로 신뢰되었지만, 이 요법은 치료 비용이 많이 들 뿐만 아니라 매달 둔부에 고통스런 주사를 평생 맞아야 한다. 유전자 요법이 작용한다면, 몸에 이 유전자를 재구성시키는 단 한 번의 치료로 이 모든 것을 대체할 수 있다.

1990년 9월에 앤더슨과 블레이스는 허락을 받아냈다. 그리고 세 살배기 여자아이 아산티 드실바Ashanthi DeSilva에게 유전공학으로 조작한

ADA를 주입했고, 그 결과는 즉시 성공적으로 나타났다. 아이의 백혈구 수가 세 배로 증가하였고 면역글로불린immumoglobulin(항체)도 급격히 늘어났다. 또한 정상적인 사람의 거의 1/4 수준으로 ADA를 만들기 시작하였다. 아이는 이미 PEG-ADA를 맞았고 그 후에도 계속해서 맞았기에 유전자 요법으로 치료되었다고 볼 수는 없지만 그래도 유전자 요법이 작용했다고 할 수 있다. 오늘날 중증복합면역결핍증을 앓고 있다고 알려진 어린이의 1/4 이상이 유전자 요법에 의한 치료를 받았다. 아무도 PEG-ADA가 없이도 살 수 있을 만큼 완벽하게 치료되었다고는 할 수 없지만 부작용은 거의 없다.

중증복합면역결핍증 이외에도 유전성 고콜레스테롤증familial hyper-cholesterolaemia, 혈우병, 낭포성섬유증 등의 병에 레트로바이러스에 의한 유전자 요법이 시행되었다. 물론 유전자 요법의 주된 목표는 암이다. 1992년에 케네스 컬버Kenneth Culver는 사람의 몸 밖에서 배양한 세포에 바이러스를 감염시킨 후, 그 세포를 몸 속으로 넣는 것과는 달리 유전자를 삽입한 레트로바이러스를 사람의 몸 속에 직접 주입하는 대담한 실험을 시도하였다. 그는 레트로바이러스를 스무 명의 뇌종양 환자의 종양에 직접 주입하였다. 레트로바이러스는 고사하고라도 단순히 어떤 것을 뇌 속에 주사한다는 것 자체가 끔찍하게 들리겠지만, 레트로바이러스에 무엇이 들어 있는가를 듣게 되면 그렇지 않을 것이다. 레트로바이러스에는 헤르페스 바이러스herpes virus에서 뽑은 유전자가 들어가 있어서 종양세포가 레트로바이러스를 받아들이면 헤르페스의 유전자를 발현하게 된다. 그런 다음에 컬버 박사는 놀랍게도 환자에게 헤르페스 치료약을 투여함으로써, 이 약이 종양세포를 공격하게 하였다. 이 방법을 처음 시도한 환자에게서는 성공적인 것 같았지만 다음에 시도한 다섯 명의 환자 가운데 네 명은 실패하였다.

아직도 유전자 요법은 초기 단계에 지나지 않는다. 어떤 이들은 장차 유전자 요법이 오늘날의 심장이식술처럼 일상이 되리라고 생각한다. 그러나 아직까지는 유전자 요법이 암을 정복할 전략이 될지 또 혈관생성 angiogenesis을 억제하는 치료법이나 텔로메라아제나 p53을 사용한 전략이 성공적인 방법이 될지를 판단하기에는 시기상조다. 어느 것이 성공하든 역사적으로 완전히 새로운 유전학 덕분에 암 치료가 이렇게 희망적으로 보인 적은 거의 없었다.[1]

이러한 유형의 체세포 유전자 요법은 이제 더 이상 논란의 대상이 아니다. 물론 아직도 안전성에 대한 우려는 남아 있지만 대부분의 사람은 윤리적인 이유로 반대하지는 않는다. 이것은 단지 또 다른 형태의 치료 요법으로, 친구나 친척이 암 치료를 위해 화학요법이나 방사선요법을 겪는 고통을 지켜본 사람이라면 터무니없는 안전성 문제로 비교적 고통이 적은 유전자 요법을 대안으로 여기는 것에 반대하지 않을 것이다. 새로 첨가된 유전자는 다음 세대를 형성하게 될 생식세포 근처에는 가지도 않기에 그런 걱정은 접어두어도 좋다. 그렇지만 인간에게 완전한 금기사항인 다음 세대로 전달되는 곳에서 유전자의 변화를 일으키는, 생식세포의 유전자 요법이 어느 면에서 보면 훨씬 더 쉬운 일이다. 1990년대에 바로 생식세포의 유전자 요법으로 만들어진 유전적으로 변형된 콩과 생쥐가 등장하여 다시 큰 소동이 벌어졌다. 유전자 요법을 반대하는 사람의 말을 빌리자면, 이것이 바로 프랑켄슈타인의 기술이다.

식물에 대한 유전공학은 여러 가지 이유로 급속히 발전하였다. 첫째 사업적인 이유로 오랫동안 새로운 변종의 종자들을 기다려온 농부들에게 좋은 시장을 제공했다. 비록 농부들이 깨닫지는 못했지만 선사시대에도 전통적인 육종법으로 잡초로부터 완전한 유전자 조작을 통해 밀, 벼, 옥수수 등이 농작물로 개량되었다. 현대에 와서는 이 같은 기술로 생산량이 세 배로 증가하여, 1960년에서 1990년 사이에 세계의 인구가 두 배 이상 늘어났는데도 인구당 곡물 생산량은 20% 이상이나 증가하였다. 열대 농작물의 '녹색혁명'은 대부분이 유전적 개량에 의한 것이었다. 그런데 이 모든 것은 단순한 유전자의 개량에 의한 것으로, 목적을 가지고 주의를 기울여 유전자 조작을 하였을 경우 얼마나 더 생산량이 늘어나겠는가? 두 번째 이유는 식물을 클로닝하여 증식시키는 것이 쉽기 때문이다. 생쥐의 일부를 잘라내 새로운 생쥐로 자라게 할 순 없지만 식물에서는 가능하다. 세 번째 이유는 행운의 결과다. 식물체의 염색체 내로 자신을 삽입시킬 수 있는 작은 원형의 DNA인 Ti 플라스미드를 이용하여 식물을 감염시키는 특이한 성질을 지닌 아그로박테리아*Agrobacterium*의 발견 덕분이다. 아그로박테리아는 미리 만들어놓은 DNA 운반체와 같았다. 단지 플라스미드에 어떤 유전자를 첨가만 하고 아그로박테리아로 잎을 문지르면 감염이 일어나서 잎세포에서 새로운 식물이 자라게 된다. 이 새로운 유전자는 식물체의 종자로 전달되게 된다. 그리하여 1983년 최초로 담배에서 그리고 페튜니아와 목화에서 잇달아 이 방법을 통해 유전적으로 조작된 식물이 만들어졌다.

아그로박테리아에 의해 감염되지 않는 곡물류 식물은 좀 더 미숙한 방법인 유전자를 작은 금입자에 실은 후 문자 그대로 총이나 입자가속기를 이용해 세포 내로 쏘아넣는 방법의 개발로 조작이 가능해졌다. 이 기술은 이제 모든 식물 유전공학에서 표준적인 방법이 되었다. 그 결과 가게의 진열대에서 썩지 않고 더 오래 가는 토마토와 꼬투리에 생기는 바구미 저항성이 있는 목화가 만들어졌으며, 콜로라도감자잎벌레의 저항성을 가진 감자와 천공충 저항성의 옥수수를 비롯한 유전적으로 변형된 식물이 많이 만들어졌다.

이러한 식물들은 별다른 거부감 없이 실험실에서 개발되어 야외 실험을 거쳐 시장으로 팔려 나갔다. 때로는 실험에서와는 달리 제대로 작용하지 않아서 바구미 저항성이라고 알려진 목화가 바구미에 의해 황폐해졌고 가끔 환경 보호자들에게 항의를 받기도 하였다. 그러나 어떤 종류의 '사고'도 일어나지 않았다. 하지만 유전적으로 변형된 농작물이 대서양을 건너 유럽으로 전해졌을 때에는 훨씬 강력한 환경주의자의 저항에 부딪쳤다. 특히 영국에서는 광우병 파동 이후로 식품안전 조절국이 대중의 신뢰를 잃게 되면서, 미국에서는 이미 3년 전에 일상화되어 버린 유전적으로 변형된 작물로 만든 식품이 갑자기 큰 문제가 되었다. 게다가 유럽의 몬산토 회사는 자신들이 생산하는 무차별적인 농약인 라운드업에 저항성을 가진 작물을 만드는 실수를 범했다. 이로써 농부들은 잡초를 죽이기 위해 라운드업을 사용할 수 있게 되었다. 이러한 자연에 대한 조작과 농약 사용의 장려와 그로 인한 돈벌이는 많은 환경론자들을 흥분시켰다. 폭력도 불사하는 환경극단주의자들은 유전적으로 조작된 기름수확용 유채를 실험적으로 경작하는 재배지를 망가뜨리며, 프랑켄슈타인식의 복장을 하고 시위에 나섰다. 이 문제는 그린피스가 내세운 세 가지 우선 과제의 하나가 되었고 당연히 대중의 관심을 사로잡았다.

언론은 늘 그래왔듯이 극단주의자들을 한자리에 모아놓고 서로 고성을 지르는 한밤의 텔레비전 토론이나, 사람들에게 "당신은 유전공학에 찬성이냐 반대냐"에 대한 예 또는 아니오 식의 양극단의 대답을 강요하는 단순한 인터뷰 등을 통하여 논쟁을 더욱더 부채질하였다. 이 문제는 한 과학자가 광란적인 텔레비전 프로그램에서 렉틴 유전자가 삽입된 감자가 생쥐에 해롭다는 것을 증명했다는 주장으로 조기 은퇴를 할 수밖에 없게 되었을 때 최악에 달했다. 그는 나중에 '지구의 친구들'에 의해 소집된 동료들의 옹호를 받게 되었다. 그 결과는 유전공학의 위험성에 대한 증명이라기보다 단지 동물의 독으로 알려진 렉틴의 위험성에 대한 증명에 지나지 않았다. 매체에 의하여 전달되어야 할 메시지가 오도되어버린 경우였다. 스튜(조림 요리의 일종)를 끓이는 솥에 비소를 넣으면 독성 스튜가 되지만 이 때문에 요리하는 것 자체가 모두 다 위험하다고 할 수는 없다.

마찬가지로 유전공학은 조작되는 유전자들에 의해 안전하기도 하고 위험할 수도 있다. 어떤 것은 안전하고 어떤 것은 위험하며 어떤 것은 환경친화적이고 어떤 것은 환경에 악영향을 미치게 된다. 라운드업 저항성인 유채는 제초제의 사용을 장려하고 잡초에 제초제 저항성을 길러주는 만큼 환경에 나쁘다. 해충 저항성 감자에는 살충제를 덜 살포해도 되므로, 살충제를 살포하기 위한 트랙터 운전에 사용되는 경유의 소비 감소를 가져오고, 살충제를 배달하기 위해 필요한 트럭의 도로 운행을 줄이는 만큼 환경친화적이다. 유전적으로 변형된 작물에 대한 반대론자들은 환경에 대한 애정이라기보다는 새로운 기술에 대한 혐오가 더 큰 것 같다. 이들은 대부분 안전을 위해 수만 번의 시험을 거쳤다는 것과 그 결과 뜻밖의 나쁜 일이 생기지 않았다는 사실을 무시하기로 작정한 것 같다. 서로 다른 종 간의 유전자 교환은 특히 미생물에서는 우리가 알고 있는 것과는 달리 훨씬 자주 일어나며, 그 원리 자

체가 비자연적인 것이 아니고, 유전자 변형을 하기 전에도 식물 육종
에는 돌연변이를 유도하기 위하여 종자를 고의로 감마선에 무작위로
처리하는 방법이 있었으며, 유전자 변형의 주된 효과는 질병과 기생충
에 대한 저항성을 증가시켜 화학약품 살포를 감소시키고, 생산량의 빠
른 증가는 불모의 야생지를 경작해야 할 압력을 줄여줌으로써 환경에
유리하다는 사실을 모두 무시해버렸다.

이 문제의 정치 쟁점화는 터무니없는 결과를 낳고 말았다. 1992년
에 세계 최대의 종자회사인 파이어니어는 브라질땅콩의 유전자를 대
두에 주입하였다. 대두를 주식으로 하는 사람들을 위하여 대두에 부족
한 메티오닌을 첨가하여 건강에 더 좋은 대두를 만들기 위해서였다.
그러나 곧 아주 소수의 사람들이 브라질땅콩에 알레르기가 있다는 것
이 알려졌고, 유전자를 변형한 대두도 그 사람들에게 알레르기를 일으
키는 것으로 드러났다. 당시 파이어니어는 정부 기관에 위험성을 보고
하고, 그 결과를 공표한 뒤 이 사업을 포기했다. 유전적으로 변형된 새
로운 대두에 대한 알레르기로 목숨을 잃게 될지도 모르는 미국인은 기
껏해야 두 명 이하이고, 전 세계적으로 영양 결핍을 겪고 있는 수십만
명이 구제될 수 있다는 계산 결과에도 불구하고 말이다. 그런데도 이
사실은 극도로 조심스런 기업체의 본보기가 아니라 환경론자들에 의
해 재포장되어 유전공학의 위험성과 관련 기업체의 무사비한 탐욕의
결과가 낳은 부작용이라는 식으로 알려졌다.[2]

그러나 안전을 위한 조심성으로 취소될 많은 사업계획을 감안하고
도 2000년에 이르러서 미국에서 팔려 나가는 곡물의 50~60%는 유
전적으로 변형된 것일 가능성이 높다. 좋든 나쁘든 간에 유전적으로
변형된 곡물은 계속 존재할 것이다.

동물도 마찬가지다. 동물에게 유전자를 넣어서 그 개체뿐만 아니라 자손까지도 영구적으로 변형시키는 일은 이제 식물에서만큼 동물에서도 쉬운 일이다. 그냥 집어넣기만 하면 된다. 당신의 유전자를 아주 미세한 유리 피펫의 주둥이로 빨아들인 다음, 교배 후 12시간이 지난 생쥐로부터 뽑아낸 단세포 배아에 그 끝을 찌르기만 하면 된다. 다만 피펫의 끝이 세포 내 2개의 핵 중 하나에 꼭 들어가도록 하고 부드럽게 누르는 것만 잊지 않으면 된다. 이 기술은 완벽한 것이 아니라 처리한 생쥐의 약 5%에서만 원하는 유전자가 발현되며 암소와 같은 다른 동물에서는 성공할 확률이 더욱 낮다. 그러나 그 5%의 생쥐는 유전자가 염색체 위의 아무 위치에 들어가 있는 변형된 것이다.

유전자 변형 생쥐는 과학에서의 사금광이나 마찬가지다. 이것으로 과학자들은 어떤 유전자가 왜, 어떤 목적으로 존재하는지를 알아낼 수 있다. 삽입될 유전자가 반드시 생쥐의 유전자일 필요는 없으며, 사람의 것일 수도 있다. 컴퓨터와는 달리 사실상 거의 모든 생물의 육체는 어떤 소프트웨어의 프로그램(유전자에 의한 정보)도 운행시킬 수 있다. 예를 들면 비정상적으로 암에 걸리기 쉬운 생쥐도 인간의 18번 염색체의 주입으로 다시 정상이 될 수 있는데, 이 결과가 18번 염색체에 종양 억제 유전자가 있다는 초기 증거였다. 그러나 보통은 염색체 전체를 통째로 넣기보다는 단일 유전자를 삽입한다.

미세 주입micro-injection 기술은 좀 더 정교한데 원하는 위치에 유전자를 삽입할 수 있는 확실한 장점을 가진 기술이다. 생쥐의 배는 발생 3일째 배주 세포embryonic stem cell(ES cell)라고 하는 세포들을 갖게 된다. 1988년에 마리오 카페치Mario Capecchi가 처음 발견하였는데, 이들 배주 세포를 뽑아내 특정 유전자를 주입하면 원래 세포 내에 있는 동일한 기존의 유전자를 잘라내고 그 위치에 주입된 새 유전자가 정확하게 교체되어 들어간다. 카페치는 int-2라고 하는 클로닝한 쥐의 종양 유전자를 전기장으로 쥐 세포의 세포막에 있는 작은 구멍을 열고 주입하였더니, 새로 들어간 유전자가 잘못된 유전자를 찾아 교체하는 것을 관찰할 수 있었다. 이 과정을 '상동적 재조합'이라 부르며, 이것은 망가진 DNA를 고칠 때의 메커니즘이 종종 상동 염색체에 있는 여분의 유전자를 주형으로 이용한다는 사실을 활용한 것이다. 쥐 세포는 새로 들어온 유전자를 주형으로 착각하고 그것에 맞추어서 기존 유전자를 교정하게 된다. 이렇게 변형된 배주 세포를 자궁 안으로 다시 넣으면 세포의 일부가 새로운 유전자를 가지고 있는 '키메라' 쥐로 자라게 된다.[3]

유전공학자는 상동적 복제로 유전자를 교정할 수 있을 뿐만 아니라 반대로 작동하는 유전자 자리에 잘못된 유전자를 삽입해 고의로 망가뜨릴 수도 있다. 그 결과 1개의 유전자를 못 쓰게 만들어 그 유전자의 진정한 존재 목적을 밝히기에 오히려 더 좋은 수단인 흔히 말하는 '녹아웃knockout' 쥐가 만들어진다. 기억 메커니즘(16번 염색체 참조)을 발견하는 데 이 녹아웃 쥐의 덕을 많이 보았고, 현대 생물학의 다른 분야에서도 기여도가 높다.

형질 전환 동물들이 과학자들에게만 유용한 것은 아니다. 형질 전환 양, 소, 돼지, 닭들은 상업적으로도 이용가치가 있다. 혈우병 치료를 위해 인간의 혈액응고 인자를 양의 젖에서 얻을 목적으로 이 유전자를 이미 양에 주입하였다. 우연의 일치로 보일지도 모르지만 이 실험을 한 과학자들이 1997년 초에 바로 복제양 돌리를 만들어서 세상을 떠들썩하게 한 장본인이다. 퀘벡에 있는 한 회사는 염소의 젖에서 비단 단백질을 뽑아 비단을 짤 목적으로, 거미에서 거미줄을 만드는 유전자를 뽑아내 염소에 주입하였다. 또 다른 회사는 달걀에 희망을 걸고 있는데, 이들은 의약품에서 식품첨가물에 이르는 인간에게 필요한 온갖 종류의 생산품을 만드는 공장으로 변모하려 한다. 비록 이러한 준산업적인 응용이 실패한다 하더라도 형질 전환 기술은 식물의 육종을 변형하듯이 동물 육종을 변형시켜 더 많은 근육질을 가진 육우, 더 많은 젖을 생산하는 젖소, 더 맛있는 달걀을 낳는 닭을 만들게 될 것이다.[4]

이 모든 것이 퍽 쉬운 일로 들릴 것이다. 형질 전환이나 녹아웃 인간을 만드는 데는 장비가 잘 갖추어진 실험실에서 좋은 연구팀만 있으면 기술적인 문제는 거의 없다. 아마도 지금부터 몇 년 후에는 이론적으로는 당신 자신의 몸에서 세포 하나를 떼어내 세포 내 특정 염색체의 특정 위치에 원하는 유전자를 삽입한 후 그 핵을 이미 핵이 제거된 난세포에 옮겨넣고, 이것을 당신의 체세포로 복제한 배아 세포와 섞어둔다면 키메라 인간으로 자라게 할 수도 있을 것이다. 그렇게 나온 사람은 당신을 대머리로 만든 유전자가 바뀌어 대머리가 아닌 것을 제외하고는 당신과 모든 면에서 동일한 당신 자신의 형질 전환 복제인간이 될 것이다. 그다음에는 그 복제인간의 배주 세포를 사용하여 술독에 빠져 망가진 당신의 간을 대체할 여분의 간을 만들 수도 있다. 또한 실험실에서 새로운 약품을 검사해볼 수 있는 인간의 신경세포를 기를 수도 있게 되어 실험용 동물들을 죽이지 않아도 될 것이다. 만일 당신이 미칠 시경에 이르면, 당신은 재산을 자신의 복제인간에게 남기고 아직도 세상에 조금 더 개선된 나의 일부가 남아 있게 된다는 확실한 믿음을 가진 채 자살을 감행할 수도 있다. 다른 사람들이 이 사람이 당신의 복제인간임을 알게 할 필요는 없다. 이 복제인간은 나이가 들어감에 따라 이마만 벗겨지지 않지 당신을 확실히 닮았기 때문에 사람들의 의

심도 곧 사라질 것이다.

　지금 말한 어떤 것도 아직까지는 실현 가능성이 없다. 인간의 배주 세포는 이제 막 발견되었기 때문이다. 그러나 위에 말한 것들이 앞으로 오랫동안 불가능한 일로 남아 있을 것 같지는 않다. 인간 복제가 가능해진다면 이것은 윤리적으로 옳은 일일까? 자유로운 개인으로서 당신은 자신의 게놈을 소유하므로 정부가 이를 국유화하거나 기업이 사들일 수는 없지만, 이 때문에 다른 개인에게(복제인간도 다른 개인이라고 할 수 있다) 폐를 끼치거나 변경할 권리가 당신에게 있는 것일까? 현재로서는 사회가 이러한 유혹에 대해 반대편에 서 있어 복제나 생식세포 수준의 유전자 요법을 금지하고 배단계embryonic의 연구를 엄격히 제한하고 있으며, 미지의 공포를 담보로 의학적 가능성도 포기하도록 하는 쪽에 기울어 있다. 우리는 자연을 조작하여 변경하는 것은 악마적인 보복을 가져온다는 파우스트적인 설교를 과학공상영화 등에서 귀가 따갑도록 들어왔다. 우리는 조심스러워졌다. 적어도 투표권을 행사할 때만이라도 말이다. 그러나 소비자로서는 다르게 행동할 수도 있다. 복제는 대다수가 승인해서가 아니라 소수가 실행함으로써 생길 수도 있다. 비슷한 일이 결국에는 시험관 아기의 경우에 일어나게 된 것이다. 사회적으로는 용납한다는 결정을 내리지 않았지만, 시험관 아기를 가시기를 간절히 원하는 사람들이 그렇게 할 수도 있다는 생각 자체에 익숙해져버린 것이다.

　그런데 현대 생물학이 가져다준 많은 아이러니의 하나는, 만일 당신이 18번 염색체 위에 잘못된 종양 억제 유전자를 지니고 있다고 하더라도 유전자 요법을 하지 않고도 치료된다는 것이다. 훨씬 더 간단한 예방책을 곧 구할 수 있게 될지도 모른다. 새로운 연구 결과에 따르면 대장암에 걸릴 확률이 높은 유전자를 가진 사람들은 아스피린과 덜 익은 바나나를 많이 먹으면 암을 예방할 수 있다. 진단이 유전적으로 이루어졌다고 해서 치료도 그래야 할 필요는 없다. 유전적 진단 후에 관습적으로 이어져온 치료법을 사용하는 것이 아마도 게놈이 의학에 내린 가장 큰 혜택일 것이다.

예방

이 혁명이 얼마나 빨리 일어나고 있는지
99%의 사람들은 눈치조차 채지 못하고 있다.
―스티브 포르, 아피메트릭스사 사장

모든 의학 기술의 향상은 우리를 도덕적 딜레마에 빠지게 한다. 비록 위험을 동반한다고 하더라도, 어떤 기술이 생명을 구할 수 있는데도 개발하여 사용하지 않는다면 도덕적으로 죄를 짓는 것이다. 석기시대에는 친척들이 천연두로 죽어가도 지켜보는 수밖에 다른 방도가 없었다. 제너Jenner가 백신을 개발한 후에도 그냥 지켜보고만 있었다면 그것은 세 도리를 나하지 못한 것이다. 19세기에는 폐결핵으로 죽어가는 부모를 그냥 지켜볼 수밖에 없었다. 플레밍Fleming이 페니실린을 발명한 후에도 죽어가는 폐결핵 환자를 의사에게 데려가지 않는다면 우리는 의무에 태만한 죄를 짓는 것이다. 그리고 개인의 단계에 적용된 원리는 국가나 국민의 단계에서는 더욱 크게 작용한다. 부유한 나라들은 더 이상 의학적으로 할 수 있는 일이 없다는 주장을 할 수 없기 때문에,

가난한 나라들의 수많은 어린이들의 목숨을 앗아가는 풍토병을 더 이상 모른 척할 수 없다. 구강 재수화oral rehydration 요법은 우리에게 양심을 되찾아주었다. 할 수 있는 일이라면 그냥 보고 있어서는 안 된다.

이 장에서는 사람에게 영향을 미치는 가장 흔한 두 가지 질병에 대한 유전적 진단을 다루게 될 것이다. 하나는 빠르고 잔인하며 치명적 병인 심장동맥경화이며, 다른 하나는 기억을 천천히 송두리째 앗아가는 알츠하이머병이다. 나는 이 두 질병에 영향을 미치는 유전자들에 대한 지식을 사용하는 데 우리가 너무 결벽성과 조심성을 나타내고 있어서, 생명을 구할 수 있는 연구 혜택을 사람들이 받지 못하게 하는 도덕적 실수를 저지르는 단계에 있다고 믿고 있다.

아포리포단백질(APO) 유전자들이라고 부르는 유전자군이 있다. 그들은 A, B, C 그리고 독특한 E의 네 가지 기본 변종이 있으며, 각각의 경우 다른 염색체들 위에서 다른 유형으로 존재한다. 우리의 관심을 가장 모으는 것은 19번 염색체에 있는 APOE다. APOE가 하는 일을 이해하려면, 본론을 벗어나 먼저 콜레스테롤과 지방의 성질에 대한 이야기를 해야 한다. 당신이 한 접시의 베이컨과 달걀을 먹으면 다양한 호르몬을 만드는 재료인 지용성 콜레스테롤(10번 염색체 참조)과 함께 많은 지방을 섭취하게 된다. 간은 이 물질들을 소화하여 다른 조직으로 운반하기 위하여 혈액에 싣게 된다. 물에 녹지 않기 때문에 지방과 콜레스테롤은 모두 리포단백질에 의해 혈액을 통해 전달된다. 운반 초기에는 콜레스테롤과 지방이 가득 실린 초저밀도 지질단백질very-low-density-lipoprotein이라는 의미의 VLDL이 운반체가 된다. 지방을 일부 떨어뜨리면 이것은 저밀도 지방단백질(LDL), '해로운 콜레스테롤'이라고 부르는 것이 된다. 마지막에 콜레스테롤을 내놓게 되면 고밀도 지질단백질(HDL), 해롭지 않은 콜레스테롤이 되어 간에 돌아와 새로운 탁송이 시작된다.

APOE 단백질(또는 아포엡실론apo-epsilon)은 지방이 필요한 세포의 수용체에 VLDL을 제시하는 일을 한다. APOB(아포베타apo-beta)의 역할은 콜레스테롤의 방출이다. 따라서 APOE와 APOB는 심장질환과 관련이 있는 가장 유력한 후보임이 분명하다. 이들이 제대로 작용하지 않으면 콜레스테롤과 지방은 혈액에 남아 동맥벽에 쌓여 동맥경화증을 일으킨다. APOE 유전자를 못 쓰게 한 쥐는, 심지어 정상적인 식이조건에서도 동맥경화증에 걸리게 된다. 지질단백질과 세포의 수용체 유전자들은 혈액에서 콜레스테롤과 지방의 행동작용에 영향을 미쳐 심장마비를 촉진하게 한다. 선천적으로 심장병에 걸리기 쉬운 유전성 고콜레스테롤증familial hypercholestero-laemia은 드물게 콜레스테롤 수용체 유전자의 염기가 바뀐 결과다.[1]

APOE가 특별한 것은 다형질로 나타나기 때문이다. 아주 드문 경우를 제외하고는 한 가지 유형의 유전자를 가지는데, APOE는 우리 모두에서 마치 눈색깔처럼 E2, E3, E4의 세 종류로 나타난다. 이들 각각은 혈액에서 지방(트리글리세리드)을 제거하는 효율이 달라서 심장질환에 걸릴 확률도 달라진다. 유럽에서는 E3가 가장 흔하여 80% 이상의 사람이 직어도 한 염색체에는 E3 유진자를 가지고, 39%는 동형접합성으로 상동염색체 모두에 E3를 가지고 있다. 그러나 유럽인의 7%는 상동염색체 모두에 E4를 가지고 있어 어려서 심장질환을 앓게 될 확률이 아주 높고, 4%의 유럽인은 상동염색체 모두에 E2를 가지고 있어 약간 다르지만 유사한 위험에 놓여 있다.[2]

그러나 이것은 유럽의 평균이며 다른 많은 다형질 유전처럼 이것 역시 지리적 차이를 보인다. 북유럽으로 갈수록 E3가 줄어드는 대신에 E4가 늘어나며 E2는 거의 일정하다. 스웨덴과 핀란드에서 E4의 빈도는 이탈리아에서보다 거의 세 배가 높고, 그 결과로 관상형 심장질환도 대략 세 배나 높다.[3] 지리적으로 더 멀어지면 더 큰 변이가 생긴다. 어림잡아 30%의 유럽인들은 적어도 1개의 E4 유전자를 가지고 있으며, 동양인들은 그 빈도가 대략 15%로 가장 낮다. 미국계 흑인, 아프리카인, 폴리네시아인 등은 그 빈도가 40% 이상이며 뉴기니인들은 빈도가 50% 이상이다. 이것은 아마도 부분적으로는 지난 수천 년 동안의 식생활에 따른 지방이나 지방질 육류의 섭취량과 관련이 있는 듯하다. 뉴기니인들의 전통적인 음식인 사탕수수와 토란 그리고 가끔 기름이 별로 없는 주머니두더지나 캥거루 등의 고기를 섭취하면 심장질환을 거의 앓지 않는다는 사실은 이미 알려져 있다. 그러나 이들이 노천광에서 일하면서 햄버거와 감자튀김을 먹기 시작하면 초기에 심장마비에 걸릴 위험은 대부분의 유럽인들보다 더 빨리 증가한다.[4]

심장질환은 예방과 치료가 가능한 질환이다. E2 유전자를 가진 사람들은 특히 지방이나 콜레스테롤이 많이 들어 있는 식품에 민감하게 반응하며, 그런 식품을 피하면 쉽게 치유될 수 있다. 이것은 매우 쓸모 있는 유전적 지식이다. 간단한 유전적 진단으로 위험에 처한 사람을 찾아내 치료함으로써 얼마나 많은 생명을 구하고 초기 심장마비를 피하게 할 수 있겠는가?

유전자 검사의 결과가 곧바로 낙태나 유전자 요법 등과 같은 과격한 해결책으로 이어지지는 않는다. 오히려 유전적 진단의 결과가 나쁘면 마가린의 사용이나 에어로빅 등의 덜 과격한 치료법을 많이 사용하게 된다. 의료인들은 지방질 음식을 절대 먹지 말라고 경고하는 대신에,

우리 가운데 누가 그런 경고를 통한 혜택을 받아야 하고 누가 안심하고 아이스크림을 먹어도 되는지를 가려내는 것을 익혀야 한다. 이것은 의사라는 직업의 청교도적인 직관에는 어긋날지 몰라도 히포크라테스의 서약에는 어긋나지 않는다.

비록 또 다른 질병에 대해 언급함으로써 나 자신의 규칙을 어기게 될까 두렵지만, 단순히 심장질환에 대해 언급하기 위해 APOE 유전자를 들먹인 것은 아니다. 이 유전자가 가장 연구가 많이 된 이유는 심장질환 때문이 아니라 더욱 고약하고 치료하기 힘든 악명 높은 알츠하이머병 때문이다. 수많은 사람들에게 노년에 그리고 소수의 사람들에게는 젊을 때 나타나는 끔찍한 기억과 개성의 상실은 환경적, 병적인 그리고 우연에 의한 온갖 종류의 요인 때문이라고 여겨왔다. 알츠하이머병의 진단적인 증상은 세포에 손상을 주는 불용성 단백질 덩어리가 뇌세포에 나타나는 것이다. 한때는 바이러스의 감염이나 머리에 잦은 타격 등이 원인이라고 생각하였다. 단백질 덩어리에서 알루미늄이 검출되어 한동안은 알루미늄 냄비가 의심을 받기도 하였다. 일반적 관습에 따라 이 질병은 유전적인 연관이 없다고 생각하여 어떤 교과서에서는 이 병이 유전되지 않는다고 단언하였다.

그러나 유전공학의 공동 창시자인 폴 버그가 말했듯이 다른 이유가 또한 관련되어 있을지라도 근본직으로 "모든 병은 유전직이다". 일츠하이머병이 자주 생기는 가계도가 마침내 일부 볼가계 독일인의 미국 후손에게서 발견되었다. 또 1990년대 초까지 21번 염색체에서 1개와 14번 염색체에서 2개, 적어도 3개의 유전자가 알츠하이머병의 초기 발병과 연관이 있다는 것이 밝혀졌다. 그러나 1993년에 훨씬 더 중요한 발견이 이루어져, 19번 염색체에 있는 한 유전자가 노인성 알츠하이머병과 연관이 있으며 부분적으로는 유전적 바탕을 이루는 것처럼 보였다. 곧이어 문제의 유전자가 바로 APOE인 것으로 밝혀졌다.[5]

혈액의 지방 유전자가 뇌질환과 연관이 있다는 것이 놀라웠지만 실제로 그렇게 놀랄 일은 아니었다. 따지고 보면 알츠하이머병의 환자들이 종종 콜레스테롤 수치가 높다는 것은 이미 알려진 사실이다. 그렇다고는 해도 그 효과의 정도는 충격적이었다. 다시 한 번 문제의 유전자는 바로 E4였다. 알츠하이머병에 걸릴 확률은 E4가 없을 경우 20%이며, 평균 발병 연령이 84세인데, E4 유전자를 1개 가지면 발병 확률이 47%로 높아지고 평균 발병 연령도 75세로 낮아진다. 한 쌍의 E4 유전자를 모두 가질 경우의 확률은 91%가 되고 평균 연령은 68세가 된다. 다시 말해서 만일 당신이 7%의 유럽인들처럼 한 쌍의 E4 유전자를 가지고 있다면 알츠하이머병에 걸리지 않을 유일한 길은 다른 원인으로 일찍 죽는 수밖에 없다. 한 연구 결과에서 E4/E4인 86세 노인이 정상적인 사고를 지닌 것을 보여주듯이 드물게 그렇게 되지 않는 경우도 있지만, 그 확률은 아주 낮다. 기억상실증을 나타내지 않는 많은 사람의 경우에도 알츠하이머병의 고질적인 단백질 덩어리가 생기게 되며, 보통 E4 유전자 보유자의 경우가 E3 보유자보다 더 심각하다. 적어도 1개의 E2 유전자를 지닌 사람은 E3 유전자를 지닌 사람보다 비록 그 차이는 작지만 알츠하이머병에 걸릴 확률이 훨씬 낮다. 이 사실은 우연에 의한 부수적 효과나 통계적인 우연의 일치가 아니라 이 질병의 메커니즘에 중심이 되는 어떤 것으로 보인다.[6]

E4가 동양인에게는 드물고 백인에게 흔하며, 아프리카인에게 더욱 흔하고 뉴기니의 멜라네시아인에게 가장 흔하다는 사실을 상기하라. 그러면 알츠하이머병도 같은 빈도로 일어나야 하는데 문제가 그렇게

간단하지 않다. 알츠하이머병에 걸릴 상대적 위험도를 E3/E3와 비교했을 때, 백인 E4/E4의 경우가 흑인이나 에스파냐계 혼혈인 E4/E4보다 훨씬 높다. 아마도 알츠하이머병에 걸릴 위험성은 인종에 따라 변이를 보이는 다른 유전자의 영향을 받는 것 같다. 그리고 E4의 영향이 남자보다 여자에게 더 심한 것 같다. 알츠하이머병에 걸리는 여자들이 남자들보다 많을 뿐만 아니라 E4/E3 여자도 E4/E4 여자만큼이나 병에 걸릴 위험이 높다. 남자의 경우에는 E3 유전자를 하나만 가지면 위험이 낮아진다.[7]

아마도 당신은 도대체 E4 유전자가 높은 빈도는 고사하고라도 존재하는 것 자체에 대해 의아하게 여길 것이다. 이 유전자는 심장질환과 알츠하이머병을 더 쉽게 걸리게 하기 때문에, 오래전에 좋은 유전자인 E3나 E2에 의해 쫓겨나 사라졌어야만 했다. 내 생각에는 최근에 이르기 전까지는 고지방 식생활이 아주 드물어 관상성 심장질환이라는 부작용이 문제가 되지 않은 것 같다. 또 알츠하이머병은 아이들이 독립할 때까지 다 자란 한참 후 사람들에게 나타날 뿐만 아니라, 석기시대에는 대부분의 사람들이 이미 죽었을 시기에 생기기 때문에 자연선택을 받지 않은 것 같다. 그러나 일부 세계에서는 육류와 치즈 중심의 식생활이 자연선택을 받을 만큼 충분히 오래전부터 행해졌기에 이 추론이 옳은지는 확실치 않다. E4가 E3보다 우리가 알지 못하는 더 좋은 역할을 하고 있는지도 모른다. **'유전자는 병을 일으키기 위해 존재하는 것이 아니다'**라는 사실을 다시 한 번 기억하라.

E4와 더 흔한 E3의 차이는 유전자의 334번째 염기가 A 대신에 G로, E3와 E2의 차이는 유전자의 472번째 염기가 A 대신에 G로 바뀐 것이다. 그 결과는 상대적으로 E3 단백질에 각각 1개씩의 시스테인과 아르

기닌 아미노산이 더 있고, E2 단백질에는 2개의 시스테인이, E4에는
2개의 아르기닌이 더 있게 된다. 897개나 되는 염기를 가진 유전자에
서 일어나는 이러한 작은 변화들이 APOE 단백질의 작용을 바꾸기에
충분한 것이다. 그 작용이 무엇인지 아직 확실하지는 않지만 어떤 이
론에 따르면 타우tau라고 하는 다른 단백질을 안정화하는 것으로 타우
는 뉴런의 관상골격의 형태를 유지하게 한다. 또 인산과 잘 결합하는
데 인산이 붙게 되면 기능을 발휘하지 못하게 되며, APOE의 역할은
타우에게 인산이 붙지 못하게 하는 것이다. 또 다른 이론에 따르면 뇌
에서 APOE의 기능은 혈액에서의 기능과 달라서 뇌세포 간에 콜레스
테롤을 전달하여 지방으로 덮인 세포막을 만들고 수리하는 것이다. 세
번째 이론에 의하면 APOE의 기능이 무엇이든 간에 E4 유형은 알츠하
이머병에 걸린 환자의 뉴런 내에 쌓이는 아밀로이드 베타 단백질이라
는 것과 특별한 친화도를 가지고 있으며, 이 때문에 파멸적인 덩어리
의 생장이 도움을 받게 된다.

　나중에는 세부적인 내용이 중요하게 되겠지만 지금 당장은 우리가
예측할 수 있는 수단을 가지게 되었다는 점이 핵심이다. 우리는 개인
의 유전자를 검사하여 이들이 알츠하이머병에 걸리게 될지를 비교적
정확하게 예측할 수 있게 되었다. 유전학자인 에릭 랜더Eric Lander는 최
근 놀랄 만한 가능성을 제기하였다. 우리는 로널드 레이건이 알츠하이
머병에 걸린 사실을 알고 있으며, 돌이켜보면 그가 백악관에서 집무할
때(미국의 대통령이었을 때) 이미 발병 초기였던 것 같다. 만일 어떤 진취적
이고 편견을 지닌 저널리스트가 1979년에 레이건을 대통령 후보로서
깎아내리기 위한 방법을 찾으려고 안달이 나서 비록 당시에는 불가능
한 일이었지만 레이건이 입을 닦은 냅킨을 몰래 훔쳐 DNA 검사를 했

다고 가정하자. 그리고 그가 역사상 두 번째로 나이가 많은 이 대통령 후보가 자신의 임기 동안 알츠하이머병이 발병할 확률이 아주 높다는 신문 기사를 냈다고 해보자.

이 이야기는 유전검사가 가져올지도 모를 시민의 자유에 대한 위험성을 잘 보여준다. 본인이 알츠하이머병에 걸릴까를 걱정하는 개인들에게 APOE 검사를 하게 해야 할지를 물어본다면 대다수 의료인은 "아니오" 하고 대답한다. 최근에 이 문제를 심사숙고한 영국 최고의 연구집단인 생명윤리에 대한 뉴필드 위원회도 "아니오"라는 똑같은 결론을 내렸다. 어떤 사람을 고칠 수도 없는 질병에 걸릴 것인가를 검사하는 일은 아무리 생각해도 꺼림칙한 일이다. E4 유전자를 가지지 않은 사람들은 안도하겠지만, 한 쌍의 E4 유전자를 가진 사람들에게는 치료 불능의 치매에 걸릴 것이 확실하다는 선고를 내리게 되는 끔찍한 결과를 낳는다. 만일 이 진단이 거의 확실하다면(4번 염색체 장에서 낸시 웩슬러가 헌팅턴병의 경우에서 주장하였듯이), 이 검사는 더욱 큰 파멸을 가져올 것이다. 한편으로는 최소한 사실을 오도하지는 않을 것이다. 그러나 APOE의 경우처럼 확실성이 낮을 때는 검사는 그 가치가 더욱 줄게 된다. 운이 아주 좋다면 한 쌍의 E4 유전자를 지니고서도 평생 아무런 치매 증상 없이 살 수 있으며, 아주 불운하다면 유전자를 가지고 있시 않으면서도 65세에 알츠하이머병에 걸릴 수도 있다. 한 쌍의 유전자를 가지고 있다는 진단은 알츠하이머병을 예견하는 데 충분하거나 필요한 조건이 아니며 치료법도 없기 때문에 이미 증상이 나타나지 않고 있다면 굳이 검사를 받을 필요는 없다.

처음에 나는 이런 주장들에 신빙성이 있다고 여겼지만 이제는 확신이 서지를 않는다. 비록 후천성면역결핍증(AIDS)은 최근까지도 불치병이지만 사람들이 원한다면 HIV 바이러스에 대한 검사를 받게 하는 것이 결국에는 윤리적인 일로 받아들여졌다. HIV에 감염되었다고 반드시 후천성면역결핍증을 일으키지는 않는다. 어떤 사람들은 HIV에 감염되고도 오래 산다. 물론 후천성면역결핍증의 경우에는 알츠하이머병과는 달리 감염이 퍼져 나가는 것을 방지하고자 하는 사회적 관심이 추가되기는 하지만, 우리가 여기서 고려하고자 하는 것은 사회 전체가 아닌 개개인의 위험이다. 뉴필드 위원회는 유전자 검사와 다른 검사를 묵시적으로 구분하여 이 문제를 다루었다. 조사위원회의 의장인 피오나 칼디코트Fiona Caldicott 여사는 어떤 사람이 자신의 유전적 구성으로 질병에 잘 걸리게 된다면, 그 사람의 태도가 왜곡될 수 있다고 주장하였다. 그 때문에 사람들은 유전적 영향이 가장 절대적이라는 잘못된 믿음으로 사회적이나 다른 원인들을 무시하게 되고, 그 결과로 정신병에 따라다니는 낙인은 더 커진다.[8]

이것은 불공정하게 적용되기는 했어도 정당한 주장이다. 뉴필드 위원회는 이중 잣대를 가지고 있다. 정신분석학자나 정신과 의사들은 형편 없는 증거를 내세워 정신병적 문제들을 사회적인 이유에 의한 것으로 설명하며 의료행위를 허가받았지만, 이들도 유전적인 영향이나 마찬가지로 사람들에게 낙인을 찍는 것이다. 이들은 위대하고 선한 생명윤리론에 의해 단순히 유전적 이유 때문이라는 증거에 바탕을 둔 진단이 불법으로 여겨지는 동안에는 번창을 누릴 것이다. 유전적 이유를 불법화하면서 사회적 이유를 강화하기 위한 이유들을 찾기 위해 뉴필드 위원회는 한걸음 더 나아가 APOE4 검사의 신빙성이 아주 낮다고 했는데, E4/E4의 경우에 E3/E3보다 위험도가 열한 배나 높은 것을 감안할 때 이상한 표현이라고 할 수 있다.[9] 존 매독스John Maddox가 APOE

를 논점의 대상으로 언급하였듯이[10] "의사들이 유전적 정보를 신뢰하지 않아 환자에게 달갑지 않은 정보를 알려주기를 꺼림으로써 소중한 기회를 놓치게 되는 경우가 있다고 의심할 만한 이유가 있다. 정보에 대한 불신이 지나친 것일 수도 있다".

게다가 비록 알츠하이머병이 불치병이기는 하지만 이미 그 증상을 완화시킬 수 있는 약들이 나왔고, 확실치는 않더라도 이것을 방지하기 위하여 사람들이 취할 수 있는 예방적 조치도 있다. 가능한 모든 예방책을 세울 수 있도록 미리 알고 있는 게 더 나은 것이 아닐까? 내가 만일 한 쌍의 E4 유전자를 가지고 있다면, 의약품을 임상 실험할 때 자원할 수 있도록 미리 알고 싶을 수도 있다. 알츠하이머병을 일으킬 위험성이 높은 활동을 많이 하는 사람들에게는 이 검사가 필요하다고 할 수 있다. 예를 들면 한 쌍의 E4 유전자를 가진 프로 권투선수는 알츠하이머병에 일찍 걸릴 위험이 높기 때문에, 미리 검사를 받아 이를 가지고 있다면 권투를 하지 말도록 권고하는 것이 최선이다. 비록 관련된 유전자는 다르지만 권투선수 여섯 명 가운데 한 명꼴로 파킨슨병이나 알츠하이머병에 걸리는데, 이 두 병의 증상은 아주 유사하다. 모하메드 알리Mohammed Ali를 포함한 많은 선수들이 50세 정도 혹은 그 이전에 이러한 병에 걸렸거나 걸릴 수 있다. 알츠하이머병에 걸리는 권투선수들 중에는 이상할 정도로 E4 유전자를 가진 사람이 많으며, 머리 손상을 입은 다음에 뇌 신경세포에 덩어리가 생기는 사람들 중에도 이 유전자를 가진 사람이 많다.

이 사실이 권투선수들에게 적용된다면 머리에 충격을 받는 다른 스포츠 선수들에게도 적용될 것이다. 영국 축구 구단에서도 최근 슬픈 일화가 전해졌다. 대니 블랜치플라워Danny Blanchflower, 조 머서Joe Mercer

그리고 빌 페이즐리Bill Paisley 등을 비롯한 많은 위대한 축구선수들이 노년에 접어들면서 노망이 빨리 든다는 것이다. 이를 계기로 신경학자들은 이런 운동선수들에게 알츠하이머병이 많이 생기는 것에 대해 연구하기 시작했다. 축구선수들은 한 시즌에 평균 800번 정도 헤딩을 하는 것으로 계산되었다. 그 충격으로 받는 손상은 상당할 것이다. 네덜란드에서 행한 연구에 따르면 다른 운동선수들보다 축구선수들이 기억상실이 훨씬 심하며, 노르웨이에서 이루어진 연구는 축구선수들에게서 뇌 손상의 증거를 찾아냈다. 따라서 E4/E4 유전자를 가진 사람들은 적어도 이런 일을 평생 직업으로 시작하기 전에, 이 일이 자신들에게 특별히 위험하다는 것을 아는 게 도움이 된다. 나는 건축가가 키가 큰 사람들이 지나갈 수 있도록 문을 충분히 높게 만들지 않아 문지방에 이마를 자주 부딪친다. 나의 APOE 유전자가 어떤지 궁금하다. 어쩌면 검사를 했어야 옳은지도 모르겠다.

검사는 여러 가지 점에서 가치가 있다. 현재 적어도 세 가지 새로운 알츠하이머병에 대한 치료약이 개발되어 시험 중이다. 이미 나와 있는 타크린이라는 약이 현재는 E4 유전자를 지닌 사람들보다 E3나 E2 유전자를 가진 사람들에게 더 효과적이라고 알려져 있다. 게놈은 거듭 우리의 개성에 대한 교훈을 일깨워준다. 인류의 다양성은 바로 게놈이 주는 가장 위대한 교훈이다. 그런데도 아직까지 의료계에서는 집단보다는 개개인에 맞는 치료를 상당히 꺼린다. 한 사람에게 적합한 치료가 다른 사람에게는 맞지 않을 수도 있다. 한 사람의 생명을 구할 수 있는 식이요법이 다른 사람에게는 전혀 도움이 되지 않을 수도 있다. 언젠가는 의사가 당신이 어떤 유형의 유전자들을 지니고 있는지를 검사하기 전까지는 아무 처방도 할 수 없게 될지 모른다. 이에 필요한 기술은 이미 아피메트릭스라고 하는 캘리포니아의 작은 회사를 포함하여 여러 회사들이 작은 실리콘 칩에 전체 게놈의 유전자 서열을 싣게 함으로써 개발되었다. 언젠가는 의사의 컴퓨터를 통해 유전자를 확인하여 더 나은 처방을 받기 위해 우리가 정말 이런 칩을 가지고 다녀야 할지도 모른다.[11]

아마도 당신은 이것의 문제가 무엇인지 그리고 전문가들이 왜 APOE 검사에 까다롭게 구는지에 대한 진짜 이유를 이미 깨달았을 것이다. 만일 내가 E4/E4 유전자를 가지고 있는 프로 축구선수라고 한다면 나는 평균보다 훨씬 높은 확률로 안기나angina(협심증의 일종)나 더 젊은 나이에 알츠하이머병에 걸릴 것이다. 만일 내가 새로운 생명보험을 마련하거나 나중에 걸릴지도 모를 질병에 대한 의료보험에 들기 위해 보험 중개인을 만나게 된다고 가정하자. 나는 내가 흡연자인지 얼마나 음주를 하는지 그리고 후천성면역결핍증을 앓고 있는지와 몸무게 등에 대한 질문들에 답하는 서류를 받아서 작성하게 된다. 물론 가족 병력에 심장병이 있는가 등의 유전적인 질문도 포함되어 있다. 각각의 질문은 특정한 부류의 위험도에 대해 평가를 하도록 고안되어 있어서 적당히 이윤을 남기면서도 여전히 상대적으로는 싼 보험료가 나에게 부과되도록 되어 있다. 보험회사가 머지않아 내 유전자들도 검사하여, 내가 E4/E4 유전사를 가지고 있는지 혹은 E3/E3 유진자를 가지고 있는지를 묻는 것이 당연해질 수밖에 없게 될 것이다. 보험회사는 내가 이미 최근의 유전자 검사를 통하여 불운을 앞두고 있는 걸 알고 있기 때문에 마치 불을 지르려는 계획을 세우고 건물에 보험을 드는 사람과 마찬가지로 보험회사를 속여 생명보험에 대한 지불을 잔뜩 올리는 것을 막을 수 있을 뿐만 아니라, 검사 결과가 만족스러운 사람들에게는 할인율을 제공하여 이익이 남는 장사를 할 것이다. 이것은 마치 버찌를 골라내는 작업과 같다. 젊고 날씬하며 동성애자가 아니며 비흡연자인 사람의 보험료가 늙고 살찐데다가 동성애자이자 흡연자인 사람보다 낮은 이유다. 한 쌍의 E4/E4 유전자를 가진다는 게 그렇게 다른 일이 아니다.

미국에서 이미 의료보험회사들이 아주 값비싼 대가를 치르고 있는 알츠하이머병에 대한 유전검사에 관심을 보이는 게 전혀 놀랄 일이 아니다(의료보험이 기본적으로 무료인 영국에서는 생명보험이 관심의 주 대상이다). 그러나 보험회사는 동성애자인 남자들에게 후천성면역결핍증에 대한 위험도를 반영하기 위해 이성애자인 남자들보다 높은 보험료를 부과하기 시작하였을 때, 업계에 쏟아진 비난을 감안하여 아주 조심스럽게 움직이고 있다. 만일 많은 유전자들에 대한 검사가 일상적이 된다면, 보험의 기본 바탕이 되는 위험에 대한 공동부담의 개념이 손상될 것이다. 나의 정확한 운명이 알려진다면 내 생애의 정확한 비용에 해당하는 보험료를 내야 할 것이다. 유전적으로 불운한 사람들은 보험에 제대로 가입할 수 없게 될 것이다. 영국의 보험업계는 1997년에 이 문제를 받아들여 앞으로 2년 간 보험 가입 조건으로 유전자 검사를 요구하지 않을 것이고, 10만 파운드 이하의 보험 지불액에 대해서는 보험 가입 전에 가입자가 이미 유전자 검사를 한 경우에도 검사 결과를 통지하지 않아도 된다는 데 동의하였다. 어떤 회사들은 더 나아가 장래에도 유전자 검사를 할 계획이 없다고 하였지만 이것이 오래 가지는 않을 것이다.

왜 사람들이 실제로 많은 이들에게는 보험료가 낮아질 수도 있는데 이 문제에 대해 그처럼 강하게 반발하는 것일까? 실제로 인생에서 다른 것들과는 달리 유전적 행운은 특권층뿐만 아니라 소외계층에게도 공평하게 주어지므로 부자라고 해도 좋은 유전자를 살 수는 없으며 단지 보험에 더 많이 가입하는 수밖에 없다. 내 생각에 해답은 바로 결정론에 있는 것 같다. 흡연을 할 것인지 술을 마실 것인지에 대한 결정, 심지어는 후천성면역결핍증에 걸리게 될지도 모르고 행동하는 사람의 결정은 어떤 의미에서 보면 모두 자의적이다. 그러나 APOE 유전자 자리에 한 쌍의 E4를 가지게 되는 것은 전혀 본인의 자발적 결정이 아니며 태어나면서부터 결정된 것이다. APOE 유전자에 따른 차별은 피부색이나 성에 의한 차별이나 다름없다. 비흡연자가 흡연자와 마찬가지의 위험 계층으로 분류되어 추가로 보험료를 내게 되는 것에 대해서는 정당하게 반대할 수 있을지 모르지만, 만일 E3/E3 유전자를 가진 사람이 E4/E4 유전자를 가진 사람과 같은 보험료를 내는 것을 반대한다면, 그것은 단지 운이 나쁜 사람에 대해 편협함과 편견을 가진 것처럼 보일 것이다.[12]

고용주가 채용 후보자들의 유전검사를 할 가능성도 적어 보인다. 심지어 더 많은 유전검사가 가능해질지라도 고용주가 이를 이용하려는 마음은 별로 없을 것이다. 그러나 실제 유전적 배경으로 어떤 환경적인 위험에 쉽게 피해를 입게 된다는 사실을 좀 더 잘 수용하게 된다면, 유전자 김사가 고용주와 고용인 모두에게 이익이 될 수도 있디. 이미 알려져 있는 발암물질에 노출될 수 있는 직업(예를 들면 강한 햇빛의 자외선과 해양 구조원)의 경우에 만일 p53 유전자가 잘못된 사람을 고용한다면, 미래에는 고용주가 고용인을 돌보아야 할 의무를 태만히 한 것이 될지도 모른다. 좀 더 건전한 성격과 사교적인 기질을 가진 사람을 뽑으려는(이것이 실제 인터뷰를 하는 이유지만) 이기적인 동기에 의해 지원자들에게 유전검사를 받도록 요구할지도 모르지만 이것에 대해선 이미 차별 방지법이 제정되어 있다.

한편, 보험과 고용 시 유전검사의 망령에 대한 두려움 때문에 의학적으로 이로운 목적을 위해 행하는 유전검사조차 두려워 피하게 될 위험이 생긴다. 그러나 나는 정부가 내 유전자를 놓고 내가 무엇을 해야 할지를 간섭할지도 모른다는 망령에 더 큰 두려움을 느낀다. 나는 나의 유전자 부호를 내 보험업자에게 알려주고 싶은 마음은 없지만, 의사가 그것을 알고 사용하기를 바란다. 그러나 지나칠 정도로 완고하게 그것이 나 스스로의 결정에 의한 것이기를 원한다. 나의 게놈은 내 소유물이지 국가의 것이 아니다. 내 유전자 내용에 관해 누구와 공유할지는 정부가 결정할 문제가 아니다. 내가 검사를 받을지를 결정하는 것은 정부가 아니라 바로 나 자신이다. 자신의 유전부호를 어느 정도 볼 수 있고 다른 사람에게 보여줄 수 있는지에 대해 '우리'가 어떤 지침을 가지고 있어야 하고, 정부는 규칙을 제정해야만 한다고 생각하는 지독한 가부장적인 경향도 있다. 그러나 당신의 유전부호는 당신 자신의 것이지 정부의 소유물이 아니라는 것을 항상 기억해두어야 한다.

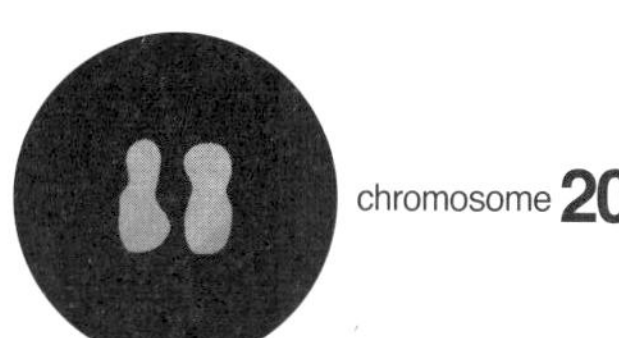

20번 염색체

정치학

아! 영국의 로스트 비프여,
옛 시절의 바로 그 영국의 로스트 비프여.
-헨리 필딩, 그러브가의 오페라

과학 발전의 원동력은 무지함이다. 과학은 우리 주변의 무지라는 숲에서 장작을 공급받아야만 하는 화로와 같다. 그 과정에서 우리가 지식이라고 부르는 공터는 더 넓어지지만, 그와 더불어 경계선이 더 늘어날수록 우리의 무지함은 더 많이 드러나게 된다. 우리가 게놈을 발견하기 전에는 모든 세포의 중심에 그 내용을 전혀 알 수 없는 30억 개의 문사로 된 문서가 있나는 사실을 알시 못했나. 이제 그 책의 일부를 읽게 됨으로써 우리는 새로운 무수한 의문들을 가지게 되었다.

이 장의 주제는 미스터리(수수께끼)다. 진정한 과학자는 그 전의 발견으로 드러난 무지에 대한 공략을 새로운 동기로 삼는다. 공터보다는 숲이 더 흥미롭게 마련이다. 20번 염색체에는 다른 그 어떤 것보다도 애를 태우며 매혹적인 미스터리의 숲이 들어 있다. 단지 20번 염색체에 존재한다는 사실을 밝힌 것만으로도 노벨 수상자가 두 명이나 배출되었지만, 이것의 정체는 여전히 알려지지 않고 있다. 그리고 마치 비밀스러운 지식이 세상을 바꾼다는 사실을 우리에게 상기시키려는 듯, 1996년 어느 날 그것은 과학에서 가장 뜨거운 쟁점으로 떠올랐다. 바로 PRP라는 작은 유전자다.

이 이야기는 양에서부터 시작된다. 18세기 영국은 레스터셔의 로버트 베이크웰Robert Bakewell을 포함한 일단의 개척자적인 기업가들에 의해 농업이 혁명적으로 변화했다. 베이크웰은 양이나 젖소가 좋은 형질을 많이 가지도록 최우량종의 자손끼리 선택적 교배를 하면 품종 개량이 빨리 이루어진다는 것을 알았다. 이를 직접 양에게 적용하였더니 빨리 자라면서 긴 털을 가진 살찐 양이 태어났다. 그러나 예상하지 못한 부작용도 함께 나타났다. 특히 서퍽 품종의 양들이 나이가 든 후에 광적인 증상을 나타내기 시작했다. 이들은 자주 긁고 걸음걸이가 이상하게 비틀거리며 불안해하고 다른 양들과 잘 어울리지도 못하는 것처럼 보이다가 금세 죽고 말았다.

진전병scrapie이라고 부르는 이 병은 치료가 불가능하여, 암양 열 마리에 한 마리꼴로 죽어나가 큰 문제가 되었다. 진전병은 서퍽 품종의 양들에서 많이 나타났고, 빈도는 낮지만 다른 지역의 다른 품종의 양들에서도 나타났다. 이 병의 원인은 밝혀지지 않고 있었다. 유전적인 것 같지는 않았지만 다른 원인을 찾을 수가 없었다. 1930년대 영국에서 다른 질병에 대한 새로운 백신을 실험하던 수의학 전공의 한 과학자에 의해 진전병이 크게 유행하게 되었다. 어떤 양의 뇌가 그 백신 재료의 일부로 사용되었고, 포르말린으로 철저히 소독을 했는데도 여전히 감염을 일으켰던 것이다. 이후부터 수의학자들은 거의 맹목적으로 진전병은 미생물에 의한 전염병으로 여겼다.

그러나 어떤 미생물에 의해 일어나는 것일까? 포르말린에도 죽지 않고 끓이거나 비눗물 또는 자외선 소독에도 살아났다. 감염체는 가장 작은 바이러스도 거를 수 있을 만큼 아주 미세한 필터도 통과하였다. 감염된 동물에서 면역반응이 일어나지 않았고, 감염물질의 주입과 발병 사이에 때로는 긴 잠복기가 있는데 뇌에 직접 주입하면 그 잠복기가 훨씬 짧아진다.

진전병은 한 세대의 결의에 찬 과학자들을 굴복시키며 수수께끼 같은 무지의 벽만 높이 쌓아올렸다. 비록 유사한 증상들이 미국의 밍크 농장, 로키 산맥의 국립공원에 사는 특정 지역의 야생 순록과 잡종 사슴들에서도 나타났지만 의문만 더욱 커졌을 뿐 아무 성과를 거두지 못하고 있었다. 그러나 실험적으로 밍크에게 양의 감염물질을 주사하면 진전병에 걸리지 않았다. 그리하여 1962년에 이르러 한 과학자가 유전적 이유를 다시 내세우게 되었다. 그의 말에 따르면 진전병은 유전적으로 전해지지만 또한 전염되기도 하는데, 그 전염 방법은 이제까지 알려지지 않은 조합에 의한 것이었다. 유전적으로 병에 대한 민감성 정도가 결정되는 유전적이면서 감염성인 질병들은 무수히 많으며 콜레라가 대표적인 예다. 하지만 감염체가 생식세포를 따라 이동할 수 있다는 명제는 생물학의 모든 법칙을 무너뜨리는 것처럼 보였다. 바로 그 과학자가 제임스 패리James Parry로 그는 자신의 주장을 확고하게 펴나갔다.

이 무렵 런던을 방문 중이던 미국인 과학자인 빌 하들로Bill Hadlow는 웰컴 의학박물관에 전시된 진전병으로 죽은 양의 손상된 뇌 사진들을 보게 되었다. 그는 이 사진들이 예전에 전혀 다른 곳에서 본 사진들과 아주 유사하다는 데 충격을 받았다. 진전병이 사람들과도 관련이 있다는 것을 알게 된 것이다. 그것은 파푸아뉴기니에 사는 특히 포르족 여자들에게 많이 발생하여 끔찍한 뇌손상을 일으키는 쿠루병Kuru 환자의 뇌와 비슷하였다. 쿠루병 환자는 처음에는 다리가 약해져 비틀거리다가 몸 전체가 흔들리면서 말을 또렷이 하지 못하게 되고 갑자기 웃음을 터뜨리는 증상을 보였다. 그리고 일 년 안에 뇌가 점차로 안에서부터 허물어져 죽게 된다. 1950년대 후반에 이르러서 쿠루병은 포르족 여자들의 가장 큰 사망 원인이 되었다. 이 병으로 워낙 많은 포르족 여자들이 죽는 바람에, 이 지역은 남자가 여자보다 세 배나 많았다. 어린이들도 이 병에 걸렸지만 성인 남자들은 상대적으로 감염률이 낮았다.

이것이 중요한 단서가 되었다. 1957년에 이 지역에서 일하던 빈센트 지가스Vincent Zigas와 칼레톤 가주섹Carleton Gajdusek이라는 두 명의 서양 의사는 어떤 일이 벌어지고 있는지를 곧 깨닫게 되었다. 전해지는 바에 따르면 이 지역에서는 누가 죽으면 장례 절차의 하나로 부족의 여자들이 사체를 절단하고 그 사체를 부족 사람끼리 나누어 먹었다. 장례를 치를 때 사람의 사체를 먹는 인습은 정부에 의해 거의 사라져 오직 극소수의 사람들만이 알고 있는 금기 사항이었다. 따라서 정말 이런 일이 일어나는지 의문스러웠지만, 가주섹 일행은 포르족이 1960년대 이전의 피드긴에서의 장례 행사를 자르고 요리하며 먹는 것(katim na kukim na kaikai)으로 묘사하는 게 거짓이 아님을 입증할 만한 충분한 목격담을 수집했다. 대개 여자와 어린아이들이 내장과 뇌를 먹었고, 남자들은 근육을 먹었다. 이것이 바로 쿠루병이 나타나는 패턴에 대한 설명이 되었다. 이 병이 여자와 아이들에게 가장 많이 일어나며 친척들 사이에 생기는데 혈육뿐만 아니라 혼인관계와도 연관되어 있으며 사람의 고기를 먹는 인습이 법으로 금지된 후에는 병에 걸리는 사람들의 나이가 점차 많아진다는 사실들이 이를 뒷받침하였다. 특히 가주섹의 제자인 로버트 클리츠만Robert Klitzman은 1940년대와 1950년대 사이에 쿠루병 희생자들의 장례식에 참가한 사람들에게 나타난 죽음의 세 가지 유형을 확인하였다. 이를테면 1954년에 네노라는 여자의 장례식에 참석한 열다섯 명의 친척 가운데 열두 명이 나중에 쿠루병으로 죽었다. 이 병으로 죽지 않은 세 사람은 다른 이유로 일찍 죽은 사람, 죽은 여자와 같은 남편을 섬겼기에 관습에 따라 그 여자의 인육을 먹는 게 금지된 여자 그리고 손만 먹었다고 주장한 사람뿐이었다.

쿠루병으로 죽은 사람의 뇌와 진전병으로 죽은 양의 뇌가 유사한 것을 확인한 빌 하들로는 즉시 뉴기니에 있는 가주섹에게 편지를 보냈고 가주섹은 그 힌트를 바탕으로 연구를 계속했다. 쿠루병이 진전병의 한 형태라면 사람에게서 추출한 감염물질을 동물의 뇌에 주사하면 동물에게 병을 옮길 수 있을 것이다. 1962년 그의 동료인 조 깁스Joe Gibbs는 쿠루병으로 죽은 포르족의 뇌에서 추출한 물질을 침팬지와 원숭이에 감염시키는 장기간의 실험을 시작하였다(지금 이러한 실험이 윤리적으로 받아들여질지에 대한 질문은 이 책 영역 밖의 문제다). 처음에 시도된 두 마리의 침팬지는 병을 일으켜 주사 후 2년 안에 죽었는데, 증상이 쿠루병 환자와 같았나.

원인이 무엇인지 모르는 상태에서 양의 진전병이 인간의 쿠루병과 같음을 증명한 것은 별로 도움이 되지 않았다. 1900년 이래로 드물지만 다른 치명적인 뇌질환이 신경과 의사들을 괴롭혔다. 크로이츠펠트-야코브병Creutzfeldt-Jakob Disease(CJD)이라고 알려진 이 병의 첫 번째 케이스는 1900년 한스 크로이츠펠트Hans Creutzfeldt가 10년 간 서서히 죽어간 11세의 소녀를 진단한 것이었다. 크로이츠펠트-야코브병이 아주 어린아이에게서는 거의 나타나지 않으며, 죽음에 이르는 시간이 이렇게 오래 걸리지 않는다는 점에서, 이 경우는 처음부터 거의 확실한 오진이었다. 따라서 그 신비에 싸인 병에 대한 전형적인 파라독스라고 할까, 첫 번째 크로이츠펠트-야코브병 환자로 여겨진 소녀는 그 병을 앓은 것이 아니었다. 그러나 1920년대 알폰스 야코브Alfons Jakob가 거의 확실한 크로이츠펠트-야코브병인 경우들을 발견하였고, 그에 따라 병의 이름이 이렇게 붙게 되었다.

깁스가 실험한 침팬지와 원숭이들도 쿠루병에 걸린 것처럼 쉽게 크로이츠펠트-야코브병에 감염되는 것으로 드러났다. 1977년에 더 끔찍한 일이 일어났다. 같은 병원에서 전극봉을 이용한 예비 뇌수술을 받은 두 명의 간질 환자가 갑자기 크로이츠펠트-야코브병 증상을 나타냈다. 전극봉은 이전에 크로이츠펠트-야코브병 환자에게 사용한 것이지만 사용 후에 정상적인 소독 절차를 거친 것이었다. 이 질병을 일으키는 신비한 물체는 포르말린, 세정제, 삶는 것, 자외선 등의 소독 과정에서 살아남을 뿐만 아니라 수술 목적용 소독 과정도 견딜 수 있었다. 그 전극봉을 베세즈다로 보내 침팬지에게 사용하자 이들도 즉시 크로이츠펠트-야코브병에 걸리게 되었다. 이것이 새롭고도 더 괴이한 전염병인 '의사원인성iatrogenic 크로이츠펠트-야코브병'의 시작이다.

그 후로 키가 크도록 하기 위하여 사체의 뇌하수체에서 추출한 인간 생장호르몬을 투여받은 사람 중에서 백 명 가까이가 이 병으로 목숨을 잃었다. 각각의 호르몬 투여자는 수천 개의 뇌하수체에서 준비된 것의 일부를 받았기에 이 과정에서 아주 드문 자연적 크로이츠펠트-야코브병이 실질적인 전염병이 되었다. 그러나 만일 당신이 과학이 쓸데없이 자연에 대해 파우스트적인 간섭을 하여 잘못이 일어난 것을 단죄한다면, 그 문제를 해결하게 된 것에 대해서도 인정해야 한다. 생장호르몬에 의한 유행성 크로이츠펠트-야코브병을 인식하기 전인 1984년에 이미 유전공학적으로 조작된 박테리아로 만든 인공생장호르몬이 사체에서 추출한 호르몬을 대체하고 있었다.

1980년경에 나온 이 이상한 이야기를 다시 생각해보자. 양, 밍크, 원숭이, 쥐 그리고 사람은 모두 오염된 뇌의 일부를 주사하면 같은 유형의 병에 걸린다. 이 오염물질은 거의 모든 정상적인 살균 과정으로도 죽지 않고 아무리 성능이 좋은 전자현미경으로도 전혀 보이지 않는다. 그런데도 일상적 생활을 통한 전염이 일어나지 않고 모유를 통한 병의 전달이나 면역반응도 일으키지 않으며, 때로는 20년이나 30년 이상의 잠복기간을 거치고, 병에 걸릴 확률이 투여된 물질의 양과 아주 밀접하게 비례하지만 극소량으로도 병에 걸릴 수 있다. 도대체 무엇이란 말인가?

흥분만 하고 있는 동안 거의 잊혀진 서픽 품종 양의 경우를 떠올려보자. 처음에 동종번식으로 진전병이 더 많이 퍼지게 되었다는 사실 말이다. 그리고 몇몇 사람의 경우에도 비록 6% 이하이기는 했지만 가족 간의 연관성이 나타나 점차로 유전 병일 가능성이 높아졌다. 진전병을 이해하는 데 필요한 열쇠는 병리학자의 손이 아니라 유전학자에게 달려 있었다. 이스라엘에서만큼 이것이 적나라하게 드러난 곳은 없다. 이스라엘 과학자들은 1970년대 중반 자기 나라의 크로이츠펠트-야코브병을 조사하면서 놀라운 사실을 알게 되었다. 이 병에 걸린 열네 명은 리비아에서 이스라엘로 이민 온 소수의 유대인이었는데, 일반적인 발병률보다 서른 배나 높은 수치를 보였다. 양의 뇌를 특별히 선호하는 이들의 식생활 형태가 의심스러웠지만 그것이 답은 아니었다. 정답은 유전적인 이유로서 이들이 모두 같은 가계의 혈통이었다는 것이다. 마침내 이들은 하나의 돌연변이를 가지고 있는 것으로 밝혀졌고 슬로바키아, 칠레, 독일계 미국인의 몇 가계의 혈통에서도 역시 같은 돌연변이가 나타난다.

진전병의 세계는 잔인하며 으시시할 정도로 이상하지만 한편으로는 친숙하기도 하다. 일단의 과학자들에 의해 진전병이 유전에 의한 것이라는 결론이 확실하게 날 무렵, 다른 그룹의 과학자들은 처음에는 정반대의 결론을 이끄는 것으로 보이는 혁신적이면서도 기발한 생각을 하고 있었다. 이미 1967년에 어떤 과학자가 진전병을 일으키는 감염체가 DNA나 RNA로 된 유전자를 전혀 가지고 있지 않을 것이라고 제안한 적이 있었다. 그렇다면 이것은 지구상에서 유일하게 핵산을 사용하지 않으며 자신의 유전자를 가지지 않는 유일한 생명체가 될 것이다. 그 무렵 프랜시스 크릭이 DNA가 RNA를 만들고 RNA가 단백질을 만든다는 유전학의 중심학설Central Dogma을 내놓았기에 DNA를 가지지 않는 생물체가 있다는 말은 생물학계에서 마치 로마에서 루터의 종교개혁 이론이 받은 것과 같은 심한 거부반응을 일으켰다.

1982년에 유전학자인 스탠리 프루시너Stanley Prusiner는 DNA가 없는 생명체가 인간의 DNA에 전달되는 질병을 유발하는 모순을 풀 수 있는 해결책을 제안했다. 프루시너는 일반적인 단백질 분해효소에 의해 분해되지 않으며 건강한 동물에는 없지만 같은 종인데도 진전병과 유사한 증상의 병을 앓는 동물들에게만 있는 단백질 덩어리를 발견했다. 이 단백질의 아미노산 배열을 알아내 DNA 배열을 유추하기는 비교적 쉬운 일이었고, 쥐에서 나중에는 사람의 유전자에서 이러한 배열을 가진 것을 찾게 되었다. 프루시너는 이 유전자를 찾아 PRP(protease-resistant protein, 단백질 분해효소 저항성 단백질)라고 명명한 후 과학이라는 교회의 문전에 이단적인 이론을 제시하였다. 그 후 수년에 걸쳐 다듬어진 그의 이론은 다음과 같다. PRP는 바이러스의 유전자가 아니라 쥐와 사람에 존재하는 정상적인 유전자로 정상적인 단백질을 생산한다. 그런데 바로 그 산물인 프라이온은 갑자기 단단하고 서로 달라붙는 모양으로 바뀌어 어떠한 방법으로도 파괴되지 않는 덩어리가 되면서 세포의 구조를 무너뜨린다. 이 사실 자체만으로도 전례가 없는 가설이었지만 프루시너는 한층 더 나아가 이 새로운 형태의 프라이온이 정상적인 형태의 프라이온을 이상한 모양으로 바꿀 수 있다고 하였다. 이것이 단백질의 배열을 바꾸지는 않지만 단백질이 3차원적 구조를 형성할 때 접히는 방식을 변화시킨다는 것이다.[1]

프루시너의 이론은 거센 저항을 받았다. 그의 이론은 진전병이나 그와 관련된 질병의 가장 기본적인 특징들, 특히 이 질병들이 여러 가지 형태로 나타난다는 사실을 설명하지 못했다. 그가 오늘날까지도 원망스럽게 말했듯이 "그 가설은 별로 호의적인 평가를 받지 못했다". 나는 진전병 전문가들에게 당시 내가 쓰려던 논문에 대한 견해를 물었을 때 그들이 프루시너 이론에 나타낸 경멸 섞인 태도를 생생히 기억한다. 그러나 점차 사실이 밝혀짐에 따라 그의 추측이 옳은 것처럼 보였다. 결국 프라이온 유전자를 가지지 않은 쥐는 이 병에 걸리지 않고 기형의 프라이온을 다른 쥐에게 주입하면 병에 걸리는 게 분명해졌다. 이 병은 프라이온에 의해 생길 뿐만 아니라 프라이온에 의해 전염되기도 한다. 비록 그 후에 프루시너의 이론으로 많은 것이 설명되었고, 프루시너는 가주섹에 이어 노벨상을 받았지만 여전히 설명하지 못한 많은 문제가 남아 있다. 프라이온은 여전히 많은 의문에 싸여 있는데 가장 큰 의문은 이들이 대체 왜 존재하는가다. PRP 유전자는 이제까지 검사된 모든 포유류에 존재할 뿐만 아니라 그 서열에서도 거의 차이가 없어서 중요한 일을 한다는 것을 암시한다. 이 유전자의 기능은 거의 확실하게 이 유전자가 작동하는 뇌와 관련이 있다. 프라이온이 잘 결합하는 구리와 관련이 있을지도 모른다. 그런데 더 큰 의문은 태어나기 전에 한 쌍의 프라이온 유전자를 모두 쓰지 못하게 만든 쥐가 완전히 정상적이라는 것이다. 프라이온의 기능이 무엇이든 간에 쥐는 이것이 없이도 생장할 수 있는 것 같다. 우리는 여전히 잠재적으로 치사성을 지닌 이 유전자를 왜 가지고 있는지 전혀 알지 못한다.[2]

한편 우리는 자신의 프라이온 유전자에 1~2개의 돌연변이가 생기면 이 병에 걸리게 된다. 사람에게서 이 유전자는 253개의 아미노산으로 되어 있는데 처음 22개와 마지막의 23개는 단백질이 만들어지자마자 잘려 나간다. 네 군데에 변화가 일어나면 이 병에 걸리는데 네 가지 다른 유형의 프라이온 질병으로 나타난다. 102번째 아미노산이 프롤린proline에서 류신leucine으로 바뀌면 유전병으로서 죽기까지 오랜 시간이 걸리는 게르스트만-스트라우슬러-샤인케르Gerstmann-Sträussler-Scheinker가 생긴다. 200번째 아미노산이 글루타민glutamine에서 리신lysine으로 바뀌면 전형적인 리비아계 유대인에게서 나타나는 크로이츠펠트-야코브병 유형의 질환이 생긴다. 178번째 아미노산이 아스파르트산aspartic acid에서 아스파라긴asparagine으로 바뀌면 전형적인 크로이츠펠트-야코브병 형태의 질병이 생기며, 동시에 129번째 아미노산이 발린valine에서 메티오닌methionine으로 바뀌면 아마도 모든 프라이온 질환 가운데 가장 끔찍한 결과가 나타난다. 이것은 치사성 가족 불면증fatal familial insomnia으로 알려진 드문 증상으로, 수개월 동안 잠을 자지 못하다가 죽게 된다. 이 경우 시상(뇌의 수면 센터이기도 한)이 망가진다. 프라이온 질병에 따라 다른 증상이 나타나는 것은 뇌의 다른 부위가 손상된 결과로 보인다.

이러한 사실들이 분명해진 후 10년 간 과학은 이 유전자의 신비를 푸는 데 최고의 경지에 도달했다. 경탄할 정도의 정교한 실험들이 프루시너와 다른 이들의 실험실에서 쏟아져 나왔고 놀랍고 특이한 결과가 밝혀졌다. 나쁜 프라이온은 중심부(108~121 아미노산)가 다르게 접혀 모양을 바꾼다. 이곳에서 모양이 바뀌는 돌연변이가 일어나면 쥐의 경우는 생후 수주일 안에 프라이온병이 생겨 죽게 된다. 우리가 살펴본 다양한 유전적인 프라이온병의 돌연변이들은 모양이 바뀔 확률이 조금 바뀐 변화였다. 과학적인 방법으로 프라이온에 대한 더욱더 많은 사실이 밝혀지고 있지만, 새로운 발견은 더 많은 미스터리를 불러일으키고 있다.

모양이 바뀌는 게 정확하게 어떤 영향을 미치는가? 프루시너가 추측하듯이 아직 알려지지 않은 단백질 X가 존재하는 걸까? 그렇다면 왜 그것을 찾지 못하는 걸까? 그 답은 수수께끼다.

어떻게 뇌의 모든 부위에서 발현되는 유전자가 돌연변이의 종류에 따라 뇌의 다른 부위에서 다르게 행동하는 걸까‘? 염소에서는 누 놀연변이증 중 어떤 종류에 의해 병이 생기느냐에 따라 증상이 졸림증으로 나타나거나 지나치게 활동적이 된다. 왜 그런지 우리는 알지 못한다.

왜 종 간 장벽이 있어서 프라이온이 다른 생물종 사이에는 잘 전염되지 않고 같은 종 사이에서는 쉽게 전염될까? 왜 입으로 섭취할 경우에는 잘 전염되지 않지만, 뇌에 직접 주사를 하면 더 쉽게 전염될까?

아직 답을 알지 못한다.

왜 증상이 나타나는 게 투여량과 상관성을 보일까? 많은 프라이온을 쥐에게 투여하면 그 증상이 더 빨리 나타난다. 나쁜 프라이온을 주입할 때 쥐에 나쁜 프라이온 유전자 수가 더 많으면(잡종으로 1개를 가질 때보다 순종으로 2개를 가질 때) 더 빨리 프라이온병에 걸리게 된다. 그 이유는 아직 모른다.

왜 잡종heterozygote일 때가 순종homozygote일 때보다 안전할까? 다시 말하면 한 염색체 위 유전자의 129번 아미노산이 발린이고 다른 염색체 위 유전자는 메티오닌인 경우, 치사성 가족 불면증을 제외하곤 둘 다 발린이거나 메티오닌인 것보다 프라이온병에 잘 걸리지 않게 된다. 그 문제의 답은 모른다.

왜 이 병은 특이성이 높아서 쥐가 햄스터의 진전병에 쉽게 전염되지 않고 그 반대의 경우도 마찬가지일까? 그러나 쥐를 햄스터의 프라이온 유전자로 형질전환한 후 햄스터의 뇌 물질을 투입하면 진전병에 걸리게 된다. 두 가지 변형의 인간 유전자로 형질전환된 쥐는 두 종류의 인간 프라이온병, 즉 치사성 가족 불면증과 크로이츠펠트-야코브병과 유사한 병에 걸린다. 인간과 쥐의 프라이온 유전자 둘 다 가지도록 형질전환된 쥐는 인간의 프라이온 유전자만을 가진 쥐보다 천천히 인간의 크로이츠펠트-야코브병에 걸리게 된다. 이것이 서로 다른 프라이온이 경쟁관계에 있다는 것을 의미하는 걸까? 그 답은 모른다.

어떻게 새로운 종으로 프라이온이 전달되면 그 유전자의 종류가 바뀌는 걸까? 쥐는 햄스터의 진전병에 잘 걸리지 않지만 일단 걸리게 되면 점점 쉽게 다른 쥐에게 전달이 된다.[3] 왜 그럴까? 그 역시 잘 모른다.

왜 이 병이 마치 나쁜 프라이온이 바로 옆에 있는 좋은 프라이온을 망가뜨리듯이 천천히 점진적으로 투여된 부위로부터 퍼져 나가는 걸까? 이 병이 면역계의 B세포를 통하여 뇌에 전달된다는 것은 알고 있다.[4] 그러나 왜, 어떻게 그런지는 알지 못한다.

모르는 게 많아질수록 정말 이해하기 힘든 점은 이것이 프랜시스 크릭의 중심 유전학설보다도 이 학설의 핵심부분을 더 많이 흔들어놓는다는 것이다. 이것은 내가 이 책의 바로 첫 장에서부터 전도하였던 메시지의 하나인 생물학의 정수는 디지털 부호라는 것을 훼손하였다. 여기 프라이온 유전자에서도 한 단어가 다른 단어로 바뀌는 그럴듯한 디지털 부호의 변화가 일어나지만 다른 지식이 없이는 전혀 예측할 수 없는 변화를 일으킨다. 프라이온 시스템은 디지털이 아니라 아날로그 방식이다. 이것은 문자의 배열에 변화가 일어나는 게 아니라 그 모양에 변화가 생기고 투여한 양, 위치 그리고 다른 도와주는 요인에 달려 있다. 이 말은 프라이온에 결정론적 요소가 빠져 있다는 것이 아니다. 정말 크로이츠펠트-야코브병은 헌팅턴병보다도 발병시기가 더욱 정확하다. 기록에 의하면 평생 동안 떨어져 살던 형제자매의 경우에도 정확하게 같은 나이에 이 병에 걸린 경우들이 드물지 않다.

프라이온병은 일종의 연쇄반응에 의해 생기는데 1개의 프라이온이 주변의 프라이온을 자신의 모양으로 바꾸며 이것이 계속 기하급수적으로 일어난다. 이것은 마치 레오 질라드Leo Szilard가 1933년의 어느 날 런던의 도로를 건너기 위해 기다리는 동안에 떠올린 운명적인 이미지, 하나의 원자가 붕괴되어 2개의 중성자를 방출하고 그 결과 다른 원자가 붕괴되어 중성자가 방출되는 그 이미지, 나중에 히로시마 상공에서 폭발한 연쇄반응의 바로 그 이미지와 같다. 프라이온의 연쇄반응은 물론 중성자의 연쇄반응보다 훨씬 느리다. 그러나 이것 역시 기하급수적인 폭발이 가능하여 1980년대 초 프루시너가 상세한 내용을 밝혔을 당시 이미 뉴기니의 쿠루병이 그 가능성에 대한 증거가 되었다. 그런데 벌써 바로 눈앞에서 훨씬 더 큰 프라이온병이 연쇄반응을 막 시작하고 있는데 그 희생자는 바로 젖소다.

아무도 정확하게 언제 어디서 어떻게 이 저주받을 미스터리인 프라이온이 다시 나타나게 되었는지 모르지만, 1970년대 후반이나 1980년대 초기에 생겼을 것이다. 영국의 가공 가축사료 제조업체에 잘못된 프라이온이 이미 발을 들여놓기 시작하였다. 수지 값의 하락에 이은 가공공장에서의 변화된 공정 과정 때문일 수도 있고, 양에 대한 후한 보조금 덕분에 늙은 양들이 점점 공장으로 많이 들어왔기 때문일 수도 있다. 이유가 무엇이든 간에 잘못된 모양의 프라이온이 시스템 안으로 들어오게 되었다. 진전병을 일으키는 프라이온으로 가득 찬 아주 전염성이 강한 동물 하나가 사료로 가공되면 그것으로 충분했다. 늙은 소와 양의 뼈와 내장을 단백질이 풍부한 젖소의 첨가물로 공정하면서 아무리 끓이고 소독해도 소용이 없게 되었다. 진전병을 일으키는 프라이온은 끓여도 살아남는다.

이것으로 소의 프라이온병이 일어날 가능성은 아주 낮지만 수십만 마리의 소이면 충분했다. 첫 번째 '광우병'이 먹이사슬에 들어가서 다른 소들이 먹게 되자 연쇄반응이 시작되었다. 점점 더 많은 프라이온들이 사료로 들어와서 너 많은 양의 프라이온이 새로운 젖소들에게 투입되게 되었다. 오랜 잠복 기간으로 감염된 동물들은 그 증상을 나타내는 데 평균 5년이 걸렸다. 1986년 말에 처음 나타난 여섯 가지 경우가 이상하다고 인지되었을 무렵에는 비록 아무도 정확히 예측하지 못하였지만, 영국에서는 벌써 약 5만 마리 이상의 소들이 감염되어 있었다. 결국 1990년대 후반 이 질병이 거의 박멸될 때까지 약 18만 마리의 소들이 광우병bovine spongiform encephalopathy(BSE)으로 죽었다.

처음 보고된 후 일 년 안에 정부측의 노련한 수의사의 감정 결과로 문제의 원인이 오염된 사료로 판명되었다. 이것이 모든 세부적 사항에 적합한 유일한 이론으로, 저지 섬보다 훨씬 먼저 건지 섬에서 이 병이 나타난 사실 등의 비정상적인 상황을 설명할 수 있었다. 두 섬의 사료 공급자는 서로 달랐는데 한쪽은 고기와 골분을 많이 이용하였지만 다른 쪽은 거의 사용하지 않았다. 1988년 7월에 이르러서는 반추동물에게 사료를 주는 것이 법(Ruminant Feed Ban)으로 금지되었다. 사실을 예견치 않은 상태에서 어떻게 전문가들이나 각료들이 이처럼 빨리 행동을 취할 수 있었는지 의아스럽다. 1988년 8월에 이르러 사우스우드 위원회는 광우병에 감염된 가축들은 모두 없애버려 먹이사슬에 들어오지 못하게 법률을 제정할 것을 권고하였다. 이때 처음에 잘못한 것은 가축 값의 50%만 보상해주도록 결정함으로써 농부들이 가축이 병에 걸린 사실을 무시하도록 한 것이다. 하지만 이 실수도 우리 생각처럼 큰 것이 아닐지도 모른다. 보상액이 많아진 후에도 보고된 병에 걸린 가축의 수는 크게 증가되지 않았기 때문이다.

소의 뇌가 사람의 먹이사슬에 들어오는 것을 방지하기 위한 특정 소내장 금지법이 일 년 후에 선포되었고 1990년에는 송아지의 경우에도 금지되었다. 이 법의 시행이 좀 더 빨리 이루어질 수도 있었지만 뇌 추출물을 뇌로 직접 투여한 경우를 제외하고는 양의 진전병을 다른 종에게 옮기기 아주 어렵다는 사실을 고려하면 그 당시로서는 지나치게 조심스러운 행동으로 보였다. 엄청난 양이 아니면 음식을 통해 사람의 프라이온으로 원숭이를 감염시키는 것도 불가능한데 소와 사람과의 차이는 원숭이와 사람 간의 차이보다 훨씬 더 심하다. 뇌에 주사를 하는 경우가 섭취를 통한 경우보다 감염의 위험도가 약 1억 배나 더 높다고 추정되었다. 이 단계에서 쇠고기를 먹는 게 안전하지 않다고 하면 오히려 무책임한 처사다.

과학자의 입장에서 보면 섭취에 의한 종 간의 감염은 수십만 번의 동물 실험에서 한 번 일어나지 않을 정도이므로, 사실상 위험은 거의 없다고 할 수 있다. 그러나 문제는 바로 거기에 있었다. 실험 대상은 바로 5,000만 명에 이르는 영국인이었다. 이렇게 큰 표본집단에서는 몇몇 경우가 생기는 것이 필연적이다. 정치가에게 안전상의 문제는 상대적인 것이 아니라 절대적인 것이다. 이들은 사람에게서는 감염이 아주 드물게 나타나는 정도가 아니라 전혀 일어나지 않기를 바랐다. 그뿐만 아니라 그 전의 다른 모든 프라이온에 의한 병처럼 광우병에서도 놀라운 일들이 자주 나타났다. 고양이들도 소들이 먹던 고기와 뼈로 만든 동일한 사료를 먹고 병에 걸려 그 이후에 칠십 마리 이상의 애완 고양이, 세 마리의 치타, 한 마리의 퓨마, 스라소니 그리고 호랑이까지 죽게 되었다. 그러나 아직까지 개에게서는 광우병이 나타나지 않았다. 사람들은 개처럼 저항성이 클까 아니면 고양이처럼 쉽게 병에 걸리게 될까?

1992년에 이르러서 가축 문제는 효율적으로 해결되었지만 감염 후 5년이 지나야 증상이 나타났기에 병이 가장 많이 나타난 시기는 당시가 아니라 그 후였다. 1992년 이래로 태어난 가축들은 거의 광우병에 걸리지 않게 되었고 앞으로도 그럴 것이다. 그런데도 인간의 히스테리는 이제 막 시작되었다. 이제 정치가들에 의해 이루어진 결정들이 점차 광적인 상태로 바뀌었다. 내장금지법 덕분에 쇠고기는 최근 10년 간의 그 어느 때보다 안전하게 먹을 수 있게 되었는데 사람들은 그제서야 쇠고기를 거부하기 시작했다.

1996년 3월, 정부는 그 위험했던 시기에 쇠고기를 통하여 감염된 것으로 의심되는 일종의 프라이온에 의한 형태의 질병으로 열 명이 죽었다고 발표했다. 그 증상이 일부는 광우병과 유사하였고 일부는 전에 전혀 나타나지 않은 것들이었다. 대중들의 공포는 선동적인 언론에 의해 부채질되어 극도에 달했다. 영국에서만 수백만 명이 죽게 될 것이라는 황당한 예측이 심각하게 받아들여졌다. 가축이 사람을 잡아먹는 동물로 바뀌게 되는 어리석은 이야기들이 유기농을 옹호하기 위한 목적으로 널리 퍼졌다. 더 황당한 것은 이 병이 살충제에 의해 생겼다, 정치가들이 과학자들의 입을 다물게 했으며 진실은 감추어져 있다, 식품산업의 규제 완화 때문에 문제가 일어났다, 프랑스와 아일랜드뿐 아니라 독일 등에서도 이 병을 소문으로 덮어두고 있다는 등의 음모론들이 들끓었다.

영국 정부는 30개월 이상 된 쇠고기의 소비를 금지하는 쓸모 없는 추가적인 대응책을 내놓았고 이로 인해 대중적 경각심은 더욱 커져서 축산업 전체가 붕괴되었으며 도살될 가축들로 시스템이 마비되었다. 그해 후반에 유럽 정치가들의 주장으로 정부는 농부와 소비자들을 더 갈라놓을 쓸데없는 짓인 줄 알면서도 추가로 10만 마리의 소를 도살할 것을 명하였다. 이것은 너무 지나친 행위로 마치 마구간에 빗장을 건 후 다시 한 번 문을 걸어 잠그는 정도가 아니라 그 바깥에서 희생양을 올리는 제사를 지내는 것이나 다름없었다. 예측한 대로 추가적인 도살은 유럽공동시장의 영국 쇠고기 금수령을 폐지하지 못할 정도로 효과가 없었다. 1997년에는 사태가 더 악화되어 갈비와 뼈의 수입마저 금지되었다. 이것에 의해 크로이츠펠트-야코브병에 걸릴 위험성은 거의 전무하여 기껏해야 4년에 한 번 나타날 정도라는 것에 누구나 의견을 같이하였다. 이 위험에 대한 정부의 접근방법은 너무나 전 국가적이라서 농무부 장관은 사람들이 벼락에 맞게 될 확률보다 더 작은 위험에 대해서도 스스로 결정하는 것이 허용되지 않았다. 정부가 위기에 이렇게 터무니없는 태도를 취함으로써 예상대로 정부는 이 문제에 대해 더 위험한 행동들을 야기시켰다. 일부 집단에서는 시민적 반대가 생겼지만, 내 경우에는 금지령이 확대된 이후로 그 어느 때보다 더 많은 소꼬리찜을 먹고 있다.

1996년 내내 영국은 사람들에게서 광우병이 많이 나타날 것에 대비하였다. 그런데도 그해 3월부터 연말까지 여섯 명이 광우병으로 죽었으며 그 숫자가 늘기는커녕 오히려 줄어드는 것처럼 보였다. 현재로는 얼마나 많은 사람들이 이 새로운 유형의 크로이츠펠트-야코브병에 의해 죽게 될지는 불확실하다. 희생자 수는 점점 늘어 마흔 명이 되었지만 각각의 경우 감염된 병에 의해서가 아니라 거의 확실히 유전적인 것이었다. 이 새로운 유형의 크로이츠펠트-야코브병의 희생자들이 나타났을 때, 비록 이들 중 한 명은 수년 전에 채식주의자가 되기는 하였지만 처음의 조사 결과는 이들이 위험한 시기에 아주 고기를 많이 먹은 것으로 보였다. 그러나 이것은 잘못된 사실로 과학자들이 크로이츠펠트-야코브병으로 죽었다고 생각되던 사람들(시체 검시 결과 다른 원인으로 죽었음)의 친척들에게 이들의 식습관에 대해 물었을 때, 선입견으로 이들이 고기를 많이 먹었다고 한 것에 지나지 않는다. 친척들의 기억은 실제보다는 심리 상태에 의존한 것이었다.

거의 모든 희생자들의 공통점은 이들이 가진 프라이온 유전자의 129째 아미노산이 대립인자 모두에서 메티오닌이라는 것이다. 아마도 훨씬 더 많은 잡종의 경우(한쪽만 메티오닌인 경우)나 발린 순종(양쪽이 모두 발린)인 경우에는 단지 잠복기가 더 긴 탓일 수도 있다. 뇌물질의 주사로 광우병에 감염된 원숭이는 대부분의 프라이온에 의한 병보다 훨씬 더 잠복기가 길다. 한편 10년은 소에서의 평균 잠복기의 두 배가 넘고 1988년 말 이전에 감염된 쇠고기에 의해 감염되었을 엄청난 수의 사람을 생각해보면 사람과 소의 종 간 장벽이 동물실험에서 나타난 것처럼 높고, 이미 최악의 시기는 지나간 것인지도 모른다. 오히려 많은 사람들은 소에서 만들어진 백신이나 의약품들의 위험성을 1980년대 후반에 관료들이 너무 가볍게 생각하지 않았는지를 의심하고 있다.

수술을 받은 적도 없고 한 번도 영국 바깥으로 나간 적도 없으며, 결코 농장이나 정육점에서 일한 적도 없고 평생 채식주의자로 살아온 사람들도 크로이츠펠트-야코브병에 걸려 죽은 경우가 있다. 오늘날에 이르러서도 프라이온에 대한 가장 큰 미스터리는 인육의 시식, 수술, 호르몬 주사 그리고 아마도 쇠고기 섭취 등에 의해 크로이츠펠트-야코브병에 걸리기도 하지만 전체 크로이츠펠트-야코브병에서 85%가 산발적으로 일어나는 경우로 우연에 의한 것이라고밖에 설명할 수 없다는 사실이다. 이 사실은 질병에는 원인이 있어야 한다는 우리 자신의 자연적인 결정론에 위배되지만, 우리가 살고 있는 세계는 모든 것이 완전히 결정지어 있는 것은 아니다. 우연에 의한 크로이츠펠트-야코브병는 100만 명당 한 명 꼴로 일어날 뿐이다.

프라이온은 우리 자신의 무지를 깨닫게 하여 겸허해지도록 하였다. DNA를 사용하지 않는, 곧 디지털 정보를 사용하지 않고 자기 복제를 하는 생명체가 존재한다는 사실을 우리는 전혀 모르면서 의심조차 하지 않았다. 우리는 이렇게 심오한 미스터리를 가진 병이 전혀 그럴 것 같지 않은 곳에서 나타났으며, 이렇게 치명적이라고는 상상조차 하지 못했다. 우리는 아직도 여전히 단백질 사슬의 3차원적 구조의 변화가 어떻게 이런 혼란을 일으키며, 이 사슬의 구성성분의 작은 변화가 이렇게 복잡한 결과를 가져오는지 원인을 알지 못하고 있다. 두 명의 프라이온 전문가가 기술하였듯이[5] "개인적이며 가족적인 비극이자 인종적, 경제적 재앙이 작은 분자가 잘못된 구조를 형성하는 것에서 비롯되었다".

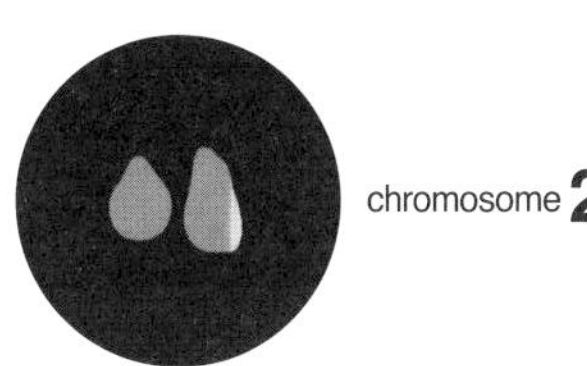

21번 염색체

우생학

나는 국민 자신을 제외하곤 사회의 절대적인 힘을
안전하게 보관할 수 있는 곳을 알지 못하며,
우리가 국민 스스로 건전한 판단에 의해
그 힘을 조절할 수 있을 만큼 깨어 있지 않다고 생각한다면,
그것을 고치는 방법은 그 조절력을 국민으로부터
앗아가는 게 아니라 그들의 분별력을 일깨우는 것이다.
— 토머스 제퍼슨

21번 염색체는 가장 작은 인간 염색체다. 따라서 22번 염색체라고 해야겠지만, 우리가 22번 염색체라고 부르는 것이 최근까지는 더 작은 것으로 여겨져 이제 그 이름이 완전히 정해져버렸다. 21번 염색체는 아마도 가장 적은 수의 유전자가 담긴 가장 작은 염색체이기에 유일하게 2개가 아니라 3개의 염색체를 가지고 있어도 건강한 육체로 살 수 있는 인간의 염색체나. 나른 모든 염색체의 경우, 우리에 1개의 염색체가 추가로 더 존재하면 인간 게놈의 균형이 너무 많이 깨져버려 정상적인 육체로 발달과 발육을 할 수 없게 된다. 가끔씩 13번이나 18번 염색체를 하나 더 가진 아이들이 태어나지만 단 며칠밖에 살지 못한다. 21번 염색체를 추가로 더 가진 아이들은 건강하며 너무 낙천적이기는 하지만 여러 해 동안 살 수 있다. 그러나 솔직히 말하자면 이들을 정상이라고 할 수는 없다. 다운증후군Down syndrome을 가지고 있기 때문이다. 이들은 키가 작고 뚱뚱하며 눈이 가늘게 찢어져 있고 낙천적 표정을 띠고 있어서 금방 알아볼 수 있는 특징적인 외모를 지닌다. 또한 정신박약이며 온순하고 빨리 늙게 되는데, 종종 알츠하이머병 유형의 증상을 나타내며 대체로 40세 이전에 죽는다.

다운증후군을 가진 아이들은 보통 나이가 든 어머니에게서 태어난다. 다운증후군을 가진 아이를 낳을 확률은 산모의 나이가 많을수록 기하급수적으로 높아져, 산모가 20세인 경우에는 확률이 2300분의 1이지만 40세가 되면 100분의 1이 된다. 이 한 가지 이유로 나이 든 산모는 유전검사의 주 대상이 되며, 다운증후군 태아와 함께 말 그대로 피해자와 가해자가 된다. 대부분의 나라에서 이제 나이 많은 산모에게 태아가 염색체를 추가로 가지고 있는지를 확인하는 양수검사 amniocentesis (태아의 염색체 검사법)를 권하거나 심지어 의무적으로 행하고 있다. 만일 태아에게 염색체 이상이 있는 경우 산모는 유산을 하도록 권유받게 된다. 다운증후군을 지닌 아이들은 천성이 낙천적임에도 대부분의 부모들은 그런 아이를 원치 않는다. 당신이 같은 의견이라면 이것을 전혀 고통 없이 아주 무능한 인간의 탄생을 기적적으로 방지하게 하는 과학의 관대함으로 볼 것이고, 다른 의견을 가진다면 인간 완성이라는 의심스러운 명분과 불구에 대한 경시 풍조로 신성한 인간의 생명을 공식적으로 앗아가는 거라고 여길 것이다. 보다시피 인간 우생학은 나치의 잔혹상의 결과로 폐기된 지 50여 년이 지난 지금까지도 여전히 행해지고 있다.

이 장에서는 유전학의 어두운 과거, 즉 유전학 분야의 탕아라고 할 수 있는 유전적 순수성이라는 이름으로 자행된 살인, 불임시술 그리고 유산 등에 대해 다루게 될 것이다.

인간 우생학의 창시자인 프랜시스 골턴은 여러 가지 면에서 그의 사촌인 찰스 다윈과 정반대였다. 다윈은 방법론적이며 내성적이고 인습을 따른 반면에, 골턴은 지성적 딜레탕트(아마추어 애호가)이자 성심리학에 빠진 내세우기를 좋아하는 사람이었다. 그러나 한편으로는 기막힌 재능의 소유자였다. 그는 남아프리카를 탐험하였고 쌍둥이를 연구하여 통계적 자료를 모았으며 유토피아를 꿈꾸었다. 오늘날 그의 이름은 사촌인 다윈만큼이나 널리 알려져 있지만 명성이라기보다는 악명에 가깝다. 다윈주의는 언제나 정치적 신조에 따라 변형될 위험성을 내포하고 있었고 골턴은 이를 실제로 변형시켰다. 철학자 허버트 스펜서Herbert Spencer는 적자생존론을 열렬히 지지하여 사회적 다윈주의라고 불렀으며, 자유방임주의적 경제의 유효성을 인정하고 빅토리아 사회의 개인주의를 정당화한다고 주장하였다. 골턴의 시각은 좀 더 단조롭다. 그는 다윈이 주장하였듯이 체계적인 선택적 교배로 종들을 바꿀 수 있다면, 인간도 종족이 개선되도록 교배할 수 있다고 생각하였다. 어떤 면에서 골턴은 다윈주의보다는 18세기의 가축 교배나 그 이전의 사과나 옥수수의 변종 교배와 같은 오래된 전통에 집착했다. 그는 다음과 같이 주장하였다. 다른 종의 품종을 개량하듯이 우리 자신의 품종을 개량하자. 인류 최상의 종족만 자손을 가지고 최악의 종족은 자손을 남기게 하지 말자. 1885년에 그는 이러한 교배를 우생학eugenics이라는 새로운 이름으로 불렀다.

그러나 우리는 누구인가? 스펜서의 개인주의적 세계에서 우리는 문자 그대로 우리 개개인 자신이며, 우생학은 각 개인이 좋은 배우자 즉 건전한 마음과 건강한 몸을 지닌 짝을 고르려고 경쟁하는 것을 의미한다. 이것은 우리의 결혼 상대에 대해 이미 우리가 행하고 있는 것처럼 좀 더 선택적인 것에 지나지 않는다. 그러나 골턴에 의한 세계에서 우리는 좀 더 집합적인 무엇인가를 뜻한다. 골턴의 가장 처음 그리고 가장 열렬한 추종자는 칼 피어슨 Karl Pearson 으로 그는 급진적이며 사회주의적 이상주의자이자 뛰어난 통계학자였다. 독일의 증가해가는 경제력을 감탄과 두려움으로 지켜보던 피어슨은 우생학을 주전론 jingoism 의 발판으로 삼았다. 우생학의 대상은 개인이 아니라 국가가 되어야 한다. 국민을 오직 선택적으로 교배시키는 것만이 영국을 유럽 대륙의 라이벌인 독일보다 앞서게 할 수 있다. 개인이 자손을 가질 수 있는가의 여부는 국가가 결정해야 한다. 우생학은 탄생부터 정치화된 과학이 아니라 과학화된 정치적 신조였다.

1900년에 이르러 우생학이 대중적 인기를 끌면서 갑자기 유진 Eugene 이라는 이름이 크게 유행하였고, 계획된 교배에 대한 대중적 환상이 고조되어 우생학 학회가 영국 전역에서 자주 열렸다. 피어슨은 1907년에 골턴에게 다음과 같은 글을 써 보냈다. "대부분의 점잖은 중산층의 부인들이 아이들이 약하면 '아! 우생학적 결혼이 아니었구나!' 하고 말하는 것을 들었다." 보어 전쟁을 치르기 위해 모병된 열악한 육군들로 인해 사회복지의 향상만큼이나 인종 개선에 대한 논쟁이 열기를 더해갔다.

프리드리히 니체 Friedrich Nietsche 의 영웅 철학과 에른스트 헤켈 Ernst Haeckel 의 생물학적 운명론이 합쳐져 경제적이고 사회적인 진보와 병행할 진화적인 진보에 대해 열정적이던 독일에서도 유사한 일이 벌어지고 있었다. 권위주의적 철학에 쉽게 빠지게 된 독일의 경우, 영국보다 생물학이 훨씬 더 국가주의에 빠져들게 되었다. 그러나 얼마 동안은

실질적이 아니라 주로 이데올로기적인 상태로 머물러 있었다.[1]

그때까지는 평온했다. 그러나 곧 논의의 초점이 최상의 사람들 간의 우생학적 결혼을 장려하는 것에서 최악의 사람들 간의 결합으로 열생학적 후손 탄생을 막는 것으로 바뀌게 되었다. 최악은 주로 정신박약인을 의미하고 여기에는 알코올 중독자, 간질병 환자 그리고 범죄자들도 포함되었다. 미국에서도 1904년에 골턴과 피어슨의 찬양자인 찰스 데이븐포트Charles Davenport가 우생학 연구를 위해 앤드루 카네기Andrew Carnegie를 설득하여 콜드 스프링 하버 연구소를 설립하였다. 엄청난 에너지를 지녔고 엄격한 보수주의자였던 데이븐포트는 우생학적 교배를 장려하기보다는 열생학적 교배를 방지하는 데 더 관심을 가졌다. 그의 과학은 단순 그 자체였다. 예를 들면 그는 이제 멘델의 법칙이 유전의 단위적 특성을 증명하였기에, 미국을 국가적인 융합 장소로서 생각하는 것은 과거의 유물로 돌려야 한다고 말했다. 그는 또한 해군 가족은 바다를 사랑하는 유전자를 가지고 있다고 하였다. 데이븐포트는 정치적 역량도 뛰어나 영향력이 컸다. 대부분은 상상이지만 그 내용이 정신박약이 유전임을 강력히 주장한 칼리칵스Kallikaks라는 정신박약인 집안을 모델로 한 헨리 고더드Henry Goddard의 베스트셀러의 도움으로 데이븐포트와 그의 지지자들은 미국인이 퇴보될 아주 위험한 상황에 처해 있다는 방향으로 미국의 정지 여론 주노층을 설득해나갔다. 시어도어 루스벨트Theodore Roosevelt는 "언젠가는 사람들이 훌륭한 모범적인 시민으로서의 피할 수 없는 주 의무가 이들의 혈육을 세상에 남겨놓는 것임을 깨닫게 될 것이다"라고 말했다. 모범적 시민이 아닌 경우는 물론 제외되고.[2]

우생학에 대한 미국인의 열광은 주로 이민을 반대하는 감정에서 나왔다. 당시는 동부와 남부 유럽에서 급속히 이민이 들어오던 시기로, 우월한 앵글로-색슨계가 희석될 것이라는 과대망상적 우려가 널리 퍼져나갔다. 우생학적 주장은 더 전통적인 인종 차별주의적 이유로 이민 제한을 바라던 사람들에게 훌륭한 핑계거리를 제공하였다. 1924년의 이민 제한법은 우생학적 캠페인의 직접적인 결과로 생긴 것이다. 그 후 20년 동안 이민을 간절히 바라던 수많은 유럽인들은 미국에서의 새로운 가정을 꾸미는 게 허용되지 않아 자신의 고국에서 더 나쁜 운명에 놓이게 되었고, 40년 간 이 법은 수정되지 않은 채 유지되었다.

우생학 옹호론자들은 이민을 제한하는 것 이외에도 여러 가지 법적인 성공을 거두었다. 1911년에는 이미 6개 주에서 정신박약인들에게 불임시술을 허용하는 법을 제정했다. 6년 후 또 다른 9개 주에서도 같은 법안이 통과되었다. 이들은 만일 정부가 범죄자의 사형을 집행할 수 있다면(마치 정신박약이 범죄행위와 같은 것처럼), 그들이 자식을 낳을 권리도 앗아갈 수 있다고 주장하였다. 심지어 로빈슨W. J. Robinson이라는 미국 의사는 "그러한 경우에 있어서까지 개인의 자유나 개개의 권리를 말하는 것은 무지함의 극치다. 그런 사람들은 자손을 가질 권리가 없다"는 글까지 썼다.

대법원은 처음에는 많은 강제 불임법을 폐기시켰지만 1927년에 태도를 바꾸었다. 버크 대 벨Buck v. Bell 소송사건에서 법원은 버지니아 주 정부가 린치버그에 있는 간질 환자와 정신박약인을 위한 수용소에서 어머니 엠마와 딸 비비안과 함께 살고 있는 17세 소녀 캐리 버크Carrie Buck에게 강제 불임을 시술할 수 있도록 판결하였다. 의례적인 검사 후 7개월 된 비비안도 저능아라는 판명을 받았고, 캐리는 불임시술을 받도록 명령받았다. 판사 올리버 웬들 홈즈Oliver Wendall Holmes의 유명한 판결문에서처럼 "3세대에 걸친 백치로 충분하다". 비비안은 어릴 때 죽었지만 캐리는 노년까지 여가 시간에는 십자말풀이를 즐길 정도의 지능을 지닌 여자로 잘살았다. 역시 불임시술을 받은 그녀의 여동생 도리스는 자신의 동의 없이 불임시술이 행해진 사실을 알기 전까지 수년 동안 아이를 가지기 위해 노력했다. 버지니아 주는 1970년대까지 정신박약인에 대한 불임시술을 계속 강행하였다. 개개인의 자유에 대한 방어 거점이라고 하는 미국에서만 1910년과 1935년 사이에 통과된 주법과 연방법에 의해 10만 명 이상의 정신박약인들에 대한 불임시술이 자행되었다.

미국에서 시작하자 다른 나라들도 뒤따라 이를 시행하였다. 스웨덴은 6만 명을 불임시켰고 캐나다, 노르웨이, 핀란드, 아이슬란드 등지에서도 강압적인 불임시술법을 제정하여 실행에 옮겼다. 독일은 가장 악명이 높아서 처음에는 40만 명을 불임시켰고, 그다음에는 이들 중 다수를 학살하였다. 제2차 세계대전 기간에는 불과 18개월 동안에 이미 불임시술을 받고 독일 정신병원에 수용된 7만 명 환자들이 부상병을 위해 병상을 비울 목적으로 가스실에서 죽어갔다.

그러나 청교도 산업 국가들 중에서 거의 유일하게 영국에서만 우생학 법률이 통과되지 못했다. 다시 말해서 정부가 개인의 임신 권리를 방해하도록 허용하는 법률이 전혀 제정되지 못했다. 특히 정신박약인의 결혼을 금지하는 영국법과 정신박약을 이유로 정부가 강제불임을 시행할 수 있도록 허용한 영국법은 결코 존재하지 않았다(이 말은 의사나 병원이 개별적인 불임을 부추겨 시행한 경우도 없다는 것은 아니다).

로마 가톨릭 교회의 영향력이 강한 나라들에서는 우생법이 만들어지지 않았지만, 영국은 특이한 경우였다. 네덜란드도 이 법을 통과시키지 않았다. 아둔한 사람들보다 똑똑한 사람들을 숙청하고 죽이는 데 관심이 더 많던 구소련의 경우에도 이 법은 제정되지 않았다. 그러나 영국이 특별한 이유는, 영국이 바로 우생학의 발상지였고 20세기 초 40년 간 우생학을 선전해온 본거지였기 때문이다. 얼마나 많은 나라에서 그렇게 잔인한 일이 시행되었는지를 묻기보다는 그 질문의 방향을 바꾸어서 영국은 어떤 연유로 그 유혹을 뿌리치게 되었는가 하고 묻는 것이 더 시사적이다. 누구 덕택인가?

과학자의 덕은 아니다. 오늘날 과학자들은 우생학을 늘 유사(가짜)과학으로 여겼고, 특히 멘델의 법칙(표현되지 않는 돌연변이의 보인자가 겉으로 드러나는 돌연변이보다 훨씬 더 많은 것을 보여준)의 재발견 이후로 진정한 과학자들은 우생학에 눈살을 찌푸렸다고 하지만, 이것을 뒷받침하는 기록은 거의 없다. 대부분의 과학자들은 새로운 테크노크라시(기술 관료 중심의 의사결정을 토대로 한 사회 변화)에 대한 전문가로 대접받기를 좋아했다. 그들은 끊임없이 정부의 즉각적인 행동을 촉구하였다(독일에서는 대학에 있는 어떤 전문 직종에서보다 높은 비율인 모든 생물학자의 반 이상이 나치당에 가입하였으며 아무도 우생학을 비판하지 않았다).[3]

현대 통계학의 또 다른 창시자이기도 한 로널드 피셔Sir Ronald Fisher 경도 주목할 사례다(비록 골턴, 피어슨, 피셔 등도 위대한 통계학자였지만 아무도 통계학이 유전학만큼이나 위험하다는 결론을 내리지는 못했다) 피셔는 진정한 멘델 법칙의 추종자였지만 또한 우생학회의 부회장이기도 하였다. 그는 상류층에서 하류층으로의 '생식적 하락의 재분포'라고 부른 사실, 즉 가난한 사람들이 부유한 사람들보다 더 자식이 많은 사실에 집착하였다. 심지어 줄리안 헉슬리Julian Huxley나 홀데인J. B. S. Haldane처럼 후일에는 우생학에 대한 비판자들도 1920년 이전에는 지지자였다. 그들이 불만을 품은 것은 우생학의 원리가 아니라 미국에서 채택한 우생학 정책의 조잡성과 편견이었다.

우생학 정책을 막은 것은 사회주의자의 덕도 아니다. 1930년대에 노동당은 우생학에 반대 입장이었지만, 그전에는 사회주의 운동이 일반적으로 우생학의 지성적인 방어수단으로 이용되었다. 20세기 초기부터 30년 동안 우생학 정책에 대해 조금이라도 반대한 영국의 저명한 사회주의자를 찾기는 쉽지 않다. 그 시대의 페이비언주의자(점진주의자)들에게서 우생학을 옹호하는 글귀를 찾기는 아주 쉽다. 웰스H. G. Wells, 케인스J. M. Keynes, 조지 버나드 쇼George Bernard Shaw, 하벨록 엘리스Havelock Ellis, 해롤드 라스키Harold Laski, 그리고 시드니 웹Sidney Webb과 베아트리스 웹Beatrice Webb 등은 모두 멍청하거나 불구인 사람들의 번식을 막아야 하는 절실한 필요성에 대한 끔찍한 언급을 하였다. 쇼의《인간과 초인간Man and Superman》에서 한 등장인물은 "겁쟁이기에 우리는 박애주의라는 이름으로 자연선택을 무력화시키고 게으름뱅이기에 우리는 고상하고 도덕이라는 미명 아래 인위 선택을 무시한다"고 말했다.

조지 웰스의 작품들에는 더욱 흥미로운 인용구들이 많다. "사람들이 이 세상에 데려온 아이들이 전적으로 그들 개인의 문제가 될 수 없는 것은 이들이 퍼뜨리는 병균이나 방음이 안 된 아파트에서 내는 소음이 더 이상 개인의 문제가 아닌 것과 마찬가지다." 아니면 "흑인, 유색 인종, 더러운 백인 그리고 황인종 무리들은 없어져야 한다"라든가 "인간 전체를 통틀어서 하나의 집단으로서 이들의 미래가 나빠질 게 자명해졌다. …… 그들에게 평등을 부여하는 것은 전체의 수준을 낮추게 되며 보호하고 아끼는 것은 다산의 궁지에 빠지게 되는 것이다"라고 했으며 덧붙여서 "이들에 대한 모든 사형은 아편을 사용하여 행해져야

한다(그러지는 않았다)"고 단언했다.[4]

　사회주의자들은 사회 계획에 대한 자신들의 신념과 정부를 기꺼이 개인에 비해 힘의 우위에 두었기에 쉽게 우생학적 메시지를 받아들일 수 있었다. 개인의 번식도 국영화가 되도록 하는 시기가 무르익었던 것이다. 우생학은 페이비언 학회에서 피어슨의 동료들에 의해 대중적인 주제로 뿌리를 내리게 되었다. 이는 사회주의의 방앗간에서 낟알과 같았다. 우생학은 점진적인 철학으로 국가의 역할이 요구되었다.

　곧이어 보수당원과 자유당원들도 마찬가지로 열렬한 지지를 보냈다. 전임 수상인 아서 밸푸어Arthur Balfour가 1912년에 런던에서 처음 열린 국제 우생학회 모임을 회장으로서 주관하였고, 후원 부회장에는 대법원장과 윈스턴 처칠 등이 포함되어 있었다. 옥스퍼드 유니온은 1911년에 이미 우생학의 원칙을 거의 2대 1의 차이로 통과시켰다. 처칠이 표현하였듯이 "정신나약인들의 증가는 인류에게 아주 끔찍한 위험이 될 것이다".

　물론 몇몇 외로운 반대의 목소리도 있었다. 소수의 지성인들은 회의적이었으며 이들 중에는 "우생주의자들은 머리를 쓰지 않고 마음도 무뎌지는 방법을 발견했다"고 썼던 힐레르 벨록Hilaire Belloc과 체스터턴G. K. Chesterton도 속해 있었다. 그런데도 영국인들 대부분이 우생학적 법률에 찬성한 것은 의심할 여지가 없다.

　영국에서 우생학석 법률은 1913년과 1934년에 서의 통과될 뻔했다. 첫 번째 시도는 인습적인 지식의 조류에 역행한 용감하지만 외로운 반대자들에 의해 무산되었다. 1904년에 정부는 라드너Radnor 후작의 주관으로 '정신나약인의 관리와 통제'에 대한 왕립위원회를 설립하였다. 1908년 보고서를 발표하였을 때, 이 위원회는 정신결함에 대해 유전적인 신봉을 강하게 나타냈다. 그 위원들의 대다수가 임금을 받던 우생학자들이라는 사실을 감안하면 놀랄 일이 아니다. 최근 케임브리지 대학의 학위논문에서 제리 앤더슨Gerry Anderson이 예시하였듯이[5] 정부가 법을 제정하도록 설득하려는 압력단체들의 지속적인 로비가 뒤따랐다. 내무성은 군의회와 시의회들로부터 또한 교육위원회로부터 '부적합'한 사람들의 생식을 제한하는 법안의 통과를 촉구하는 수백 통의 결의문을 받게 되었다. 새로이 만들어진 우생학 교육학회는 하원의원들과 계속 접촉하고 주장을 펴기 위해 내무장관과도 면담했다.

내무장관인 허버트 글래드스톤Herbert Gladstone이 동의하지 않아 한동안은 아무 일도 없었다. 그러나 1910년에 내무장관이 윈스턴 처칠로 바뀌자 마침내 우생학의 열렬한 옹호자가 내각에 들어가게 된 것이다. 처칠은 이미 1909년에 알프레드 트레드골드Alfred Tredgold가 한 우생학 옹호연설을 내각신문에 실어 유포한 바 있다. 1910년 12월에 내무장관으로 취임하였을 때 처칠은 수상인 허버트 아스키스Herbert Asquith에게 즉각적인 우생법의 제정을 옹호하는 다음과 같은 편지를 썼다. "또한 해가 지나기 전에 광적인 흐름의 근원을 차단하여 봉쇄해야 한다고 생각한다." 그는 정신병 환자들의 저주가 그들과 함께 사라지기를 바랐다. 그가 말한 의미에 의심이 간다면, 처칠이 이미 사적으로 정신이상자를 불임시키기 위해 X선과 수술의 사용을 옹호하였다고 윌프리드 스카웬 블란트Wilfrid Scawen Blunt가 쓴 글을 보라.

1910년과 1911년 사이에 생긴 헌법상의 위기로 처칠은 이 법안을 상정하지 못하고 해군장관으로 자리를 옮겼다. 그러나 1912년에 이르러 법을 제정해야 한다는 목소리가 다시 높아졌고, 보수당 초선 의원이던 게숌 스튜어트Gershom Stewart는 이 문제에 대한 평의원들의 법안을 내놓아 결국 정부를 난처하게 만들었다. 1912년에 새 내무장관인 레지날드 맥케나Reginald McKenna는 마지못해 정부측 법안인 정신결함법을 내놓았다. 이 법안은 정신박약인의 출생을 제한하고 정신결함자와 결혼하는 사람을 처벌한다는 내용이었다. 이 법안이 실용화가 가능해지는 대로 강제적 불임을 허용하도록 수정될 거라는 게 공공연한 비밀이었다.

이 법안의 제정에 가장 강력하게 반대한 사람은 바로 진보적 자유주의자이자 하원의원인 조시아 웨지우드Josiah Wedgwood였다. 그는 다윈의 가문과 혼사를 맺기도 한 유명한 기업가 가문의 자제로서—찰스 다윈은 조시아 웨지우드란 이름을 가진 할아버지, 장인 그리고 두 명의 사촌이 있었다—가장 어린 조시아는 해군의 건축가였다. 그는 1906년 총선에서 자유당이 압승을 거둘 때 하원에 당선되었으나, 나중에 노동당에 입당하였고 1942년에 상원의원이 되었다(다윈의 아들 레너드는 당시에 우생학회의 회장이었다).

웨지우드는 우생학을 무척 싫어했다. 그는 우생학회가 "노동계층을 마치 가축인 양 품종 개량을 하려고 한다"고 비난하였으며 유전법칙들은 '지나치게 미흡하여 어떤 법칙에 믿음을 갖기 힘들다. 이것을 기초하여' 법안을 만든다는 것은 있을 수도 없다고 주장하였다. 그러나 그의 가장 큰 반대 이유는 개인의 자유 때문이었다. 그는 대중의 구성원이 누군가가 정신나약이라고 신고하였을 때, 법률조항에 의해 경찰이 아이를 강제로 그의 가정에서 떼어놓는 권력을 정부에 이양하는 법안에 충격을 받았다. 그의 동기는 사회적 정의가 아니라 개인의 자유였다. 보수당의 자유주의자였던 로버트 세실Robert Cecil 경 등이 그와 같은 생각을 가졌는데 그들의 공통된 주장은 국가에 대한 개인의 자유였다.

웨지우드의 마음을 아프게 한 조항은 다음과 같다. "정신박약인은 아이를 출산할 기회를 박탈하는 것이 사회의 이익을 위해 바람직하다." 웨지우드의 말에 따르자면 이것은 "가장 혐오스러운 제안"이며 "국민의 자유에 관심이 없을 뿐만 아니라 자유 행정부에서 기대할 수 있는 개인의 권리를 보호받지 못하게 하는 것이다".[6]

웨지우드의 반격이 워낙 논리적이어서 정부는 그 법안을 철회하고 다음해에 훨씬 완화된 법안을 다시 제출하였다. 이제 맥케나의 말에 따르자면 결정적으로 이 법안에는 "우생학적 개념이라고 여겨지는 어떤 언급"이나 결혼을 조절하고 출산을 방지하는 어떤 모욕적인 조항들이 모두 빠졌다. 웨지우드는 여전히 그 법안에 반대하였고, 이틀 밤을 꼬박 초콜릿바로 연명하면서 200개 항목 이상의 수정 목록을 만들어 반격했지만, 그에 동조하는 의원이 네 명으로 줄자 포기하였고 법안은 통과되었다.

웨지우드는 아마도 실패했다고 생각했을 것이다. 정신병자의 강제 수용은 영국 생활의 특징이 되고 이 때문에 사실상 정신병자들은 자식을 갖기가 어려워질 것이다. 그러나 사실 그는 우생학적 잣대가 적용되는 것을 방지하였을 뿐만 아니라 차후의 모든 정부에 미리 우생학적 법안에 대한 논쟁이 분분하게 될 것이라는 경고탄을 보냈던 것이다. 그리고 우생학 프로젝트 전체에서 중요한 설함을 밝혀냈다. 이 발은 우생학이 잘못된 과학에 바탕을 두거나 비실용적이라서가 아니라, 개인의 주장을 누르자면 정부의 완벽한 힘이 필요하기 때문에 근본적으로 정부가 강압적이고 잔인하게 된다는 것이다.

1930년대 초 불경기에 실업률이 증가하자 우생학이 놀랍도록 되살아났다. 영국의 엄청나게 높은 실업률과 빈곤이 초창기 우생학자들이 예측한 대로 아주 급격한 퇴보 때문이라고 탓하기 시작하면서 우생학회의 회원수는 기록적으로 늘어났다. 이때 대부분의 국가에서 우생학법이 통과되었다. 예를 들어 스웨덴은 1934년에 강제불임법을 독일과 마찬가지로 시행하였다.

정신병 문제가 증가하고 있으며, 그것은 부분적으로 정신박약인들의 높은 출생률 때문이라고 결론을 내린 우드Wood 보고서(정신결함인을 백치idiots, 바보imbecile 그리고 박약인feeble-minded의 세 가지 범주로 주의 깊게 정의한 바로 그 위원회다)라는 정신결함에 대한 정부 보고서의 도움으로, 영국 또한 강제불임법에 대한 압력이 수년간 증가해오고 있었다. 그러나 노동당 하원의원에 의해 하원에 제출된 우생학 법안이 통과하지 못하자 우생학 압력단체는 방침을 바꾸어 로비를 시민단체에 집중했다. 보건부를 설득하여 로렌스 브록Laurence Brock 경의 주관 아래 정신이상인의 불임에 대한 사항을 조사하는 위원회가 설치되었다.

브록위원회는 그 관료적 바탕에도 불구하고 시작부터 당파적이었다. 현대 역사가에 따르면 위원의 대부분이 '반대되거나 불확실한 증거를 공평하게 고려하려는 마음이 전혀 없었다'. 위원회는 반대되는 증거는 무시하고 유리한 증거는 말 그대로 부풀려서 유전학설 신봉주의자의 정신이상에 대한 견해를 받아들였다. 불확실한 증거인데도 정신이상 계층의 다산에 대한 통념을 받아들였고, 단지 비판자들을 달래기 위해 강제적인 불임은 수용하지 않았지만 정신결함인에게 동의를 얻는 문제에 대해서는 얼버무렸다. 1931년에 출판된 대중을 겨냥한 생물학책의 다음 인용 문구는 바로 그의 속셈을 잘 표현하고 있다. "이런 하층민들의 대부분은 돈으로 구워삶거나 아니면 다른 방법으로 자발적인 불임을 하도록 설득해야 한다."[7]

브록위원회의 보고서는 이 문제에 대한 공정하고 전문가적인 평가라는 허울을 쓴 순수한 선전물이었다. 최근에 지적되었듯이 전문가의 동의로 보증을 받고 긴급한 처방을 요구하는 이런 방법으로 인위적인 위기가 생겨났다. 이 전례에 따라 20세기 후반에 지구온난화에 대해 국제 시민운동가들은 같은 방식으로 행동하였다.[8]

그 보고서는 불임 법안의 제정을 의도하였지만 그런 법안의 제정은 이루어지지 않았다. 이번에는 웨지우드와 같은 확고한 소수 반대자 때문이 아니라 사회 전반에 걸친 여론이 바뀌었기 때문이다. 부분적으로는 마가렛 미드Magaret Mead나 심리행동학자들이 발표한 인간 본성에 미치는 환경적인 영향에 대한 이론이 점차 힘을 얻어가면서 홀데인을 비롯한 많은 과학자들의 생각이 바뀌었다. 노동당은 이것을 일종의 노동자 계층에 대한 계층 간의 전쟁으로 받아들이면서 확고하게 우생학에 반대하는 입장에 섰다. 일부 구역에서는 가톨릭 교회의 반대도 영향력을 미쳤다.[9]

강제적인 불임이 실제로 무엇을 의미하는가가 독일로부터 여과되어 보고된 것은 놀랍게도 1938년 이후였다. 브록위원회는 1934년 1월에 시행된 나치의 강제불임법을 찬양하는 실수를 저질렀다. 이제는 그 법이 인간 자유에 대한 참을 수 없는 침해이자 처형을 위한 핑계에 지나지 않았다는 것이 분명해졌다. 영국에서는 상식이 통했던 것이다.[10]

이 짤막한 우생학의 역사에서 한 가지 결론을 얻었다. 우생학이 잘못된 것은 과학 그 자체가 아니라 그것에 대한 강제적 정치다. 우생학은 다른 모든 프로그램처럼 개인의 자유에 앞서 사회적 복지를 앞세운 것이다. 이것은 인도주의적 문제이며 과학적 범죄가 아니다. 우생학적 교배가 개나 가축들에서 효과가 있듯이 사람에게도 효과가 있는 것은 의심할 여지가 없다. 선택적 교배로 많은 정신이상을 줄이고 대중의 건강을 향상시키는 것이 가능하다. 그러나 이것이 잔인성, 불의 그리고 압제라는 엄청난 대가를 치르면서 아주 천천히 이루어지는 것임에도 의심의 여지가 없다. 칼 피어슨이 웨지우드의 물음에 대한 답으로서 말했듯이 "사회를 위한 것이 옳은 것이며 그 이상으로는 옳은 것이 없다". 이 끔찍한 진술이 우생학의 묘비명이 되어야 할 것이다.

그러나 신문에서 지능에 대한 유전자들, 생식세포 수준의 유전자 요법, 산전 진단과 검진 등의 기사를 읽으면 마음속 깊이 우생학이 사라진 게 아니라는 느낌이 든다. 내가 6번 염색체 장에서 논의하였듯이 인간 본성은 대부분 유전적 요소에 기인한다는 골턴의 신조가 이번에는 결정적이지는 않지만 더 나은 증거와 함께 다시 유행하게 되었다. 오늘날 부모가 유전적 검진으로 자식의 유전자를 선택하는 일이 점차로 많아지고 있다. 예를 들면 철학자 필립 키셔Philip Kitcher는 유전자 검진을 "자유방임주의적 우생학"이라고 부른다. "모두가 다 자신이 옳다고 생각하는 생식적 결정을 하기 위해 이용 가능한 유전검사를 활용하게 되는 자신에 대한 우생주의자가 되어야 한다."[11]

이 기준에 따르면 우생학은 전 세계 병원들에서 매일 벌어지고 있으며, 현재까지 가장 큰 피해자는 다운증후군으로 태어나게 되었을 추가적인 21번 염색체를 가진 배아다. 대부분의 경우 이들은 만일 태어났다면 짧지만 대체적으로 행복한 삶을 영위했을 것이다. 그것이 바로 이들의 천성이기 때문이다. 또 태어났다면 대부분 부모와 형제자매로부터 사랑받았을 것이다. 그러나 종속적이며 무지각한 배아의 경우에 태어나지 못하게 된 것이 죽임을 당한 것이라고 할 수는 없다. 잠시 후 다시 낙태와 어머니가 자식을 낙태할 권리가 있는가 또는 정부가 낙태를 금지할 권리가 있는가에 대한 오랜 논쟁에 대해 다루게 될 것이다. 유전적 지식은 낙태를 원하게 되는 더 많은 이유를 제공할 것이다. 배아 중에서 능력의 결여를 가리기 위해서보다는 특별한 능력을 가진 것을 선별할 가능성이 곧 일어날 수도 있다. 인도 주변 지역에서는 남아를 선별하고 여아를 낙태하는 일이 양수검사의 오용으로 이미 만연되어 있다.

정부에 의한 우생학을 거부함으로써 단지 사적인 우생학을 허용하는 함정에 빠지게 된 것은 아닌가? 부모들은 의사나 건강보험회사 또는 문화 전반에 걸쳐 자발적인 우생학을 택하도록 온갖 종류의 압력을 받게 될지도 모른다. 1970년대 후반에도 유전적인 질병을 일으키는 유전자를 가지고 있다는 이유로 불임시술을 받도록 권유받은 여자들의 이야기가 종종 나온 적이 있다. 그런데도 정부가 오용될 위험 때문에 유전검사를 금지한다면, 사람들에게 고통의 짐을 더 지게 하는 위험을 감수해야 할지도 모른다. 이 검사를 불법화하는 것은 그것을 강제적으로 하게 하는 것만큼이나 잔인한 일이다. 이것은 개인이 결정해야 할 문제이지 정부 관료의 손에 넘길 문제가 아니다. 키셔는 확실히 그렇게 생각하여 "사람들이 증진하려거나 회피하려는 형질들에 관한 한 그것은 단연코 자신들의 문제다"라고 했다. 제임스 왓슨도 "이러한 문제들은 자신들이 가장 많이 알고 있다고 생각하는 사들의 손에서 벗어나야 한다 …… 내가 원하는 바는 유전적 결정이 사용자에 의해 이루어져야 한다는 것이고 정부는 여기에 속하지 않는다"라고 말했다.[12]

아직도 종족과 집단의 유전적 퇴보를 걱정하는 일부 편향적인 과학자들이 있기는 하지만 대부분의 과학자들은 이제 개인의 복지가 단체나 집단의 이익보다 앞선다는 것을 인정한다.[13] 유전검사와 전성기의 우생학자가 원하던 바가 바로 이 점에서 크게 다르다. 유전검사는 개인에게 사적인 범주의 것이고 개별적 선택권을 주는 것이다. 우생학은 그 결정을 국유화하여 국민들이, 자신이 아닌 국가를 위하여 교배하도록 하는 것이다. 이것은 새로운 유전적 세상에서 '우리'가 무엇을 허용해야 할지를 서둘러서 정의할 때 종종 무시하고 지나쳐버리는 점이다. '우리'란 누구인가? 개별적인 인간으로서의 우리인가 아니면 국가나 종족의 단체 이익을 위한 우리인가?

오늘날 실질적으로 우생학을 시행하는 두 가지 예를 비교해보자. 이미 13번 염색체 장에서 논의하였듯이, 미국에서는 유대인 유전성 질병 예방위원회가 취학 아동의 혈액을 검사하여 양쪽이 모두 질병을 일으키는 특정 유전자를 지니고 있으면 서로 결혼하지 말 것을 권고한다. 이것은 완전히 자발적인 정책으로 비록 우생학이라는 비판을 받기는 하였지만 강제성이 전혀 개입되어 있지 않다.[14]

정부가 우생학적 이유로 아직도 불임시술과 낙태를 계속하는 중국이 또 다른 예가 된다. 위생부 장관 첸 밍장Chen Mingzhang은 최근에 '낡은 혁명적 바닥층, 소수 인종, 국경의 변방지, 경제적 빈곤층' 등에서는 질이 낮은 아이들의 출생이 심각해지고 있다고 일침을 놓았다. 1994년에야 겨우 효력을 발휘한 어머니와 유아의 건강관리법은 산전 검진을 의무적으로 실시하도록 하고, 아이를 낙태할 수 있는 결정권을 부모가 아닌 의사가 갖도록 하였다. 미국에서는 겨우 5%의 유전학자들만이 승인한 데 비해 중국의 유전학자들은 90% 가까이가 이것을 승인하였다. 대조적으로 미국 유전학자들의 85%가 낙태의 결정권은 여자에게 있다고 생각하는 반면에 중국에서는 44%만 그렇게 생각한다. 중국측의 여론 조사를 담당한 진 마오Xin Mao는 칼 피어슨의 말을 빌려오기나 한 듯이 이렇게 표현하였다. "중국 문화는 아주 달라서 많은 것이 개인의 이익이 아니라 사회의 이익을 위해 초점이 맞추어져 있다."[15]

우생학의 과거 역사에 대한 많은 현대적인 설명에 따르자면 이것은 과학을, 특히 유전학의 경우에 통제불능의 상태로 만드는 위험의 한 가지 보기로 들 수 있다. 정부를 통제불능의 위험한 상대로 만드는 좋은 보기이기도 하다.

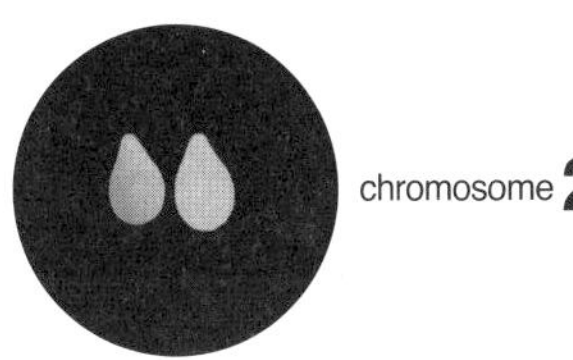

22번 염색체

자유의지

흄의 포크: 우리의 행동은 이미 결정되어 있거나
아니면 우연적 사건의 결과로 나타나는데
둘 다 모두 우리의 책임은 아니다.
-옥스퍼드 철학 사전

새 천 년을 두세 달 앞둔 시점에 엄청나게 중요한 뉴스가 발표되었다. 케임브리지 근처에 있는 인간 게놈 연구의 선두주자인 생어 센터에서 22번 염색체의 전체 서열이 완성되었다는 소식이 전해졌다. 인간 자서전의 22번째 장에 있는 전부 1,550만 개의 단어들(대략 이 정도이지만 정확한 길이는 변이가 아주 심한 반복된 서열에 좌우된다)이 해독되어 4억 7,000만 개의 A, C, G와 T의 문자로 기록되었다.

22번 염색체의 긴 팔 끝부분에 엄청난 분량의 복잡한 유전자로 매우 중요한 HFW가 들어 있다. 이 유전자는 14개의 엑손들로 이루어져 모두 6,000개가 넘는 문장으로 되어 있다. 이 문장은 전사 후에 RNA 접합이라는 이상한 과정으로 많이 편집되어 뇌의 전두엽 앞 피질의 작은 부위에서만 발현되는 아주 복잡한 단백질을 만든다. 이 단백질의 기능은 간략히 말해서 사람에게 자유의지를 제공한다. HFW가 없으면 우리는 자유의지를 가지지 못한다.

이 이야기는 꾸며낸 것이다. 22번 염색체뿐만 아니라 어느 염색체에도 HFW 유전자는 존재하지 않는다. 앞서 22개의 장에서 오직 사실만을 이야기하였기에 잠시 여러분을 속이고 싶었을 뿐이다. 사실 나는 기록작가로서의 중압감에 시달리다 못해 어떤 일을 꾸며대서 이야기하고 싶은 충동을 더 이상 억제할 수 없었다.

그러면 나는 누구인가? 어리석은 충동에 의해 허구에 지나지 않는 문장을 쓰기로 결정한 바로 나 자신은? 나는 내 유전자들이 모여 만든 생물학적 존재다. 이들이 양손에 5개씩의 손가락, 입안에는 32개의 치아가 나게 하고, 언어 능력을 주었으며, 나의 지적 능력의 절반 정도를 규정한다. 내가 어떤 일을 기억할 때 실제로 이 일을 하는 것은 기억을 저장하는 CREB 시스템을 작동시킨 이들이다. 이들이 나의 뇌를 만들어 일상생활의 책무를 위임하였다. 또한 내가 어떻게 행동해야 할지를 스스로 결정할 수 있다는 느낌을 갖게 했다. 조금만 돌이켜 생각해보면 내가 하고 싶은데 할 수 없는 일은 없다. 마찬가지로 내가 어떤 일은 해도 되고 어떤 일은 해서는 안 된다는 법도 없다. 나는 지금 당장 원하기만 하면 내 차를 타고 에든버러로 운전해 갈 수도 있고, 허구의 글을 꾸며낼 수도 있다. 나는 자유의지를 가진 자유인이다.

이 자유의지는 어디에서 오는 것일까? 이것이 단순히 내 유전자들에서 오는 것은 아닌 것 같다. 그렇다면 이미 자유의지가 아닐 테니까. 많은 이들은 그것이 사회와 문화 그리고 교육에서 온다고 한다. 이 추론에 따르자면, 자유는 우리의 유전자에 의한 압제적인 최악의 순간이 지난 후 개화되는 일종의 꽃으로서 유전자에 의해 결정되지 않는 우리의 천성에 해당하는 부분이다. 우리는 자신의 유전적 결정론을 극복하고 자유라는 신비로운 꽃을 잡을 수 있다.

일부 과학 작가들은 오랜 전통처럼 유전적 결정론을 믿는 사람들과 자유를 믿는 사람들이 나뉘어 있다고 말한다. 그런데도 작가들에 의해 유전적 결정론은 거부되고 대신에 다른 형태의 생물학적 결정론인 부모의 영향과 사회 훈련에 의한 결정론이 확립되었다. 우리 자신의 유전자들에 의한 폭정에 반해 인간의 존엄성을 방어하고자 그렇게 많은 작가들이 환경의 폭정을 기꺼이 받아들이는 게 이상하다. 나는 한때 은연중에 모든 행동이 유전적으로 결정된다고 말한 것에 대하여 지면상으로 비판을 받았는데, 실제로는 그런 적이 없다. 익명의 작가는 더 나아가 행동이 유전적으로 결정되지 않는다는 예로서 아동 학대자들이 일반적으로 어릴 때 학대를 받았고, 그 영향으로 나중에 학대적 행동을 한다는 사실을 제시했다. 이러한 결론은 이미 충분히 고통을 겪은 사람들에게는 마찬가지로 결정론적이며, 내가 말한 것 이상으로 훨씬 더 무자비하고 편견된 선고라는 생각이 그에게는 떠오르지 않은 모양이다. 그는 아동 학대자들의 자녀는 아동 학대자가 될 가능성이 높고 따라서 어쩔 도리가 없다고 주장하고 있다. 동시에 사회적 이유는 쉽게 받아들이면서 행동에 대한 유전적인 설명에는 확고한 증거를 요구하는 이중잣대를 가지고 있음을 깨닫지 못하고 있다.

단순히 유전자를 칼뱅교적인 엄격한 프로그래머로, 환경을 자유의지의 본산으로 구분하는 것은 분명한 오류다. 성격과 능력을 형성하는 가장 유력한 요인의 하나가 당신이 그대로 받아들일 수밖에 없는 자궁에서의 총체적 상태들이다. 내가 6번 염색체를 다룬 장에서 주장하였듯이, 지능에 대한 유전자의 일부는 아마도 소질보다는 욕구에 대한 유전자들이고, 이 유전자들의 소유자는 스스로 배우고자 한다. 학생을 잘 지도하는 훌륭한 선생에 의해서도 같은 결과가 나타날 수 있다. 다시 말해서 천성은 교육보다 더 많이 단련될 수 있다.

인종 우생학에 대한 관심이 절정에 달한 1920년대에 쓰인 올더스 헉슬리Aldous Huxley의 《멋진 신세계Brave New World》에는 개성이라고는 전혀 없는 모두가 동일하고 강제적으로 조절되는 끔찍한 세계가 그려져 있다. 개개인은 알파(α)에서부터 엡실론(ε)에 이르기까지 계급사회에서의 자신의 위치를 순순히 받아들이고, 순종적으로 임무를 수행하며 사회가 이들에게 받아들이기를 바라는 유흥 활동을 즐긴다. '멋진 신세계'라는 말 자체가 중앙에 의한 조절과 발전된 과학의 협력에 의해 만들어진 끔찍한 세상(디스토피아: 유토피아의 반대)을 뜻하게 되었다.

따라서 그 책을 읽고 내용에 인종 우생학에 대한 언급이 전혀 없는 데 놀랄 것이다. 알파와 엡실론은 길러지는 것이 아니라 인공적인 자궁에서 화학적 조절에 의해 만들어져 파블로프식의 조건반사와 세뇌를 거치게 되며, 아편과 같은 약물에 의해 성인기를 보낸다. 다시 말하면, 이 디스토피아에서는 천성에 의존하는 것은 전혀 없고 모든 것이 양육에 의해 이루어진다. 이것은 유전적 지옥이 아니라 환경에 의한 지옥이다. 모든 이의 운명은 유전자에 의해서가 아니라 조절된 환경에 의해 결정된다. 이것도 사실은 생물학적 결정론에 해당하지만 유전적 결정론은 아니다. 올더스 헉슬리의 천재성은 교육이 지배하는 사회가 사실상 얼마나 지옥과 같은가를 간파한 데 있다. 실제로 1930년대 독일을 지배한 극단적인 유전적 결정론자들이 같은 시기에 러시아를 지배한 극단적 환경적 결정론자들보다 더 많은 고통을 주었다고 말하기는 어렵다. 양극단주의자들 모두 끔찍했다.

다행스럽게도 우리는 세뇌 교육을 아주 잘 견딘다. 아무리 부모나 정치가들이 흡연이 몸에 해롭다고 떠들어도 젊은이들은 여전히 담배를 피운다. 사실 이들이 담배에 이렇게 이끌리는 것은 바로 어른들이 담배를 피우지 못하게 하기 때문이다. 우리는 유전적으로 권위에 적개감을 가지도록 되어 있고, 특히 10대 시절에는 본성적으로 독재자, 선생, 학대적인 양부모나 정부 옹호용 캠페인 등에 경계심을 가진다.

게다가 이제 부모의 영향으로 우리의 성격이 만들어진다고 알려진 사실상의 모든 증거들이 아주 결함이 많음을 깨닫고 있다. 아동을 학대하는 것과 어린 시절 학대를 받은 것 사이에는 확실히 상관관계가 있지만, 이것은 전적으로 유전된 성격에 의한 것으로 설명할 수 있다. 아동 학대자의 자녀는 그 학대자의 성격을 유전받게 된다. 이 영향에 대해 적절한 대조구를 가진 연구 결과에 따르면, 양육에 의한 결정론의 여지는 전혀 없다. 예를 들면 아동 학대자의 입양 아이들은 아동 학대자가 되지 않는다.[1]

당신이 들은 거의 모든 표준적인 사회적 법칙의 경우에도 놀랍도록 같은 원리가 적용된다. 범죄자가 범죄자를 낳게 되고 이혼하는 가정의 자식들도 나중에 이혼을 하게 된다. 문제가 있는 부모에게서 문제아가 나오고 뚱뚱한 부모에게서 살찐 자녀가 나온다. 오랫동안 심리학 교과서를 씨오며 이런 모든 주장들에 동의해온 주디스 리치 해리스Judith Rich Harris는 몇 년 전 갑자기 여기에 의문을 가지기 시작했다. 그 결과로 알아낸 사실은 그녀를 아주 놀라게 했다. 사실상 거의 모든 연구에 유전적인 것에 대한 대조구가 없었고 원인에 대한 증거도 전혀 없었다. 이러한 누락에 대한 언급도 전혀 없었으며 상호관계가 항상 바로 인과관계로 제시되었다. 그런데도 행동유전학 연구들을 통해 모든 경우에서 리치 해리스가 '양육가설 nurture assumption'이라고 부른 가설에 대해 새롭고 강력한 반증들이 드러났다. 예를 들면 쌍둥이의 이혼율에 대한 연구에서, 이혼율의 반 정도가 유전에 의해 설명되며 다른 반은 비공유 환경요인들에 의한 것으로 공유 가정환경은 전혀 상관이 없었다.[1] 다시 말해서 당신의 친부모가 이혼을 하지 않았다면 당신이 결손 가정에서 자라던, 정상 가정에서 자라던 이혼할 가능성에는 전혀 차이가 없다. 덴마크에서 입양 자녀의 범죄기록에 대한 연구들에 따르면 친부모의 전과 기록과는 높은 상관관계를 나타냈지만, 양부모의 전과 기록과의 관계는 아주 낮았다. 이 낮은 상관관계도 만일 양부모가 우범지역에 살거나 또래가 범죄자인 동년배 효과 peer-group effect를 감안하면 거의 없다고 할 수 있다.

실제로 아이들이 부모에게 비유전적인 영향을 미치는 것이 반대의 경우보다 더 많은 게 분명해졌다. 내가 X와 Y염색체 장에서 논하였듯이 무심한 아버지와 과보호적인 어머니가 그들의 아들을 동성애자로 만든다는 것이 일반 상식이다. 그러나 이제는 그 반대가 훨씬 더 옳다고 생각된다. 즉 아들이 남성적인 일에 별로 관심이 없는 것을 안 아버지는 무심해지고 어머니는 과보호적인 행동으로서 그것을 보상하려고 한다. 마찬가지로 자폐증을 가진 아이들의 어머니가 흔히 냉정한 게 사실인데 이것도 원인이 아니라 결과다. 어머니는 자폐증을 가진 아이에게 다가기려는 수년 간의 대가 없는 시도에 지치고 낙담하여 결국 포기하게 된다.

리치 해리스는 20세기 사회과학에 깔려 있는 전혀 도전을 받지 않은 독단적 주장(도그마), 즉 부모가 자식의 개성과 문화를 형성한다는 가정을 체계적으로 허물어뜨렸다. 지그문트 프로이트의 심리학, 존 왓슨의 행동주의, 마가렛 미드의 인류학 등에서 부모에 의한 양육 결정론 nurture-determinism은 전혀 검증된 것이 없는 가정이다. 그러나 쌍둥이 연구나 이민자의 자녀와 입양자의 연구에서 드러난 증거들이 사람들의 성격은 부모가 아니라 그들의 유전자와 그들이 속한 동년배 집단에서 형성된다는 것을 말해준다.[1]

1970년대 에드워드 윌슨E.O. Wilson의 《사회생물학Sociobiology》이 출판된 후 윌슨의 하버드 대학 동료인 리처드 르웬틴과 스티븐 제이 굴드를 중심으로 한 행동에 대한 유전적 영향에 거센 반발이 일어났다. 그들이 즐겨 쓰던 슬로건은 르웬틴의 저서 제목으로도 사용되었으며, 전혀 타협의 여지가 없는 독단적인 의미의 '우리 유전자 속에는 없다Not in our genes'였다. 당시는 여전히 행동에 대한 유전적 영향이 적거나 존재치 않는다는 주장이 그럴 듯하다고 여기던 시기다. 행동유전학에 대한 25년 간의 연구 결과에 따르면 그 관점은 더 이상 옳지 않다. 유전자는 정말로 행동에 영향을 미친다.

심지어 이런 발견 후에도 환경은 여전히 아주 중요하여 거의 모든 행동에서 전체를 합쳐서 보면 아마도 유전자보다 훨씬 중요하였다. 그렇지만 환경의 영향 중에서 부모에 의한 영향은 아주 작다. 이 말은 부모가 중요하다는 것을 부정하거나 아이들이 부모 없이도 잘 살아갈 수 있다는 의미는 아니다. 실제로 리치 해리스가 관찰하였듯이 부모의 영향이 없다는 주장은 터무니없다. 부모가 가정 환경을 만들고 행복한 가정 환경은 그 자체만으로 좋은 것이다. 이것이 좋은 것이라는 데 동의하기 위해서 행복감이 성격을 결정한다고 믿어야 한다는 것은 아니다. 그러나 아이들이 가정의 테두리를 벗어나거나 어른이 된 후에는 가정 환경이 성격에 미치는 영향은 없는 것 같다. 리치 해리스는 우리 모두는 공적인 생활과 사적인 생활의 영역을 구분할 줄 알며 상대 영역에서 반드시 교훈이나 성격을 얻지 않는다는 아주 중요한 관찰을 하였다. 우리는 쉽게 이들 사이의 체계를 바꿀 수 있다. 따라서 이민자의 경우에 언어를 새로 습득할 수 있고, 나머지 생애 동안 부모가 아닌 또래로부터 습득한 악센트를 사용하게 된다. 문화는 부모로부터 아이들에게 전해지는 것이 아니라 자동적으로 또래 간에 전해지며 이 때문에 어른들 사이에는 성적 차별이 없어지고 있는데, 아이들의 놀이터에서는 여전히 자발적인 성적 분리가 줄어들지 않는다. 모든 부모들이 알고 있듯이 아이들은 부모보다는 또래 흉내 내기를 더 좋아한다. 사회학이나 인류학처럼 심리학도 유전적인 설명에 대해 강한 반감을 가진 사람들이 주도해왔지만, 이제 더 이상 이러한 무지가 통할 수 없다.[2]

여기서의 초점은 이미 6번 염색체 장에서 다룬 천성과 교육에 대한 논쟁을 재현하는 게 아니라 비록 양육가설이 틀렸지만 맞다고 하더라도 이 때문에 결정론의 영향이 전혀 줄어들지 않는다는 사실에 관심을 가지는 것이다. 또래에 맞추려고 하는 것이 성격에 미치는 영향이 얼마나 강력한지를 강조하는 그 자체로. 리치 해리스는 사회적 결정론이 유전적 결정론보다 훨씬 더 경종을 울릴 수 있음을 드러냈다. 이것은 세뇌적인 것으로 자유의지에 대한 입지를 세우기는커녕 오히려 감소시키고 있다. 부모나 형제의 압력에도 불구하고 자신의 (부분적으로는 유전적인) 개성을 표현하는 아이는 적어도 다른 사람이 아닌 자신의 내부적 원인에 따르고 있는 것이다.

사회주의화가 된다 해도 결정론에서 벗어날 수는 없다. 결과는 원인이 있게 마련이고, 원인이 없으면 결과가 없다. 만일 내가 어릴 적 경험한 일로 겁쟁이가 되었다면, 그 사건도 겁쟁이가 되게 하는 유전자만큼 결정적인 것이 된다. 더 큰 잘못은 유전자에 의해 결정된다는 사실을 부인하는 게 아니라 결정론이 필연적이라고 오해하는 것이다. 《우리 유전자 속에는 없다Not in our genes》의 저자 스티븐 로즈Steven Rose, 레온 카민Leon Kamin, 리처드 르웬틴 등은 "생물학적 결정론자에게는 낡아빠진 '인간의 본성을 바꿀 수는 없다'는 신조가 바로 인간 조건의 알파이자 오메가(모든 것)이다"라고 말했다. 그러나 결정론이 숙명론과 같다고 생각하는 사고방식은 오류로 잘 알려져 있어서 이 세 사람의 비평가가 단죄하려는 허수아비는 이미 없다.[3]

결정론이 숙명론과 같다는 사고방식이 오류인 까닭은 다음과 같다. 만일 당신이 아프다고 할 때 당신은 회복되거나 아니면 회복이 되지 않을 것이기 때문에 의사를 부를 필요가 없다고 추론한다고 하자. 양쪽 모두 의사는 필요 없다. 하지만 이것은 당신의 회복 여부가 당신이 의사를 부르느냐 부르지 않느냐에 좌우된다는 가능성을 간과한 것이다. 이 말은 결정론에는 당신이 할 수 있느냐의 여부가 전혀 상관이 없음을 내포한다. 결정론은 현재 상태의 원인들을 돌아보는 것이지 미래의 결과를 미리 보는 것이 아니다.

그런데도 유전적 결정론이 사회적 결정론보다 더 잔혹한 운명의 형태라는 잘못된 생각이 계속 남아 있다. 제임스 왓슨이 말한 바처럼 "유전자 요법이 사람의 운명을 바꾸어놓는다고 말하지만 신용카드의 빚을 대신 갚아주는 것으로도 다른 사람의 운명을 바꿀 수 있다". 유전적 지식의 참뜻은 유전적인 결함을 대부분의 경우에서 유전적이 아닌 방법으로 고치는 것이다. 나는 이미 유전적 돌연변이의 발견 결과로 숙명론에 빠져들기는커녕 오히려 그 결과를 경감시키려고 노력하는 예를 많이 들었다. 6번 염색체 장에서 이미 지적하였듯이 독서장애증이 뒤늦게나마 대부분 유전적인 이유로 생긴다는 것을 인지하였을 때, 부모나 선생 그리고 정부의 태도는 어쩔 수 없다는 숙명론적인 것이 아니었다. 아무도 독서장애증이 유전적인 이유로 나타나기 때문에 고칠 수 없고 따라서 앞으로는 이렇게 진단이 내려진 아이들은 문맹 상태로 남아 있어도 된다고 하지 않았다. 오히려 정반대의 일이 벌어져 독서장애 환자를 위한 교정 교육이 개발되어 놀라운 결과를 얻게 되었다. 마찬가지로 내가 11번 염색체 장에서 주장하였듯이 정신치료학자(의사)들도 수줍음을 치료하는 데 이것이 유전적인 이유 때문이라는 사실을 아는 게 도움이 된다는 것을 알게 되었다. 수줍어하는 사람들에게 그 이유가 본성적이며 실제로 존재하는 것임을 확인시켜주는 것이 수줍음을 극복하는 데 도움이 된다.

또한 생물학적 결정론이 정치적 자유에 위협이 된다는 주장도 논리에 잘 맞지 않는다. 샘 브리턴Sam Brittan이 주장하였듯이 "자유의 반대는 결정론이 아니라 억압이다".[4] 우리가 정치적인 자유를 소중히 여기는 것은 그 결과로 개인의 자결성이 생기기 때문이며 그 반대는 성립하지 않는다. 비록 우리가 말로는 자유의지에 대한 열정을 떠들어대지만 위급할 때면 자신을 구하기 위해 결정론에 의존한다. 1994년 2월 스테판 모블리Stephen Mobley라는 미국인은 피자가게 매니저인 존 콜린스John Collins의 살인죄로 기소되어 사형을 선고받았다. 변호사들은 그를 종신형으로 감형시키기 위하여 유전적인 이유를 들어 변호하였다. 모블리는 범죄자가 아주 많은 집안에서 태어나 유전자 때문에 살인을 하게 되었으므로, 그의 책임이 아니며 그는 단지 유전적으로 이미 결정된 기계나 마찬가지라고 하였다.

모블리는 기꺼이 자유의지에 대한 환상을 버리고 다른 사람의 눈에는 자신에게 자유의지가 전혀 존재하지 않는 것처럼 비치기를 바랐다. 정신이상이나 자기 책임이 아니라는 취지의 변호를 택하는 모든 범죄자들도 마찬가지다. 불륜 관계를 맺은 배우자를 살해한 후 일시적인 정신착란이라는 이유의 변론을 하는 질투에 광분된 모든 배우자들이나 불륜 관계를 변명하는 부정을 저지른 배우자도 마찬가지며, 주주들에 대한 사기 혐의로 기소된 갑부가 알츠하이머병을 핑계대는 것도 마찬가지다. 놀이터에서 친구 때문에 그랬다고 말하는 어린이나, 현재 우리의 불행이 은근히 부모 탓이라고 제시하는 정신치료 의사의 말을 흔쾌히 받아들이는 우리 자신도 마찬가지다. 어떤 지역의 범죄율이 높은 탓은 사회적 조건 때문이라는 정치가나 소비자가 공익시설의 최대 사용자라고 주장하는 경제학자도 마찬가지다. 위인전이나 자서전에서 주인공의 성격이 경험에 의해 연마된 것이라고 설명하려는 작가와 점성술에 의존하는 모든 사람도 마찬가지다. 이 모든 경우에서 결정론은 기꺼이 행복하고 감사하는 마음으로 받아들여진다. 우리는 자유의지를 사랑하기는커녕 기회가 있을 때마다 결정론에 기대는 족속으로 보인다.[5]

자신의 행동에 대한 완전한 책임은 법의 오류를 방지하기 위해 꼭 필요한 의제이지만 그래도 가설일 뿐이다. 당신이 스스로 책임질 수 있는 한도 내에서 자신의 성격에 따라 행동할 수 있지만, 성격에 따라 행동하는 그 자체는 당신의 성격을 형성한 많은 결정론을 단순히 표현한 것에 지나지 않았다. 흄은 이러한 딜레마에 빠지게 되자 이것을 흄의 포크라고 명명했다. 즉 우리의 행동은 이미 결정되어 있기에 행동에 대한 책임이 없거나 아니면 행동이 무작위적인 것이기에 책임이 없다. 어떤 경우가 되더라도 상식이 무시되고 사회의 조직적 구성이 불가능해진다.

크리스트교는 2,000년 동안, 다른 종교의 신학자들은 더 오랫동안 이 문제와 씨름해왔다. 신은 거의 그 정의상 자유의지를 부정하게 되고 그렇지 않다면 전지전능할 수 없다. 그런데도 특히 크리스트교의 경우 자유의지의 개념을 유지해왔는데, 만일 이것이 존재하지 않는다면 인간은 자신의 행동을 해명할 수 없기 때문이다. 해명과 책임이 없이는 죄라는 말이 명색뿐이며 지옥은 신으로부터의 저주받을 권리침해에 지나지 않는다. 현대적인 크리스트교의 관점은 신이 우리에게 자유의지를 부여하였기에 자신의 선택에 의하여 미덕을 행하며 살거나 아니면 죄를 짓고 살게 된다.

여러 저명한 진화생물학자들은 최근에 종교적인 믿음이 공통된 인간 본성의 표현으로 어떤 의미에서 보면 신을 믿게 하는 일단의 유전자들이 존재한다(한 신경학자는 심지어 신앙심이 두터운 사람들에게서는 뇌의 측두엽에서 더 크거나 활성이 높은 신경 모듈을 발견했다고 주장하며 광신도의 경우는 일종의 측두엽상의 간질 현상이라고 하였다)고 하였다. 종교적 본능은 단지 천둥을 포함한 모든 사건들이 다 이유가 있다고 가정한 본능적인 미신의 부산물에 지나지 않을 수도 있다. 이러한 미신이 석기시대에는 유용하였을 것이다. 큰 돌덩어리가 언덕 아래로 굴러떨어져 당신이 거의 깔릴 뻔했을 때 이것이 우연적인 사고라고 가정하는 것보다 누군가의 음모에 의해 일어났다고 추정하는 게 널 끔찍하다. 우리 사신의 언어에도 고의성을 띤 말들이 넘쳐나고 있다. 앞서 내 유전자가 나를 만들었고 나의 뇌로 하여금 책임을 지도록 하였다고 말했지만, 사실은 유전자가 그렇게 되도록 한 게 아니라 그냥 우연히 그렇게 된 것이다.

에드워드 윌슨은 자신의 책 《사실과의 부합Consilience》[6]에서 도덕심은 우리 본능의 성문화된 표현으로 사실적 오류에도 불구하고 정의로운 것은 실제로 자연적으로 나오게 된다. 이 때문에 신에 대한 믿음은 자연적이기에 옳다는 모순된 결론에 도달하였다. 그런데도 독실한 침례교인 집안에서 자란 윌슨이 이제는 무신론자가 되었기에 결정론적인 본능에 거스르게 되었다고 할 수 있다. 스티븐 핑커는 이기적 유전자 이론에 수긍하여 아이를 갖지 않았는데, 그는 이기적 유전자들에게 물에 빠져 죽으라고 했다(아이를 가지지 않음으로써 이기적 유전자를 폐기 처분했다).

심지어 결정론자도 결정론을 벗어날 수 있다. 여기에서 바로 모순이 생겨, 우리의 행동이 임의적이라면 그것은 이미 결정되어 있는 것이 되고 이미 결정되어 있다면 자유로운 것이 아니다. 그런데도 우리는 자유롭다고 느끼게 되고 분명히 자유롭다. 찰스 다윈은 자유의지를 우리 자신의 동기를 분석할 수 있는 능력의 결여로 생긴 환상이라고 묘사했다. 로버트 트리버스Robert Trivers와 같은 현대의 다윈주의자들은 이러한 문제로 우리 자신을 속이는 자체가 진화된 적응이라고 주장하기까지 한다. 핑커는 자유의지를 '윤리 게임을 가능하게 인간의 이상화'라고 하였다. 작가 리타 카터Rita Carter는 자유의지를 마음속에 영구 회로화된 망상이라고 부른다. 철학자 토니 잉그램Tony Ingram은 자유의지를 다른 모든 이들도 가진 어떤 것으로 우리가 가정하는 것이라고 한다. 우리는 조정하기 힘든 바깥쪽의 보터에서부터 우리의 유전자를 가진 고집 센 어린아이에 이르기까지 우리에 대한 모든 것과 모두에게 천성적으로 자유의지가 있다고 편견을 가진 것처럼 보인다.[7]

나는 이보다는 좀 더 모순을 잘 해결할 수 있다고 생각한다. 10번 염색체를 논의할 때 스트레스에 대한 반응이 사회 환경의 영향을 받는 유전자들에 의해 이루어진다고 서술한 것을 기억하라. 만일 유전자들이 행동에 영향을 미치고 행동이 유전자에 영향을 미친다면 인과관계는 상호적이다. 상호적으로 서로 연결된 피드백 시스템에서는 단순한 결정론적 과정에 의해서도 예측이 불가능한 엄청난 결과가 나올 수 있다.

이러한 개념을 카오스 이론이라고 부른다. 인정하기는 싫지만 물리학자들이 먼저 내놓은 이론이다. 18세기의 위대한 프랑스 수학자인 피에르 시몽 라플라스Pierre-Simon de LaPlace는 훌륭한 뉴턴 물리학자라면 우주의 모든 원자의 위치와 운동을 알 수 있고 따라서 미래를 예측할 수 있을 거라고 생각하면서도 미래를 알 수는 없을 것이라고 하였다. 그 이유는 알 수 없다. 최근 이론에 따르면 그 대답은 아원자subatomic(원자의 아래 단계)적 단계에서의 양자역학적 사건들은 단지 통계적으로만 예측이 가능한 것으로, 세상은 뉴턴식 당구공으로 만들어진 게 아니기 때문이다. 그러나 뉴턴 물리학은 우리가 사는 단위 수준에서는 사실상 꽤 훌륭하게 사건들을 설명할 수 있지만, 아무도 우리의 자유의지가 하이젠베르크Heisenberg의 불확정성 원리이론의 확률적 발판에 의존한다고 믿지 않기 때문에 별로 도움이 되지 않는다. 굳이 이유를 대자면 오늘 오후에 이 책의 이 장을 쓰기로 결정한 데에 나의 뇌는 중요한 변수가 되지 않았다. 임의적으로 행동하는 게 자유롭게 행동하는 것과 같지 않으며 실제로는 정반대다.[8]

카오스 이론은 라플라스에게 더 훌륭한 답을 제공하게 된다. 이것은 양자물리학과는 달리 우연에 의존하지 않는다. 수학자들에 의해 정의된 카오스 시스템은 결정론적인 것이지 임의적인 것이 아니다. 그러나 비록 당신이 한 시스템의 모든 결정적인 요인을 안다고 해도 다른 원인들이 서로 간에 다르게 상호작용할 수 있기에 어떤 일이 일어날지는 알 수 없다. 심지어 단순하게 결정된 시스템들도 카오스 이론에 따라 움직일 수 있다. 그것은 부분적인 반사성 때문인데 한 작용이 다음 작용의 시작 조건들에 영향을 미쳐 작은 영향이 큰 원인이 된다. 주식시장의 지표 변화 추이, 미래의 기후, 해안선의 '차원기하학fractal geometry' 등은 모두 카오스 시스템이다. 각각의 경우에 개략적인 윤곽이나 사건의 진행은 예측 가능하지만 정확한 세부 내용은 그렇지 않다. 우리는 여름보다 겨울이 추울 것을 알지만 다음 크리스마스에 눈이 올지의 여부는 알 수 없다.

사람의 행동은 이러한 특징들을 가지고 있다. 스트레스가 유전자들의 발현을 변화시킬 수 있고 그에 따라 스트레스에 대한 반응에 영향을 미칠 수 있다. 따라서 인간의 행동은 단기적으로는 예측하기가 힘들지만, 장기적으로는 넓은 의미에서 예측이 가능하다. 어느 날 어느 순간에 내가 밥을 먹지 않겠다고 택할 수 있듯이 먹지 않는 것은 내 자유다. 그러나 그날 언젠가는 내가 밥을 먹으리라는 것은 거의 확실하다. 내가 언제 먹는가는 많은 요인들 이를테면 (부분적으로는 나의 유전자들에 의해 결정되는) 시장기, (무수한 외부요인들에 의해 카오스 이론으로 결정되는) 날씨 또는 나에게 같이 식사하자고 제의한 다른 사람의 결정(이 경우에는 내가 전혀 조절할 수 없고 그 사람이 결정적 요인이 됨)에 달려 있다. 유전적인 것과 외부적인 영향의 상호작용이 나의 행동을 예측 불능으로 만들지는 몰라도 결정론적이다. 그 사이에 자유가 존재한다.

우리는 절대 결정론에서 벗어날 수는 없지만 좋은 결정론과 나쁜 결정론 또는 자유로운 것과 그렇지 못한 것을 구별할 수 있다. 만일 내가 캘리포니아 공과대학의 신 시모조Shin Shimojo의 실험실에 앉아 있으며 바로 그 순간에 그가 나의 대뇌 후두엽의 뇌구anterior cingulate sulcus 근처에 전극봉을 찌른다고 가정하자. 이 부위에서 자발적 운동의 조절이 이루어지기 때문에 그는 내가 마치 자발적으로 하는 것처럼 보이는 행동을 하게 할 수 있다. 왜 팔을 움직였느냐는 질문을 받게 되면 나는 거의 확신에 찬 어조로 자율적으로 그랬다는 대답을 하게 될 것이다. 시모조 교수는 물론 그런 일을 할 만큼 어리석지 않다(이것은 진짜 실험이 아니라 시모조가 상상의 실험으로 내게 제안한 것임을 밝힌다). 자유에 대한 나의 환상과 상반되는 것은 내 행동이 결정되어 있다는 사실 자체가 아니라 다른 사람에 의해 외부 결정되었다는 사실이다.

철학자 아이어Ayer는 다음과 같이 표현하였다.[9]

만일 내가 강박적인 신경증상에 시달리고 있어서 내가 원하는 바와 상관없이 일어나서 방을 가로질러 가든, 다른 사람이 나에게 억지로 강요해서 그렇게 하든, 나는 자유롭게 행동하는 게 아니다. 그러나 지금 당장 내가 그리하면 단지 이런 조건들이 충족되지 않았기에 자유롭게 행동하는 게 된다. 이 관점에서는 나의 행동에 원인이 있는가의 여부는 무의미하다.

쌍둥이에 대한 정신분석학자인 린든 이브스Lyndon Eaves도 이와 비슷한 지적을 하였다.[10]

자유는 환경의 제한을 극복하고 초월하는 능력이다. 이 능력은 자연선택에 의해 우리에게 주어진 것이다. 이것은 적응할 줄 알기 때문이다. …… 만일 네가 압박을 받아야 한다면 네 자신이 아닌 환경에 의해 당하고 싶은가, 아니면 그나마라도 당신이라고 할 수 있는 유전자에게 당하고 싶은가.

자유는 다른 사람의 것이 아닌 당신 자신의 결정론을 표현하는 것이다. 그 차이는 결정론에 있는 것이 아니라 누가 소유하는가에 달려 있다. 만일 우리가 원하는 것이 자유라면 다른 사람이 아닌 우리 자신으로부터 기원된 힘에 의해 결정되는 것이 더 낫다. 우리가 자기 복제를 혐오하는 것은 어느 정도 우리 자신만의 특징을 다른 사람과 나누어야 할지도 모른다는 두려움 때문이다. 자신의 몸에서 결정을 하는 주체가 되고자 하는 유전자들의 독선적인 아집이 외부의 원인들에 의한 자유의 상실에 대항할 가장 튼튼한 보루다. 내가 왜 허튼소리로 자유의지에 대한 유전자를 언급하였는가를 이제는 이해할 수 있을 것이다. 자유의지에 대한 유전자가 다른 사람이 닿을 수 없는 우리 내부에 있어 우리 행동의 원천이 되기에 그렇게 모순적인 이야기는 아니다. 물론 1개의 유전자가 아니라 훨씬 더 고차원적이고 장엄한 것인 인간 본성으로 유연하게 우리 염색체 속에 미리 정해져 있으며 각자마다 특유하게 존재한다. 모든 사람들은 특이하고 상이하며 내적인 본성이 있다. 그것은 바로 자기 자신이다.

옮기고 나서

2000년이 되면서 우리는 대단히 중요한 전기를 맞게 되는 발판을 마련하였다. 감히 스스로의 설계도를 해독하고자 하는 시도의 첫발로 개략적인 유전자 도면을 그려보게 되었다. 물론 인간의 모든 면을 이해하려는 목표까지는 멀고도 때로는 불가능하겠지만 이에 근접할 수 있는 중요한 도구를 마련하였다고 하겠다.

인간의 유전자에는 우리의 운명이 담겨 있는 듯하다. 예전에는 잘 파악하지 못하던 많은 것들이 유전적 바탕을 가지고 있음이 점차 확인되고 있다. 때로 이것은 유전적 질병으로 한 개인의 삶의 질을 결정하기도 한다. 그러나 대부분의 경우 유전적 바탕이 개개인의 운명에 대한 결정론은 아니다. 다만 경향을 말해주는 것에 지나지 않으며, 이것이 발현될지 또는 어느 정도 어떤 방식으로 나타날지는 환경적 요인에 의해 결정될 것으로 보인다.

이 책은 유전적인 배경을 가진 또는 가질 것으로 보여 많은 관심을 끌고 있는 여러 가지 주제를 인문사회적 연구와 자연과학적 사고의 발전 등과 관련시켜 깊이 있고 흥미롭게 다루고 있다. 한편으로는 이 문제에 관련된 학자들 간의 경쟁과 갈등 관계를 소개함으로써 중요한 사건을 통해 과학자 사회를 엿볼 수 있어서 매우 흥미롭다. 그리하여 과학적·사회학적으로 한때 전혀 의심치 않고 믿고, 지지하고, 때로는 끝까지 고집하던 사실들에서 오류가 확인되는 과정을 보면서 현재 우리가 가지고 있는 과학적 믿음 또한 얼마나 미약한 사실에 바탕하고 있는지를 깨닫고 새삼스럽게 겸손해지는 계기를 맛볼 수 있으리라 본다.

게놈의 기초적인 정보들이 밝혀진 이즈음은 생명과학의 정보가 상당히 광범위하게 여러 분야의 사람들과 공유되고, 그 신비를 파헤치고, 그 결과에 지대한 영향을 받는 세상이 되었다. 저널리스트인 저자는 이런 의미에서 새로운 공유자이며, 오히려 과학자들이 놓치기 쉬운 사회적·도덕적 문제를 보다 더 객관적이고 지나치게 전문적이지 않게 접근해 일반인들이 유전공학을 더욱 쉽게 이해하도록 소개하고 있다. 현실적인 소재에 무미건조하지 않고 느낌이 풍부한 표현과 문장을 사용해 그동안 유전공학을 막연히 알고 있던 사람들도 유전공학이 우리에게 주는 현재와 새로운 미래를 새삼 깨닫게 되고 그래서 더 흥미롭게 읽어내려 갈 수 있을 것이다.

주

유전학과 분자생물학 문헌들은 방대하기도 하고 금세 시대에 뒤떨어지는 특성이
있다. 새로운 지식이 밝혀지는 속도가 워낙 빠르기 때문에(이 책을 포함하여) 출판되
는 순간부터 책, 기사, 학술논문은 최신화 또는 개정이 필요하다. 아주 많은 학자
들이 이 분야에서 연구를 하고 있기 때문에 많은 경우에 다른 학자들의 연구 결과
를 항상 파악하고 있기는 불가능하다. 이 책을 쓰면서도 도서관에 자주 들락거리
고 과학자들과 대화를 나누는 것으로 충분하지 않다는 것을 알게 되었고, 최근 정
보를 파악하는 새로운 방법으로 인터넷을 사용하였다.

유전적 지식을 가장 잘 모아놓은 곳은 OMIM(Online Mendelian Inheritance in Man)
이라고 알려진 빅터 맥커식Vitor McCusick의 웹사이트인 것 같다. 주소는 www.ncbi.
nlm.nih.gov:80/htbin_post/Omim이며, 여기에는 위치를 찾았거나 염기 배열
이 분석된 인간의 모든 유전자에 대한 여러 좋은 정보와 그 출처가 게시되어 있으
며 상당히 어려운 일임에도 주기적으로 정보를 최신화하고 있다. 이스라엘의 와
이즈만 연구소The Weizmann Institute는 각 유전자에 대한 정보를 요약한 'gene-
cards'를 만들어놓은 매우 우수한 웹사이트를 운용하고 있는데 이는 다른 유용한
웹사이트와도 연결되어 있다.

그러나 이들 웹사이트들은 지식을 요약해놓은 것이라서 일반인을 위한 것은 아
니다. 전문용어투성이로 방문자가 어느 정도 기초 지식을 가지고 있다고 가정하
기 때문에 비전문가에게는 어려운 점이 있다. 또한 대부분 유전자를 유전병과의
관련성에 초점을 맞추고 있어 유전자의 주 역할이 질병의 원인인 것 같은 인상을
주기 때문에 이 책에서 저자가 접근하고자 하는 방식과 다른 경향이 있다.

따라서 저자는 최근 정보를 보충하거나 설명하기 위해 주로 교과서를 참고하였
다. 대개 톰 스트라챈Tom Strachan과 앤드루 리드Andrew Read의 *Human molcular
genetics*(Bios Scientitic Publishers, 1996), 로버트 위버Robert Weaver와 필립 헤드릭Philip
Hedrick의 *Basic genetics*(William C. Brown, 1995), 데이비드 미클로스David Micklos와

그렉 프레이어Greg Freyer의 *DNA Science*(Cold Spring Harbor Laboratory Press, 1990), 벤자민 르윈Benjamin Lewin의 *Genes VI* (Oxford University Press, 1997) 등이다.

일반인 수준의 게놈에 관한 책으로는 크리스토퍼 윌스Christopher Wills의 *Exons, introns and talking genes*(Oxford University Press, 1991), 월터 보드머Walter Bodmer 와 로빈 맥키Robin McKie의 *The book of man*(Little, Brown, 1994), 스티브 존스Steve Jones의 *The language of the genes*(Harper Collins, 1993), 톰 스트라챈의 *The human genome*(Bios, 1992)이 있다. 그러나 책은 어쩔 수 없이 곧 구닥다리가 될 수밖에 없는 문제가 있다.

이 책의 각 장을 쓸 때에는 한두 가지의 주 참고서적과 여러 가지의 전문 학술지를 참고하였다. 간단한 서두 기술은 좀 더 깊은 내용을 알아보기 원하는 독자를 돕기 위해 썼다.

1번 염색체

유전자와 생명 자체가 디지털 정보로 구성되었다는 개념은 리처드 도킨스의 *River out of Eden*(Weidenfeld and Nicolson, 1995)과 제레미 켐벨의 *Grammatical man*(Allen Lane, 1983)에서 찾아볼 수 있다. RNA 세계에 관한 좀 더 구체적인 정보는 게스터랜드Gesteland, R. F.와 애트킨Atkins, J. F.(eds)(1993). *The RNA world*. Cold Spring Harbor Laboratory Press, Cold Spring Harbor, New York을 참고하였다.

1. Darwin, E. (1794). *Zoonomia: or the laws of organic life*. Vol. II, p. 244. Third edition (1801). J. Johnson, London.

2. Campbell, J. (1983). *Grammatical man: information, entropy, language and life*. Allen Lane, London.

3. Schrödinger, E. (1967). *What is life? Mind and matter*. Cambridge University Press, Cambridge.

4. Quoted in Judson, H. F. (1979). *The eighth day of creation*. Jonathan Cape, London.

5. Hodges, A. (1997). *Turing*. Phoenix, London.

6. Campbell, J. (1983). *Grammatical man: information, entropy, language and life*. Allen Lane, London.

7. Joyce, G. F. (1989). RNA evolution and the origins of life. *Nature* 338: 217-24; Unrau, P. J. and Bartel, D. P. (1998). RNA catalysed nucleotide synthesis. *Nature* 395: 260-63 world.

8. Gesteland, R.F. and Atkins, J.F.(eds) (1993). *The RNA world.* Cold Spring Harbor Laboratory Press, Cold Spring Harbor, New York.

9. Gold, T. (1992). *The deep, hot biosphere.* Proceedings of the National Academy of Sciences of the USA 89: 6045-49; Gold, T. (1997). An unexplored habitat for life in the universe? *American Scientist* 85: 408-11.

10. Woese, C. (1998). The universal ancestor. *Proceedings of the National Academy of Sciences of the USA* 95: 6854-9.

11. Poole, A. M., Jeffares, D.C and Penny, D. (1998). The path from the RNA world. *Journal of Molecular Evolution* 46: 1-17; Jeffares, D. C., Poole, A. M. and Penny, D. (1998). Relics from the RNA world. *Journal of Molecular Evolution* 46: 18-36.

2번 염색체

원숭이 조상으로부터의 인간 진화에 관한 이야기는 자주 언급되어왔다. 이에 관한 최근의 참고문헌들은 보아즈N.T. Boaz의 *Eco homo*(Basic Books, 1997), 앨런 워커Alan Walker와 패트 십맨Pat Shipman의 *The wisdom of bones*(Phoenix, 1996), 리처드 리키Richard Leakey와 로저 르윈Roger Lewin의 *Origins revisited*(Little, Brown, 1992), 돈 요한슨Don Johnason과 블레이크 에드거Blake Edgar의 멋진 삽화가 들어 있는 *From Lucy to language*(Weidenfeld and Nicolson, 1996)다.

1. Kottler, M. J. (1974). From 48 to 46: cytological technique, preconception, and the counting of human chromosomes. *Bulletin of the History of Medicine* 48: 465-502.

2. Young, J. Z. (1950). *The life of vertebrates.* Oxford University Press, Oxford.

3. Arnason, U., Gullberg, A. and Janke, A. (1998). Molecular timing of primate divergences as estimated by two non-primate calibration

points. *Journal of Molecular Evolution* 47: 718-27.

4. Huxley, T. H. (1863/1901). *Man's place in nature and other anthropological essays,* p. 153. Macmillan, London.

5. Rogers, A. and Jorde, R. B. (1995). Genetic evidence and modern human origins. *Human Biology* 67: 1-36.

6. Boaz, N. T. (1997). Eco homo. Basic Books, New York.

7. Walker, A. and Shipman, P. (1996). *The wisdom of bones.* Phoenix, London.

8. Ridley, M. (1996). *The origins of virtue.* Viking, London.

3번 염색체

유전학의 역사를 다룬 내용이 여러 가지가 있다. 그중 호레이스 저드슨Horace Judson 의 *The eighth day of creation*(Jonathan Cape, London, 1979; 재인쇄본 Penguin, 1995) 이 뛰어나다. 멘델의 생애에 관해서는 사이먼 매워Simon Mawer의 소설 *Mendel's dwarf*(Doubleday, 1997)가 우수하다.

1. Bearn, A. G. and Miller, E. D. (1979). Archibald Garrod and the development of the concept of inborn errors of metabolism. *Bulletin of the History of Medicine* 53: 315-28; Childs, B. (1970). Sir Archibald Garrod's conception of chemical individuality: a modern appreciation. *New England Journal of Medicine* 282: 71-7; Garrod, A. (1909). *Inborn errors of metabolism.* Oxford University Press, Oxford.

2. Mendel, G. (1865). Versuche ber Pflanzen-Hybriden. *Verhandlungen des naturforschenden Vereines in Brünn* 4: 3-47. English translation published in the *Journal of the Royal Horticultural Society,* Vol. 26 (1901).

3. Quoted in Fisher, R. A. (1930). *The genetical theory of natural selection.* Oxford University Press, Oxford.

4. Bateson, W. (1909). *Mendel's principles of heredity.* Cambridge University Press, Cambridge.

5. Miescher is quoted in Bodmer, W. and McKie, R. (1994). *The book of*

man. Little, Brown, London.

6. Dawkins, R. (1995). *River out of Eden*. Weidenfeld and Nicolson, London.

7. Hayes, B. (1998). The invention of the genetic code. *American Scientist* 86: 8-14.

8. Scazzocchio, C. (1997). Alkaptonuria: from humans to moulds and back. *Trends in Genetics* 13: 125-7; Fernandez-Canon, J. M. and Penalva, M. A. (1995). Homogentisate dioxygenase gene cloned in Aspergillus. *Proceedings of the National Academy of Sciences of the USA* 92: 9132-6.

4번 염색체

헌팅턴병과 같은 유전병에 관해서는 아래의 낸시 웩슬러와 앨리스 웩슬러의 글에서 자세한 내용을 찾아볼 수 있다. 스티븐 토마스의 *Genetic risk*(Pelican, 1986)는 비교적 쉽게 쓰인 참고서다.

1. Thomas, S. (1986). *Genetic risk*. Pelican, London.

2. Gusella, J. F., McNeil, S., Persichetti, F., Srinidhi, J., Novelletto, A., Bird, E.,. Faber, P., Vonsattel, J.-P., Myers, R. H. and MacDonald, M. E. (1996). Huntington's disease. *Cold Spring Harbor Symposia on Quantitative Biology* 61: 615-26.

3. Huntington, G. (1872). On chorea. *Medical and Surgical Reporter* 26: 317-21.

4. Wexler, N. (1992). Clairvoyance and caution: repercussions from the Human Genome Project. In *The code of codes* (ed. D. Kevles and L. Hood), pp. 211-43. Harvard University Press.

5. Huntington's Disease Collaborative Research Group (1993). A novel gene containing a trinucleotide repeat that is expanded and unstable on Huntington's disease chromosomes. *Cell* 72: 971-83.

6. Goldberg, Y. P. et al. (1996). Cleavage of huntingtin by apopain, a proapoptotic cysteine protease, is modulated by the polyglutamine tract. *Nature Genetics* 13: 442-9; DiFiglia, M., Sapp, E., Chase, K. O.,

Davies, S. W., Bates, G. P., Vonsattel, J. P. and Aronin, N. (1997). Aggregation of huntingtin in neuronal intranuclear inclusions and dystrophic neurites in brain. *Science* 277: 1990-93.

7. Kakiuza, A. (1998). Protein precipitation: a common etiology in neurodegenerative disorders? *Trends in genetics* 14: 398-402.

8. Bat, O., Kimmel, M. and Axelrod, D. E. (1997). Computer simulation of expansions of DNA triplet repeats in the fragile-X syndrome and Huntington's disease. *Journal of Theoretical Biology* 188: 53-67.

9. Schweitzer, J. K. and Livingston, D. M. (1997). Destabilisation of CAG trinucleotide repeat tracts by mismatch repair mutations in yeast. *Human Molecular Genetics* 6: 349-55.

10. Mangiarini, L. (1997). Instability of highly expanded CAG repeats in mice transgenic for the Huntington's disease mutation. *Nature Genetics* 15: 197-200; Bates, G. P., Mangiarini, L., Mahal, A. and Davies, S. W. (1997). Transgenic models of Huntington's disease. *Human Molecular Genetics* 6: 1633-7.

11. Chong, S. S. et al. (1997). Contribution of DNA sequence and CAG size to mutation frequencies of intermediate alleles for Huntington's disease: evidence from single sperm analyses. *Human Molecular Genetics* 6: 301-10.

12. Wexler, N. S. (1992). The Tiresias complex: Huntington's disease as a paradigm of testing for late-onset disorders. *FASEB Journal* 6: 2820-25.

13. Wexler, A. (1995). *Mapping fate.* University of California Press, Los Angeles.

<h1 style="text-align:center">5번 염색체</h1>

유전자 사냥에 관한 최고의 책 중에 하나는 윌리엄 쿡슨_{William Cookson}의 *The gene hunter; adventures in the genome jungle*(Aurum Press, 1994)이며, 천식에 관한 유전자도 그를 통해 정보를 얻었다.

1. Hamilton, G. (1998). Let them eat dirt. *New Scientist,* 18 July 1998: 26-

31; Rook, G. A. W. and Stanford, J. L. (1998). Give us this day our daily germs. *Immunology Today* 19: 113-16.

2. Cookson, W. (1994). *The gene hunters: adventures in the genome jungle.* Aurum Press, London.

3. Marsh, D. G. *et al.* (1994). Linkage analysis of IL4 and other chromosome 5q31.1 markers and total serum immunoglobulin-E concentrations. *Science* 264: 1152-6.

4. Martinez, F. D. *et al.* (1997). Association between genetic polymorphism of the beta-2-adrenoceptor and response to albuterol in children with or without a history of wheezing. *Journal of Clinical Investigation* 100: 3184-8.

6번 염색체

로버트 플로민의 지능에 관한 유전자 추적 이야기는 로잘린드 아든Rosalind Arden의 출판 예정인 책에서 찾아볼 수 있다. 플로민이 쓴 교과서 *Behavioral genetics*(3개 정판, W.H. Freeman, 1997)는 이 분야에 관해 특별히 읽기 쉬운 입문서다. 스티븐 제이 굴드의 *Mismeasure of man*(Norton, 1981)은 우생학과 IQ에 관한 초기 역사에 관한 내용이다. 로렌스 라이트Lawrence Wright의 *Twins: genes, environment and the mystery of identity*(Weiden-feld and Nicolson, 1997)는 재미있는 책이다.

1. Chorney, M. J., Chorney, K., Seese, N., Owen, M. J., Daniels, J., McGuffin, P., Thompson, L. A., Detterman, D. K., Benbow, C., Lubinski, D., Eley, T. and Plomin, R. (1998). A quantitative trait locus associated with cognitive ability in children. *Psychological Science* 9: 1-8.

2. Galton, F. (1883). *Inquiries into human faculty.* Macmillan, London.

3. Goddard, H. H. (1920), quoted in Gould, S. J. (1981). *The mismeasure of man.* Norton, New York.

4. Neisser, U. et al. (1996). Intelligence: knowns and unknowns. *American Psychologist* 51: 77-101.

5. Philpott, M. (1996). Genetic determinism. In Tam, H. (ed.),

Punishment, excuses and moral development. Avebury, Aldershot.

6. Wright, L. (1997). *Twins: genes, environment and the mystery of identity.* Weidenfeld and Nicolson, London.

7. Scarr, S. (1992). Developmental theories for the 1990s: development and individual differences. *Child Development* 63: 1-19.

8. Daniels, M., Devlin, B. and Roeder, K. (1997). Of genes and IQ. In Devlin, B., Fienberg, S. E., Resnick, D. P. and Roeder, K. (eds), *Intelligence, genes and success.* Copernicus, New York.

9. Herrnstein, R. J. and Murray, C. (1994). *The bell curve.* The Free Press, New York.

10. Haier, R. *et al.* (1992). Intelligence and changes in regional cerebral glucose metabolic rate following learning. *Intelligence* 16: 415-26.

11. Gould, S. J. (1981). *The mismeasure of man.* Norton, New York.

12. Furlow, F. B., Armijo-Prewitt, T., Gangestead, S. W. and Thornhill, R. (1997). Fluctuating asymmetry and psychometric intelligence. *Proceedings of the Royal Society of London, Series B* 264: 823-9.

13. Neisser, U. (1997). Rising scores on intelligence tests. *American Scientist* 85: 440-47.

7번 염색체

이 장의 주제인 진화심리학은 다음 몇 개의 책을 참고하였다. 제롬 바코Jerome Barkow, 레다 코스미데스와 존 토비의 *The adapted mind*(Oxford University Press, 1992), 로버트 라이트의 *The moral animal*(Pantheon, 1994), 스티븐 핑커의 *How the mind works*(Penguin, 1998), 매트 리들리의 *The red queen*(Viking, 1993), 인간의 언어 기원에 대해서는 스티븐 핑커의 *The language instinct*(Penguin, 1994)와 터런스 디컨 Terence Deacon의 *The symbolic species*(Penguin, 1997)를 참고하였다.

1. For the death of Freudianism: Wolf, T. (1997). Sorry but your soul just died. *The Independent on Sunday,* 2 February 1997. For the death of Meadism: Freeman, D. (1983). Margaret Mead and Samoa: the making and unmaking of an anthropological myth. Harvard

University Press, Cambridge, MA; Freeman, D. (1997). *Frans Boas and 'The flower of heaven'*. Penguin, London. For the death of behaviourism: Harlow, H. F., Harlow, M. K. and Suomi, S. J. (1971). From thought to therapy: lessons from a primate laboratory. *American Scientist* 59: 538-49.

2. Pinker, S. (1994). *The language instinct: the new science of language and mind.* Penguin, London.

3. Dale, P. S., Simonoff, E., Bishop, D. V. M., Eley, T. C., Oliver, B., Price, T. S., Purcell, S., Stevenson, J. and Plomin, R. (1998). Genetic influence on language delay in two-year-old children. *Nature Neuroscience* 1: 324-8; Paulesu, E. and Mehler, J. (1998). Right on in sign language. *Nature* 392: 233-4.

4. Carter, R. (1998). *Mapping the mind.* Weidenfeld and Nicolson, London.

5. Bishop, D. V. M., North, T. and Donlan, C. (1995). Genetic basis of specific language impairment: evidence from a twin study. *Developmental Medicine and Child Neurology* 37: 56-71.

6. Fisher, S. E., Vargha-Khadem, F., Watkins, K. E., Monaco, A. P. and Pembrey, M. E. (1998). Localisation of a gene implicated in a severe speech and language disorder. *Nature Genetics* 18: 168-70.

7. Gopnik, M. (1990). Feature-blind grammar and dysphasia. *Nature* 344: 715.

8. Fletcher, P. (1990). Speech and language deficits. *Nature* 346: 226; Vargha-Khadem, F. and Passingham, R. E. (1990). Speech and language deficits. *Nature* 346: 226.

9. Gopnik, M., Dalakis, J., Fukuda, S. E., Fukuda, S. and Kehayia, E. (1996). Genetic language impairment: unruly grammars. In Runciman, W. G., Maynard Smith, J. and Dunbar, R. I. M. (eds), *Evolution of social behaviour patterns in primates and man,* pp. 223-49. Oxford University Press, Oxford; Gopnik, M. (ed.) (1997). *The inheritance and innateness of grammars.* Oxford University Press, Oxford.

10. Gopnik, M. and Goad, H. (1997). What underlies inflectional error patterns in genetic dysphasia? *Journal of Neurolinguistics* 10: 109-38; Gopnik, M. (1999). Familial language impairment: more English evidence. *Folia Phonetica et Logopaedia* 51: in press. Myrna Gopnik, e-mail correspondence with the author, 1998.

11. Associated Press, 8 May 1997; Pinker, S. (1994). *The language instinct: the new science of language and mind.* Penguin, London.

12. Mineka, S. and Cook, M. (1993). Mechanisms involved in the observational conditioning of fear. *Journal of Experimental Psychology, General* 122: 23-38.

13. Dawkins, R. (1986). *The blind watchmaker.* Longman, Essex.

X와 Y염색체

게놈 간의 싸움에 관한 내용은 마이클 메저러스Michael Majerus, 빌 아모스, 그레고리 허스트Gregory Hurst의 교과서 *Evolution: the four billion year war*(Longman, 1996) 와 해밀턴W. D. Hamilton의 *Narrow roads of gene land*(W. H. Freeman, 1995)를 참고 하였다. 동성애 성향이 부분적으로는 유전적이라는 결론은 딘 해머와 피터 코퍼 랜드Peter Copeland의 *The science of desire*(Simon and Schuster, 1995)와 챈들러 버 Chandler Burr의 *A separate creation: how biology makes us gay*(Bantam Press, 1996)의 연구 내용을 기초로 하였다.

1. Amos, W. and Harwood, J. (1998). Factors affecting levels of genetic diversity in natural populations. *Philosophical Transactions of the Royal Society of London, Series B* 353: 177-86.

2. Rice, W. R. and Holland, B. (1997). The enemies within: intergenomic conflict, interlocus contest evolution(ICE), and the intraspecific Red Queen. *Behavioral Ecology and Sociobiology* 41: 1-10.

3. Majerus, M., Amos, W. and Hurst, G. (1996). *Evolution: the four billion year war.* Longman, Essex.

4. Swain, A., Narvaez, V., Burgoyne, P., Camerino, G. and Lovell-Badge, R. (1998). Dax 1 antagonises sry action in mammalian sex

determination. *Nature* 391: 761-7.

5. Hamilton, W. D. (1967). Extraordinary sex ratios. *Science* 156: 477-88.

6. Amos, W. and Harwood, J. (1998). Factors affecting levels of genetic diversity in natural populations. *Philosophical Transactions of the Royal Society of London, Series B* 353: 177-86.

7. Rice, W. R. (1992). Sexually antagonistic genes: experimental evidence. *Science* 256: 1436-9.

8. Haig, D. (1993). Genetic conflicts in human pregnancy. *Quarterly Review of Biology* 68: 495-531.

9. Holland, B. and Rice, W. R. (1998). Chase-away sexual selection: antagonistic seduction versus resistance. *Evolution* 52: 1-7.

10. Rice, W. R. and Holland, B. (1997). The enemies within: intergenomic conflict, interlocus contest evolution (ICE), and the intraspecific Red Queen. *Behavioral Ecology and Sociobiology* 41: 1-10.

11. Hamer, D. H., Hu, S., Magnuson, V. L., Hu, N. *et al.* (1993). A linkage between DNA markers on the X chromosome and male sexual orientation. Science 261: 321-7; Pillard, R. C. and Weinrich, J. D. (1986). Evidence of familial nature of male homosexuality. *Archives of General Psychiatry* 43: 808-12.

12. Bailey, J. M. and Pillard, R. C. (1991). A genetic study of male sexual orientation. *Archives of General Psychiatry* 48: 1089-96; Bailey, J. M. and Pillard, R. C. (1995). Genetics of human sexual orientation. *Annual Review of Sex Research* 6: 126-50.

13. Hamer, D. H., Hu, S., Magnuson, V. L., Hu, N. *et al.* (1993). A linkage between DNA markers on the X chromosome and male sexual orientation. *Science* 261: 321-7.

14. Bailey, J. M., Pillard, R. C., Dawood, K., Miller, M. B., Trivedi, S., Farrer, L. A. and Murphy, R. L.; in press. A family history study of male sexual orientation: no evidence for X-linked transmission. *Behaviour Genetics.*

15. Blanchard, R. (1997). Birth order and sibling sex ratio in homosexual

versus heterosexual males and females. *Annual Review of Sex Research* 8: 27-67.

16. Blanchard, R. and Klassen, P. (1997). H-Y antigen and homosexuality in men. *Journal of Theoretical Biology* 185: 373-8; Arthur, B. I., Jallon, J. -M., Caflisch, B., Choffat, Y. and Nothiger, R. (1998). Sexual behaviour in Drosophila is irreversibly programmed during a critical period. *Current Biology* 8: 1187-90.

17. Hamilton, W. D. (1995). *Narrow roads of gene land,* Vol. 1. W. H. Freeman, Basingstoke.

8번 염색체

이동성 유전인자에 대한 가장 우수한 참고서는 마이클 메저러스, 빌 아모스, 그레고리 허스트의 *Evolution: the four billion year war*(Longman, 1996)였다. 유전자 지문법의 발견에 대해서는 월터 보드머Walter Bodmer와 로빈 맥키Robin McKie의 *The book of man*(Little, Brown, 1994)을 참고하였다. 정자 간 경쟁에 관한 이론은 팀 벅헤드Tim Birkhead와 앤더스 몰러Anders Moller의 *Sperm Competition in birds* (Academic Press, 1992)를 참고하였다.

1. Susan Blackmore explained this trick in her article 'The power of the meme meme' in the *Skeptic,* Vol. 5 no. 2, p. 45.

2. Kazazian, H. H. and Moran, J. V. (1998). The impact of L1 retrotransposons on the human genome. *Nature Genetics* 19: 19-24.

3. Casane, D., Boissinot, S., Chang, B. H. J., Shimmin, L. C. and Li, W. H. (1997). Mutation pattern variation among regions of the primate genome. *Journal of Molecular Evolution* 45: 216-26.

4. Doolittle, W. F. and Sapienza, C. (1980). Selfish genes, the phenotype paradigm and genome evolution. Nature 284: 601-3; Orgel, L. E. and Crick, F. H.C.(1980). Selfish DNA: the ulitimate parasite. *Nature* 284: 604-7.

5. McClintock, B. (1951). Chromosome organisation and genic expression. *Cold Spring Harbor Symposia on Quantitative Biology* 16:

13-47.

6. Yoder, J. A., Walsh, C. P. and Bestor, T. H. (1997). Cytosine methylation and the ecology of intragenomic parasites. *Trends in Genetics* 13: 335-40; Garrick, D., Fiering, S., Martin, D. I. K. and Whitelaw, E. (1998). Repeatinduced gene silencing in mammals. *Nature Genetics* 18: 56-9.

7. Jeffreys, A. J., Wilson, V. and Thein, S. L. (1985). Hypervariable 'minisatellite' regions in human DNA. *Nature* 314: 67-73.

8. Reilly, P. R. and Page, D. C. (1998). We're off to see genome. *Nature Genetics* 20: 15-17; *New Scientist,* 28 February 1998, p. 20.

9. See *Daily Telegraph,* 14 July 1998, and *Sunday Times,* 19 July 1998.

10. Ridley, M. (1993). *The Red Queen: sex and the evolution of human nature.* Viking, London.

9번 염색체

랜디 네스Randy Nesse와 조지 윌리엄스George Williams의 *Evolution and healing* (Weidenfeld and Nicolson, 1995)은 생물의 자가 치유의 진화와 유전자와 병원균의 상호작용에 관해 가장 좋은 입문서다.

1. Crow, J. F. (1993). Felix Bernstein and the first human marker locus. *Genetics* 133: 4-7.

2. Yamomoto, F., Clausen, H., White, T., Marken, S. and Hakomori, S. (1990). Molecular genetic basis of the histo-blood group ABO system. *Nature* 345: 229-33.

3. Dean, A. M. (1998). The molecular anatomy of an ancient adaptive event. *American Scientist* 86: 26-37.

4. Gilbert, S. C., Plebanski, M., Gupta, S., Morris, J., Cox, M., Aidoo, M., Kwiatowski, D., Greenwood, B. M., Whittie, H.C. and Hill, A.V.S.(1988), Association of malaria parasite population structure, HLA and immunological antagonism. *Science* 279: 1173-7; also A. Hill, personal communication.

5. Pier, G. B. et al. (1998). *Salmonella typhi* uses CFTR to enter intestinal epithelial cells. *Nature* 393: 79-82.

6. Hill, A. V. S. (1996). Genetics of infectious disease resistance. *Current Opinion in Genetics and Development* 6: 348-53.

7. Ridley, M. (1997). *Disease*. Phoenix, London.

8. Cavalli-Sforza, L. L. and Cavalli-Sforza, F. (1995). *The great human diasporas. Addison Wesley,* Reading, Massachusetts.

9. Wederkind, C. and Füri, S. (1997). Body odour preferences in men and women: do they aim for specific MHC combinations or simple heterogeneity? *Proceedings of the Royal Society of London, Series B* 264: 1471-9.

10. Hamilton, W. D. (1990). Memes of Haldane and Jayakar in a theory of sex. *Journal of Genetics* 69: 17-32.

10번 염색체

심리신경면역학 분야의 까다로운 주제에 대해서는 폴 마틴Paul Martin의 *The sickening mind*(Harper Collins, 1997)를 참고하였다.

1. Martin, P. (1997). *The sickening mind: brain, behaviour, immunity and disease.* Harper Collins, London.

2. Becker, J. B., Breedlove, M. S. and Crews, D. (1992). *Behavioral endocrinology.* MIT Press, Cambridge, Massachusetts.

3. Marmot, M. G., Davey Smith, G., Stansfield, S., Patel, C., North, F. and Head, J. (1991). Health inequalities among British civil servants: the Whitehall Ⅱ study. *Lancet* 337: 1387-93.

4. Sapolsky, R. M. (1997). *The trouble with testosterone and other essays on the biology of the human predicament.* Touchstone Press, New York.

5. Folstad, I. and Karter, A. J. (1992). Parasites, bright males and the immunocompetence handicap. *American Naturalist* 139: 603-22.

6. Zuk, M. (1992). The role of parasites in sexual selection: current

evidence and future directions. *Advances in the Study of Behavior* 21: 39-68.

11번 염색체

딘 해머는 개성에 관한 유전학과 개성차에 관계되는 유전적 마커를 연구하고 피터 코퍼랜드Peter Copeland와 같이 *Living with our genes*(Doubleday, 1998)를 저술하였다.

1. Hamer, D. and Copeland, P. (1998). *Living with our genes.* Doubleday, New York.

2. Efran, J. S., Greene, M. A. and Gordon, D. E. (1998). Lessons of the new genetics. *Family Therapy Networker* 22 (March/April 1998): 26-41.

3. Kagan, J. (1994). *Galen's prophecy: temperament in human nature.* Basic Books, New York.

4. Wurtman, R. J. and Wurtman, J. J. (1994). Carbohydrates and depression. In Masters, R. D. and McGuire, M. T. (eds), *The neurotransmitter revolution,* pp.96-109. Southern Illinois University Press, Carbondale and Edwardsville.

5. Kaplan, J. R., Fontenot, M. B., Manuck, S. B. and Muldoon, M. F. (1996). Influence of dietary lipids on agonistic and affiliative behavior in *Macaca fascicularis. American Journal of Primatology* 38: 333-47.

6. Raleigh, M. J. and McGuire, M. T. (1994). Serotonin, aggression and violence in vervet monkeys. In Masters, R. D. and McGuire, M. T. (eds), *The neurotransmitter revolution,* pp. 129-45. Southern Illinois University Press, Carbondale and Edwardsville.

12번 염색체

호메오 유전자에 관한 내용과 발생학 분야의 발전 역사에 관해서는 최근의 교과서인 루이스 월퍼트Lewis Wolpert와 여러 명의 공동 저자가 쓴 *Principles of development*(Oxford University Press, 1998)와 존 게르하르트와 마크 커시너Marc Kirschner의 *Cells, embryos and evolution*(Blackwell, 1997)을 참조하였다.

1. Bateson, W. (1894). *Materials for study of variation.* Macmillan, London.

2. Tautz, D. and Schmid, K. J. (1998). From genes to individuals: developmental genes and the generation of the phenotype. *Philosophical Transactions of the Royal Society of London, Series B* 353: 231-40.

3. Nüsslein-Volhard, C. and Wieschaus, E. (1980). Mutations affecting segment number and polarity in Drosophila. *Nature* 287: 795-801.

4. McGinnis, W., Garber, R. L., Wirz, J., Kuriowa, A. and Gehring, W. J. (1984). A homologous protein coding sequence in *Drosophila* homeotic genes and its conservation in other metazoans. *Cell* 37: 403-8; Scott, M. and Weiner, A. J. (1984). Structural relationships among genes that control development: sequence homology between the *Antennapedia, Ultrabithorax and fushi tarazu loci of Drosophila. Proceedings of the National Academy of Sciences of the USA* 81: 4115-9.

5. Arendt, D. and Nubler-Jung, K. (1994). Inversion of the dorso-ventral axis? *Nature* 371: 26.

6. Sharman, A. C. and Brand, M. (1998). Evolution and homology of the nervous system: cross-phylum rescues of *otd/Otx* genes. *Trends in Genetics* 14: 211-14.

7. Duboule, D. (1995). Vertebrate hox genes and proliferation-an alternative pathway to homeosis. *Current Opinion in Genetics and Development* 5: 525-8; Krumlauf, R. (1995). Hox genes in vertebrate development. Cell 78: 191-201.

8. Zimmer, C. (1998). *At the water's edge.* Free Press, New York.

13번 염색체

유전자들의 지리학에 관해서는 루이지 루카 카발리-스포르차와 프랑세스코 카발리-스포르차Francesco Cavalli-Sforza의 *The great human diasporas*(Addison Wesely, 1995)와 동일한 내용이 포함된 제레드 다이아몬드Jared Diamond의 *Guns, germs and steel*(Jonathan Cape, 1997)을 참고하였다.

1. Cavalli-Sforza, L. (1998). The DNA revolution in population genetics. *Trends in Genetics* 14: 60-65.

2. Intriguingly, the genetic evidence generally points to a far more rapid migration rate for women's genes than men's (comparing maternally inherited mitochondria with paternally inherited Y chromosomes)-perhaps eight times as high. This is partly because in human beings, as in other apes, it is generally females that leave, or are abducted from, their native group when they mate. Jensen, M. (1998). All about Adam. *New Scientist,* 11 July 1998: 35-9.

3. Reported in HMS Beagle: *The Biomednet Magazine* (www.biomednet. com/hmsbeagle), issue 20, November 1997.

4. Holden, C. and Mace, R. (1997). Phylogenetic analysis of the evolution of lactose digestion in adults. *Human Biology* 69: 605-28.

14번 염색체

노화에 관한 책으로는 스티븐 오스타드의 *Why we age*(John Wiley and Sons, 1997)와 톰 커크우드Tom Kirkwood의 *Time of our lives*(Weidenfeld and Nicolson, 1999)가 우수하였다.

1. Slagboom, P. E., Droog, S. and Boomsma, D. I. (1994). Genetic determination of telomere size in humans: a twin study of three age groups. *American Journal of Human Genetics* 55: 876-82.

2. Lingner, J., Hughes, T. R., Shevchenko, A., Mann, M., Lundblad, V. and Cech, T. R. (1997). Reverse transcriptase motifs in the catalytic

subunit of telomerase. *Science* 276: 561-7.

3. Clark, M. S. and Wall, W. J. (1996). *Chromosomes: the complex code.* Chapman and Hall, London.

4. Harrington, L., McPhail, T., Mar, V., Zhou, W., Oulton, R., Bass, M. B., Aruda, I. and Robinson, M. O. (1997). A mammalian telomerase-associated protein. *Science* 275: 973-7; Saito, T., Matsuda, Y., Suzuki, T., Hayashi, A., Yuan, X., Saito, M., Nakayama, J., Hori, T. and Ishikawa, F. (1997). Comparative gene-mapping of the human and mouse TEP-1 genes, which encode one protein component of telomerases. *Genomics* 46: 46-50.

5. Bodnar, A. G. et al. (1998). Extension of life-span by introduction of telomerase into normal human cells. *Science* 279: 349-52.

6. Niida, H., Matsumoto, T., Satoh, H., Shiwa, M., Tokutake, Y., Furuichi, Y. and Shinkai, Y. (1998). Severe growth defect in mouse cells lacking the telomerase RNA component. *Nature Genetics* 19: 203-6.

7. Chang, E. and Harley, C. B. (1995). Telomere length and replicative aging in human vascular tissues. *Proceedings of the National Academy of Sciences of the USA* 92: 11190-94.

8. Austad, S. (1997). *Why we age.* John Wiley, New York.

9. Slagboom, P. E., Droog, S. and Boomsma, D. I. (1994). Genetic determination of telomere size in humans: a twin study of three age groups. *American Journal of Human Genetics* 55: 876-82.

10. Ivanova, R. et al. (1998). HLA-DR alleles display sex-dependent effects on survival and discriminate between individual and familial longevity. *Human Molecular Genetics* 7: 187-94.

11. The figure of 7,000 genes is given by George Martin, quoted in Austad, S. (1997). *Why we age.* John Wiley, New York.

12. Feng, J. *et al.* (1995). The RNA component of human telomerase. *Science* 269: 1236-41.

울프 레익Wolf Reik과 아짐 수라니Azim Surani의 *Genomic imprinting*(Oxford University Press, 1997)에는 각인에 관한 좋은 내용이 많다. 본인이 저술한 *The Red Queen*(Viking, 1993)을 비롯해서 많은 책이 성 차이의 문제를 다루었다.

1. Holm, V. *et al.* (1993). Prader-Willi syndrome: consensus diagnostic criteria. *Pediatrics* 91: 398-401.

2. Angelman, H. (1965). 'Puppet' children. *Developmental Medicine and Child Neurology* 7: 681-8.

3. McGrath, J. and Solter, D. (1984). Completion of mouse embryogenesis requires both the maternal and paternal genomes. *Cell* 37: 179-83; Barton, S. C., Surami, M. A. H. and Norris, M. L. (1984). Role of paternal and maternal genomes in mouse development. *Nature* 311: 374-6.

4. Haig, D. and Westoby, M. (1989). Parent-specific gene expression and the triploid endosperm. *American Naturalist* 134: 147-55.

5. Haig, D. and Graham, C. (1991). Genomic imprinting and the strange case of the insulin-like growth factor Ⅱ receptor. *Cell* 64: 1045-6.

6. Dawson, W. (1965). Fertility and size inheritance in a Peromyscus species cross. Evolution 19: 44-55; Mestel, R. (1998). The genetic battle of the sexes. *Natural History* 107: 44-9.

7. Hurst, L. D. and McVean, G. T. (1997). Growth effects of uniparental disomies and the conflict theory of genomic imprinting. *Trends in Genetics* 13: 436-43; Hurst, L. D. (1997). Evolutionary theories of genomic imprinting. In Reik, W. and Surani, A. (eds), *Genomic imprinting,* pp. 211-37. Oxford University Press, Oxford.

8. Horsthemke, B. (1997). Imprinting in the Prader-Willi/Angelman syndrome region on human chromosome 15. In Reik, W. and Surani, A. (eds), *Genomic imprinting,* pp. 177-90. Oxford University Press, Oxford.

9. Reik, W. and Constancia, M. (1997). Marking sense or antisense?

Nature 389: 669-71.

10. McGrath, J. and Solter, D. (1984). Completion of mouse embryogenesis requires both the maternal and paternal genomes. *Cell* 37: 179-83.

11. Jaenisch, R. (1997). DNA methylation and imprinting: why bother? *Trends in Genetics* 13: 323-9.

12. Cassidy, S. B. (1995). Uniparental disomy and genomic imprinting as causes of human genetic disease. *Environmental and Molecular Mutagenesis* 25, Suppl. 26: 13-20; Kishino, T. and Wagstaff, J. (1998). Genomic organisation of the UBE3A/E6-AP gene and related pseudogenes. *Genomics* 47: 101-7.

13. Jiang, Y., Tsai, T. F., Bressler, J. and Beaudet, A. L. (1998). Imprinting in Angelman and Prader-Willi syndromes. *Current Opinion in Genetics and Development* 8: 334-42.

14. Allen, N. D., Logan, K., Lally, G., Drage, D. J., Norris, M. and Keverne, E. B. (1995). Distribution of pathenogenetic cells in the mouse brain and their influence on brain development and behaviour. *Proceedings of the National Academy of Sciences of the USA* 92: 10782-6; Trivers, R. and Burt, A. (in preparation), Kinship and genomic imprinting.

15. Vines, G. (1997). Where did you get your brains? *New Scientist,* 3 May 1997: 34-9; Lefebvre, L., Viville, S., Barton, S. C., Ishino, F., Keverne, E. B. and Surani, M. A. (1998). Abnormal maternal behaviour and growth retardation associated with loss of the imprinted gene Mest. *Nature Genetics* 20: 163-9.

16. Pagel, M. (1999). Mother and father in surprise genetic agreement. *Nature* 397: 19-20.

17. Skuse, D. H. et al. (1997). Evidence from Turner's syndrome of an imprinted locus affecting cognitive function. *Nature* 387: 705-8.

18. Diamond, M. and Sigmundson, H. K. (1997). Sex assignment at birth: long-term review and clinical implications. *Archives of Pediatric and Adolescent Medicine* 151: 298-304.

학습 메커니즘에 대한 유전학에 관해서는 도움이 될 만한 대중적 책이 없다. 좋은 교과서로는 베어M.F. Bear, 코너스B.W. Connors, 파라디소M.A. Paradiso의 *Neuroscience: exploring the brain*(Williams and Wilkins, 1996)이 있다.

1. Baldwin, J. M. (1896). A new factor in evolution. *American Naturalist* 30: 441-51, 536-53.

2. Schacher, S., Castelluci, V. F. and Kandel, E. R. (1988). cAMP evokes long-term facilitation in Aplysia neurons that requires new protein synthesis. *Science* 240: 1667-9.

3. Bailey, C. H., Bartsch, D. and Kandel, E. R. (1996). Towards a molecular definition of long-term memory storage. *Proceedings of the National Academy of Sciences of the USA* 93: 12445-52.

4. Tully, T., Preat, T., Boynton, S. C. and Del Vecchio, M. (1994). Genetic dissection of consolidated memory in *Drosophila. Cell* 79: 39-47; Dubnau, J. and Tully, T. (1998). Gene discovery in *Drosophila*: new insights for learning and memory. *Annual Review of Neuro-science* 21: 407-44.

5. Silva, A. J., Smith, A. M. and Giese, K. P. (1997). Gene targeting and the biology of learning and memory. *Annual Review of Genetics* 31: 527-46.

6. Davis, R. L. (1993). Mushroom bodies and Drosophila learning. *Neuron* 11: 1-14; Grotewiel, M. S., Beck, C. D. O., Wu, K. H., Zhu, X. -R. and Davis, R. L. (1998). Integrin-mediated short-term memory in Drosophila. *Nature* 391: 455-60.

7. Vargha-Khadem, F., Gadian, D. G., Watkins, K. E., Connelly, A., Van-Paesschen, W. and Mishkin, M. (1997). Differential effects of early hippocampal pathology on episodic and semantic memory. *Science* 277: 376-80.

암 연구에 관한 최고의 최신 기술은 로버트 와인버그Robert Weinberg의 *One renegade cell*(Weidenfeld and Nicolson, 1998)이었다.

1. Hakem, R. et al. (1998). Differential requirement for caspase 9 in apoptotic pathways in vivo. *Cell* 94: 339-52.

2. Ridley, M. (1996). *The origins of virtue.* Viking, London; Raff, M. (1998). Cell suicide for beginners. *Nature* 396: 119-22.

3. Cookson, W. (1994). *The gene hunters: adventures in the genome jungle.* Aurum Press, London.

4. *Sunday Telegraph,* 3 May 1998, p. 25.

5. Weinberg, R. (1998). *One renegade cell.* Weidenfeld and Nicolson, London.

6. Levine, A. J. (1997). P53, the cellular gatekeeper for growth and division. *Cell* 88: 323-31.

7. Lowe, S. W. (1995). Cancer therapy and p53. *Current Opinion in Oncology* 7: 547-53.

8. Hüber, A. -O. and Evan, G. I. (1998). Traps to catch unwary oncogenes. *Trends in Genetics* 14: 364-7.

9. Cook-Deegan, R. (1994). The gene wars: science, *politics and the human genome.* W. W. Norton, New York.

10. Krakauer, D. C. and Payne, R. J. H. (1997). The evolution of virus-induced apoptosis. *Proceedings of the Royal Society of London, Series B* 264: 1757-62.

11. Le Grand, E. K. (1997). An adaptationist view of apoptosis. *Quarterly Review of Biology* 72: 135-47.

<h2 style="text-align:center">18번 염색체</h2>

유전자 치료의 발전에 관한 격렬한 논쟁은 지오프 리옹Geoff Lyon과 피터 고르너Peter Gorner의 *Altered fates*(Norton, 1996)가 입문으로 적당하다. 식물유전공학의 역사에

관해서는 스테펜 노팅햄의 *Eat your genes*(Zed Books, 1998)이 상세히 기술하였다. 리 실버의 *Remaking Eden*(Weidenfeld and Nicolson, 1997, 국내에서 《리메이킹 에덴》으로 한승에서 번역본을 출간하였음)은 인간에 있어 생식기술과 유전공학의 의미를 다뤘다.

1. Verma, I. M. and Somia, N. (1997). Gene therapy-promises, problems and prospects. *Nature* 389: 239-42.
2. Carter, M. H. (1996). Pioneer Hi-Bred: testing for gene transfers. Harvard Business School Case Study N9-597-055.
3. Capecchi, M. R. (1989). Altering the genome by homologous recombination. *Science* 244: 1288-92.
4. First, N. and Thomson, J. (1998). From cows stem therapies? *Nature Biotechnology* 16: 620-21.

19번 염색체

유전자 스크린genetic screening의 이점과 문제점은 많은 저서, 기사, 보고서에서 적지 않게 다루었지만, 챈들러 버Chandler Burr의 *A Separate creation:how biology makes us gas*(Bantam Press, 1996)가 발군이다.

1. Lyon, J. and Gorner, P. (1996). *Altered fates*. Norton, New York.
2. Eto, M., Watanabe, K. and Makino, I. (1989). Increased frequencies of apolipoprotein E2 and E4 alleles in patients with ischemic heart disease. *Clinical Genetics* 36: 183-8.
3. Lucotte, G., Loirat, F. and Hazout, S. (1997). Patterns of gradient of apolipoprotein E allele *4 frequencies in western Europe. *Human Biology* 69: 253-62.
4. Kamboh, M. I. (1995). Apolipoprotein E polymorphism and susceptibility to Alzheimer's disease. *Human Biology* 67: 195-215; Flannery, T. (1998). *Throwim way leg*. Weidenfeld and Nicolson, London.
5. Cook-Degan, R. (1995). *The gene wars: science, politics and the human genome*. Norton, New York.

6. Kamboh, M. I. (1995). Apolipoprotein E polymorphism and susceptibility to Alzheimer's disease. *Human Biology* 67: 195-215; Corder, E. H. et al. (1994). Protective effect of apolipoprotein E type 2 allele for late onset Alzheimer disease. *Nature Genetics* 7: 180-84.

7. Bickeboller, H. *et al.* (1997). Apolipoprotein E and Alzheimer disease: genotypic-specific risks by age and sex. *American Journal of Human Genetics* 60: 439-46; Payami, H. et al. (1996). Gender difference in apolipoprotein E-associated risk for familial Alzheimer disease: a possible clue to the higher incidence of Alzheimer disease in women. *American Journal of Human Genetics* 58: 803-11; Tang, M. X. et al. (1996). Relative risk of Alzheimer disease and age-at-onset distributions, based on APOE genotypes among elderly African Americans, Caucasians and Hispanics in New York City. *American Journal of Human Genetics* 58: 574-84.

8. Caldicott, F. et al. (1998). *Mental disorders and genetics: the ethical context*. Nuffield Council on Bioethics, London.

9. Bickeboller, H. *et al.* (1997). Apolipoprotein E and Alzheimer disease: genotypic-specific risk by age and sex. *American Journal of Human Genetics* 60: 439-46.

10. Maddox, J. (1998). *What remains to be discovered*. Macmillan, London.

11. Cookson, C. (1998). Markers on the road to avoiding illness. *Financial Times,* 3 March 1998, p. 18; Schmidt, K. (1998). Just for you. *New Scientist,* 14 November 1998, p. 32.

12. Wilkie, T. (1996). The people who want to look inside your genes. *Guardian,* 3 October 1996.

20번 염색체

프라이온에 관해서는 로잘린드 리들리와 해리 베이커Harry Baker의 *Fatal Protein* (Oxford University Press, 1998)에서 특히 잘 다루었다. 리처드 로데스Richard Rhodes의 *Deadly feasts*(Simon and Schuster, 1997)와 로버트 클리츠만Robert Klitzman의 *The trembling mountain*(Plenum, 1998)도 좋은 참고가 되었다.

1. Prusiner, S. B. and Scott, M. R. (1997). Genetics of prions. *Annual Review of Genetics* 31: 139-75.
2. Brown, D. R. et al. (1997). The cellular prion protein binds copper in vivo. *Nature* 390: 684-7.
3. Prusiner, S. B., Scott, M. R., DeArmand, S. J. and Cohen, F. E. (1998). Prion protein biology. *Cell* 93: 337-49.
4. Klein, M. A. et al. (1997). A crucial role for B cells in neuroinvasive scrapie. *Nature* 390: 687-90.
5. Ridley, R. M. and Baker, H. F. (1998). *Fatal protein*. Oxford University Press, Oxford.

21번 염색체

우생학의 역사에 관해 가장 잘 다룬 책은 댄 켈브스Dan Kelves의 *In the name of eugenics*(Harvard University Press, 1985)였으며, 주로 미국의 경우에 초점을 맞추고 있다. 유럽 쪽에 관해서는 존 카레이John Carey의 *The intellectuals and the masses*(Faber and Faber, 1992)가 입문서로 좋았다.

1. Hawkins, M. (1997). *Social Darwinism in European and American thought*. Cambridge University Press, Cambridge.
2. Kevles, D. (1985). *In the name of eugenics*. Harvard University Press, Cambridge, Massachusetts.
3. Paul, D. B. and Spencer, H. G. (1995). The hidden science of eugenics. *Nature* 374: 302-5.
4. Carey, J. (1992). *The intellectuals and the masses*. Faber and Faber, London.
5. Anderson, G. (1994). *The politics of the mental deficiency act*. M. Phil. dissertation, University of Cambridge.
6. *Hansard,* 29 May 1913.
7. Wells, H. G., Huxley, J. S. and Wells, G. P. (1931). *The science of life*.

Cassell, London.

8. Kealey, T., personal communication; Lindzen, R. (1996). Science and politics: global warming and eugenics. In Hahn, R. W. (ed.), *Risks, costs and lives saved,* pp. 85-103. Oxford University Press, Oxford.

9. King, D. and Hansen, R. (1999). Experts at work: state autonomy, social learning and eugenic sterilisation in 1930s Britain. *British Journal of Political Science* 29: 77-107.

10. Searle, G. R. (1979). Eugenics and politics in Britain in the 1930s. *Annals of Political Science* 36: 159-69.

11. Kitcher, P. (1996). *The lives to come.* Simon and Schuster, New York.

12. Quoted in an interview in the *Sunday Telegraph,* 8 February 1997.

13. Lynn, R. (1996). Dysgenics: *genetic deterioration in modern populations.* Praeger, Westport, Connecticut.

14. Reported in HMS Beagle: *The Biomednet Magazine* (www.biomednet. com/hmsbeagle), issue 20, November 1997.

15. Morton, N. (1998). Hippocratic or hypocritic: birthpangs of an ethical code. *Nature Genetics* 18: 18; Coghlan, A. (1998). Perfect people's republic. *New Scientist,* 24 October 1998, p. 24.

22번 염색체

결정론에 관한 가장 지적인 책은 주디스 리치 해리스Judith Rich Harris의 *The nurture assumption*(Bloomsbury, 1998)이었다. 스티븐 로즈Steven Rose의 *Life lines*(Penguin, 1998)은 그 반대 입장에서 서술한 저술이다. 도로시 넬킨Dorothy Nelkin과 수잔 린디 Susan Lindee의 *The DNA mystique*(Freeman, 1995)도 읽어 보기 바란다.

1. Rich Harris, J. (1998). *The nurture assumption.* Bloomsbury, London.

2. Ehrenreich, B. and McIntosh, J. (1997). The new creationism. *Nation,* 9 June 1997.

3. Rose, S., Kamin, L. J. and Lewontin, R. C. (1984). *Not in our genes.* Pantheon, London.

4. Brittan, S. (1998). Essays, moral, political and economic. *Hume*

Papers on Public Policy, Vol. 6, no. 4. Edinburgh University Press, Edinburgh.

5. Reznek, L. (1997). *Evil or ill?* Justifying the insanity defence. Routledge, London.

6. Wilson, E. O. (1998). *Consilience.* Little, Brown, New York.

7. Darwin's views on free will are quoted in Wright, R. (1994). *The moral animal.* Pantheon, New York.

8. Silver, B. (1998). *The ascent of science.* Oxford University Press, Oxford.

9. Ayer, A. J. (1954). *Philosophical essays.* Macmillan, London.

10. Lyndon Eaves, quoted in Wright, L. (1997). *Twins: genes, environment and mystery of identity.* Weidenfeld and Nicolson, London.

찾아보기

생명 설계도, 게놈

1판 1쇄 인쇄 2026년 2월 20일
1판 1쇄 발행 2026년 3월 10일

—

지은이 매트 리들리
옮긴이 하영미, 전성수, 이동희

—

펴낸이 백성빈
펴낸곳 반니출판
주소 서울 서초구 서초중앙로 69 806호
전화 02-6204-0491
전자우편 banni@banni.co.kr
출판등록 2025년 10월 13일 (제2025-000266호)

—

ISBN 979-11-24280-37-9 03470

—